U0821074

西藏动物常见病彩色图谱

董海龙　吴庆侠　主编
周向梅　主审

中国农业大学出版社
·北京·

内 容 简 介

《西藏动物常见病彩色图谱》的编写人员以西藏农牧学院动物医学专业教师为主，部分其他兽医相关人员为辅。本书以近些年西藏本地动物和引种至西藏的经济动物的实发常见疾病为主要描述对象，主要包括牛、羊、猪和鸡的常见传染病、寄生虫病、其他普通病等30余种，每种疾病按病原、流行病学、临床特征、病理变化、诊断与防治等顺序叙述。其中，显示突出特征性的图片100余幅。本书可用作本科生、研究生教材或教学辅助用书，也可供研究人员及其他相关从业者使用。

图书在版编目(CIP)数据

西藏动物常见病彩色图谱 / 董海龙，吴庆侠主编.　北京：中国农业大学出版社，2022.8

ISBN 978-7-5655-2655-8

Ⅰ.①西…　Ⅱ.①董…②吴…　Ⅲ.①动物疾病—常见病—西藏—图集　Ⅳ.①S85-64

中国版本图书馆CIP数据核字(2021)第242287号

书　名　西藏动物常见病彩色图谱

作　者　董海龙　吴庆侠　主编　　周向梅　主审

策划编辑　张　程　　**责任编辑**　张　程

封面设计　郑　川

出版发行　中国农业大学出版社

社　址　北京市海淀区圆明园西路2号　　**邮政编码**　100193

电　话　发行部 010-62733489，1190　　读者服务部 010-62732336

编辑部 010-62732617，2618　　出　版　部 010-62733440

网　址　http://www.caupress.cn　　**E-mail** cbsszs@cau.edu.cn

经　销　新华书店

印　刷　运河（唐山）印务有限公司

版　次　2022年8月第1版　2022年8月第1次印刷

规　格　210 mm×285 mm　16开本　11.75印张　355千字

定　价　128.00元

图书如有质量问题本社发行部负责调换

编审人员

主　编	董海龙	西藏农牧学院
	吴庆侠	西藏农牧学院
副主编	刘建枝	西藏自治区农牧科学院畜牧兽医研究所
	夏晨阳	西藏自治区农牧科学院畜牧兽医研究所
	李家奎	华中农业大学
	索朗斯珠	西藏农牧学院
	张　辉	华南农业大学
参编人员	米玛顿珠	西藏农牧学院
	刘忠艳	西藏农牧学院
	贡　嘎	西藏农牧学院
	常振宇	西藏农牧学院
	罗润波	西藏农牧学院
	王　刚	西藏农牧学院
	孔庆辉	西藏农牧学院
	杨　飞	西藏农牧学院
	甘富斌	西藏林芝市农业农村局畜牧兽医站（动物防疫中心）
	曾江勇	西藏自治区农牧科学院畜牧兽医研究所
	马弘财	西藏自治区农牧科学院畜牧兽医研究所
	石　斌	西藏自治区农牧科学院畜牧兽医研究所
	单曲拉姆	西藏自治区农牧科学院畜牧兽医研究所
	唐文强	西藏自治区农牧科学院畜牧兽医研究所
	苏中华	西藏自治区动物疫病预防控制中心
	孙建春	西藏自治区农畜产品质量安全检验检测中心
	张志梅	河南省南乐县动物卫生监督所
	王　阳	河南郑州市农业综合行政执法大队
	李　坤	南京农业大学
	张丽鸿	甘肃农业大学
主　审	周向梅	中国农业大学

前　　言

随着社会的进步，国家对西藏地区的发展投入了大量的人力物力，西藏人民的物质生活得到了极大的改善，西藏人民对肉、奶等畜产品质量、数量的要求不断提高。为了持续发展西藏地区的农牧业，保证农牧民的创收、增收，满足西藏旅游产业对西藏特色经济动物的需求，在国家的大力支持下，西藏自治区政府将养殖业作为保障民生的一项重要工程，对其实行了一系列的扶持措施，以促进西藏地区养殖业蓬勃发展。例如建立藏猪产业链，研发、推广藏鸡新品系，开展商用肉牛——雅江雪牛养殖推广等。这些政策和措施在保障西藏生活消费市场中肉食和奶品等畜禽产品的供应方面起着重要作用，然而动物常见疾病的发生仍严重危害着这些动物的健康，影响着其产品质量。

本书较为明显的特点是立足于西藏当地动物的常发病，配有相应的图文，所配图片可使读者较直观地理解疾病的相关内容。这些图片大多数是由编写人员在长期工作过程中拍摄和搜集所得，个别图片由国内同行、专家提供。由于收集的临床素材有限，我们在本书中可能无法将西藏动物常发的所有疾病一一详述，所以只选了较重要而又有图片说明的一些疾病进行讲解。我们在本书中重点对牛、猪、羊、鸡部分实发常见病分章编写。我们后续还会收集更多动物疾病的素材，为本书的再版做准备。

本书为西藏农牧学院动物医学教学团队建设项目成果之一。西藏农牧学院动物医学教学团队在建设过程中，始终紧跟西藏农牧学院的办学定位：立足高原、面向西藏、服务“三农”。在多年的下乡服务过程中，我们发现农牧民迫切需要动物常见疾病防控的相关知识。因此，西藏农牧学院动物医学教学团队一直想编写一本能够立足当地，并具有一定直观参考价值的动物常见疾病诊治工具书。虽然在编写过程中困难重重，但是在此次团队建设中，西藏农牧学院动物医学教学团队全体教师迎难而上，群策群力，完成本书的编写工作。本书在编写过程中得到了部分同行专家的大力帮助，尤其是西藏部分地市的农牧局一线工作人员为我们提供了很多宝贵的资料。在此特别感谢刘建枝教授和她的团队。当刘建枝教授得知我们要编写一本立足于西藏当地实际的动物常见病彩色图谱时，她和她的团队给予了我们极大的支持与帮助，而且提供了他们在西藏工作近十年中收集到的所有西藏动物常见病的图片资料，我们深受感动，备受鼓舞，并更加坚定了我们编写本书的决心。同时也要感谢赵宝玉教授、张红见教授、高家登教授、应兰教授等帮助我们补充了部分图片。

在编写过程中，编者们尽了很大努力，力求让书中的内容能够尽可能地反映西藏当地动物常见病的现状，为动物疾病提供诊断依据。因知识结构和经验有限，本书难免有诸多不足之处，恳请广大读者与其他同仁赐教，为本书的日臻完善，更好地为西藏当地动物常见疾病的诊疗工作提供依据。

编　者

2020 年 10 月

目　　录

第一章　牛病

第一节　犊牦牛大肠杆菌病

犊牛大肠杆菌病，又称犊牛白痢，是由某些血清型的大肠杆菌引起的一种急性传染病。犊牛大肠杆菌病在许多养牛业发达的国家都有发生，给畜牧业带来了巨大的经济损失。在我国，死亡的犊牛中有28%是由于致病性大肠杆菌引起的腹泻，且乳用犊牛发病率高于肉用犊牛。

一、病原

大肠杆菌为革兰氏阴性无芽孢的直杆菌，大小为(2～3) μm×(0.4～0.7) μm，两端钝圆，散在或成对，大多数菌株以周生鞭毛运动，但也有无鞭毛或丢失鞭毛的无动力变异株。一般有Ⅰ型菌毛，少数菌株兼具性菌毛，对人和动物致病的菌株多数还常有与毒力相关的特殊菌毛。除少数菌株外，通常无可见荚膜，但常有微荚膜，碱性染料对本菌有良好着色性，菌体两端偶尔略深染。

大肠杆菌为需氧兼性厌氧菌。在普通培养基上生长良好，最适合生长的温度为37 ℃，最适合生长的pH为7.2～7.4。在肉汤培养基中培养18～24 h，呈均匀浑浊，管底有少许黏液状沉淀，液面与管壁可形成菌膜；在营养琼脂培养基上生长24 h后，形成直径2～3 mm，圆形、凸起、光滑、湿润、半透明、灰白色、边缘整齐的菌落；在麦康凯琼脂上形成红色菌落；在伊红亚甲蓝琼脂上形成紫黑色带金属光泽的菌落；在SS琼脂平板上多不生长或生长较差，少数生长者因分解乳糖产酸，使中性红指示剂变为红色，出现粉红色菌落；一些致病性菌株在绵羊血平板上呈β溶血。在远藤氏琼脂平板上，形成有金属光泽的深红色菌落。

大肠杆菌抗原结构比较复杂，主要由菌体(O)抗原，鞭毛(H)抗原，荚膜(K)抗原和菌毛(F)抗原组成。按照菌体抗原组成成分，可分为若干血清型；按照荚膜和鞭毛抗原组成成分，可分为若干亚型。因此构成了许多血清型，是本菌血清型鉴定的物质基础。目前F抗原也被用于血清学鉴定，最常见的血清型K88、K99，现分别被命名为F4和F5型。已确定的大肠杆菌O抗原有173种，K抗原有80种，H抗原有56种，F抗原有17种。在引起人畜肠道疾病的血清型中，有肠致病性大肠杆菌、肠毒素性大肠杆菌和肠侵袭性大肠杆菌等之分，多数肠毒素性大肠杆菌带有F抗原。在173种“O”型抗原血清型中的很多对犊牛有致病性，但最常见的是O8、O9、O20、O101等血清型。目前国内外分离鉴定的菌株已达74个血清型，国内分离到的致病性大肠杆菌血清型很多，但其中优势血清型为O2、O8、O9、O78、O101，与国外报道的血清型O1、O2、O8等基本相似。并不是所有分离的大肠杆菌血清型都具有致病性，大肠杆菌是否有致病力，必须通过致病性试验来加以确定。不同地区病原性大肠杆菌的优势血清型存在着很大差异，同一地区，不同牛场的优势血清型也不尽相同。我国地域辽阔，区分不同地区牛致病性大肠杆菌的优势血清型，对有效防治犊牛大肠杆菌病尤为重要。国内的一些研究人员在这方面做了大量研究工作。

大肠杆菌对低温耐受能力较强，但对高温和化学因素较敏感，60 ℃加热20 min后即可致死，121 ℃高压立即死亡。对常用消毒剂，如次氯酸、石炭酸、甲酸等敏感度较高。

二、流行病学

犊牛大肠杆菌病在世界各地均有发生。20世纪80年代以来，此病不断在我国蔓延，吉林、辽宁、山东、广东、青海、江苏、湖南、北京等我国大部分省、自治区、直辖市都陆续报道过，本病流行范围大，且发病率和病死率较高。此病的流行虽无明显的季节性，但尤以冬末春初和气温多变季节舍饲时期多发。此病的流行大多呈地方性流行或散发。犊牛未及时吸吮初乳，饥饿或过饱，饲料不良、配比不当或突然改变，气候剧变等因素常诱发此病。如果圈舍潮湿，拥挤，通风换气不良，场地不整洁，环境污染严重，卫生条件差，受应激因素影响，也会导致此病发生，给养殖业带来严重经济损失。

不同品种的犊牛均可感染发病，多见于2～3周龄以内的犊牛，但以出生后10 d内尤其2～3日龄最易感。饲养管理不当或受环境因素影响较大的牛群发病率更高。犊牛出生后，由于其神经调节机能尚不完善，不能应付突变的环境和气温，胃肠内环境变差，乳汁发酵，引发下痢。特别是冬天水泥地面未铺褥草等时，地面冰凉造成犊牛胃肠功能不佳。但发病率和死亡率受各种因素的影响差异较大，如菌株血清型和毒力，有无并发或继发病症，采取措施是否及时有效等。

病犊和带菌犊是本病自然流行的主要传染源。通过粪便排出病菌，散布于外界环境中，污染水源、饲料以及母牛乳头和皮肤等。当犊牛吮乳或饮食时，经消化道感染。同时机体抵抗力降低或处于应激状态时，隐伏在体内的条件性致病大肠杆菌可引起内源性自身感染。此外，本病还可经子宫内或脐带感染。另有报道指出啮齿动物的粪便中含有致病性大肠杆菌，可通过污染水源而造成其他动物感染。

三、临床症状

犊牛大肠杆菌病一般潜伏期很短，腹泻多见于2～3周龄以内的犊牛，尤其2～3日龄最易感。根据其临床症状和病理变化可分为3种类型。

1.败血型

犊牛表现为发热，精神不振，间有腹泻，常于症状出现后数小时至1天急性死亡。有的病例表现为刚出生的牛犊往往不显腹泻症状，突然死亡。在血液和内脏中易于分离到致病性血清型的大肠杆菌。

2.肠毒血型

较少见，常常突然死亡。若病程稍长，则可见典型的中毒性神经症状，先是不安、兴奋，后表现为沉郁、昏迷，以至于死亡。死前多有腹泻症状。由于此病是特异血清型的大肠杆菌增殖产生肠毒素被吸收后引起，无明显菌血症出现。

3.肠型

病初体温升高达40 ℃，数小时后开始下痢，体温降至正常。粪便初期如粥样，黄色；后期呈水样、灰白色，混有未消化的凝乳块、凝血及泡沫，有酸败气味。发病的末期，患畜肛门失禁，常有腹痛，用蹄踢腹壁，后因脱水衰竭而死亡。但若治疗及时，一般可以治愈。若病程稍长时，则会出现肺炎及关节炎症状。未死亡的病犊，恢复很慢，发育迟滞，并常发生脐炎、关节炎或肺炎。

四、病理变化

败血型或肠毒血型死亡的病犊，常无明显病理变化。腹泻的病犊，真胃内有大量的凝乳块，黏膜充血、水肿，覆有胶状黏液，皱褶部有出血。肠内容物常混有血液和气泡，气味恶臭，并伴有脱水病变。小肠黏膜充血，在皱褶基部有出血，部分黏膜上皮脱落，肠壁菲薄，直肠也可见同样变化。肠系膜淋巴结肿大。肝脏和肾脏苍白，有时可见出血点（图1-1），胆囊内充满黏稠暗绿色胆汁（图1-2）。心肌变性，有出血点（图1-3）。病程长的病例在关节和肺脏也有病变出现。

五、诊断

犊牛大肠杆菌性腹泻一般缺乏特征性临床表现，可根据流行病学特点，临床症状、剖检变化综合分析，做出初步诊断，但其他病原微生物感染也会出现类似症状及病理变化，需要考虑有无混合感染的问题，所以确诊还要通过病原分离培养，染色镜检、生化试验、致病性试验、血清学检测以及分子生物学方法。

病原学诊断包括：病料采集处理、病料涂片检查、分离培养鉴定、生化试验、血清型鉴定等；血清学诊断包括：间接血凝试验、直接免疫荧光抗体染色、酶联免疫吸附试验等；分子生物学诊断包括：PCR检测、PCR-RFLP（限制性片段多态性分析）、FCM（流式细胞术）、DNA探针等。

六、防治

（一）预防

犊牛大肠杆菌病的预防，主要措施如下。

加强对妊娠母牛的饲养管理。供给合理饲料，有丰富的蛋白质、维生素和矿物质，给予优质干草，使其适量运动。产房要保持通风、干燥、宽敞、光线充足，经常消毒，及时清除污物和消毒。每天用清水冲洗地面，每周用碱水清洗地面和食槽。护栏、犊牛床、运动场等可用2%来苏儿等常用消毒液全面消毒，勤换褥草。

加强对犊牛的护理。接产时，接产用具等以及母牛的外阴部均需用新洁尔灭液（1%）清洗消毒，助产人员用0.1%新洁尔灭液清洗消毒手臂。脐带断口应距离犊牛腹部5 cm，并用碘酊（10%）浸泡1 min。接产、断脐时要力求无菌操作。乳头要保持洁净，防止新生犊牛接触到污水和粪尿。出生后的犊牛应及时喂初乳，这样可以使其尽早获得母源抗体。注意随时做好犊牛的防潮、防寒措施。若发现犊牛患病，需及时隔离，地面和垫草用生石灰全面消毒，对患病犊牛及时进行有效治疗。流行区可进行免疫接种（氢氧化铝苗）。病死犊牛要焚烧或深埋。

（二）治疗

犊牛大肠杆菌病的治疗，主要措施有以下几点。

1. 药物治疗

抗菌消炎采用链霉素，病犊按每千克体重内服 10～15 mg，每天 2～3 次，连续使用 3～5 d，并配合内服 3～6 g 小苏打。病犊可按每千克体重内服多黏菌素 3 万单位，或者按每千克体重肌内注射多黏菌素 0.25 万单位，每天 2～3 次，连续使用 2～3 d。需要注意的是，尽量不要使用大剂量的抗生素，尤其是感染革兰氏阴性菌引起的疾病，否则会导致大量细菌发生死亡而产生更多的内毒素，不仅无法减轻症状，甚至还会引起内毒素性休克，更易发生死亡。另外，为避免机体产生耐药性，要交替使用不同的抗生素进行治疗。

2. 补液

口服补液盐，即由葡萄糖 20 g、氯化钠 3.5 g、氯化钾 1.5 g、碳酸氢钠 2.5 g 与纯净水 1 000 mL 配制而成。静脉和腹腔补液，常用复方氯化钠液 500～1 000 mL 及维生素 C 10～15 mL。当病犊脱水小于体重的 10%，食欲废绝，可先采取腹腔补液，当食欲稍微恢复后，则要配合口服补液，疗效良好。

3. 中药治疗

中药治疗，取炒黄芩 25 g、白头翁 100 g、广皮 5 g、甘草 50 g、秦皮 25 g、黄柏 50 g、木香 10 g，加入适量水煎煮，待药液温度适宜后分成 2～3 次口服。如湿热严重，可添加连翘 15 g、炒栀子 15 g、红藤 25 g 或冬瓜子 25 g、蒲公英 50 g；如口赤脱水，可添加生地 25 g、元参 50 g；如严重水泻，可添加山楂炭 50 g、地榆炭 40 g、葛根 15 g、生地炭 75 g、炒乌梅 15 g；如下脓血痢，可添加生地榆 50 g、赤芍 25 g 或取白头翁 50 g、焦白术 75 g、怀山药 75 g、白茯苓 50 g、车前子 25 g、杭白芍 25 g、广陈皮 15 g、炙甘草 25 g，添加适量水煎煮，待温度适宜后分成 2～3 次口服。如气虚，可添加党参 50 g；如严重腹泻，可添加诃子肉 15 g、炒乌梅 15 g；如有寒，可减去白头翁，添加肉桂 5 g、炮姜 15 g、米壳 5 g；如少食或者不食，可减去白头翁，添加枳实 5 g、焦三仙 15 g；如肠鸣，可减去白头翁，添加广木香 10 g。

4. 疫苗免疫

目前已研制出的针对主要致病血清型 O2∶K1 和 O78∶K80 等的多价灭活疫苗。大肠杆菌基因工程苗有双价基因工程苗 K88-K99、K88- LTB、ST1-LTB 和三价基因工程苗 K88-K99-987P。我国曾研制出的 K99-F41 基因工程亚单位苗，经验证和评价可以有效地预防犊牛及羔羊大肠杆菌性腹泻的发生。另有研究，应用大肠杆菌双价基因工程苗 K88-K99、三价基因工程苗 K88-K99-987P 预防细菌性腹泻，已取得了明显的效果。但鉴于大肠杆菌血清型较多，不同血清型抗原性不同，菌株之间缺乏完全保护，不可能对所有流行的致病血清型具有免疫作用，因此这种疫苗具有一定的局限性。目前较为普遍的方法是，在常发病的地区或牛场，可分离出致病性的大肠杆菌，选择几个有代表性的菌株制成自家（或优势菌株）多价灭活疫苗。

（董海龙　曾江勇）

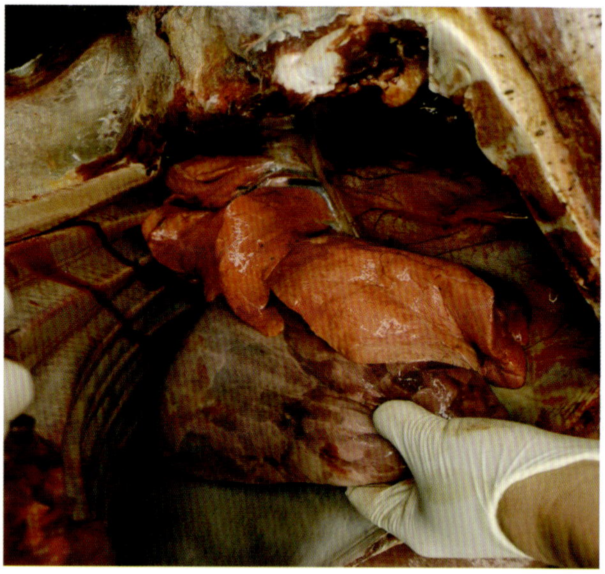

图 1-1　病犊牦牛剖检可见肝脏出现部分苍白、部分淤血及出血

（马弘财　供图）

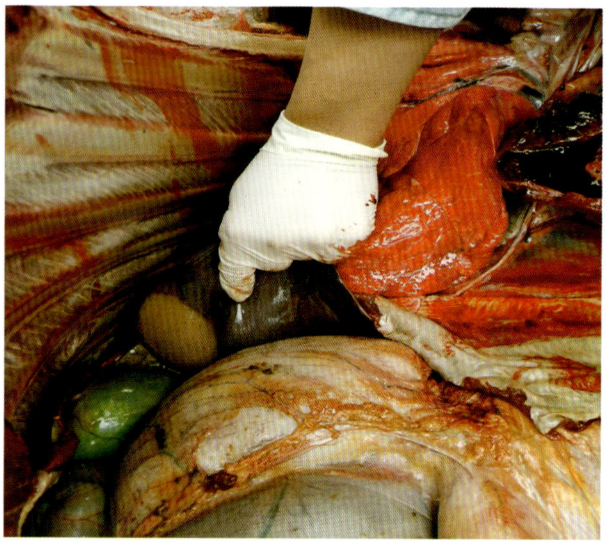

图 1-2　病犊牦牛剖检可见胆囊充满绿色胆汁

（马弘财　供图）

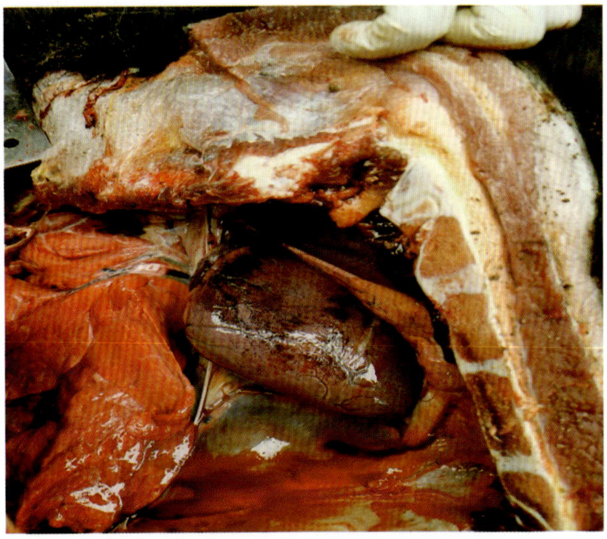

图 1-3　病犊牦牛剖检可见心肌出现明显出血

（马弘财　供图）

第二节　牛出血性败血症

牛出血性败血症(pasteurellosis)，是由多杀性巴氏杆菌(*Pasteurella multocida*，*P. multocida*)引起的畜禽及野生动物的一种急性、热性传染病，该病以败血症和组织器官的出血性炎症为主要特征。一般呈现零星散发，有时也呈地方性流行。

一、病原

多杀性巴氏杆菌是细小的球杆菌，革兰氏染色为阴性。无鞭毛，不能运动，不形成芽孢；对理化因素抵抗力较弱，在 60 ℃ 20 min、70 ℃ 5～19 min 即可杀死，在干燥空气中 2～3 d 内死亡，在血液和粪便中能存活 10 d，在直射阳光和高温条件下立即死亡；一般消毒剂如 0.5～1%氢氧化钠、10%漂白粉及 5%石炭酸、5%甲醛溶液等，在数分钟内均能迅速杀死此病菌。

牛巴氏杆菌病主要是由牛源 B 型多杀性巴氏杆菌引起的出血性败血症(haemorrhagic septicemia)和牛源 A 型多杀性巴氏杆菌引起的肺炎在内的牛呼吸系统疾病(bovine respiratory diseases，BRDs)。近年来，国内外研究发现由 A：L3 型多杀性巴氏杆菌引起 BRDs 的数量逐渐呈上升趋势。2010—2011 年重庆市多个肉牛养殖场发生 A 型多杀性巴氏杆菌感染致死病例。2010—2012 年孔令聪等(2014)以吉林省规模化肉牛养殖场为检测基地，对发生 BRDs 的病牛进行病原学分离和鉴定，共获得 8 株牛源荚膜血清 A 型 *P. multocida* 和 2 株 *M. bovis*。华中农业大学反刍动物疾病研究中心实验室于 2009～2010 年从湖北省不同的患 BRDs 病牛肺脏组织中分离到 4 株 A 型 *P. multocida* 及多株 *M. bovis*。

二、流行病学

传染源为病牛和带菌动物。该疾病可经畜禽口腔或呼吸道、消化道、皮肤、黏膜伤口进行传播。除此之外，该疾病还可以通过吸血昆虫传播。病菌可存在于健康牛的上呼吸道，而疾病的发生与环境、机体的状态、病菌的血清型及毒力等都有密切关系，所以在外界诱因的影响下，牛抵抗力降低时，可发生内源性传染而致病。一年四季均可发生，但 6—8 月多发，以零星散发为主，并局限于一定地区内。该疾病存在突然高热的病症，发病非常迅速，而且有着很强的传染性。当牛感染该疾病时，会出现呼吸困难的症状，最终死亡。

三、临床症状

发病初期病牛精神沉郁，食欲减退，体温升高至 42 ℃，并持续高热不退，呼吸困难，以腹式呼吸为主；咳嗽，鼻腔流脓性鼻液，结膜潮红，消瘦，四肢无力，卧地不起，腹泻并夹杂血丝或血块；听诊肺部有水泡性杂音，叩诊胸部有浊音区，触摸胸腔有明显疼痛感。病牛一般是在头部、颈部、咽喉以及胸部出现炎性病变，采食量急剧减少，剖检可见胸腔内有大量浆液性渗出液，肺脏充血、水肿，质地坚硬，切面呈大理石纹路状(图 1-4)；肝脏肿大、坚硬、质脆(图 1-5)，有黄色坏死病灶；小肠黏膜有出血点和大小不等的溃疡面；全身淋巴结肿大、出血。在临床上，该病主要分成 3 种类型，即败血型、水肿型以及肺炎型，大部分病牛都是混合型，少数个体发生单一型。

1. 败血型

病牛体温持续升高至 41～42 ℃，精神萎靡，食欲不振，反刍停止，呼吸急促，并伴有呼吸困难，流出带血的鼻液，肌肉震颤，皮温不整。由于病牛体内脏器发生败血，使其排出明显带血的粪便，随着病情的发展，腹泻开始后，体温下降，且往往无法及时进行治疗而发生死亡，病期多为 12～24 h。

2. 水肿型

病牛症状严重时，出现明显的全身症状，水肿会随着胸腔扩散至前胸甚至舌下周围组织，致使头部、咽喉、颈部及胸前部皮下结缔组织出现弥漫性严重炎性水肿。由于咽、舌与周围组织高度肿胀，有时舌伸出口外，呈暗红色，从而出现呼吸困难、吞咽困难，最终窒息死亡，病程一般为12～36 h。

3. 肺炎型

病牛主要症状是体温不断升高，发生胸膜肺炎，呼吸非常困难，咳嗽增多，并伴有疼痛，且往往可见鼻腔中存在黏液脓性鼻涕；症状严重时呼吸困难，此时病牛将头部向前伸直，并张口伸舌呼吸，黏膜发绀；胸部叩诊时有痛感，有浊音区；病牛初期便秘，后期下痢并带有黏液或血液、恶臭，该类型的病程持续时间比较长，通常会超过1周。

四、病理变化

1. 败血型

本型可视黏膜充血或淤血，发绀。全身浆膜、黏膜、皮下、舌下、肌肉及实质脏器表面有出血点。全身各处淋巴结充血、水肿，出现急性淋巴结炎的变化。

2. 肺炎型

本型最为常见，其病变形式主要为纤维素性胸膜炎，胸腔内有大量的雪花样液体，肺与胸膜、心包粘连；肺脏组织肝样变，断面红色或灰黄色，散在有坏死灶；发生腹泻的病牛，胃肠黏膜严重出血。

3. 水肿型

本型主要在患牛下颌、咽喉、面部、颈部和胸前等处皮下有大量的橙色浆液渗出，上述部位明显肿胀，指压有痕；死后可见肿胀部位呈现出血性胶样浸润。

五、诊断

1. 初步诊断

零星散发，骤然高温，咽喉、颈部、前胸水肿，胸膜肺炎以及严重下痢。

2. 鉴别诊断

在牛患有牛出血性败血病时，通常可能会出现巴氏杆菌致病引起的体温升高和肺部炎症，因而这种疾病从外观上来看很容易和炭疽病混淆，所以要与炭疽进行鉴别诊断。两者均有败血症变化，但是炭疽严重且脾脏肿大明显，尸僵不全，天然孔流血。

肺炎型与牛肺疫病变相似，但是牛肺疫病程较长，纤维素性肺炎严重，肺脏大理石样变明显（图1-4）。

水肿型与恶性水肿有所区别，两者均有水肿但病原及病变部位不尽相同。恶性水肿的发生与局部损伤有关，水肿明显，水肿液中含气泡。

3. 实验室诊断

（1）镜检观察　无菌采集病死牛的肝脏、肺脏等病变组织涂片，经革兰氏染色、镜检，可见革兰氏阴性的小杆菌。

（2）细菌分离　将采集的肝脏病变组织接种于马丁肉汤琼脂平板，37 ℃恒温培养24 h后，可见半透明、光滑、湿润的露珠状菌落。菌落经革兰氏染色、镜检，可见其形态特征为革兰氏阴性、短杆状菌。

（3）致病性试验　将分离菌株腹腔接种10只清洁级小白鼠，接种剂量为1 000 CFU/只，同时取10只小鼠腹腔接种培养基作为对照。接种分离菌株的10只小白鼠在接种后24～36 h死亡，死亡小鼠解剖后可见内脏器官广泛出血、淤血，各脏器经革兰氏染色、镜检，可见革兰氏阴性的短小杆菌，而对照组小白鼠均无死亡以及临床不良反应。

六、防治

根据发病情况、临床症状和病理变化等临床诊断以及镜检观察、细菌分离、致病性试验等实验室诊断，确诊为多杀性巴氏杆菌感染后，采用药敏试验筛选出最佳治疗药物。

（一）预防

加强牛场的日常饲养管理，保持舍内通风、干燥，避免牛群拥挤造成应激。定期消毒，适当饲喂玉米和糠麸等精料，增强牛群抵抗力。对场内所有牛均接种牛多杀性巴氏杆菌病灭活疫苗。

（二）治疗

对病死牛尸体及粪便、垫草等污染物进行无害化处理，对感染牛群进行隔离饲养。对养殖场及周边环境用3%氢氧化钠液全面消毒，每天2次，连续消毒1周，1周后每隔2～3 d消毒1次。对疑似感染牛肌肉注射恩诺沙星注射液每千克体重0.05 mL，每天2次，连用3 d。对症状严重的病牛，采用500万～800万单位青霉素、400万～600万单位链霉素与解热镇痛药联合使用进行静脉注射，每天2次，同时进行降温、强心补液等对症治疗。

（孔庆辉）

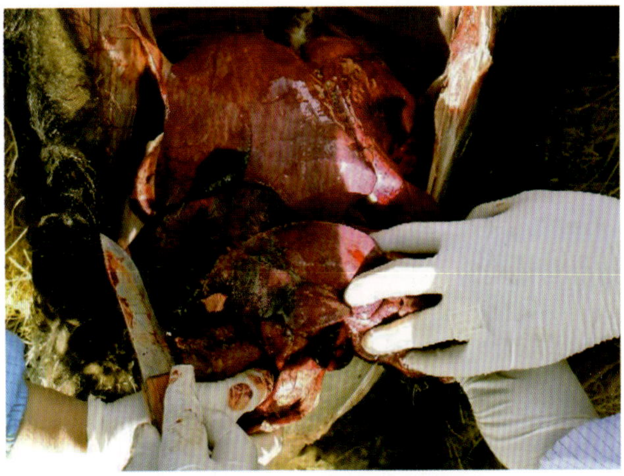

图 1-4 病牦牛剖检可见肺脏充血、出血、水肿，呈暗红色

（孔庆辉 供图）

图 1-5 病牦牛剖检可见肝脏肿大、边缘钝圆，质地柔软易碎

（孔庆辉 供图）

第三节 牦牛结核病

牛结核病（BTB）是一种由牛分枝杆菌（*Mycobacreriaum bovis*，*M. bovis*）引起的牛的慢性消耗性人兽共患传染病。除了牛，其他多种家畜和野生动物以及人均可感染牛分枝杆菌。该病以在感染组织形成干酪样坏死性结节为典型特征（图 1-6 至图 1-8），故称为牛结核病。

作为一种多种动物共患的人兽共患传染病，牛结核病的传播和流行不但影响到畜牧业的可持续发展、野生动物的生存和生态平衡，更严重影响着人类的身心健康和公共卫生，因此，世界动物卫生组织（OIE）将其列为必须通报的动物疫病（notifiable diseases）之一，我国将其列为二类动物疫病。在2012 年我国发布的《国家中长期动物疫病防治规划（2012—2020 年）》中，奶牛结核病被列为优先防治的 16 种国内动物疫病之一。尽管部分发达国家在牛结核病的防控上已取得了很大成就，如澳大利亚已宣布消灭了牛结核病，美国、加拿大、德国、法国、新西兰、日本等在家畜中已基本控制了牛结核病，但是牛结核病仍然是目前乃至今后很长时间内，全球尤其是发展中国家养牛业所面临的严重公共卫生问题之一。

一、病原

牛分枝杆菌是分枝杆菌属的一个种，和其他分枝杆菌一起组成结核分枝杆菌复合群。结核分枝杆菌复合群有多个成员，包括结核分枝杆菌（*M. tuberculosis*）、牛分枝杆菌、山羊分枝杆菌、非洲分枝杆菌、田鼠分枝杆菌、鳍分枝杆菌和卡介苗（BCG）等。卡介苗是牛分枝杆菌历经 13 年体外培养 230 代后致弱的疫苗菌株，是用于人结核免疫的唯一疫苗。在英国，BCG 于 2010 年被允许用于獾结核免疫。

牛结核病的病原主要为牛分枝杆菌，简称“牛型菌”。在欧洲，山羊分枝杆菌也常感染牛，并导致牛结核病症状。牛结核菌素皮试检测能同样检出牛分枝杆菌和山羊分枝杆菌感染。结核分枝杆菌（简称“人型菌”）主要导致人结核病，但也可以感染牛。结核分枝杆菌与牛分枝杆菌及山羊分枝杆菌在基因组上同源性为 99.5%。与结核分枝杆菌相比，牛分枝杆菌及山羊分枝杆菌基因组失去了一些基因片段，称为差异区基因。此外，禽分枝杆菌（简称“禽型菌”）及其他环境分枝杆菌也可感染牛，虽不导致典型的牛结核病，但能在牛结核菌素皮试反应检疫牛结核病时产生阳性反应，从而干扰牛结核病检疫。

牛分枝杆菌为革兰氏阳性菌，微弯，细长，用抗酸染色法可被染成红色。体外培养时对营养要求较高，需在培养基中加牛血清或鸡蛋黄，最适生长温度为37.5 ℃。结核分枝杆菌常见成员的生长最适 pH 范围有差异，其中，牛分枝杆菌生长最适 pH 范围为5.9～6.9；结核分枝杆菌的最适 pH 范围为 7.4～8.0；禽分枝杆菌最适 pH 为 7.2。牛分枝杆菌接种固体培养基后需 3 周左右才能够长出肉眼可见的菌落。菌落呈颗粒、结节、花菜状，乳白或米黄色，不透明。

细菌对湿热抵抗力差，60 ℃ 30 min、70 ℃ 10 min、80 ℃ 5 min、95 ℃ 1 min 即可死亡；阳光直射条件下数小时可死亡；在70%酒精中数分钟内可死亡，对10%漂白粉也很敏感。常用消毒剂在4 h内均可将其杀死，但当细菌混在痰液中或其他有机物质中时，消毒剂的杀菌效率将大大降低。牛分枝杆菌对干燥和湿冷抵抗力很强，在干痰中可存活10个月，在水中可存活5个月，在冷藏奶油中可存活10个月。结核分枝杆菌复合群成员在4%氢氧化钠（NaOH）和6%硫酸（H_2SO_4）中30 min仍存活，因此结核分枝杆菌标本培养前常用NaOH或H_2SO_4处理，以杀灭污染的其他微生物。

二、流行病学

目前，世界绝大部分国家和地区都存在着牛结核病的流行。和人结核病分布相似，亚洲和非洲是牛结核病的高发地区，但没有准确的流行率数据。据报道，非洲国家牛结核病的流行率为1%～50%；印度牛结核病的流行率为1.6%～25%；中国牛结核病的流行率为0～15%。少数发达国家净化了牛结核病，如澳大利亚在过去十年内都没有牛结核病的病例出现。欧洲净化了牛结核病的国家有：丹麦、比利时、挪威、荷兰、瑞典、芬兰、卢森堡。美国、加拿大、德国、法国、新西兰、日本等国家在家畜中也已基本控制了牛结核病，但野生动物中还存在牛结核病，并且有不断向家养牛传播的趋势。

牛分枝杆菌的宿主谱广，几乎包括所有的温血脊椎动物。牛最易感。不同种属牛的敏感性不同，奶牛最易感，其次是黄牛、水牛、牦牛。除牛外，其他家畜，犬、猫等伴侣动物，野生动物（鹿、负鼠、雪貂等），豚鼠、兔、仓鼠、小鼠等实验动物，人和灵长类动物等都是易感宿主。

病牛是主要传染源。病牛气管分泌物在污染空气中形成气溶胶，通过近距离经呼吸道传播。牛结核病的主要临床型为肺结核，占90%以上。该病也可经消化道传播。病牛气管分泌物、乳汁、粪便、尿液等都可带菌，从而污染环境，健康牛摄入污染饲料等经消化道感染。

三、临床症状

牦牛结核病有一定的潜伏期，没有固定的潜伏期。一般来说，大部分的牛结核病潜伏期都处于10～25 d。牛结核病的临床症状主要表现在肺结核方面，牛患肺结核的初期阶段，会对饮食失去兴趣，没有食欲，呼吸变得困难，持续咳嗽。发病初期可能出现局促的干咳，干咳逐渐加重后，变为湿咳；呼吸增数，鼻孔时有淡黄色黏液或脓性鼻液流出。听诊肺部有啰音或摩擦音，叩诊为浊音。

患有乳房结核病的牛，其所分泌的乳汁会逐渐变少甚至到没有，在乳房中产生肿块，严重的乳房结核病牛，乳腺会逐渐萎缩或者肿大，并有硬块。患有淋巴结结核的牛淋巴结局部硬肿变形，有时破溃，形成不易愈合的溃疡。

四、病理变化

结核病的基本病理变化包括渗出、增生、变质。

1.渗出性病变

本病变表现为充血、水肿与白细胞浸润。早期渗出性病变中有中性粒细胞，以后逐渐被巨噬细胞（吞噬细胞）及淋巴细胞取代。在巨噬细胞内可见到吞入的分枝杆菌。渗出性病变通常出现在结核炎症的早期或病灶恶化时，亦可见于浆膜结核。当病情好转时，渗出性病变可完全消散吸收。

2.增生性病变

增生为主的病变开始时可有一短暂的渗出阶段。当巨噬细胞吞噬并消化了分枝杆菌后，细菌的磷脂成分使巨噬细胞形态变大而扁平，类似上皮细胞，称上皮样细胞。多个上皮样细胞互相融合，或一个上皮样细胞核分裂而细胞浆不分裂，形成郎格罕细胞。由上皮样细胞、郎格罕细胞及其外围聚集的淋巴细胞和少量成纤维细胞，形成典型的增生性结核结节，又称为结核性肉芽肿（图1-9、图1-10）。“结核”也因此得名。结核结节中通常不易找到分枝杆菌。增生为主的病变多发生在菌量较少、机体细胞介导免疫占优势的情况下，或出现在机体抵抗力强、病变的恢复阶段。

3.变质性病变（干酪样坏死）

在渗出性病变或增生性病变的基础上，若机体抵抗力降低、菌量过多、变态反应强烈，分枝杆菌不断繁殖，使巨噬细胞发生变性、肿胀，直至坏死。炎性细胞死后释放蛋白溶解酶，使组织呈现凝固性坏死。因坏死组织中含多量脂质，使病灶呈黄灰色，质松而脆，状似干酪，故名干酪样坏死（图1-8）。镜检可见一片凝固的、伊红着染的、无结构的坏死组织（图1-11、图1-12）。

上述 3 种病变可同时存在于一个肺脏甚至同一病灶中，但通常有一种是主要的。

五、诊断

在牛群中出现进行性消瘦、咳嗽、慢性乳腺炎、顽固性腹泻、体表淋巴结慢性肿胀等临床症状时，可作为初步诊断的依据。但在不同的情况下，需结合流行病学、临床症状、病理变化、结核菌素试验、细菌学试验和分子生物学试验等综合诊断较为切实可靠。

1. 细菌学诊断

本法对开放性结核病的诊断具有实际意义。采取患病动物的病灶、痰、尿粪、乳及其他分泌物，做抹片检查、分离培养和动物接种试验。采用荧光抗体技术检查病料，具有快速、准确、检出率高等优点。

2. 结核菌素试验

本试验是目前诊断结核病最有现实意义的方法，也是 OIE 推荐的检测方法。包括单皮试法和比较皮试法。

(1)单皮试法 在牛颈部上 1/3 处剃毛，皮内注射提纯牛结核菌素(即 PPD-B)，通常为 2 000 IU/头，由同一工作人员分别在注射前、注射后 72 h 测量注射部位皮皱厚，计算皮皱厚增加值。当皮皱厚增加值小于 2 mm 且注射部位没有出现明显炎性水肿、渗出、破溃坏死等症状时，判定为阴性；当皮皱厚增加值在 2～4 mm 之间，且注射部位未出现上述临床症状时判定为可疑；当皮皱厚≥4 mm，或动物出现明显临床症状，或注射部位有上述炎性反应时，则判为阳性。对第一次检测为可疑的动物，则需要在 42 d 后进行第二次皮试试验，当出现非阴性结果时则判定为阳性。

(2)比较皮试法 当牛感染环境分枝杆菌时，皮内注射 PPD-B 也容易出现阳性反应，发生误判。为了减少环境分枝杆菌对检测的干扰，OIE 现推荐比较皮试法，即在牛颈部两点间隔 12～15 cm 分别注射 PPD-B 和 PPD-A，(PPD-B 皮皱厚度－PPD-A 皮皱厚度)≥4 mm 时判为阳性；2 mm＜(PPD-B 皮皱厚度－PPD-A 皮皱厚度)＜4 mm 时判为可疑；(PPD-B 皮皱厚度－PPD-A 皮皱厚度)＜2 mm 时判为阴性。

六、防控

主要采取综合性防疫措施，防止疾病传入，净化污染群，培育健康群。家畜的结核病一般不予治疗，而是采取加强检疫、隔离、淘汰，防止疾病传染，净化污染群等综合性防疫措施。

对健康牛群(无结核病动物群)，平时应加强防疫、检疫和消毒措施，防止疾病传入。每年春、秋两季定期进行结核病检疫，主要用结核菌素，结合临床检查。发现阳性牛及时处理，牛群则应按污染群对待。对污染牛群，反复进行多次检疫，不断出现阳性牛，则应淘汰污染群的开放性病牛(即有临床症状的排菌病牛)及生产性能不好、利用价值不高的结核菌素阳性反应牛。结核菌素反应阳性牛群，应定期和经常地进行临床检查，必要时进行细菌学检查，发现开放性病牛立即淘汰。最好对结核菌素阳性牛及时处理，不予保留饲养，根除传染源。病牛所产犊牛出生后只吃 3～5 d 初乳，以后则由检疫无病的母牛供养或喂消毒乳。犊牛应在出生后 1 月龄、3～4 月龄、6 月龄进行 3 次检疫，凡呈阳性者必须淘汰处理。如果 3 次检疫都呈阴性反应，且无任何可疑临床症状，可放入假定健康牛群中培育。假定健康向健康过渡的牛群，应在第 1 年每隔 3 个月进行 1 次检疫，直到没有一头阳性牛出现为止。然后再在 1～1.5 年的时间内连续进行 3 次检疫。如果 3 次均为阴性反应即可称为健康牛群。加强消毒工作，每年进行 2～4 次预防性消毒，每当牛群出现阳性病牛后，都要进行 1 次大消毒。常用 5％来苏儿或克辽林、10％漂白粉、3％福尔马林溶液等。

(吴庆侠 董海龙)

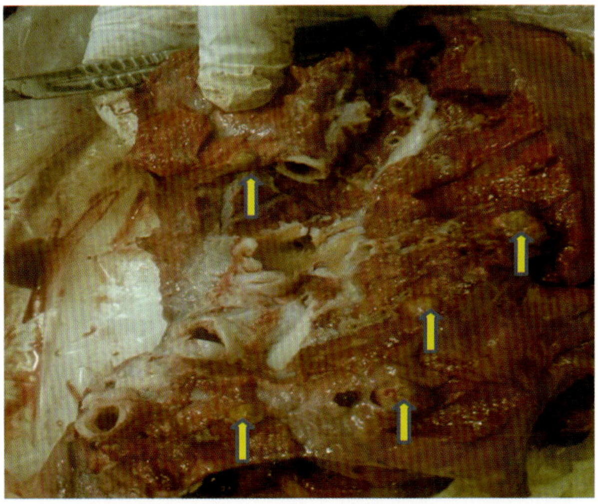

图 1-6 病牦牛肺剖检可见肺脏中的黄色结节，如箭头所示

(吴庆侠 董海龙 供图)

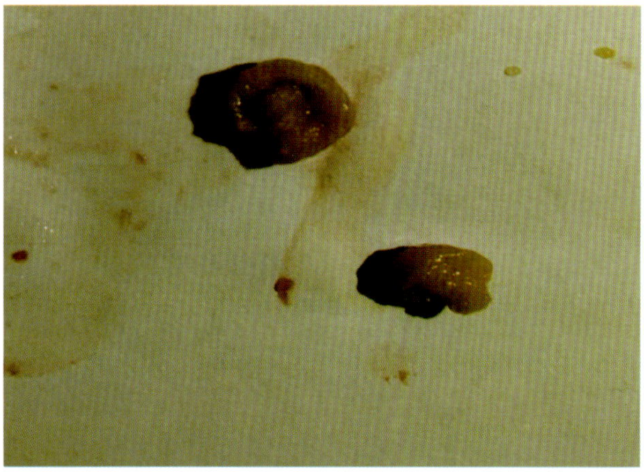

图 1-7　病牦牛剖检可见肺脏中剔除出来的结节，表面发黄，壁较厚　（吴庆侠　董海龙　供图）

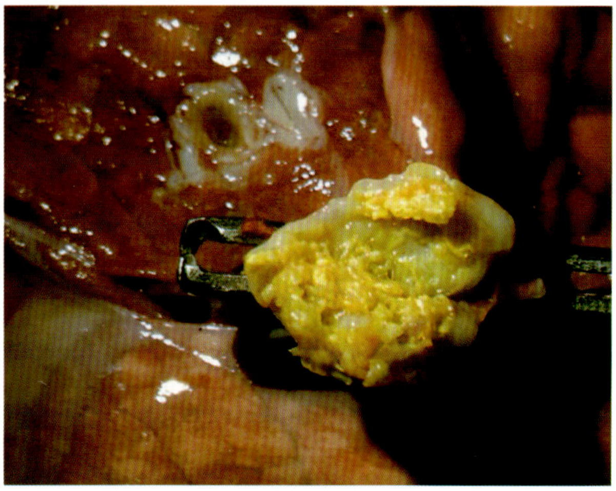

图 1-8　病牦牛剖检肺脏中剔除出来的结节，将其切开后，可见黄色干酪样物质，切开时有砂砾感　（吴庆侠　董海龙　供图）

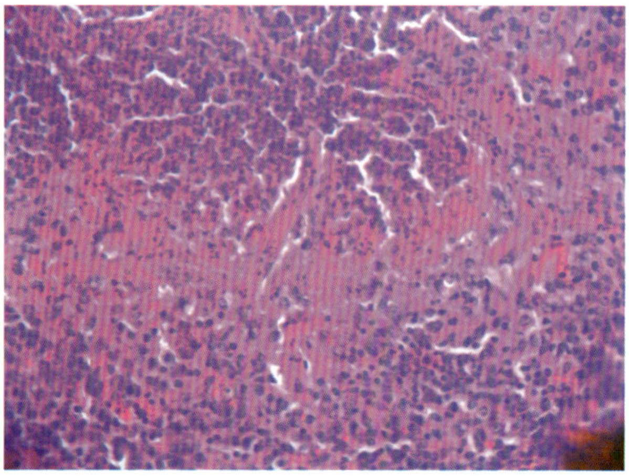

图 1-9　病牦牛肺脏切片，可见肺结核结节，结节中可见大量上皮样细胞浸润　（吴庆侠　董海龙　供图）

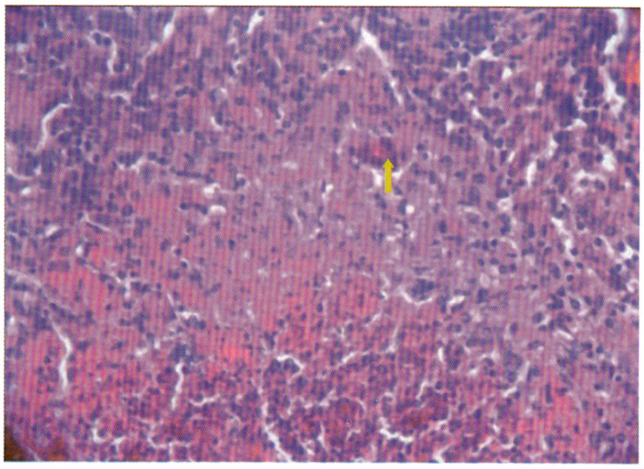

图 1-10　病牦牛肺脏切片，可见肺结核结节，坏死组织周围有多核巨细胞浸润（黄色箭头），其细胞核分裂，细胞质不分裂，核排列为马蹄样　（吴庆侠　董海龙　供图）

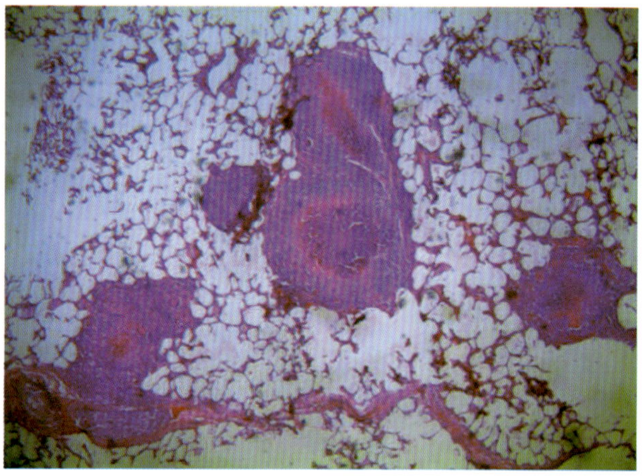

图 1-11　病牦牛肺脏切片，可见肺结核结节，结节部位肺泡结构消失，坏死，失去换气功能　（吴庆侠　董海龙　供图）

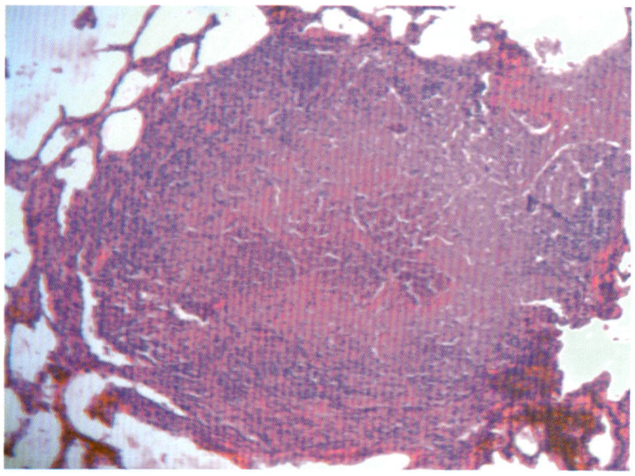

图 1-12　病牦牛肺脏切片，可见肺结核结节，结节最中心为无定型结构的坏死物　（吴庆侠　董海龙　供图）

第四节 牦牛产气荚膜梭菌病

牦牛产气荚膜梭菌病又称为牦牛魏氏梭菌病，由产气荚膜梭菌所致的急性传染病。以发病急、病程短和死亡率高为特征，多表现为肠毒血症。产气荚膜梭菌在临床上属于条件致病菌，在自然界和动物的胃肠道中均有广泛分布，最初在野生动物，包括野猪和山羊等体内分离鉴定到病原菌，随后逐渐传播到家畜当中，为世界各地的畜牧业带来了困扰。我国牦牛群中该病时有发生，以散发为主。

一、病原

1. 形态及染色特征

产气荚膜梭菌（*C. perfringens*）旧称魏氏梭菌（*Clostridium welch*），菌体两端钝圆，革兰氏阳性直杆菌，长 1.3～19.0 μm，宽 0.6～2.4 μm。单在或成双，无鞭毛，不运动。在动物体内能产生卵圆形芽孢，位于菌体中央或近端，使菌体膨胀为梭形，但在一般条件下罕见形成芽孢。多数菌株可形成荚膜，荚膜多糖的组成可因菌株的不同而有变化。

2. 培养特性

本菌对厌氧程度的要求并不严。对营养要求不苛刻，在普通培养基上可生长，若加葡萄糖、血液，则生长更好。A 型、D 型和 E 型菌株的最适生长温度为45 ℃，B 型和 C 型为 37～45 ℃，多数菌株的可生长温度范围为 20～50 ℃，少量菌株于 6 ℃有一定的繁殖力。此菌生长非常迅速，在适宜的条件下增代时间仅为 8 min。据此特性，可用高温快速培养法进行选择分离，即在 45 ℃下每培养 3～4 h 传代一次，可较易获得纯培养。

在绵羊血琼脂平板上，可形成直径 2～5 mm、圆形、边缘整齐、灰色至灰黄色、表面光滑半透明、圆屋顶状的菌落，偶尔出现裂叶状边缘的粗糙菌落及丝状边缘的不规则扁平菌落等。菌落周围有溶血环，在兔、绵羊、牛、马或人血琼脂平板上，大多数菌株可产生双环溶血，内环为由 θ 毒素所引起的完全溶血，外围由 α 毒素产生不完全溶血环，一些 B 型和 C 型菌株在绵羊或牛血琼脂平板上可由 δ 毒素产生较宽溶血环。

在卵黄琼脂平板上，产生的 α 毒素（卵磷脂酶）分解卵黄中的卵磷脂致使菌落周围出现乳白色浑浊圈，此反应可被 α 抗毒素抑制。

在 PYG（含蛋白胨，酵母浸膏及葡萄糖各 1%）肉汤中培养呈均匀浑浊，或有黏稠沉淀物；在 PYG 琼脂深层中培养可产生大量气体；在厌氧肉肝汤中，培养 5～6 h 即呈均匀浑浊，并产生大量气体（H_2 和 CO_2）。

3. 生化特性

本菌最为突出的生化特性是对牛乳培养基的“汹涌发酵”。接种培养 8～10 h 后，发酵牛乳中的乳糖同时产生大量气体使凝块破裂成多孔海绵状，严重时被冲成数段，甚至喷出管外，也有例外的菌株。

4. 抵抗力

本菌在含糖的厌氧肉肝汤中，因产酸于几周内即可死亡，而在无糖厌氧肉肝汤中能生存几个月。芽孢在 90 ℃ 30 min 或 100 ℃ 5 min 死亡，而食物中毒型菌株的芽孢可耐煮沸 1～3 h。芽孢对一般消毒剂有抵抗力，繁殖体抵抗力较弱。有效的消毒剂有 3%福尔马林、6%～10%漂白粉、0.2%升汞等。

5. 分型

毒素以小写希腊字母表示，目前已知至少有 15 种，均为蛋白质，分子量 40 ku 以上，其中 α、β、ε 和 ι 是主要致死毒素。依据主要致死性毒素与其抗毒素的中和试验可将此菌分为 A(α)、B(α、β、ε)、C(α、β)、D(α、ε)和 E(α、ι)5 个型。另外，A 型和 C、D 型的某些菌株可产生肠毒素。

二、流行病学

不同年龄、不同品种的牛均可感染发病，且四季均可发生。发病牛多为体格强壮、膘情较好者。犊牛和幼龄牛也易感。传染源是病牛和带菌者，通过污染的饲料、垫草、饮水传播，露水地和低洼地放牧也常引起发病。多经消化道感染，多发于春、秋两季，多呈散发或地方流行。

三、临床症状

患病牛病程长短不一，短则数分钟至数小时，长则 3～4 d 或更长；有的呈跳跃式发生。临床症状主要有以下 3 种表现。

1. 最急性型

无任何前驱症状，在放牧、拴系、使役时，突然出现异常，四肢无力，行走或站立不稳。强行驱赶，不思行走，或倒退或步履不稳，摇摆缓步；精神沉郁，头触地呆立；肌肉发抖，尤以后躯为甚；起卧、跳跃后跌于地，四肢呈游泳状划动，头颈向后伸直，鸣叫数声不久死亡。病程最短的几分钟，最长的1～2 h。也有的头天晚上正常，第2天发现死在厩舍中。死后腹部迅速胀大，口腔流出带有红色泡沫的液体，舌脱出口外，肛门外翻（图1-13、图1-14）。

2. 急性型

牛体温升高或正常，呼吸急促，心跳加快，精神沉郁或狂躁不安，食欲不振甚至废绝，耳鼻、四肢发凉，全身颤抖，行走不稳。出现症状后，病情发展迅速，倒地、四肢僵直，口腔黏膜发绀，大量流涎，腹胀、腹痛，全身肌肉抽搐震颤，口流白沫，倒地后四肢划动，头颈后仰，狂叫数声后死亡。

3. 亚急性型

病牛呈阵发性不安，发作时两耳竖直，两眼圆睁，表现出高度的精神紧张，后转为安静，如此周期性反复发作，最终死亡。急性和亚急性病牛有的发生腹泻，肛门排出含有多量黏液、呈酱红色并带有血腥异臭的粪便（图1-15），有的排粪呈喷射状水样。病畜频频努责，表现里急后重。

四、病理变化

严重的肠黏膜坏死，部分覆盖伪膜，肠内容物呈带血稀液状。肠系膜淋巴结肿胀出血，实质器官变性。C型菌病牛尸体体腔含有大量液体，黏膜呈黑红色，肠腔出血含有带血食物，浆膜有大量出血点，肺充血水肿（图1-16、图1-17）。D型菌病畜肠、心、肺的浆膜面和胸腺散布不规则出血点，肺充血水肿，心包囊含有大量液体。C型和D型菌还引起中枢神经系统水肿和肾病变。

五、诊断

结合流行特点、临床症状和病理变化可做出初诊。但由于发病急、病程短，多无明显症状而突然死亡，病理变化复杂，所以确诊应依据实验室细菌学检查及毒素检查。

1. 细菌镜检

取肠内容物或病变部黏膜刮取物涂片染色镜检，阳性病例可见大量产气荚膜梭菌，革兰氏阳性大杆菌，多单在，两端钝圆（图1-18），部分菌体有中央或近端芽孢，呈梭形。

2. 细菌分离培养

将病变部肠内容物接种厌氧肉肝汤，80 ℃水浴15～30 min后置37 ℃培养24 h，再用培养液接种葡萄糖血液琼脂平板分离细菌。选取有溶血环的可疑菌落，进行细菌鉴定（图1-18）。同时对分离菌进行厌氧肉肝汤培养，培养物做毒素检查。

3. 毒素检查与鉴定

正常人畜肠道中常有本菌存在，动物也很容易于死后被侵染。因此，从病料中检出该菌，并不能说明它就是病原，只有当分离到毒力强的菌株时，才具有一定的参考意义。因此，检查肠内容物毒素更为重要。具体方法为取回肠内容物，经离心沉淀后取上清液分成两份，一份不加热，一份60 ℃ 30 min处理，分别静脉注射家兔（1～3 mL）或小鼠（0.1～0.3 mL）。如有毒素存在，不加热组动物常于数分钟至若干小时内死亡，而加热组动物不死亡。若要确定毒素的类别，需进一步做毒素中和保护试验。目前已采用多重PCR等分子生物学方法用于毒素基因的检测，快速方便，可参考中华人民共和国农业行业标准NY/T 3073—2017《家畜魏氏梭菌病诊断技术》。

六、防治

（一）预防

本病发病急、病程短，死亡率高，往往来不及救治。应采取加强饲养管理，严格圈舍和环境消毒，定期预防接种等综合措施。应注意避免低洼潮湿地放牧，提高日粮粗饲料比例。如果牛场发生过该病或者饲养管理水平较差，可考虑使用疫苗进行免疫接种，免疫时间、方法及剂量可按照疫苗使用说明书操作。对于发病牛场，可给全部牛紧急接种多联浓缩苗。

确诊为产气荚膜梭菌病时，迅速隔离病畜。贵重的轻症病畜可用同型高免抗毒素血清静脉注射治疗，宰杀重症病畜。销毁病死和宰杀动物的内脏、病畜粪便和其他污染物，高温处理病畜肉尸。对被污染的圈舍、场地和用具等，用0.2%升汞、6%～10%漂白粉或3%福尔马林溶液进行消毒。

（二）治疗

目前尚无有效的治疗措施，一般遵循强心补液、解毒、镇静、调理肠胃的原则，进行对症治疗。给予强心剂、肠道消毒药、抗生素等药物，如青霉素、四环素、安痛定、甘露醇等；如果病牛发生酸中毒，可静脉注射碳酸氢钠溶液，并配合肌肉注射适量的维生素C溶液；采用同型的高免血清治疗，对症加减，也可收到一定的效果。

（罗润波）

图 1-13　病牦牛死亡后，舌头脱出口外　（高家登　供图）

图 1-14　病牦牛死亡后，肛门外翻　（高家登　供图）

图 1-15　病牦牛排出的含有多量黏液、呈酱红色并带有血腥异臭的粪便　（高家登　供图）

图 1-16　病牦牛剖检可见肺脏充血、湿润　（高家登　供图）

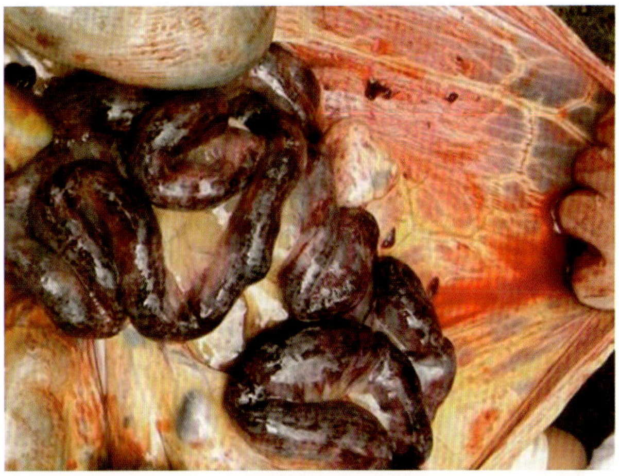

图 1-17　病牦牛剖检可见肠道充血、出血　（高家登　供图）

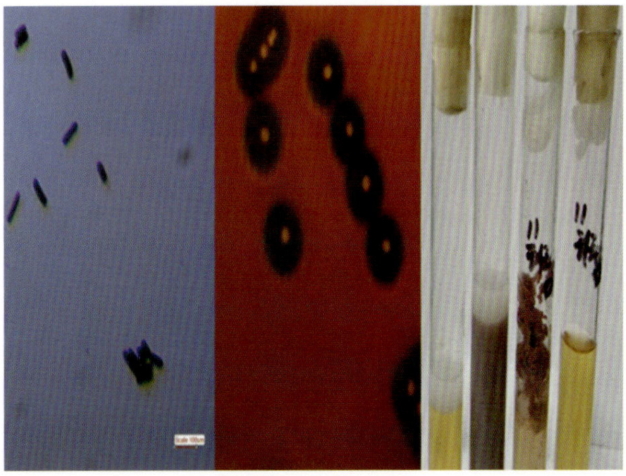

图 1-18　牦牛产气荚膜梭菌为革兰氏阳性大杆菌，多单在，两端钝圆（左 1）；葡萄糖血液琼脂平板上可见明显的溶血环（左 2）；石蕊牛奶培养基中“汹涌发酵”，厌氧肉肝汤培养基中明显产气（左 3）　（罗润波　供图）

第五节 牛羊片形吸虫病

牛羊寄生虫病发生较为普遍，牛羊一经染病，轻者消瘦，生长缓慢，生产力下降，影响毛皮质量，重者死亡，往往给养殖企业带来严重的经济损失。片形吸虫病是由片形吸虫寄生在牛、羊等反刍动物为主的各种家畜的肝胆管中所引起的一种较严重的蠕虫病，俗称肝蛭病。人偶尔也可感染。本病多发生在低洼地、湖泊和沼泽等地带，南方春、夏、秋三季，北方夏、秋两季为主要感染季节。

一、病原及生活史

片形吸虫有肝片形吸虫和大片形吸虫 2 种。成虫形态基本相似，虫体扁平，呈柳叶状，是一类大型吸虫(图 1-19、图 1-20)。肝片吸虫的虫卵在显微镜下呈椭圆形，颜色为黄褐色。虫卵大小为(116～132) μm×(66～82) μm，虫卵前段狭窄，可以看到一个不明显的卵盖，后端相对圆润。卵壳呈透明，较薄，其内可观察到卵黄细胞。肝片吸虫成虫形态虫体长 20～30 mm，宽 5～13 mm，体形扁平如叶片状。头椎向前突出，基部平展。虫体中间宽扁，向后逐渐变窄。虫体颜色呈棕红色，在使用酒精固定后呈现灰白色。大片形吸虫的形态与肝片形吸虫基本相似，其区别为虫体较长大，长 25～75 mm，宽 12 mm；肩部不明显；虫体两侧缘比较平行，后端钝圆；虫卵深黄色、较大，有长圆形、卵圆形和椭圆形 3 种类型，长圆形和椭圆形最为常见。卵大小为(14～208) μm×(70～109) μm，平均 164 μm×92 μm。片形吸虫虫卵随感染动物的胆汁进入消化道，随粪便排出体外。适宜的条件下孵出毛蚴，毛蚴在水中遇到中间宿主后即钻入体内，经胞蚴、雷蚴，发育成尾蚴，从螺体逸出后，附着在植物或在水面上形成囊蚴，被牛羊吞食后，在消化道内幼虫脱囊，进入胆管或穿过肠壁进入腹腔，经肝表面进入肝脏胆管发育为成虫。

现有的研究表明，小土蜗(图 1-21)和耳萝卜螺(图 1-22)均为肝片吸虫的重要中间宿主，成虫在感染动物后，移行至动物胆管，在动物胆管生长发育。25～26 ℃为肝片吸虫虫卵最佳的发育温度，在光照适宜和氧气充足的环境下生长发育成毛蚴，其间经历 10～20 d。虫卵经过发育形成毛蚴，后在其生活的水域中寻找中间宿主，寻找到其中间宿主后进入中间宿主体内生长发育。在水中未找到中间宿主的毛蚴无法存活过久，毛蚴必须在 6～36 h 内找到中间宿主并进入其体内才能存活。进入中间宿主后的毛蚴开始繁殖，其繁殖方式主要为无性生殖，毛蚴在中间宿主体内发育成为胞蚴，胞蚴生长发育形成雷蚴，雷蚴阶段的肝片吸虫从未成熟的母雷蚴到成熟的母雷蚴(图 1-23、图 1-24)，后形成子雷蚴(图 1-25)，最后到尾蚴(图 1-26)阶段，到尾蚴阶段就拥有了感染动物能力。尾蚴成熟后将离开中间宿主。从毛蚴感染中间宿主再到尾蚴逸出这一阶段共耗时 35～50 d。一个毛蚴在进入中间宿主体内后，经过无性繁殖到尾蚴阶段，这一阶段可以生长繁育出上百个甚至数百个尾蚴。尾蚴拥有尾巴，可以自由地在水中游动，从螺体内逸出的尾蚴吸附在水草上，在水草上发育成为囊蚴(图 1-27)。水草上的囊蚴等待终末宿主在水域附近饮水或食用水草时，经过口腔进入终末宿主体内，终末宿主因此受到感染。囊蚴在进入口腔后到达十二指肠，在十二指肠处进行脱囊，脱囊后的童虫通过肠壁进入腹腔，后通过肝包膜进入肝脏内，最终经过移行到达其最终寄生部位——胆管。

二、流行病学

1. 分布

片形吸虫病起源于欧洲，之后随着牲畜的流动几乎传遍全球；是我国分布最广泛、对草食动物危害最严重的寄生虫病之一。无论农区、牧区、半农半牧区，放牧或舍饲的草食动物均可感染与发病。

2. 终末宿主

终末宿主范围广泛，除绵羊、山羊、黄牛、水牛、牦牛、马、骆驼、家兔、猪、犬、大象、河马、猴、麝外，长颈鹿与梅花鹿等鹿科野生动物亦可感染与发病。其中，牛、羊感染最为多见。

3. 传染源

患病动物和带虫者不断地向外界排出大量虫卵，污染环境，成为本病的传染源。绵羊是片形吸虫最重要的终末宿主，也是主要的传染源，每只羊每天能排出 50 万～300 万个虫卵。牛排的虫卵较少，而且牛在感染后 24 周会将体内成虫排出，造成粪中 2～4 个月无虫卵。实验证明，每一个毛蚴进入螺体以后，可以发育为 100～500 个甚至上千个尾蚴。因此，在畜群中即使有少数片形吸虫病的患畜，也具有严重的危险性。

片形吸虫卵在潮湿无光照的粪堆中可存活8个月以上；虫卵对低温的抵抗力较强，在冰箱（2～4℃）中放置水里17个月仍有60%以上的孵化率。但对干燥敏感，在干燥的粪便内胚胎发育停止。虫卵发育最适宜的温度为不低于12℃，不高于32℃，并需要有一定的湿度。

含毛蚴的虫卵在pH 5.0～7.7（以6.5为适宜）及有阳光的条件下，毛蚴才能由虫卵内孵出。毛蚴在13～14℃的池塘水内最多能活35 h，在13～14℃自来水内经25 h死亡；在0.3～0.6 cm深的浅水层内并在阳光直射下，2～3 h死亡。

4.感染途径

牛、羊等动物因食入含囊蚴的饲草和饮水而经口感染。囊蚴具有极强的抵抗力：在−4℃或−6℃低温下，长时间不会死亡；囊蚴在22～31℃的水中放置80 d仍具有感染力；在潮湿的饲草和水内，能生存3～5个月以上；囊蚴在干燥的叶面上也可存活10 d；青贮饲料中的囊蚴经54～60 d后才丧失感染力。

人主要通过生食水生植物（如水芹等）或喝生水而感染。

5.中间宿主

椎实螺种类多，分布广，常群栖于池塘、溪流岸边、低洼牧地、沼泽地带和水稻田等，在春末、夏季和秋季气候温暖，雨量充沛时大量繁殖。在降雨量高于往年同期水平时繁殖最旺盛，极有利于本病的流行。

6.流行季节本病呈地方性流行

本病多发生在低洼和沼泽地带的放牧畜群内。夏、秋季多发，特别是暴雨之后，由于新鲜水刺激作用，能诱导尾蚴大量逸出，并随着雨后水涨广泛地在草叶上形成囊蚴。在南方本病没有明显的季节性，常年均能感染，但以春、夏两季最为严重。

在多雨的年份，往往没有水洼和沼泽地区的家畜也可大批被感染，特别是长时期把家畜留在潮湿的同一地段放牧时，容易出现肝片吸虫的高度感染。被感染的家畜在同一地段上放牧，并随粪便排出虫卵，越来越严重地污染牧地，经过若干时间，便可以造成再侵袭。

7.西藏流行特点

青藏高原地区牦牛肝片吸虫病呈地区性、季节性流行，每年8—11月份较多发，与中间宿主椎实螺、小土蜗繁殖季节相关。

三、临床特征

患畜除表现消化功能障碍、营养缺乏的一般症状外，还会出现周期性的瘤胃臌胀或前胃弛缓，腹泻，行动缓慢等；如不及时治疗，最后会因极度衰弱而死亡。

四、病理变化

急性感染的牛羊，剖检可见肝脏肿大，包膜下有小出血点和曲折不规则的出血条纹（虫道），有时还可出现局部性肝炎（特别是牛）。慢性病例，由于虫体在胆管中长期寄居，可导致胆管发生慢性增生性炎症和肝实质变性。受损的胆管有的因高度增厚和扩张，呈灰色或白色索状或囊状膨大分布在肝实质中（图1-28），内含污秽的胆汁和吸虫。在牛可见胆管黏膜因盐类沉积变得粗糙，有时胆汁变得浓厚黏稠。肝脏结缔组织大量增生，最后导致硬化。片形吸虫病的病理变化主要在肝、肾等器官表现明显。病死动物的体形消瘦，可视黏膜颜色明显苍白。水肿部位可见黄色胶冻样物质。剖检腹腔可以看见腹腔内积水明显增多，心包内与胸膜腔均有积液，颜色呈透明状。幼虫在机体内穿过十二指肠，给肠壁造成机械性损伤。

肝脏发生病变，可以观察到肝脏肿大明显，触摸变硬、颜色变为暗灰色，且肝脏表面不平整，存在大量的结节，形状如黄豆大小。肝小叶间结缔组织绳索样突出于肝脏表面，且结缔组织存在增生的情况，剖检肝脏和肝管，胆管明显扭曲变形，胆管壁增生肥厚，切开胆管可以看到胆管内部充满大量虫体和胆汁，胆囊内也可以观察到虫体（图1-29），虫体体形呈柳叶状，可以观察到虫体活动，在门静脉和肠系膜也可以观察到许多的幼虫。成虫的体表颜色相同，呈棕褐色，经过酒精固定后，虫体表面的颜色呈现灰白色。观察胆囊可以发现其有明显的肿大，且在胆管壁上可以看到一层钙化物（图1-30），小肠黏膜可以观察到有轻微的水肿。其他脏器一般无明显病变。

五、诊断

活畜可取其新鲜粪便涂片镜下检查虫卵，或用水沉淀法镜检；病死畜剖检时在肝脏等部位发现虫体可确诊（图1-31至图1-33）。粪检可用反复沉淀法，效果较佳。临床常用水洗沉淀法检测虫卵来确诊该病，此法通过采集牛尾的粪便 20～50 g，取 5～10 g 放于干净烧杯中，加水搅拌充分混匀，用双层纱布过滤至另一干净烧杯中，滤液静止 20 min，将上清液弃去，再加水搅匀沉淀，静止 20 min，弃去上清液，反复上述操作 3 次以上，直至上清液清澈为止，吸取最后沉淀渣 1～2 滴滴在载玻片上，盖上盖玻片，在 100 倍的显微镜下观察，若观察到淡黄色，椭圆形、树叶形，双侧壳膜的虫卵，卵中有一个到数十个卵黄颗粒，即可诊断为牛肝片吸虫病（图 1-34）。也有报道指出临床上采用漂浮法、沉淀法和网筛淘洗法等，增加虫卵的密度，观察到肝片吸虫卵或幼虫的判为阳性，检出率高于直接涂片。

六、防治

（一）预防

对寄生虫病的防控，重在日常预防。平时应加强饲养管理，注意卫生，供水清洁，避免在低地或有死水的地点放牧。结合改善牧地排水灭螺或用化学及生物学方法消灭中间宿主，饲养水禽灭螺。多数寄生虫卵随粪便排出，故对粪便应严格处理，集中堆积发酵。有条件的地区实行分区轮牧，使散布在牧地上的虫卵或幼虫在休牧期中死亡。为了防止内寄生虫病的蔓延，每年春、秋两季要进行预防性驱虫。第一次在秋末冬初，或由放牧转为舍饲之后，预防动物冬季发病；另一次在冬末春初，牛羊由舍饲改为放牧之前，避免牛羊在放牧时散播病原；南方地区终年放牧，可进行 3 次预防性驱虫。驱虫后 1～3 d，驱虫后羊群要在指定的草场上放牧（用过的草场需休牧 1 年才可再用），以防止寄生虫及虫卵污染干净牧地，随后才可转移到一般草场，选择高而干燥的草地放牧，饮用清洁水，以防感染。

（二）治疗

发现病畜，应及时采用驱虫药进行救治。防治肝片吸虫最理想的药物是硝氯酚，用量为每千克体重，内服：黄牛 3～7 mg，水牛 1～3 mg，羊 3～4 mg。皮下、肌内注射：牛、羊 0.6～1 mg。本品治疗安全指数较低，用时必须根据牛、羊体重精确计量，以防中毒。

碘醚柳胺：牛、羊每千克体重 7～12 mg，内服。本品对成虫和 8～10 周龄未成熟体均有很好疗效，但对 6 周龄虫体疗效减半。为彻底消除未成熟虫体，用药 3 周后，需再重复用药一次，剂量同上。注射剂对局部组织有一定的刺激性，建议使用时尽量采取内服方法给药。

氯氰碘柳胺钠：用量每千克体重，内服：牛 5 mg，羊 10 mg。皮下注射，一次量，牛 2.5 mg，羊 5 mg。对肝片形吸虫的成虫和幼虫驱杀有良效。

硝碘酚腈：本品是国外传统使用的杀片形虫药物，注射给药患畜吸收良好，杀虫效果更佳。皮下注射，一次量，牛、羊每千克体重 10 mg。本品不能与其他药物混合联用，以免产生配伍禁忌。安全范围较窄，切不可过量使用。个别畜还可能会有局部反应，泌乳期禁用。

对重症病牛应设单槽专人饲养，多给温盐水，少给含脂肪饲料。驱虫 3 d 后，如仍拉稀不止，可应用磺胺脒、呋喃西林、黄连素或其他胃肠道消毒收敛剂。瘦弱和浮肿严重的病畜，静脉注射 25% 葡萄糖溶液，以维护和恢复肝脏功能，强心解毒。

（常振宇　张辉）

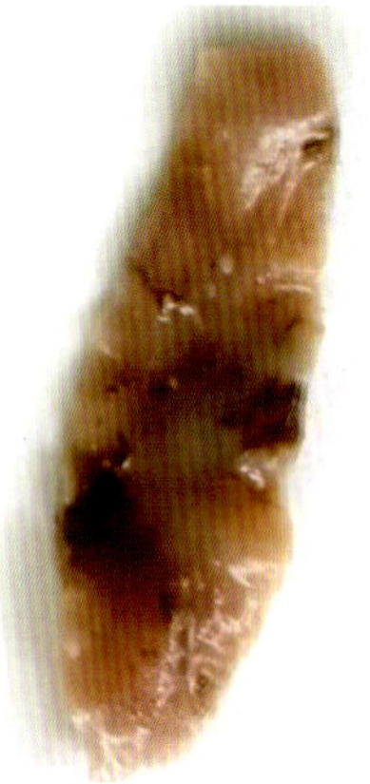

图 1-19　牦牛片形吸虫虫体，外观扁平如树叶，呈棕红色、黄褐色，虫长 20～40 mm，宽 10～13 mm，后部稍尖，口吸盘位于虫体前段　（常振宇　供图）

图 1-20　牦牛肝脏中采集的片形吸虫成虫　（李坤　供图）

图 1-21　小土蜗，有 4 个螺层，螺壳偏小，颜色偏黑，壳宽 2.45 mm，平均为 6.066 mm；壳高 6.8 mm，平均为 7.262 mm；壳口宽 1.83 mm，平均为 3.054 mm；壳口高 3.61 mm，平均为 5.236 mm　（李家奎　供图）

图 1-22　耳萝卜螺，有 4 个螺层，中等大小，壳口宽 6.55 mm，平均为 4.608 mm；壳高 12.03 mm，平均为 9.836 mm；壳宽 7.41 mm，平均为 5.726 mm；壳口高 9.17 mm，平均为 7.304 mm　（李家奎　供图）

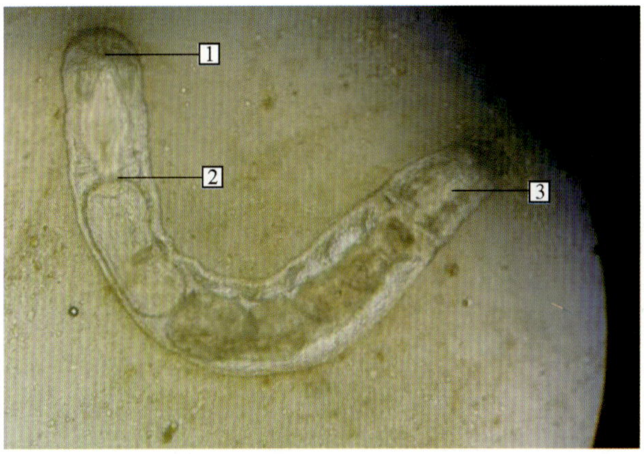

图 1-23　未成熟母雷蚴形态

1. 吸盘；2. 咽；3. 肠　（李家奎　供图）

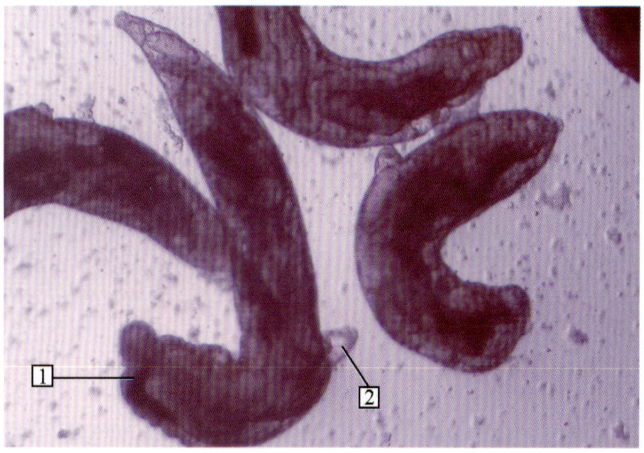

图 1-24　成熟母雷蚴形态

1. 围领；2. 生殖孔　（李家奎　供图）

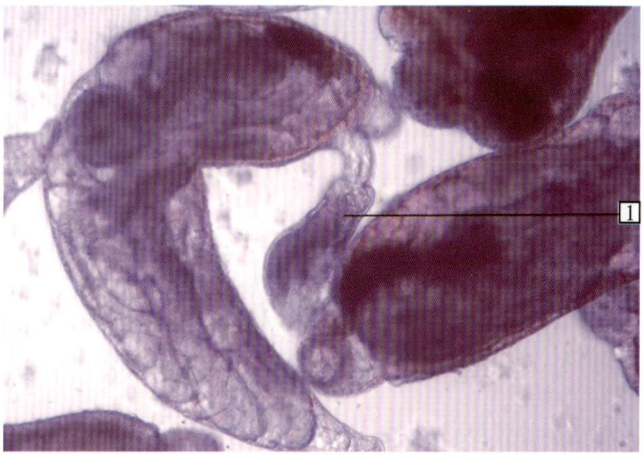

图 1-25　子雷蚴形态

1. 处所指为尾蚴，其余为子雷蚴　（李家奎　供图）

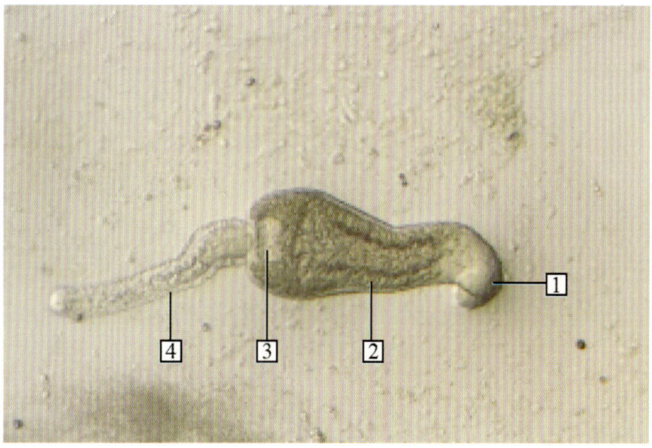

图 1-26　尾蚴形态

1. 口吸盘；2. 肠；3. 腹吸盘；4. 尾　（李家奎　供图）

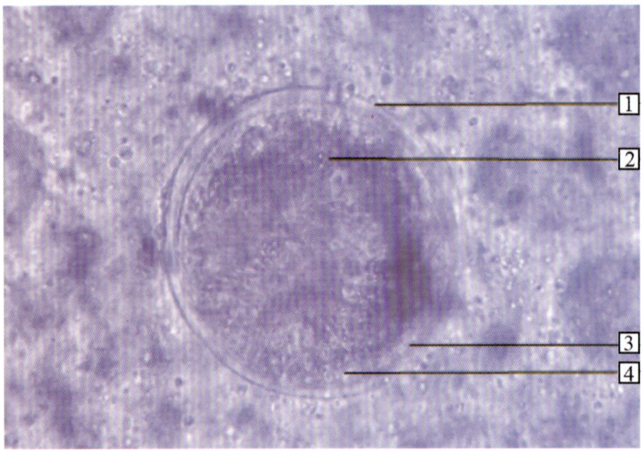

图 1-27　囊蚴形态
1. 外囊壁;2. 虫体;3. 角质层;4. 纤维囊　（李家奎　供图）

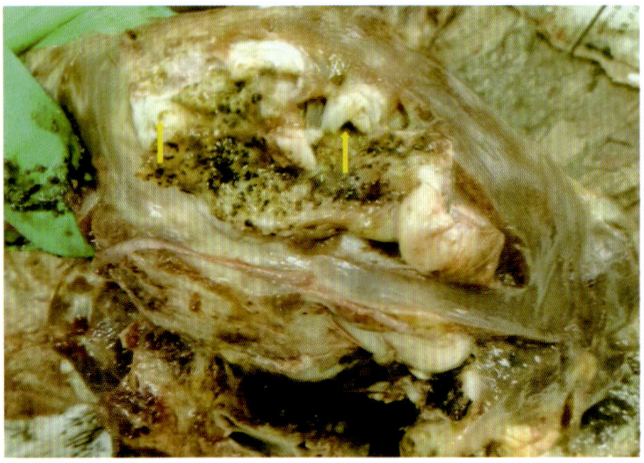
图 1-28　虫体在牦牛肝脏内移行,有白色索状物分布在肝实质中(黄色箭头)　（常振宇　供图）

图 1-29　寄生在牦牛肝脏内的片形吸虫　（常振宇　供图）

图 1-30　寄生于牦牛胆管内的片形吸虫　（常振宇　供图）

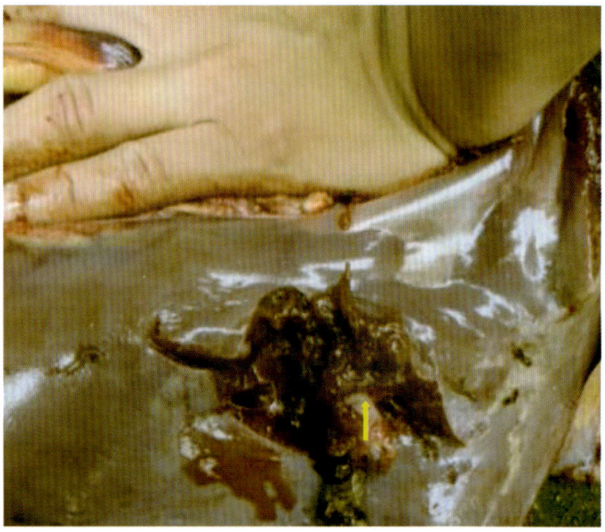
图 1-31　病牦牛剖检肝脏上肝门静脉,能够挤压出虫体　（石斌　供图）

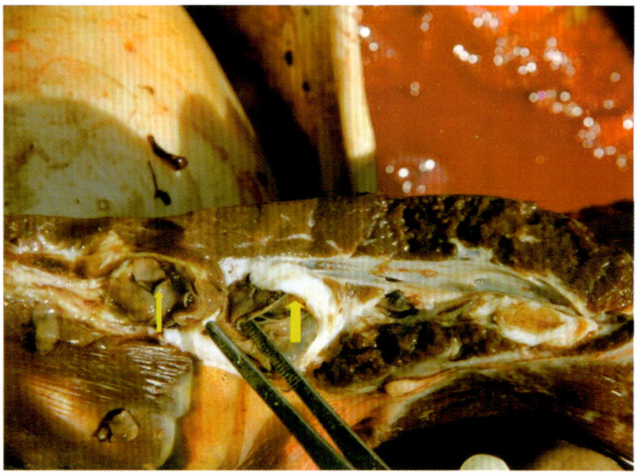
图 1-32　病牛剖检可见肝脏中片形吸虫,多条虫体位于同一包囊中,如箭头所示　（夏晨阳　刘建枝　供图）

图 1-33　病羊剖检可见肝脏中片形吸虫
（夏晨阳　刘建枝　供图）

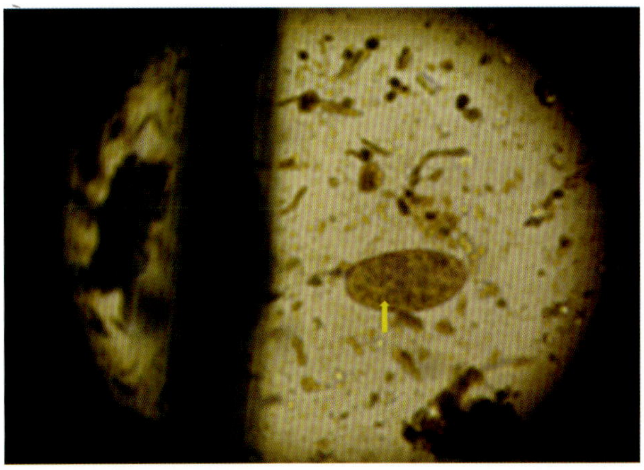

图 1-34　显微镜下观察到的片形吸虫卵　（李坤　供图）

第六节　牦牛前后盘吸虫病

牦牛前后盘吸虫病是由前后盘科、前后盘属、腹袋属等多种前后盘吸虫寄生于牦牛的瘤胃所引起的一种吸虫病，童虫移行造成的危害较严重，该病感染已普遍发生。除平腹属的成虫寄生于盲肠、结肠外，其他多数吸虫均寄生在瘤胃及瘤胃与网胃交界处。成虫可引起病变，但危害更严重的是幼虫在皱胃、小肠、胆管和胆囊移行寄生时，甚至可导致死亡。

一、病原及生活史

前后盘科吸虫是指一类具有口、腹 2 个吸盘的吸虫，其种类繁多，虫体的大小、颜色、形状及内部构造均因种类不同而有差异。特征为虫体肥厚，呈长椭圆形或圆锥形，口吸盘在前端，腹吸盘很发达，位于虫体亚末端，好似虫体两端有沟口，故又名双口吸虫。

常见的前后盘吸虫以前后盘吸虫和腹带科内各虫种为主，如鹿前后盘吸虫、长非策吸虫等。成虫寄生于反刍动物的瘤胃，虫卵随粪便排至外界，虫卵在适宜的条件下经约 2 周孵出毛蚴。毛蚴在水中游动，遇到适宜的中间宿主淡水螺，随即钻入体内，发育为胞蚴、雷蚴和尾蚴。尾蚴大约在螺感染后 43 d 开始钻出螺体内，附着在水草上形成囊蚴。中间宿主是淡水螺。牛等反刍动物吞食含有囊蚴的水草而感染。囊蚴到达肠道后，童虫从囊内游出，在小肠、胆管、胆囊和皱胃内寄生并移行，最后到达瘤胃并发育为成虫。

二、流行特性

1. 分布

呈世界性分布，在我国流行广泛，感染率较高，感染强度大，而大多为混合感染。

2. 终末宿主

反刍动物瘤胃

3. 传染源

宿主因吞食了含有前后盘吸虫囊蚴的水草而感染，成虫大多寄生于家畜的瘤胃，感染强度大。

4. 感染途径

成虫寄生于反刍动物的瘤胃，虫卵随粪便排至外界，虫卵在适宜的条件下经 2 周左右孵出毛蚴。毛蚴在水中浮动，遇到适宜的中间宿主淡水螺类。

5. 中间宿主

前后盘吸虫的中间宿主为锥实螺科的淡水螺。淡水螺主要在湖滨、河沟中都有栖息。它们为水禽提供了饵料，同时也为前后盘吸虫病的传播提供了条件。

6. 流行季节

前后盘吸虫病主要发生于夏、秋两季多雨的年份，特别是长期在湖滩地放牧采食水淹没过的青草的壮龄牛羊较易感。其流行季节主要取决于当地气温和中间宿主的繁殖发育及牛羊的放牧情况。南方常年感染，北方则主要在 5—10 月份感染。在潮湿多雨季节易造成本病的流行。

7. 西藏流行特点

青藏高原地区牦牛前后盘吸虫呈地区性、季节性流行，潮湿多雨季节较多发，与中间宿主淡水螺繁殖季节相关。

三、临床症状

感染前后盘吸虫病的病牛一般症状为被毛粗乱，身体瘦弱。童虫的移行和寄生往往引起急性、严重的临床症状。童虫进入病牛体内，在肠、胃、胆管位置进行寄生、发育及移动，从而造成“虫道”，导致胃肠黏膜受到刺激，使得胃肠黏膜功能受损。在一般症状的基础上伴发顽固痢疾，粪便带血、恶臭，有时可见幼虫。严重的伴贫血，体温升高，嗜中性粒细胞增多并且核左移，嗜酸性粒细胞和淋巴细胞增多。病牛迅速消瘦，精神委顿，食欲废绝，体温升高等恶病质发生，最终衰竭死亡。前后盘吸虫的成虫寄生于胃肠道、胆管或胆囊壁上，吸取营养。感染大量成虫的患病动物通常会表现出精神萎靡、腹泻、消瘦、食欲减退或废绝、贫血、水肿等慢性消耗性症状，但是一般体温正常，不会危及生命。

四、病理变化

剖检可见瘤胃壁上有大量成虫寄生（图 1-35），瘤胃黏膜肿胀、损伤。童虫移行时造成“虫道”，使胃肠黏膜和其他脏器受损，有多量出血点，肝脏淤血，胆汁稀薄，颜色变淡，病变各处有多量童虫。

五、诊断

急性病例的诊断主要根据病牛症状进行，部分病例能够在下痢粪便中检出前后盘吸虫的幼虫。进行剖检后，能够在前胃检出前后盘吸虫，抑或在十二指肠位置检出幼虫。通过粪便检出虫卵，表示牛前后盘吸虫病已经进入慢性阶段。镜检时需要注意与肝片吸虫卵进行区分。

虫体检查。取寄生在病牛瘤胃内虫体（图 1-36），放在 10 倍显微镜下观察，可见虫体呈粉红色的长圆锥形或者梨形，两个吸盘分别位于虫体两端，大小不同，其中大的为腹吸盘，是口吸盘的 1～3 倍，具有典型的前后盘吸虫特征。

虫卵检查。沉淀法是对粪便中的前后盘吸虫虫卵进行检测最有效的方法，利用适当孔径的筛子过滤粪便溶液，杂质的体积较大而不能穿过筛子，虫卵因直径小于筛子的孔径而存在于过滤后的溶液中，将过滤后的溶液静置沉淀或者离心沉淀，对残渣进行镜检查找虫卵（图 1-37）。提取新鲜粪便，放在小玻璃杯中，先添加少量清水，搅拌均匀后再添加 100～200 mL 清水，混合均匀后使用 40～60 目钢砂网进行过滤，滤液静置 20～30 min，弃去上层液体，再向沉渣中添加足够清水，静置后弃去上层液体，连续进行 3～4 次，直到上层液体完全透明，弃去后取大小为高粱米粒的沉渣，放在载玻片上使用显微镜观察（图 1-38）。结果可见不同数量的淡灰色虫卵，呈椭圆形，大小为（120～180）μm×（75～100）μm，一端有盖，卵黄细胞没有将整个虫卵充满，一端存在空隙，另一端拥挤。

还有一种情况可能发生，即当患病动物表现出严重的临床症状时，在粪便内却未能发现前后盘吸虫的虫卵或者只能发现极少量的虫卵。这种情况可能是因为病畜感染的前后盘吸虫仍然处于幼虫阶段，并未开始产卵。此时可对患病动物进行剖检，在胃肠道中发现成虫、幼虫和相应的病理变化，即可确诊。

六、防治

（一）预防

1. 定期驱虫

在牛前后盘吸虫病的高发季节，应当在春、秋两季对牛群投用驱前后盘吸虫的相关药物。

2. 远离中间宿主

定期灭螺。常用的药物有硫酸铜、氨水等。尽量选择地势高而干燥的牧场进行放牧，被囊蚴污染的水草要注意灭虫，加强饲草和饮水的卫生管理。同时建议养牛户在雨季和此病的易感季节尽量减少去被污染的牧地放牧，以减少不必要的经济损失。

3. 严格无害化处理粪便

加强粪便处理，养殖户需要高度重视粪便的处理工作，建立固定的粪便堆放池，而且需要远离养殖区域。春季进行集中发酵处理，将寄生虫卵全部消灭。

4. 其他措施

因地制宜，根据当地情况进行驱虫，如不在低洼、潮湿地带放牧、饮水，以避免牛、羊感染。利用水禽或化学药物灭螺。

（二）治疗

选择硫双二氯酚进行治疗，灌服剂量为每千克体重 40～60 mg。倘若病牛症状较为严重，需要在治疗 10 d 后再灌服 1 次硫酸二氯酚进行驱虫处理，同时给予氯硝柳胺进行治疗，灌服剂量为每千克体重

60～70 mg。如果所用的药剂为粉剂，则需要增加适量的面粉，将其调制成稀糊粥状进行灌服。

（贡嘎　张丽鸿）

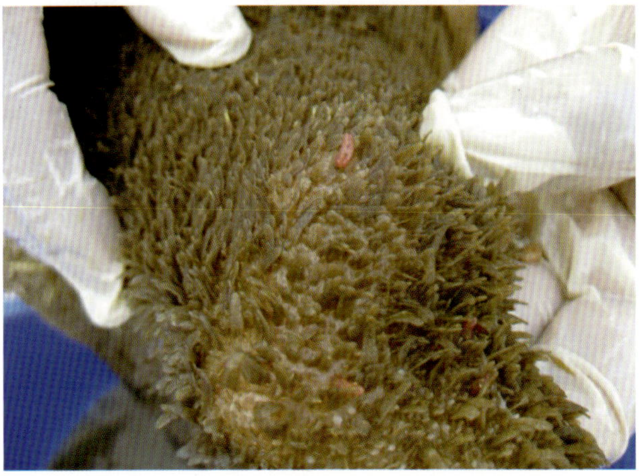

图 1-35　病牦牛剖检可见网胃壁上寄生的前后盘吸虫成虫
（李家奎　供图）

图 1-36　病牦牛剖检可见网胃内寄生的前后盘吸虫虫体
（李家奎　供图）

图 1-37　病牦牛剖检可见瘤胃上寄生的前后盘吸虫虫卵
（夏晨阳　供图）

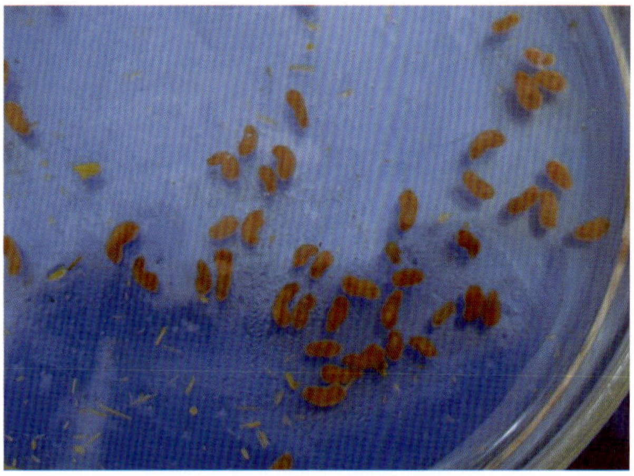

图 1-38　牦牛胃上寄生的前后盘吸虫虫卵（李家奎　供图）

第七节　牦牛东毕吸虫病

牛、羊东毕吸虫病是由分体科东毕属的各种吸虫寄生于牛、羊的门静脉和肠系膜静脉内引起的一种血吸虫病（图 1-39）。东毕吸虫除感染牛、羊外，还可感染多种家养和野生哺乳动物。东毕吸虫的尾蚴亦能感染人，引起尾蚴性皮炎，为人兽共患寄生虫。该病在我国分布极其广泛，但以东北、西北和内蒙古较为严重，西藏也常见到该寄生虫病。该寄生虫可引起牛、羊死亡。在我国危害牛羊的常见病原虫种为土耳其斯坦东毕吸虫（*Orientobilharzia turkestanicum*）。

一、病原及生活史

土耳其斯坦东毕吸虫为雌雄异体，通常为雌雄合抱，雌虫寄居于雄虫的抱雌沟内。虫体呈线形，雄虫乳白色，雌虫暗褐色，在光镜下体表光滑无结节，但在电镜下体表则有结节和小棘。雄虫大小为（4.0～5.6）mm×（0.2～0.5）mm。虫体前端略扁平，后部体壁向腹面卷曲形成“抱雌沟”（图 1-40、图 1-41）。口吸盘和腹吸盘均不甚发达，二者相距较近。活体观察时，腹吸盘具有伸出腹面体表的能力。无咽。食道在腹吸盘前方分为两条肠管向后延伸，到虫体后部再合并为一条单肠管，到达体末端，单肠管的长度为双管部分的两倍多。睾丸为 68～80 个，呈圆形或椭圆形小颗粒状，位于腹吸盘的后下方，呈不规则的双行排列，只有个别的按单行排列。生殖孔开口于腹吸盘后方；雌虫大小为（3.7～6.4）mm×

(0.03～0.04) mm,较雄虫纤细,略长。卵巢呈螺旋状扭曲,位于两条肠管合并处之前后。卵黄腺位于自卵巢后方开始的肠单干两侧,并一直到肠管末端。子宫短,在卵巢前方,子宫内通常只含有一个虫卵。虫卵长椭圆形,无卵盖,大小为(72～77) μm×(16～26) μm,两端各有一个附属物,一端较尖,另一端钝圆(图1-42)。

生活史:雌雄成虫合抱寄生于牛、羊等哺乳动物的肠系膜静脉内产卵。虫卵随血液循环到肠壁或肝脏内形成结节。胚细胞在卵壳内发育形成毛蚴,毛蚴分泌溶细胞物质并透过卵壳破坏血管壁和肠壁,从而使虫卵进入肠道,随粪便排出体外。进入肝脏内的虫卵,则形成结节逐渐钙化。虫卵在适宜条件下孵出毛蚴,毛蚴在水中遇到椎实螺类的淡水螺(图1-43)即钻入其体内,经过母胞蚴、子胞蚴发育为尾蚴。(图1-44)尾蚴从螺体逸出后,通过皮肤进入动物体内,发育为童虫,移行经肺进入肠系膜静脉和肝门静脉,发育为成虫。毛蚴侵入螺体发育至尾蚴形成约需1个月;从尾蚴侵入牛、羊发育至成虫需1.5～2个月。中间宿主为椎实螺科的淡水螺。

二、流行病学

东毕吸虫病主要流行于欧洲和亚洲,以印度、伊朗和中国最为严重。在我国分布极其广泛,有24个省区有本病存在,但主要流行于东北、内蒙古和西北地区。羊的感染强度往往高达3万条以上,可引起羊只死亡。

终末宿主有绵羊、山羊、黄牛、水牛、骆驼和马属动物及一些野生的哺乳动物,主要危害牛和羊。家兔、小鼠、豚鼠、恒河猴等动物可人工感染,人也可以被东毕吸虫尾蚴感染,引起尾蚴性皮炎。该病是伊朗里海地区和我国吉林、四川、黑龙江人类稻田皮炎的主要类型,在公共卫生上有重要意义。

各种年龄的易感动物均可感染,一般成年动物的发病率高于幼年动物,外地新引进的牲畜发病率和感染强度明显高于本地品种,而且感染后所表现的临床症状更明显。在家畜中,牛、羊最易感,黄牛的感染率高于水牛,山羊高于绵羊。

本病具有一定的季节性,一般从5—10月份感染流行,北方地区多于6—9月份,牛、羊在低洼牧地放牧、水中吃草或饮水时经皮肤感染。

三、临床症状

东毕吸虫病常呈慢性经过。病畜表现为腹泻、贫血、下颌水肿、体瘦毛焦和发育不良,母畜不孕或流产,严重者发生死亡。但在多雨年份常引起急性暴发,病畜表现为食欲不振、精神沉郁,体温升高到40 ℃以上,行动缓慢,放牧时常落群,并很快死亡,死亡前母羊常流产。

四、病理变化

1. 剖检病变

(1)肝脏　体积增大或缩小,被膜增厚,表面凸凹不平,质较硬,在表面与切面上可见散在的黄白色虫体结节或点状出血(图1-45)。在门静脉分支的小血管内可见数量不一的虫体,并可见血栓形成。

(2)小肠　肠管增粗,肠壁变厚,黏膜增生,形成皱襞。浆膜上可见粟粒大的虫体结节。

(3)大肠　肠黏膜充血、出血、糜烂或溃疡。

(4)胃　皱胃病变明显,黏膜充血、出血,散在有线状溃疡。

(5)肠系膜　除静脉内有虫体寄生外,浆膜上可见密集的灰白色虫体结节(图1-46)。

(6)脾脏　被膜增厚,其上可见散在的灰白色虫体结节。

(7)淋巴结　肿大,切面多汁。

2. 镜检病变

(1)肝脏　除在门静脉血管内膜、肝小叶门管区及肝小叶内有虫体结节外,尚见肝细胞变性或灶状坏死,枯否细胞内见红褐色的色素沉着,间质结缔组织增生(图1-47、图1-48)。

(2)小肠　黏膜上皮细胞变性、坏死、脱落,固有层充血,嗜酸性粒细胞、淋巴细胞及巨噬细胞等浸润,并可见虫卵沉积。黏膜下层静脉血管内可见有虫体出现(图1-49、图1-50)。浆膜水肿,浆膜下有虫体结节。肠壁内淋巴小结增多,亦可见到虫卵结节(图1-51)。

(3)大肠　黏膜上皮细胞增生、变性、坏死和脱落,黏膜下层与小肠变化相似。

(4)肺脏　肺泡壁毛细血管充血,淋巴细胞、嗜酸性粒细胞及中性粒细胞浸润,并见多量的褐色色素沉着。在肺静脉血管内可见到虫体,肺泡壁内有虫体结节。

（5）淋巴结　被膜与小梁结缔组织增生，大多数病例在肝门淋巴结及肠系膜淋巴结的输入淋巴管及小梁静脉内可检出虫体。在皮质和髓质内偶见虫体结节，淋巴细胞减少，网状细胞增生。

（6）脾脏　脾脏内也有大量虫卵结节，结节周围有大量多核巨细胞存在（图 1-52）。

五、诊断

在流行区，根据临床症状和流行病学资料分析，并在粪便检查中检出虫卵或毛蚴时即可做出诊断。

循序沉淀法：因东毕吸虫排卵较少，在粪检时应采集较多的粪便，同时在炎热的夏天，应采取生理盐水替代常水进行水洗沉淀，防止毛蚴过早逸出，影响效果，检出虫卵即可确诊。

毛蚴孵化法：取新鲜粪便 50～100 g，反复洗涤沉淀或尼龙筛兜内清洗后，将粪便沉渣倒入三角烧瓶内，加清水（自来水须去氯）至瓶口，在 20～30 ℃的条件下，经 3～5 h 后用肉眼或放大镜观察，如在离瓶口 2～3 cm 处有白色点状物呈直线来往游动，即是毛蚴。必要时也可以用吸管将毛蚴吸出镜检。

尸体剖检肠系膜静脉内或肝门静脉内发现大量虫体即可确诊。

免疫学方法可采取间接血凝试验、ELISA、斑点免疫金法等免疫学方法进行诊断。

六、防治

（一）预防

在控制本病的发生和流行上，必须采取综合性防治措施。

1. 加强饲养卫生管理

严禁牛、羊接触和饮用“疫水”，特别是在流行区内不得饮用池塘、水田、沟渠、沼泽、湖水，最好饮用井水或自来水。

2. 定期驱虫

在流行区，根据当地地理和气候特征，结合春秋防疫，选用吡喹酮给牛羊驱虫。春季驱虫可以防止东毕吸虫虫卵随粪便传播污染草原，秋季驱虫可以保证动物安全越冬。

3. 杀灭中间宿主

根据椎实螺的生态学特点，因地制宜，结合农牧业生产，采取有效措施，改变淡水螺的生存环境条件，进行灭螺；也可以使用硫酸铜、五氯酚钠、氧乙胺等杀螺剂灭螺，但要防止人畜中毒和污染环境。最好的方法是养殖水禽进行生物灭螺。

4. 加强粪便管理

将粪便堆积发酵，以杀灭虫卵，防止散布病原。

（二）治疗

用药物如下。

目前常用的药物为吡喹酮，牛、羊按每千克体重 25～35 mg，1 次口服。严重感染者可适当降低药量，间隔 3～5 d 再用药 1 次，以防大量死亡虫体被机体吸收引起中毒。

人体尾蚴性皮炎的治疗主要以抗过敏和止痒为主。

（吴庆侠　李坤）

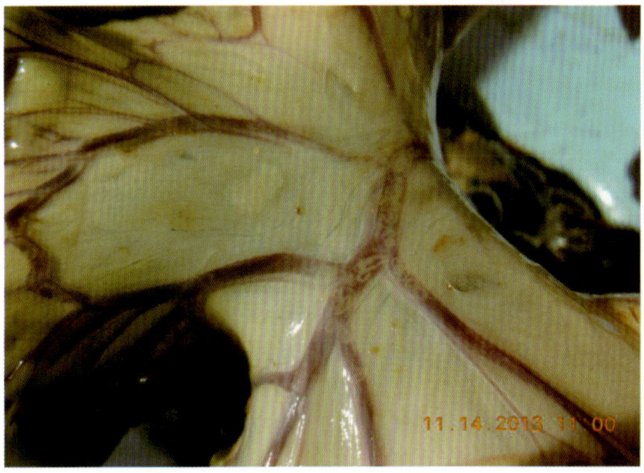

图 1-39　病牦牛剖检可见肠系膜静脉内的东毕吸虫虫体

（夏晨阳　刘建枝　供图）

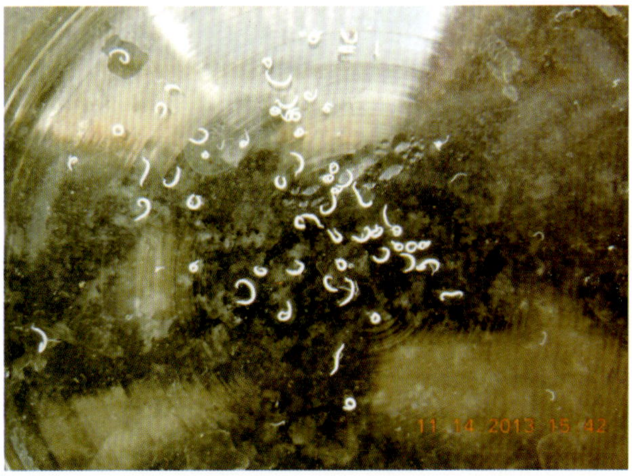

图 1-40　东毕吸虫雄虫大小为（4.0～5.6）mm×（0.2～0.5）mm；雌虫大小为（3.7～6.4）mm×（0.03～0.04）mm

（夏晨阳　刘建枝　供图）

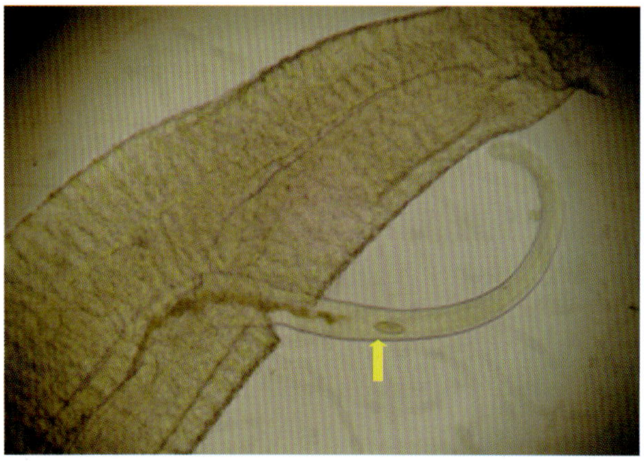

图 1-41　东毕吸虫雌雄合抱虫体，其中雌虫体内可见到虫卵1枚，箭头所示　（夏晨阳　刘建枝　供图）

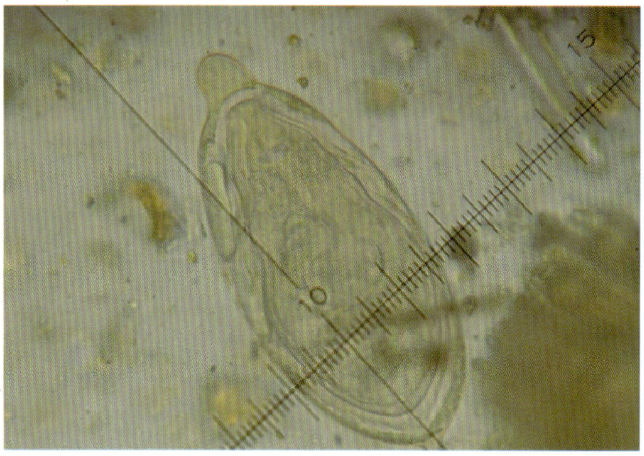

图 1-42　东毕吸虫虫卵，虫卵长椭圆形，无卵盖，大小为(72～77) μm×(16～26) μm，两端各有一个附属物，一端较尖，另一端钝圆　（夏晨阳　刘建枝　供图）

图 1-43　东毕吸虫中间宿主锥实螺类　（夏晨阳　刘建枝　供图）

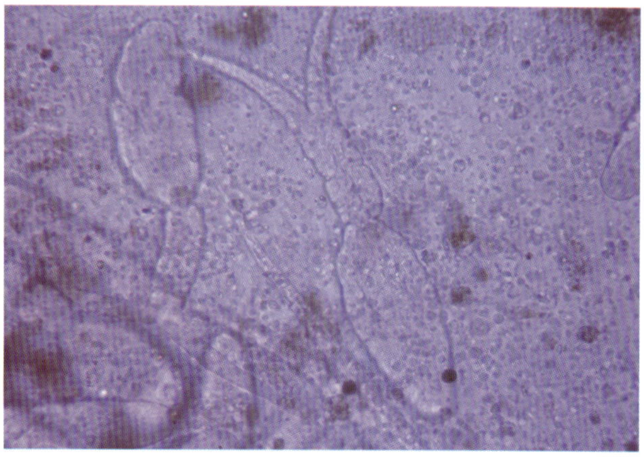

图 1-44　寄生于中间宿主锥实螺类体内的尾蚴　（李家奎　供图）

图 1-45　病牦牛剖检可见肝脏表面凹凸不平、质硬，上有大小不等散在的灰白色虫卵结节　（夏晨阳　刘建枝　供图）

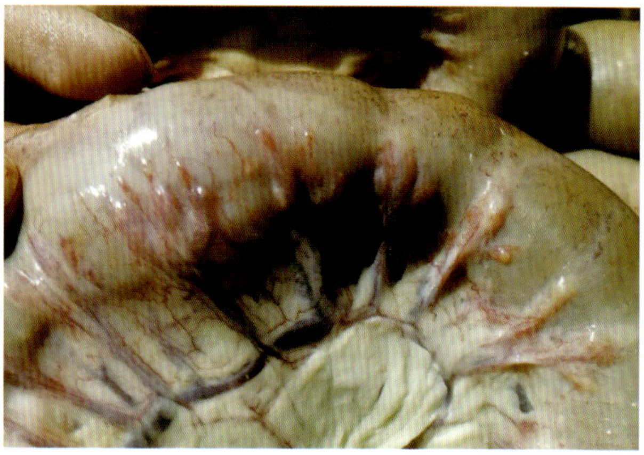

图 1-46　病牦牛剖检可见肠系膜的浆膜上可见密集的虫体结节　（夏晨阳　刘建枝　供图）

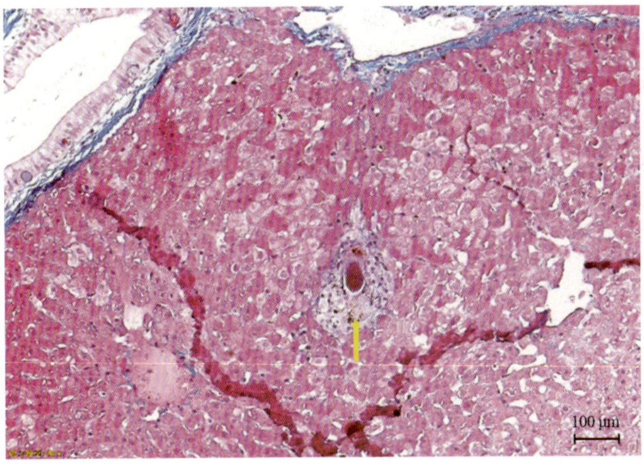

图 1-47　病牦牛肝脏切片，可见肝小叶内的虫卵结节。见箭头所示　（石斌　刘建枝　供图）

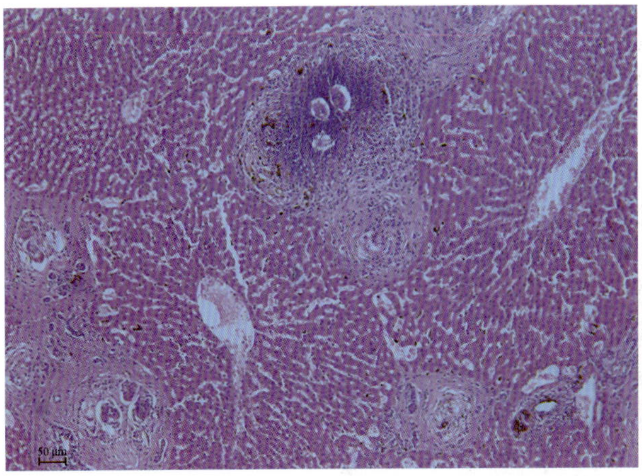

图 1-48　病牦牛肝脏切片，可见肝脏门管区的虫卵结节　（吴庆侠　董海龙　供图）

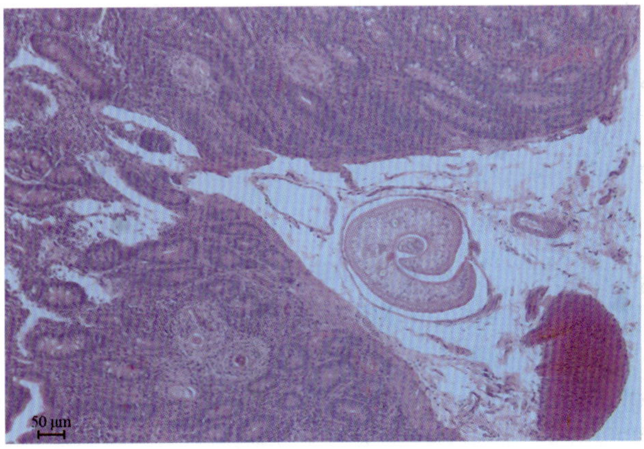

图 1-49　病牦牛肠静脉切片，可见肠静脉内的东毕吸虫。光镜下其体表光滑，无结节　（吴庆侠　董海龙　供图）

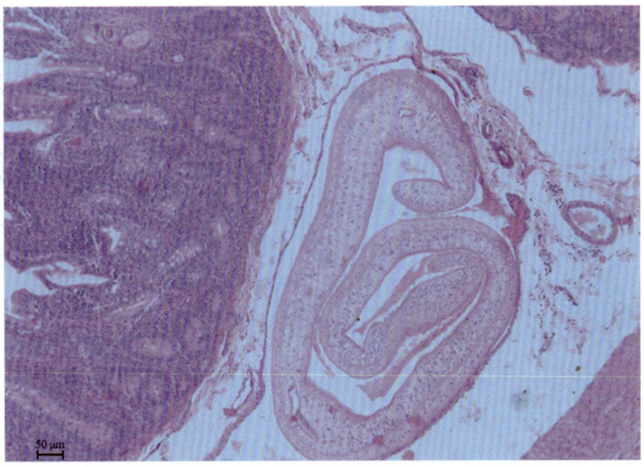

图 1-50　病牦牛肠静脉切片，可见肠静脉内的东毕吸虫，致使血管堵塞较为严重。可能由于血管较细的原因，此处较少见到雌雄合抱的虫体　（吴庆侠　董海龙　供图）

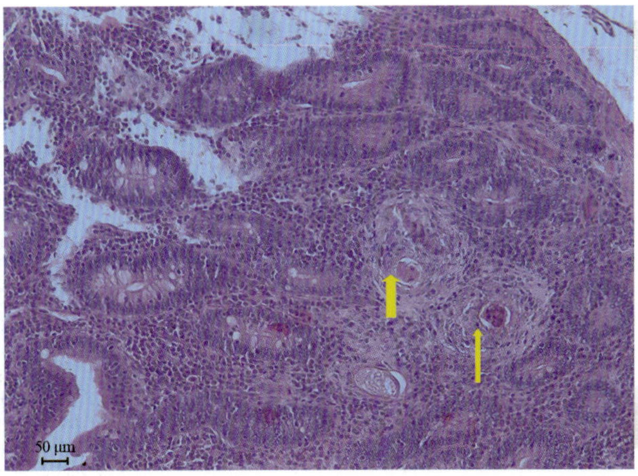

图 1-51　病牦牛肠壁切片，可见肠壁内东毕吸虫的卵形成的虫卵结节（黄色箭头）　（吴庆侠　董海龙　供图）

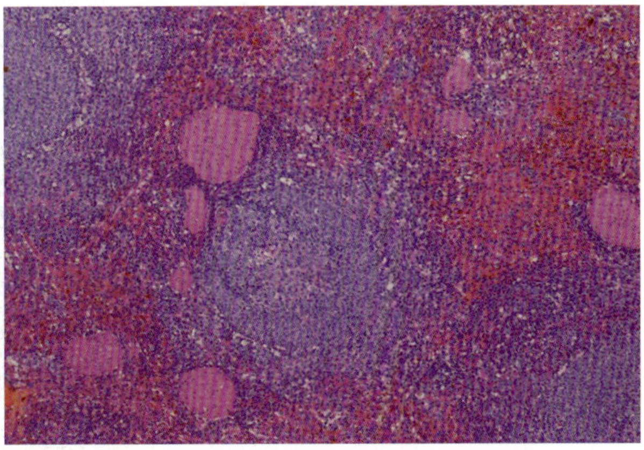

图 1-52　病牦牛脾脏切片，可见脾脏内的虫卵结节　（石斌　刘建枝　供图）

第八节　牦牛脑多头蚴病（脑包虫）

牦牛多头蚴病又称脑包虫病，系带科、多头属的多头绦虫。是由多头绦虫中绦期幼虫寄生于牦牛的脑部与脊髓等部位引起的疾病。多头蚴在牛脑部寄生的包囊大小与位置不同而导致对牛脑部神经压迫程度不同。患病牦牛出现明显的转圈症状，生产和生长性能明显下降，严重时可导致死亡，对牦牛的危害较为严重。

一、病原及生活史

脑包虫又叫脑多头蚴，为乳白色半透明的囊泡，内部充满大量的透明液体，体积大小不一，小的囊泡如豌豆大小，大的囊泡大致有鸡蛋般大小（图1-53），每个囊泡内膜上有大量的原头蚴，数量多达100～250个。囊壁由两层膜组成，外膜为角质层，内膜为生发层，其上有十几个到上百个分布均匀的原头蚴。其发育成熟后演变为多头绦虫，体长可达到50～110 cm，全身由多个节片组成，数量为300～600个，节片为长方形状。多头蚴主要寄生在犬科动物中，如犬和狼类动物之中。其小肠中存在大量成虫，发育成熟后脑包虫的节片会自由脱落，并由宿主以粪便形式排出体外，虫卵污染草、饲料和饮水，中间宿主——牛、羊等吞食后，六钩蚴逸出，钻入肠壁血管，随血液到达脑和脊髓中，经2～3个月发育为脑多头蚴。狐狸、狼、犬是多头蚴的主要宿主，任何年龄段的牦牛都可能感染该病，牦牛脑包虫病多出现在1～3岁左右的幼年牦牛身上，一旦患病会对犊牛正常生长带来巨大影响，如果治疗不及时会导致犊牛死亡。

二、流行病学

1. 分布

全球性分布。主要流行于发展中国家和地区。包虫病在我国也较为高发，以新疆、西藏、宁夏、甘肃、青海、内蒙古、四川等省最为严重。在牧区和半牧区，动物均可能感染和发病。

2. 终末宿主

犬和犬科的多种动物均是其终末宿主，寄生于小肠。

3. 传染源

羊、牛等多种动物和人的感染多因直接接触犬、狐狸，经口感染虫卵，或因吞食被虫卵污染的水、饲草、饲料、食物等而感染。

4. 感染途径

犬和犬科其他动物主要感染途径为食入了带有棘球蚴的动物内脏器官和组织而感染棘球绦虫。

5. 流行特点

本病散布于全国各地，多见于犬活动频繁的地方。

6. 西藏流行特点

高原地区牦牛脑包虫病呈地域性，本病主要在牧区发病率较高，与生活习惯、家畜饲养及与犬接触等因素有关。

三、临床特征

脑包虫对动物的致病作用为机械性压迫、毒素作用及过敏反应等。症状的轻重取决于棘球蚴的大小、寄生部位和数量。牦牛一旦感染，常见食欲减退、消瘦衰弱、呼吸困难或发热等症状。发病初期，病牛临床症状不明显，神经性状况呈间歇性发作。发病中期，病牛会出现明显的神经症状，体温迅速升高，食欲下降，呼吸急促，表现异常，在圈舍内转圈、摇头及冲撞。病牛精神状况不佳，头颈侧歪，无法站立。症状较为严重者，在发病3d左右死亡。此外，牦牛脑包虫病急性发作时会表现的格外异常，出现原地转圈与亢奋的行为，数日后会快速转化为脑炎，紧接着牦牛便会死亡。有的牦牛本身的抗病能力强，牦牛脑包虫病会转为慢性病程，由于脑包虫囊泡寄宿在牦牛脑部，未造成对脑部周边神经的压迫，这些牦牛也就并未出现明显症状，而经过一段时间之后，囊泡数量日益增加，对牦牛脊神经与脑神经的压迫不断增强，随之便会出现各类神经性症状。部分病牛出现神经性症状后，其视力明显下降，渐渐失明。随着脑多头蚴的发育增大，压迫组织，往往出现颅骨凸起，变薄等现象。

四、病理变化

组织病理学检查显著的临床表现为充血、出现脑膜炎或者脑炎的牦牛多为急性死亡，通过对其脑部组织进行实验室检测后可以发现，其脑部内可以看到多头蚴移动的痕迹，对患有慢性病例的牦牛进行实验室检测可以发现，其脊髓和脑部组织中存在大量大小不同的囊泡，在病变部位有穿孔或者骨质疏松等症状，甚至严重部位会出现钙化以及萎缩。

五、诊断

脑包虫病的主要临床症状为四肢麻痹、后退、猛冲、转圈、精神沉郁、精神兴奋、呼吸快速以及体温升高，如果发现牦牛出现上述症状，可初步诊断为脑包虫病。但还要对环境开展详尽调查，询问当地是否有狐狸或者狼出没，附近居民是否养狗。在完成环境调查后，通过病原学检测，如果病牛体内存在多头蚴，即可诊断为脑包虫病。

在临床诊断方面，脑包虫病与脑炎有相似的地方需加以区别。脑炎主要发病于秋季或者夏季，与吸血昆虫频繁活动有关，临床症状更加严重，例如食欲废绝、高热不退、昏迷休克等，在几日内快速死亡。脑包虫病发病没有明显季节规律，牦牛在一年四季均可能患病，比脑炎病程长，慢性型脑包虫病出现症状时间较长，寄生虫是病原体。

根据流行病学资料和临床症状，采用皮内变态反应、间接血细胞凝集试验和酶联免疫吸附试验等方法对动物和人的棘球蚴病有较高的检出率。对动物尸体剖检时，在脑处发现脑包虫可以确诊（图 1-54），采用 X 线和超声波诊断本病。

六、防治

（一）预防

养殖户要高度重视牦牛的饮食卫生状况，严禁随意向犬类动物抛食，一旦犬类动物食用了含有脑包虫的器官与内脏，后果不堪设想。与此同时，加大对犬类动物的管理力度，禁止在牦牛养殖区域范围内养殖家犬。对于已经养殖的家犬，要严格按照规定处理犬类动物排泄物。春、秋两季，要定期采用阿苯达唑、吡喹酮等药物对犬类动物进行驱虫，病情严重的可以多次驱虫。驱虫后的粪便，要进行无害化处理，杀灭其中的虫卵。

为了降低该病的感染率，养殖户需要定期做好驱虫工作，防止饮水、草料以及饲料被虫卵或者节片污染。首先，制定科学的驱虫计划，在秋季和春季进行预防性驱虫；其次，养殖户要用阿苯达唑、吡喹酮定期开展驱虫工作，结合虫害程度决定驱虫次数。

定点屠宰，加强免疫，防止感染有棘球蚴的动物组织和器官流入市场；加强科普宣传，提升养殖户预防意识，根据当地牦牛脑包虫病的流行特点，制定出高效的防治方案。各个部门应提高重视牦牛脑包虫病防治，建立健全兽医防疫平台联网机制，加大政策扶持力度，全面提高牦牛脑包虫病的防治质量与效率。目前，鉴于中间宿主及各地区的地理环境不同，在防控牦牛脑包虫病时务必要做到因地制宜，根据实际情况制定针对性的防治方案。

（二）治疗

1. 手术治疗

针对症状较为严重的病牛，采取手术方法进行治疗。在手术治疗之前，根据牦牛状况，准确确定脑包虫寄生位置。需要对病牛进行充分消毒工作，将寄生于脑浅表的多头蚴采取手术摘除。完成手术之后，需要将病牛养殖于经过消毒的圈舍，确保环境卫生干净，并静脉注射 100 mL 葡萄糖生理盐水＋10 mL 维生素 C，1 次/d，连续注射 3 d 即可。同时需要肌注链霉素 100 万 IU，连续注射 3 d。在治疗期间，养殖户必须要认真做好护理工作。综合治疗 5 d 后，病牛采食基本正常，连续治疗 10 d 后，病牛正常站立、采食、运动，并逐渐恢复健康。做好预防工作，防制措施可参考棘球蚴。

2. 药物治疗

在诊治患有脑包虫病的病牛之前，需要认真做好分群工作，针对慢性病例及发病初期的病例，可以口服驱虫类药物治疗。例如：吡喹酮片，按照 30 mg/kg 的剂量服用，每间隔 1 周服用 1 次，连续服用 3 次即可。然后使用 5％葡萄糖生理盐水 500 mL＋10％磺胺嘧啶钠注射液 100 mL＋10％维生素 C 注射液 50 mL，将药物充分混合后静脉注射即可。针对症状轻微的病牛，采用上述方法治疗 5 周左右的时间，能够起到良好的效果。在治疗期间，要及时做好对圈舍的卫生清洁工作，针对病牛所排出的粪便，要及时进行收集并发酵杀死寄生虫，并对圈舍使用甲酚皂溶液或者氢氧化钠溶液等药物进行喷雾消毒，营造健康的环境。

（张丽鸿　李坤　李家奎）

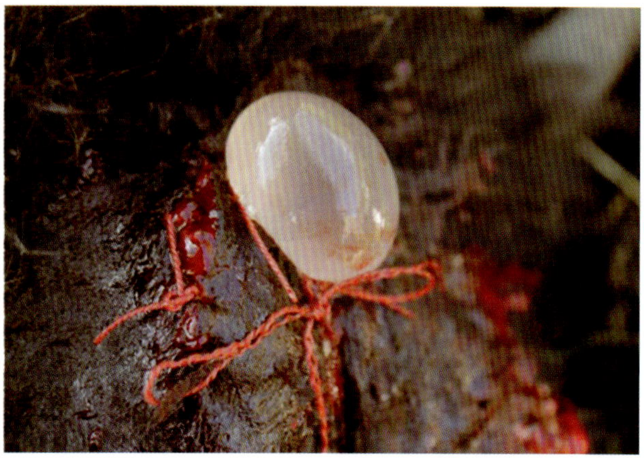

图 1-53　牦牛脑包虫　（李家奎　供图）

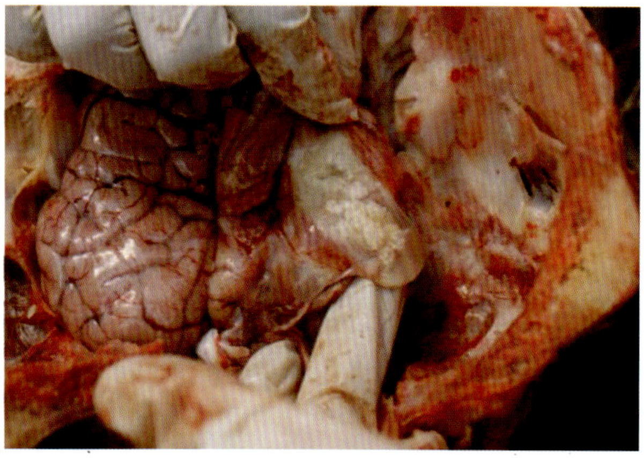

图 1-54　病牦牛剖检可见脑包虫，在其脑部
（夏晨阳　刘建枝　供图）

第九节　牛、羊细粒棘球蚴病

一、病原

1. 棘球蚴分类

棘球绦虫在分类学上属扁形动物门、绦虫纲、圆叶目、带科、棘球属，主要寄生于犬、狼、狐等犬科肉食动物的小肠内；棘球蚴是棘球绦虫的中绦期幼虫，主要寄生于牛、羊、猪等家畜、啮齿类动物及人体内脏器官，是一种严重危害畜牧业生产和人体健康的人畜共患慢性寄生虫病，被粮农组织列为全球第二类严重的食源性寄生虫疾病。世界公认的棘球属绦虫有细粒棘球绦虫、多房棘球绦虫、石渠棘球绦虫、少节棘球绦虫和福氏棘球绦虫 5 种，我国存在前三种。

2. 细粒棘球绦虫的形态结构

细粒棘球绦虫寄生于犬、狼、狐等犬科肉食动物的小肠内，成虫虫体非常小，一般 2～11 mm，雌雄同体。虫体由 4～5 个节片构成，具体分为头节、颈节、幼节、成节和孕节；头节最上部结构为顶突，有两排呈圆圈状大小相间排列的小勾，数量一般在 28～60 个，顶突下部为吸盘，数量为 4 个；成节内有一套雌、雄生殖系统，雄茎囊呈梨形，卵巢呈蹄铁形，睾丸数量为 25～65 个，成节中部稍前为生殖孔的位置；虫体中只有末端节片为孕节，内有 12～15 对侧向囊状分支的子宫。繁殖方式为自体受精，但也存在异体交配的情况，每次能产出虫卵 200～800 个。

细粒棘球蚴寄生于牛、羊、猪、马、骆驼及人的肝脏、肺脏及其他组织器官，其中以肝脏最常见，其次为肺脏，其他内脏较为少见。寄生于内脏器官中的细粒棘球蚴多为球形或近球形的包囊状结构，但由于寄生时间、部位和宿主的不同会使细粒棘球蚴包囊的大小和形状有较大差异。细粒棘球蚴包囊由囊内容物和囊壁构成，囊壁外为宿主产生的纤维组织。囊内容物呈淡黄色液体状，由生发囊、原头蚴、子囊、孙囊和囊液组成；囊液有很强的抗原性，但由于宿主和寄生部位的不同，也会使囊液的抗原性存在很大差异。囊壁由外层的角质层和内层的胚层构成，角质层由胚层分泌而成，呈乳白色、粉皮状，脆弱易碎裂，而且无细胞结构。胚层，又称为生发层，具有良好的细胞结构，能够向囊内长出许多向内翻卷收缩的头节，即原头节，也称原头蚴，为椭圆形或圆形，其顶突和吸盘内陷，保护着小钩；胚层还可以向囊腔内芽生出成群的细胞，这些细胞逐渐空泡化形成仅有一层生发层的小囊，长出小蒂与胚层相连接，在小囊的内壁上会生成大量的原头蚴，这种小囊称为育囊或生发囊；育囊可以在胚层上生长也可以脱离胚囊悬浮在囊液中生长，悬浮在囊液中的育囊破裂后释放出的原头蚴又可以继续发育为含有原头蚴的子囊，子囊内部仍可以继续形成孙囊；通常，发育良好的棘球蚴内可以产生数百万个原头蚴。细粒棘球蚴包囊在体内破裂，囊液外溢，会使宿主产生严重的过敏反应。

3. 细粒棘球绦虫的生活史

细粒棘球绦虫的发育过程中需要两种哺乳动物才能够形成完整的生活史，幼虫阶段寄生于牛、羊、猪、马、骆驼等动物的肝脏、肺脏及其他组织器官中；

犬、狼、狐狸等犬科肉食动物吞食了患有包囊的家畜内脏或虫卵，在小肠内发育为成虫；而细粒棘球绦虫传播过程中偶然感染人作为中间宿主后，便无法完成生活史，不能发育为成虫。

研究表明，细粒棘球绦虫的原头蚴具有双向性发育特征，即在终末宿主体内向成虫方向发育，而在中间宿主体内则朝着蚴虫方向发育；另外，细粒棘球绦虫的孕节具有主动运动性，可以从粪便中爬行出来，主动爬到草叶上，孕节爬行过程中会破裂从而溢出虫卵，污染周围的草场、水源等。被牛、羊等中间宿主吞食的细粒棘球绦虫虫卵，会在十二指肠内孵化，发育为六钩蚴，随后钻入肠黏膜毛细血管或淋巴管道，随血液循环汇集到肝门静脉进入肝脏，由于肝门静脉在肝小叶间结缔组织中会进行反复分支形成小叶间静脉，将带有六钩蚴的血液注入肝窦，导致较多的六钩蚴滞留在肝脏中，从而发育成为肝脏包囊；随着血液的循环，一部分六钩蚴随血液继续流入肺脏，由于血管被不断地分支成毛细血管，导致剩余六钩蚴大部分滞留在肺脏中，形成肺脏包囊；剩余带有少量六钩蚴的血液经过心脏后成为动脉血液，流到身体其他器官而定居发育为包囊。犬、狼等犬科肉食动物吞食了虫卵或患病动物包囊后，虫卵发育为六钩蚴或棘球蚴从包囊内溢出，进入小肠内，经过40～50 d发育为成虫，成虫的寿命大概为150～180 d。由“家畜-家犬”形成的细粒棘球绦虫完整生活史称为家养循环，由“野生动物-狼、狐狸等肉食犬科动物”形成的完整生活史称为野生循环；由于各种原因，当家犬成为无主犬或流浪犬时，便可同时在家养循环和野生循环中起作用，而在牧区、林区等特殊地区，狼、狐狸等捕获了患有细粒棘球蚴的牛羊，或感染细粒棘球绦虫的狼、狐狸等将虫卵排放到家畜活动的场所污染草场、水源时，便使得野生循环和家养循环出现了交叉联系，最终使得细粒棘球绦虫更加难以防控。

二、流行病学

细粒棘球绦虫的宿主种类繁多，分布广泛，从极地到热带的各个地区都有关于细粒棘球蚴的报道，呈现出全球分布特征。在欧洲，细粒棘球蚴的地理分布呈现出不均匀性，北部和中部国家感染率非常低，比如丹麦的格陵兰岛、德国、荷兰未在犬猫体内发现细粒棘球绦虫；而南部、东部国家和地区呈现出中高度流行，比如波兰、意大利等国羊的细粒棘球蚴感染率超过10%。在亚洲，蒙古国山羊、绵羊和牛的平均阳性率为9.2%、3.6%和5.9%。除此以外，北美洲、南美洲、非洲等大洲均有人类或家畜感染细粒棘球蚴的报道。

1. 国内流行现状

我国是世界上棘球蚴病高流行地区之一，全国25个省、自治区、直辖市的320个县区均有报道，其中以细粒棘球蚴引起的囊型包虫病为主，主要分布于西藏、新疆、青海、甘肃、内蒙古、宁夏、四川等西部畜牧业集中的牧区或半农半牧区，陕西、河北、河南、江苏等中东部地区也有家畜感染细粒棘球蚴的报道，总体呈现出西高东低、羊高牛低的流行态势，给牛羊生产为主的畜牧业造成巨大经济损失。

2. 西藏地区流行现状

(1)西藏地区人群棘球蚴病流行现状

西藏是我国包虫病重度流行区之一。2012年全国棘球蚴病流行病学调查显示，青藏高原地区人群棘球蚴病的检出率为1.20%，明显高于非青藏高原地区0.14%的检出率；而西藏人群中同时存在细粒棘球蚴和多房棘球蚴感染的情况，感染率分别为1.6%和0.18%。

2016年全国棘球蚴病抽样调查结果表明，青藏高原地区省区人群棘球蚴的检出率为1.28%，明显高于非青藏高原地区省份0.13%的检出率；而在青藏高原地区各省区的人群棘球蚴检出率对比中，西藏地区人群棘球蚴检出率最高，达到了1.71%。

2016年西藏自治区包虫病流行病学调查结果显示，人群检出率为1.66%，全区大约有5万人患有包虫病，且各地市人群的感染情况存在一定的差异，其中那曲市人群包虫病检出率最高3.21%，其次为阿里地区2.34%、昌都市1.44%、拉萨市1.38%、日喀则市1.34%、山南市1.0%，检测出率最低的是林芝市0.93%，但仍高于全国0.51%的平均水平。另外，西藏人群中棘球蚴病感染情况与海拔呈现出一定的相关性，总体表现为随着海拔的升高，人群棘球蚴病感染率呈现上升趋势，平均海拔最高的那曲、阿里地区，人群棘球蚴感染率也最高。

综合分析2016年西藏全区七地市棘球蚴病流行病学调查可知，西藏棘球蚴病在人群中的感染情况与年龄存在一定的规律性。将人群分为少年(1～19岁)、青年(20～39岁)、中年(40～59岁)和老年(60岁以上)四个年龄阶段，不同年龄阶段人群感染棘球蚴病的比例呈现出：少年和老年人群阶段感染率低、中青年人群阶段感染率高的两头低中间高的情况；棘球蚴病在不同年龄阶段人群中所占的比例呈现出：年龄越大，感染率越高。

通过 2016 年西藏全区七地市棘球蚴病流行病学调查分析可知，细粒棘球蚴和多房棘球蚴在西藏人群间均有发现，但细粒棘球蚴仍是引起棘球蚴病主要病原，其中细粒棘球蚴患者占棘球蚴患者总数比例最高的是山南市为 97.09%，最低的是昌都市为 81.07%。

(2) 西藏地区畜间棘球蚴病流行现状

2016 年原西藏自治区农牧厅在西藏 22 个县开展了牛、羊棘球蚴流行病学调查，结果显示牛、羊棘球蚴平均感染率为 13.06%和 44.72%。原西藏自治区卫生和计划生育委员会在开展全区人群包虫病筛查时对西藏 63 个县进行了畜间棘球蚴感染情况调查，结果显示畜间棘球蚴平均感染率为 13.21%，猪、牛、羊的棘球蚴感染率分别为 0.99%、9.15%和 18.24%；检测结果均表明西藏畜间细粒棘球蚴感染率仍处于较高水平，且羊的棘球蚴感染率最高，牛次之，猪最低。虽然西藏人群感染棘球蚴病的情况与海拔存在一定的相关性，但从索郎旺杰等的调查结果看，这种相关性在牲畜间不明显。由于西藏农牧民常把牛羊的数量作为财富的象征，同时受藏传佛教的影响有饲养放生羊的习惯，因此畜间棘球蚴感染情况与年龄的关系的相关性显得比较明显，具体表现为年龄越大，感染风险越高。

(3) 西藏地区犬棘球绦虫感染情况分析

王国强等(2016)对西藏巴青、林芝、亚东和措美四个县的 305 条犬进行棘球绦虫流行病学调查，平均感染率为 30.82%。牛彦麟等 2015 年对西藏措美县的 226 条犬的粪便进行棘球绦虫检测，结果显示犬棘球绦虫的感染率为 23.9%。康珠益西等 2016 年对西藏全区 7 200 余份犬粪样品进行棘球绦虫感染情况调查，总体感染率为 6.31%；且犬感染棘球绦虫的情况与海拔呈现出的相关性，与人群感染细粒棘球蚴的情况相一致，也表现为海拔越高，感染率越高。

三、临床特征

本病的临床表现取决于囊肿的大小、部位、发育阶段、是否失去活性及有无并发症等。临床上，肝包虫较多，无并发症的肝棘球蚴囊肿通常处于临床潜伏期而无症状。如虫囊破裂则引起严重后果。因挤压或因外伤引起包虫囊破裂，大量囊液进入腹腔或胸腔可造成过敏性休克，并使囊液中头节播散移植至腹腔或胸腔内产生多发性继发包虫囊肿。肺包虫囊肿多见于右肺，通常为单个，多发者少见。早期肺包虫囊较小，无可见症状。肺包虫囊逐渐长大就会出现如下一系列症状：胸痛、咳嗽、痰血等。可压迫周围肺组织，引起肺萎陷和纤维化。由于肺包虫囊肿的纤维外膜较薄，容易破裂，穿破时患畜突然发生阵发性呛咳，呼吸困难。

脑包虫囊肿多见于羊，羊脑包虫病的主要表现为食欲下降，反应迟钝，长时间沉郁不动，遇障碍物时奋力前冲或抵物不动，其眼内瞳孔上附有一层白膜，两眼视力模糊。寄生部位不同，则引起的症状也不同：若虫体寄生在脑的额叶则患羊头部抵于胸前，向前呈直线运动，行走时高抬前肢或向前方猛冲，遇到障碍物时倒地或静立不动；若虫体寄生于脑部的某侧则患羊将头抵患侧，并向患侧作圆圈运动，对侧的眼常失明；虫体寄生在小脑则患羊易惊恐，行走时出现急促或蹒跚步态，严重时衰竭卧地，视觉障碍、磨牙、流涎、痉挛，后期高度消瘦。若虫体寄生在脑表面则有转圈、共济失调等神经性症状，触诊时容易发现，压迫患部有疼痛感或颅骨萎缩甚至穿孔；若位于脑后部则患羊表现角弓反张，行走后退，卧地不起，全身痉挛，四肢呈游泳状。

四、病理变化

剖检患细粒棘球蚴病的动物时，肝与肺上均有大小不等的灰白色、半透明的包囊组织(图 1-55 至图 1-57)。寄生于肝脏可见肝肿大，呈暗紫红色，根据虫体大小不同，肝部受到虫体形成的包囊压迫不同，严重的甚至导致肝实质全部消失(图 1-58 至图 1-60)；寄生于肺时，肺明显肿大(图 1-61)，周边有肉样实变。包囊直径最大可达 10 cm 左右，小的仅有米粒大。包囊切开后，囊液略带黄色、透明、包囊组织与肝、肺交界处可见白色包囊壁(图 1-62)，抽取囊液，在光学显微镜下检查其沉淀物，其内存在原头节(图 1-63)。偶尔解剖也见脾脏中有寄生(图 1-64、图 1-65)。

五、诊断

细粒棘球绦虫(蚴)病的诊断方法主要包括病原

学、影像学、免疫学和分子生物学等。

病原学诊断方法　病原学诊断方法可以直观地观察到病原体，是细粒棘球绦虫或细粒棘球蚴确诊的经典方法。牛、羊、猪等中间宿主被屠宰后，可在肝脏、肺脏等组织器官上看到明显的包囊病变，将包囊液中的沉降物放于显微镜下观察，可见细粒棘球蚴的原头蚴。家犬等终末宿主常用槟榔碱泻下法检查，对感染犬投喂两次后，检出率达到78%。

影像学诊断方法　影像学诊断方法包括超声波诊断、X线成像、CT成像及核磁共振成像（MRI）等，具有简便、直观、操作性强等优点，是人群筛选和临床诊断的首选方法。随着动物诊断技术的不断发展，便携式超声设备应运而生，使影像学检测动物细粒棘球蚴病成为可能。国内外有研究人员曾使用便携式超声设备对绵羊和大鼠感染棘球蚴进行检查，灵敏性和特异性均效果良好。

免疫学诊断方法　免疫学诊断方法中最常用的是血清学检测方法，包括凝集试验（Co－A）、间接血凝试验（IHA）、乳胶凝集试验（LAT）、酶联免疫吸附试验（ELISA）等，其中ELISA方法具有灵敏性高、特异性强、操作简便等优点，常作为细粒棘球蚴病流行病学调查研究的重要方法。

分子生物学诊断方法　分子生物学诊断法是从基因水平上对棘球蚴病进行诊断，能精确到具体基因型，是当前棘球蚴研究领域中的常用方法，包括基因芯片技术、聚合酶链式反应（PCR）及环介导等温核酸扩增技术（LAMP）等。其中PCR技术运用最为广泛，Onac等运用PCR方法从罗马尼亚野猪和马鹿体内分离出了细粒棘球蚴的G1和G7基因型。

六、防治

棘球蚴病作为一种古老的人畜共患寄生虫病，早在公元前460—370年希波克拉底在其著作《誓言》中就描述过人类和家畜感染棘球蚴病的情况，到19世纪中期科学家证实了棘球蚴不同形态虫种的存在，到20世纪90年代分子生物学技术运用于棘球蚴的分类研究中并将细粒棘球蚴分为了10个基因型，到2013年我国的两支科研团队完成了细粒棘球绦虫和多房棘球绦虫的全基因组测序。在近2 500年的时间里，随着人类对棘球蚴的生活史、传播方式、种类鉴定、基因组序列等研究的不断深入，逐步探索出了控制甚至消灭棘球蚴病的一系列措施与方法。

与细菌性、病毒性传染病一样，寄生虫病的发生和流行也必须有传染源、传播途径和易感动物。目前，已知的细粒棘球蚴的传染源主要是被细粒棘球绦虫感染的家犬、狼、狐狸等终末宿主和绵羊、山羊、牛、牦牛、水牛、猪、马、驴、骆驼等中间宿主，其中绵羊被认为是最适宜的中间宿主；传播途径主要为"受感染家犬-家畜-家犬"和"受感染野生肉食动物-家畜-家犬或野生肉食动物"。

为了有效防控棘球蚴病，世界各国把防控措施都指向了"切断病原循环链"，探索出了2种防治方法，即双相切断病原法和单相灭绝病原法，并由此衍生出3种综合防控措施，即以宿主更迭为核心的综合防控措施、以双相切断病原循环链为核心的综合防控措施和以单相灭绝病原为核心的综合防控措施。

1. 以宿主更迭为核心的综合防控措施

指在中间宿主尚未感染细粒棘球蚴或感染处于初期阶段、传染性不强时即出栏或淘汰，同时严格控制终末宿主数量，并配以宣传教育、屠宰管制、终末宿主驱虫等手段实现细粒棘球蚴感染率降低甚至根除的综合防控措施。冰岛和塞浦路斯是运用该防控措施实现人畜间细粒棘球蚴防控效果较好的国家，其中以冰岛1863—1960年间采取的一系列防控措施效果最好，主要为以下几方面。

（1）加强宣传教育　冰岛政府从1860—1890年的30年间免费向民众发放棘球蚴宣传手册，使广大民众对棘球蚴的危害、传播途径、防护措施深入了解，能够自觉做到少接触犬，不拿患病家畜内脏饲喂家犬。

（2）加强犬只管理　冰岛政府从1890年起开始实施《包虫病法》，向犬主征收"犬税"，患病家畜内脏一经发现必须深埋或焚烧，严禁向家犬投喂，每个社团配备一名家犬驱虫员，每个村庄建立一座犬只驱虫房，每条犬每年使用氢溴酸槟榔碱驱虫一次，犬粪集中收集焚烧。同时，20世纪发生于冰岛的"犬瘟热"使全国犬只数量明显减少，对控制包虫病起到了一定作用。

（3）加强屠宰管制　冰岛政府建立了覆盖全国的肉用动物屠宰场，严禁定点屠宰场以外的任何私屠乱宰，杜绝了问题肉的上市。

(4)加快羊只出栏　冰岛政府教育引导养殖户转变饲养方式，鼓励肉羊缩短饲养周期，将以往养殖4年左右才屠宰的传统养殖模式缩短为5个月左右；不鼓励饲养奶羊，有效降低了肉羊感染和传播概率。

1960年的调查显示，冰岛所有受检家犬体内未发现细粒棘球绦虫，绵羊细粒棘球蚴感染率下降到0.000 8%。冰岛政府将以上防控措施连续实施了近半个世纪，棘球蚴防控效果得到进一步巩固，到21世纪初，全岛实现了棘球蚴病的有效控制。

2. 以双相切断病原循环链为核心的综合防控措施

指以切断病原体在中间宿主向终末宿主及终末宿主向中间宿主的传播途径为主要方法，同时配合使用教育宣传、家犬驱虫、屠宰管理的综合防控措施。新西兰、福克兰岛及澳大利亚塔斯马尼亚州采取该防控措施收到良好效果，主要做法如下。

一是政府高度重视。在这些国家相应的成立有各级包虫病防治委员会，或指定专门机构负责包虫病防控工作；制定《肉品法》《包虫法》等相关法律，加强屠宰监管力度，明确使用家畜内脏饲喂犬只属于违法行为，以立法形式推动包虫病防控工作；通过向犬主征收犬只管理费等方式保证防控经费、减少家犬数量。

二是犬只管理到位。捕捉流浪犬或无主犬，通过重新寻找新主人或实施安乐死等方式减少流浪犬数量；全面登记家犬数量，使用氢溴酸槟榔碱或吡喹酮每6周驱虫一次，犬粪进行集中无害化处理。

通过以上措施，澳大利亚塔斯马尼亚州在1985年时犬细粒棘球绦虫感染率已经下降到了0.03%，绵羊细粒棘球蚴感染率下降到0.2%；福克兰岛在1996年仅在2只绵羊身上发现感染棘球蚴，基本控制了棘球蚴病；新西兰于2002年宣布消除了棘球蚴病。

3. 以单相灭绝病原为核心的综合防控措施

主要是加强对家犬的管理，采取的措施包括颁布实施相关法律，对所有家犬进行登记管理，“犬犬投药、月月驱虫”，开展驱虫效果监测等，是阿根廷、乌拉圭等国家的常用方法。

（苏中华　吴庆侠）

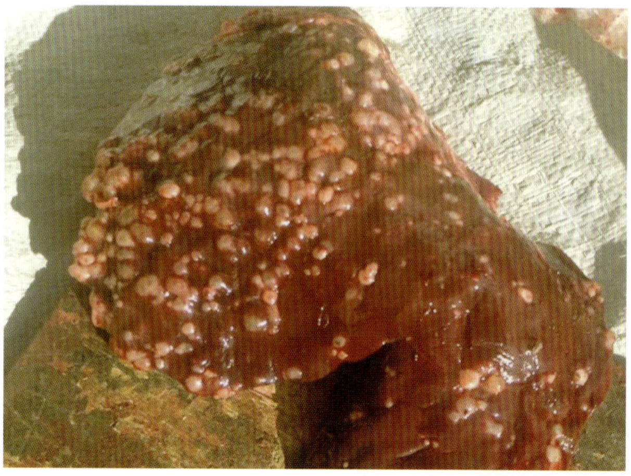

图1-55　病牦牛剖检可见肝脏上半透明包囊组织

（刘建枝　夏晨阳　供图）

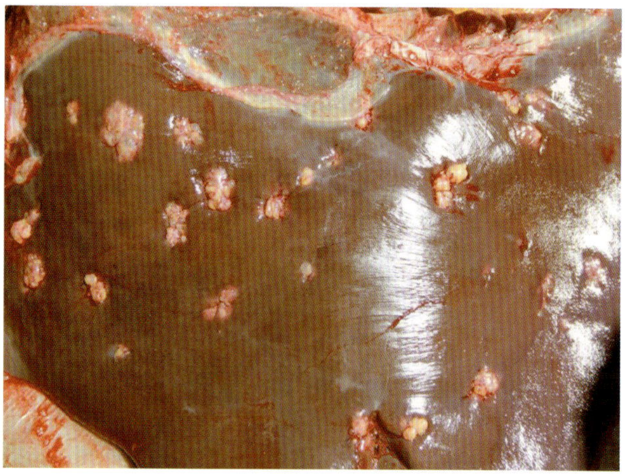

图1-56　病牦牛剖检可见肝脏上半透明包囊组织

（刘建枝　夏晨阳　供图）

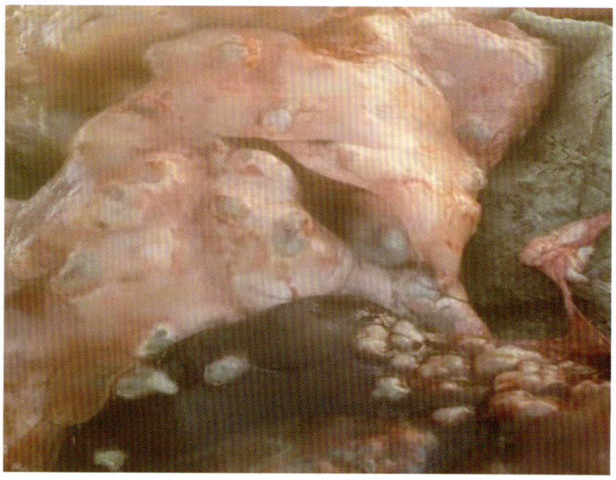

图1-57　病羊剖检可见肝部、肺部包囊。肝、肺同时见包囊，直径大的有7 cm左右，小的不足1 cm　（苏中华　供图）

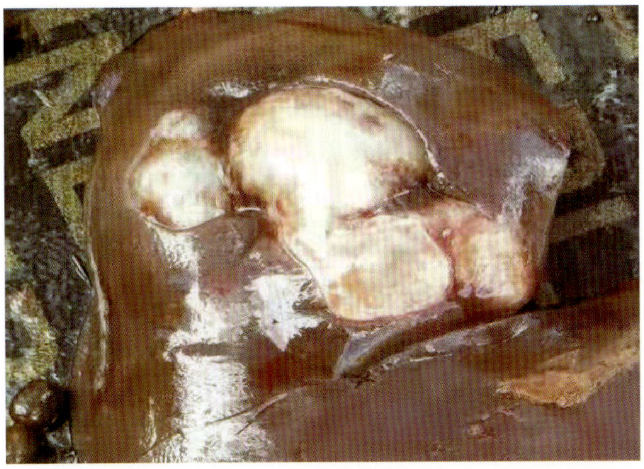

图 1-58　病羊剖检可见肝脏上有包囊。由于肝脏受压严重，靠近包囊部位，发生淤血，有的色泽发黄，疑似肝脂肪变性

（苏中华　供图）

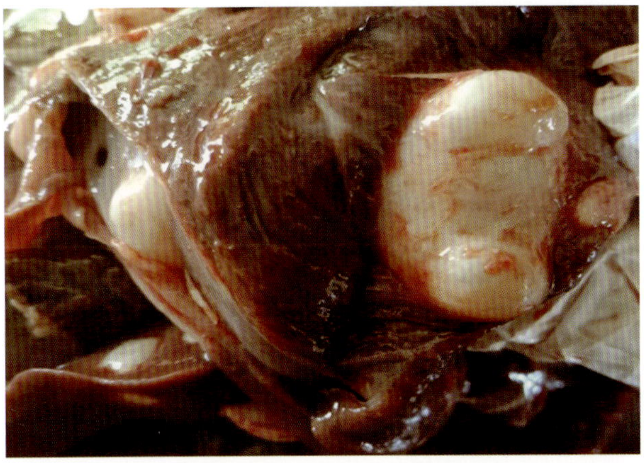

图 1-59　病牦牛剖检可见肝部包囊，包囊直径 10 cm 左右

（董海龙　吴庆侠　供图）

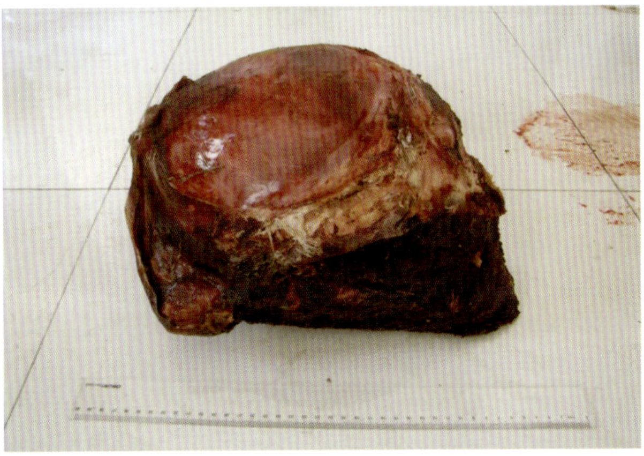

图 1-60　病牦牛剖检可见肝部大包囊，西藏迄今为止发现的最大包囊长宽高：37 cm×22 cm×13 cm，重约 13 kg，由于过大导致整个肝实质减少，甚至消失（刘建枝　夏晨阳　供图）

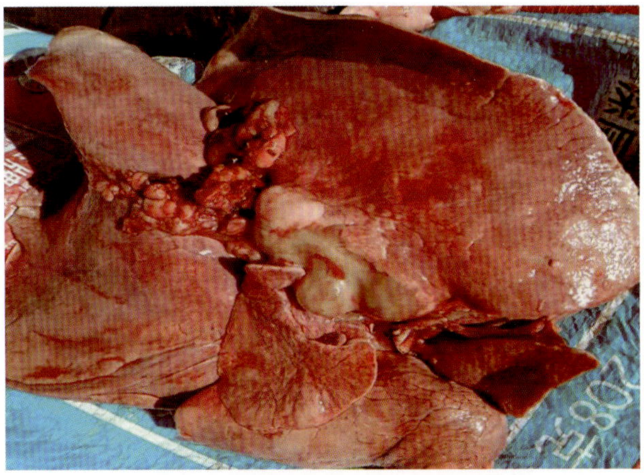

图 1-61　病羊剖检可见肺脏上包囊，该包囊较大，直径约 7 cm。靠近包囊部位有肺淤血现象　（苏中华　供图）

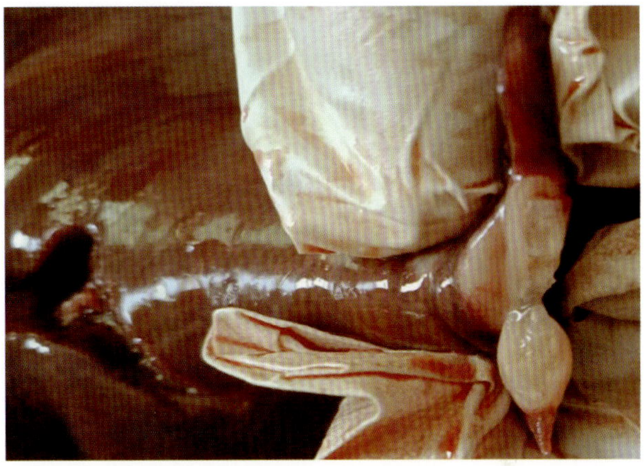

图 1-62　病牦牛剖检可见，将肝脏上包囊切开，囊液无色，有的略带黄色，透明，白色包囊较厚（董海龙　吴庆侠　供图）

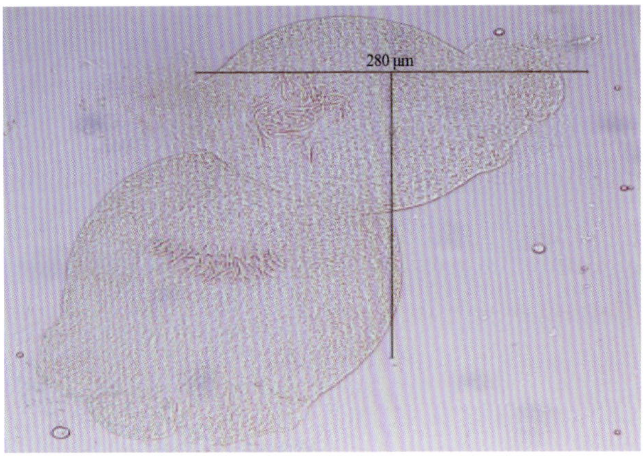

图 1-63　原头蚴，又称原头节　（苏中华　供图）

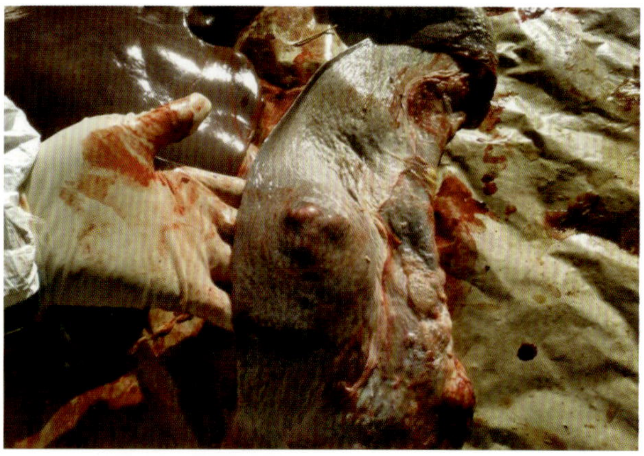

图 1-64　病牦牛剖检可见，脾脏上的包囊结节

（夏晨阳　供图）

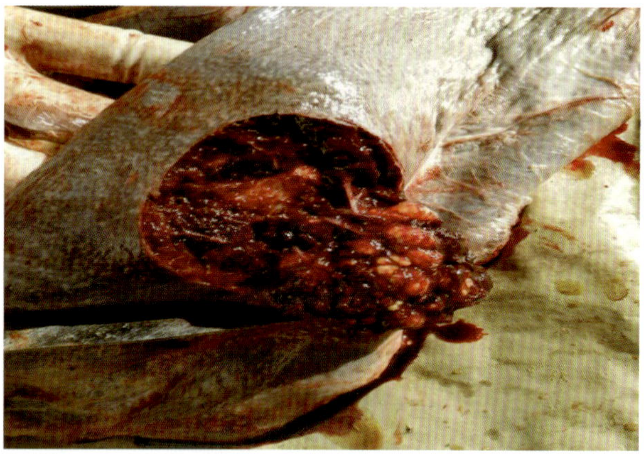

图 1-65　病牦牛剖检可见，脾脏包囊切开有小包囊

（夏晨阳　供图）

第十节　牛、羊莫尼茨绦虫病

莫尼茨绦虫属于裸头科的莫尼茨属，分为扩展莫尼茨绦虫和贝氏莫尼茨绦虫两种，主要寄生在反刍动物的小肠内。该病在我国广泛分布，往往呈地方性流行，严重危害羔羊和犊牛。主要症状是精神萎靡，食欲不振，贫血，机体消瘦，交替发生便秘和腹泻，严重感染时导致大批牛羊死亡。

一、病原及生活史

（一）病原

（1）扩展莫尼茨绦虫

扩展莫尼茨绦虫为大型绦虫，体长 1～6 m，最宽处 16 mm，虫体呈乳白色。头节近似球形，上有4 个突出的略呈椭圆形的吸盘，无顶突和小钩。节片短而宽，每个成熟节片内有 2 组雌、雄性生殖器官，在节片两侧对称分布，生殖孔开口于节片两侧。扇形分叶的卵巢和致密的卵黄腺呈圆环状围绕着卵模，分别位于排泄管内侧。睾丸数百个，散布于两侧的排泄管之间。雄茎囊与阴道并列，共同开口于两侧边缘的生殖腔内。在孕卵节片中，2 个子宫汇合呈网状。每个成熟节片的后缘附近，均有 8～15 个呈泡状的节间腺，排成一行。

虫卵呈近三角形或近圆形，直径为 50～60 μm，卵内有 1 个含有六钩蚴的梨形器，这是裸头科绦虫卵的特征。

（2）贝氏莫尼茨绦虫

贝氏莫尼茨绦虫长 1～4 m，最宽处可达 26 mm，其虫体比扩展莫尼茨绦虫更宽，头节也比前者的大且至方形。节片的构造与前者相似，但节间腺由微细点聚集而呈横带状，位于节片的后缘中尖，其分布范围仅有扩展莫尼茨绦虫 1/3。虫卵多呈方形。

（二）生活史

莫尼茨绦虫的中间宿主为甲螨或称地螨类。成虫寄生于牛、羊、骆驼和麝等反刍动物的小肠内（图 1-66 至图 1-68），孕卵节片或虫卵随终末宿主的粪便排出体外（图 1-69、图 1-70），被地螨吞食，卵内的六钩蚴孵出，穿过消化道进入体腔，在地螨体腔内发育为具有感染性的似囊尾蚴。反刍动物吃草时，吞入含有似囊尾蚴的地螨后，地螨被消化，似囊尾蚴以头节吸附于肠壁上，经 37～50 d 发育为成虫，并排出孕卵节片。成虫的寿命为 2～6 个月，一般为 3 个月，此后虫体即自行排出体外。

二、流行病学

扩展莫尼茨绦虫和贝氏莫尼茨绦虫呈全球性分布。在我国西北、内蒙古和东北的牧区流行广泛，其他地区的农牧区也经常发生。农区虽不如牧区严重，但也有局部流行。莫尼茨绦虫病主要危害 1.5～8 个月的羔羊和当年出生的犊牛，是一种主要危害幼龄动物的疾病，成年动物为带虫者。

动物感染莫尼茨绦虫是由于吞食了含有似囊尾蚴的地螨。地螨的种类繁多，世界各地已报道有 30 多种地螨可充当本病的中间宿主。在我国已报道平滑肋甲螨、超肋甲螨、班氏甲螨、腹翼甲螨和长毛腹翼甲螨等可自然感染莫尼茨绦虫。其中，以超肋甲螨和腹翼甲螨感染率较高。地螨在富含腐殖质、潮湿阴暗的林区、牧地及草原上数量较多，而在开阔的荒地及耕种的熟地里数量较少。地螨喜温暖、潮湿的环境，在早晚和阴雨天经常爬在草叶上，白天和日晒时躲在深的草皮下或腐殖土下，黄昏或黎明爬出来活动，寻找食物。因此在阴湿牧地或在阴雨天和早晚放牧牛、羊易吃到地螨。

本病的流行具有明显的季节性，这与地螨的分布和习性有密切关系。各地的主要感染期有所不同，在我国南方，当年生的羔羊、犊牛的感染高峰一般在 4—6 月份，黄牛感染率高于水牛。在北方，其感染高峰一般在 5—9 月份。六钩蚴在地螨体内发育为成熟似囊尾蚴所需的时间在温度 20 ℃，相对湿度 100% 时为 47～109 d。成螨在牧地上可存活 14～19 个月，因此，被污染的牧地可保持感染力达近 2 年之久。由于地螨的耐寒性强，可以越冬，地螨体内的似囊尾蚴可以随地螨越冬。因此，动物在初春放牧时即会遭受感染。

三、临床特征

莫尼茨绦虫病主要引起幼龄动物发病，幼龄动物症状明显，成年动物一般无临床症状。羔羊和犊牛初期出现的症状有精神不振，消瘦，生长迟缓，贫血；食欲减退，饮欲增加；离群；腹泻，粪便中含有黏液和孕卵节片。症状随病程逐渐加重，有时有明显的神经症状，如无目的地运动，回旋，或头部向后仰，步态蹒跚，有时有震颤。病的后期，患畜常卧地不起，经常作咀嚼动作，故常见口角周围有许多白沫，最后衰竭死亡。患神经型莫尼茨绦虫病的病羊往往以死亡告终。

四、病理变化

剖检可见尸体消瘦，黏膜苍白，贫血，肌肉色淡，肠系膜淋巴结肿大。胸、腹腔及心包腔渗出液增多。肠有时可发生阻塞或扭转，肠黏膜出血，肠内可发现大量莫尼茨绦虫的虫体。

五、诊断

根据临床症状并结合流行病学资料，如动物年龄、发病时间、饲养方式及既往病史等做出初步诊断，要发现病原才能确诊。

1. 生前诊断

严重感染时在患羊清晨排出的新鲜粪球表面有黄白色、圆柱状、能蠕动的孕卵节片，形似煮熟的米粒，长约 1 cm，厚达 2～3 mm。有时节片呈链状垂吊于肛门处。只要稍加注意即可发现。若未发现孕卵节片，可应用饱和盐水漂浮法检查粪便中的虫卵。若未发现节片和虫卵，应考虑绦虫可能未发育成熟，可采用药物进行诊断性驱虫。

2. 死后诊断

根据剖检病变和在小肠中检出虫体可做出诊断。

六、防治

（一）预防

1. 预防性驱虫

应在早春和秋末舍饲期进行 2 次驱虫，早春出牧前驱虫防止病原污染牧场，秋末收牧后驱虫以保护家畜安全过冬。由于幼畜在早春放牧一开始即会遭受感染，所以，幼畜应在放牧后 4～5 周时进行“成熟期前驱虫”，间隔 4～5 周后最好再进行第 2 次驱虫。成年动物是重要的传染源，也应进行预防性的定期驱虫。驱虫后的粪便要集中堆积发酵，用生物热杀灭虫卵。

2. 加强饲养管理

避免在低洼潮湿地带放牧，也不要在清晨、黄昏和阴雨天放牧；幼畜与成年家畜分开放牧，可放养在 2 年内没有放养过牛羊的牧地，以减少感染的机会。

3. 实行轮牧制

牧区草场可有计划地与单蹄动物进行轮牧，地螨的寿命最长者为 2 年，可 2 年以上轮牧一次，待感染有似囊尾蚴的地螨死亡后再轮换。亦可采用农牧轮作或天然牧地深翻后改种其他牧草的方法，经 3～5 年后地螨数量可大大减少。潮湿的森林牧地空闲 2 年后可以达到净化目的。

（二）治疗

1. 阿苯达唑

牛、羊按每千克体重 10～20 mg，1 次口服。

2. 吡喹酮

牛按每千克体重 25～30 mg，口服，每天 1 次，连用 2 d；羊按每千克体重 10～20 mg，口服，每天 1 次，连用 3 d。

3. 甲苯咪唑

牛按每千克体重 10 mg，羊按每千克体重 10～15 mg，1 次口服。

4. 氯硝柳胺

绵羊按每千克体重 70～80 mg，牛按每千克体重 60～70 mg，1 次口服。

（常振宇　张辉）

图 1-66　牦牛莫尼茨绦虫呈乳白色，虫体长度为 1～6 m，宽度约为 1 cm，呈扁平带状。虫体由头节、颈节以及不同数量的节片构成，可通过整个体表吸收宿主营养物质

（李坤　供图）

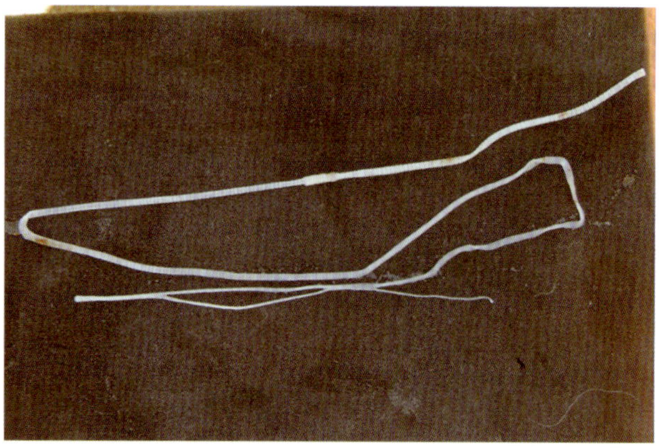

图 1-67　病牦牛肠道内取出的莫尼茨绦虫（夏晨阳　供图）

图 1-68　病羊肠道内取出的莫尼茨绦虫　（夏晨阳　供图）

图 1-69　病牦牛粪便中的莫尼茨绦虫，呈乳白色带状，分节明显

（李坤　供图）

图 1-70　牦牛莫尼茨绦虫节片　（李坤　供图）

第十一节　犊牦牛蛔虫病

犊新蛔虫（*Neoascaris vitulorun*）也称牦牛弓首蛔虫（*Toxocara vitulorum*），属于弓首科（Toxocaridae）新蛔属（*Veoascaris*），主要寄生于犊牦牛的小肠，引起肠炎、腹泻、腹部膨大等症状。初生牦牛大量感染时可引起死亡，对养牦牛业的危害较大。

一、病原

犊新蛔虫的成虫虫体粗大，呈淡黄色，虫体体表角皮较薄，柔软。虫体前端有 3 个唇片，食道呈圆柱形，后端有 1 个小胃与肠管相接。雄虫长 10～25 cm，尾部呈圆锥形突起，弯向腹面。雌虫较雄虫大，长 15～30 cm，生殖孔开口于虫体前 1/8～1/6

处，尾直（图 1-71）。

虫卵近乎球形，短圆，大小为（70～80）pm×（60～66）pm，壳较厚，外层呈蜂窝状，新鲜虫卵呈淡黄色，内含单一卵细胞。

寄生在犊牦牛小肠内的雌、雄成虫交配，雌虫产卵随粪便排出体外，犊新蛔虫的虫卵在外界环境中的发育与猪蛔虫相似，在适宜的条件下，经 3～4 周发育为含第 2 期幼虫的感染性虫卵。成年牦牛吃了被感染性虫卵污染的饲料、青草或饮水后，在小肠内幼虫逸出穿过肠壁，在体内移行。经研究发现，幼虫移行至母牦牛的生殖系统中，当母牦牛怀孕后，通过胎内感染犊牦牛，这种说法证据不足。而在母牦牛体内的感染期幼虫通过乳汁感染犊牦牛已被证实，一部分幼虫移行到乳腺，犊牦牛吸乳时，幼虫进入其小肠进行第 4 次蜕皮，发育为成虫，成虫在犊牦牛体内生存 2～5 个月，以后逐渐排出宿主体内。

二、流行病学

犊新蛔虫主要侵害刚出生 15 日龄至 5 月龄的犊牛，呈地方流行，主要通过误食感染性虫卵传播，在早期感染时若不及时驱虫和治疗，将会导致较高的死亡率。

三、临床特征

犊新蛔虫的致病作用主要表现在幼虫的移行导致组织损伤，同时机械性刺激可以损伤小肠黏膜，引起黏膜出血和溃疡，并继发细菌感染，从而导致肠炎等。大量虫体的寄生可以引起机械阻塞，夺取宿主大量营养，从而使犊牦牛出现消化障碍。虫体代谢产生的毒素被犊牦牛吸收，也会引起严重危害，如出现过敏症状、阵发性痉挛等。轻度感染症状不明显。中度或重度感染时，犊牦牛可出现精神沉郁、消化失调，食欲不佳并腹泻、初排黄白色干粪，后排腥臭带黏液的黄白稀粪，口腔内也发出臭气味，严重者拉血痢，粪便有黏性，有时出现腹痛，呼出气体带有刺鼻的酸味。大量虫体寄生时可引起虫源性肠阻塞或肠穿孔破裂，最后导致死亡。

四、病理变化

病死犊牛常表现为尸体消瘦，被毛杂乱，对其进行剖检，见小肠黏膜点状出血和溃疡，肝脏有出血点坏死灶，肺轻度水肿，表面有出血斑点。

五、诊断

临床诊断除结合犊牦牛的发病症状外，还要进行粪便检查（采用直接涂片法、盐水浮集法等），发现虫卵可以确诊。

六、防治

目前主要使用的防治方法如下。

（1）左旋咪唑　按每千克体重 7.5 mg，一次性口服或肌内注射。

（2）阿苯达唑　按每千克体重 10～20 mg，一次性口服。

（3）伊维菌素　按每千克体重 0.2 mg，一次性皮下注射。

（4）加强环境卫生管理　对犊牦牛进行预防性驱虫是预防本病的重要措施。许多犊牦牛是带虫不表现症状，但其排出的虫卵可以污染环境，导致母牦牛感染。

（5）对怀孕母牦牛施行预防性驱虫　可以选在母牦牛临产前两个月，施用左旋咪唑，以杀灭其体内潜伏的幼虫，防止侵害胎牦牛。

（李坤　李家奎）

图 1-71　病牦牛粪便中的蛔虫虫体　（李坤　供图）

第十二节　牛、羊肺线虫病

牛、羊肺线虫病是由网尾科（Dictyocaulidae）、原圆科（Protostrongylidae）的线虫寄生于牛、羊的肺部所引起的疾病。

一、病原

肺线虫分为大型肺线虫和小型肺线虫 2 种。

大型肺线虫属于网尾科（Dictyocaulidae）网尾属（*Dictyocaulus*）的线虫。虫体呈丝状，黄白色（图 1-72），头端有 4 个小唇片，口囊浅。雄虫长 40～50 mm，交合刺 2 根，为多孔性结构，为棕黄或暗褐色（图 1-73），导刺带色稍淡，也呈泡孔状构造，尾端交合伞发达（图 1-74、图 1-75）。雌虫长 60～80 mm，阴门位于虫体中央部，其表面略突起呈唇片状（图 1-76）。虫卵呈椭圆形，灰白色，内含第 1 期幼虫，大小为（49～99）μm×（32～49）μm。

小型肺线虫属于原圆科（Protostrongylidae）的线虫。虫体纤小，呈毛状，长 12～28 mm，口有 3 个唇片围成，交合伞背肋发达。寄生于牛、羊的肺泡、细支气管、支气管内。

虫卵呈椭圆形，灰白色，内含第 1 期幼虫，大小为（49～99）μm×（32～49）μm。

二、流行病学

大型肺线虫为直接发育型。成熟雌虫产出的卵随着患牛、羊咳嗽进入口腔后被咽下，进入消化道孵出第 1 期幼虫，随粪便排出体外，在适宜的条件下，蜕皮 2 次发育为感染性幼虫。牛、羊在采食或饮水时吞食了感染性幼虫后感染，幼虫进入肠系膜淋巴结，随淋巴结循环进入心脏，再随血液流入肺脏，经 18 d 发育为成虫。

小型肺线虫为间接发育型。第 1 期幼虫随牛、羊粪便排出后，钻入中间宿主（陆地螺和蛞蝓）体内，经 18～49 d 发育为感染性幼虫，其可自行逸出或仍留在中间宿主体内，后被牛、羊吞食而感染。在牛、羊体内的移行路径同大型肺线虫，感染后 35～60 d 发育为成虫。

牛、羊常在饮水或吃草时摄入幼虫而导致感染，本病高发于春、夏季，气候温暖潮湿的时节。

三、临床特征

肺线虫病易继发或并发细菌及病毒感染。病初表现咳嗽，尤以早晚明显，特别是在驱赶之后咳嗽加剧，咳出的痰液中可含有虫卵、幼虫或成虫，可视黏膜苍白。严重时迅速消瘦，呼吸困难，气喘，体温升高，死于肺炎或并发症。

四、病理变化

剖检病牛、羊，形体消瘦，极度贫血，肺部可出现肿大，肺脏内可能存在充血、淤血，肺泡内有大量蛋白渗出液，在支气管、细支气管内可见虫体（图 1-77 至图 1-79）。

五、诊断

根据临床症状（咳嗽）和发病季节（春季），可怀疑为肺线虫病。进一步确诊需直肠采集新鲜粪样检查虫卵或采用贝尔曼氏法检查肺线虫幼虫（图 1-80、图 1-81）。必要时可进行寄生虫学剖检，在肺脏内及相应的气管、支气管等处见虫体（图 1-82、图 1-83），可确诊。

六、防治

定期在春季（2～3 月）进行预防性驱虫、圈舍和运动场所应保持清洁干燥，及时清扫粪便并堆积发酵，应尽量避免到潮湿和中间宿主多的地方放牧。治疗患牛、羊可采用阿苯达唑，剂量为每千克体重 5～20 mg，口服；左旋咪唑片，每千克体重 7.5 mg，口服或左旋咪唑注射液，每千克体重 7.5 mg，皮下或肌内注射。

（李坤　吴庆侠）

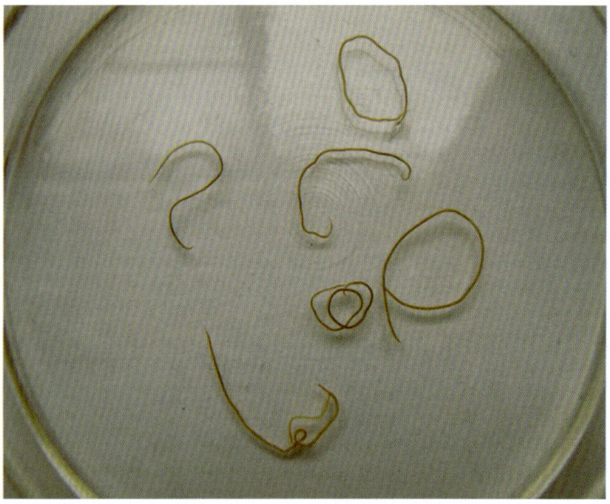

图 1-72　大型肺线虫虫体　（夏晨阳　刘建枝　供图）

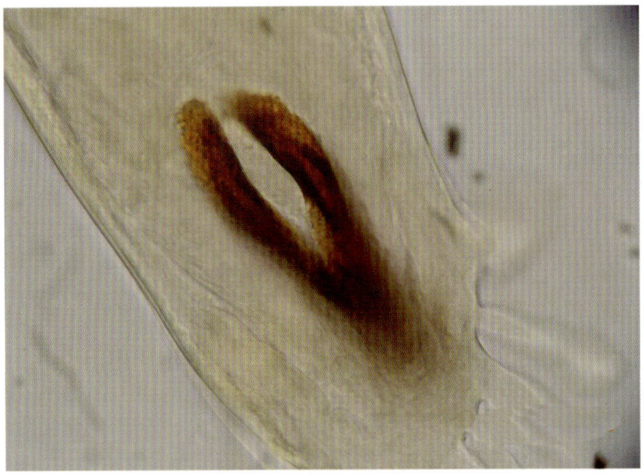

图 1-73　大型肺线虫雄虫交合刺
（夏晨阳　刘建枝　供图）

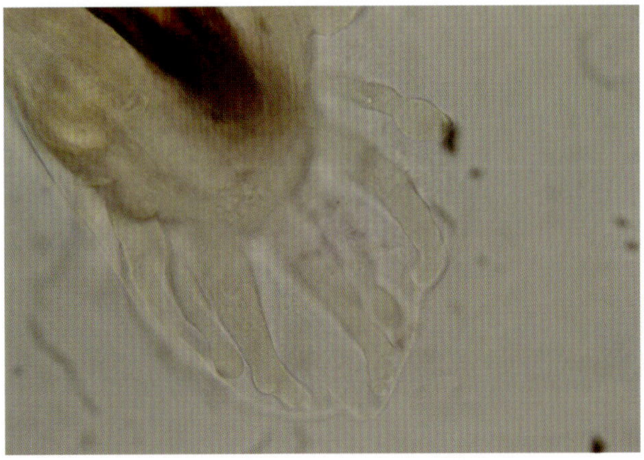

图 1-74　大型肺线虫之胎生网尾线虫雄虫尾端交合伞
（夏晨阳　刘建枝　供图）

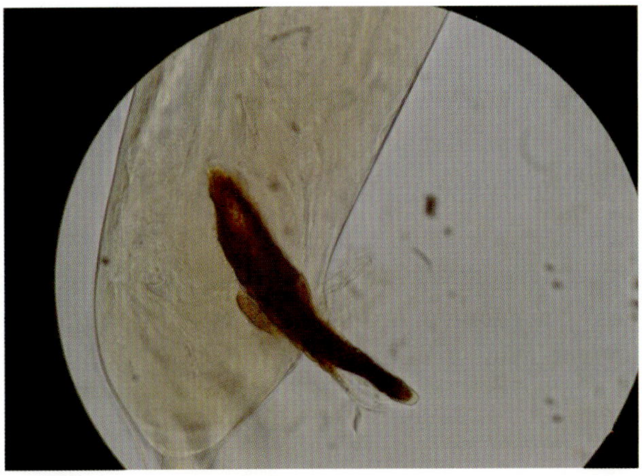

图 1-75　大型肺线虫之丝状网尾线虫雄虫尾端交合伞及交合刺
（夏晨阳　刘建枝　供图）

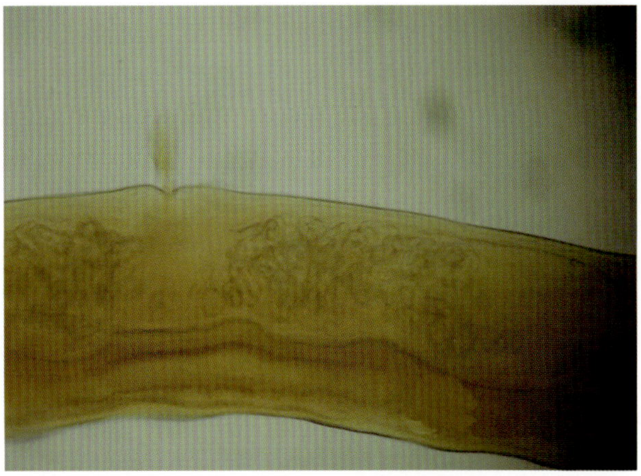

图 1-76　大型肺线虫雌虫阴门位于虫体中央部，其表面略突起呈唇片状
（夏晨阳　刘建枝　供图）

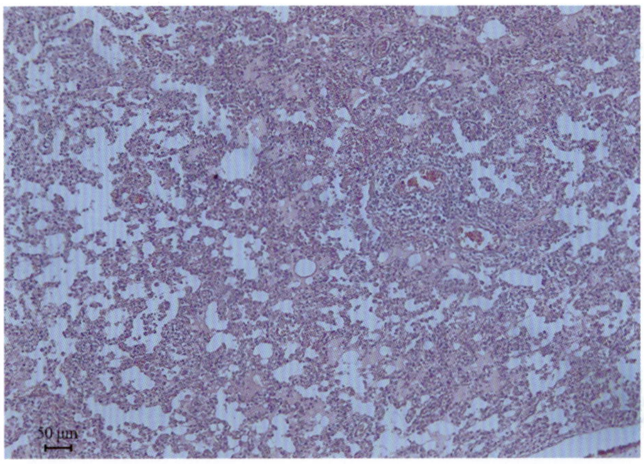

图 1-77　病牦牛肺脏切片，可见由肺线虫引起的肺炎，使肺脏充血、淤血严重
（吴庆侠　董海龙　供图）

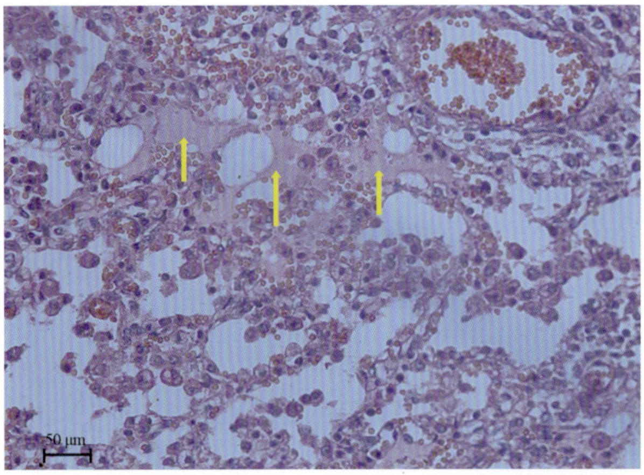

图 1-78　病牦牛肺脏切片，可见肺泡内明显有大量均质、淡红染的蛋白渗出液（黄色箭头）
（吴庆侠　董海龙　供图）

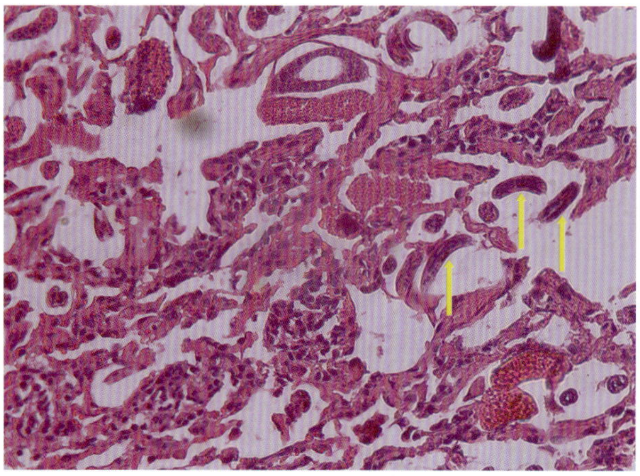

图 1-79　病牦牛支气管切片，可见肺丝虫虫体（黄色箭头）
（吴庆侠　董海龙　供图）

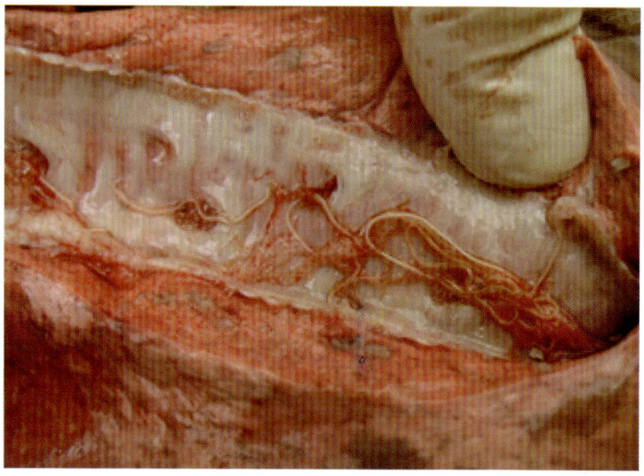

图 1-82　寄生于病牦牛气管、支气管的肺线虫
（刘建枝　供图）

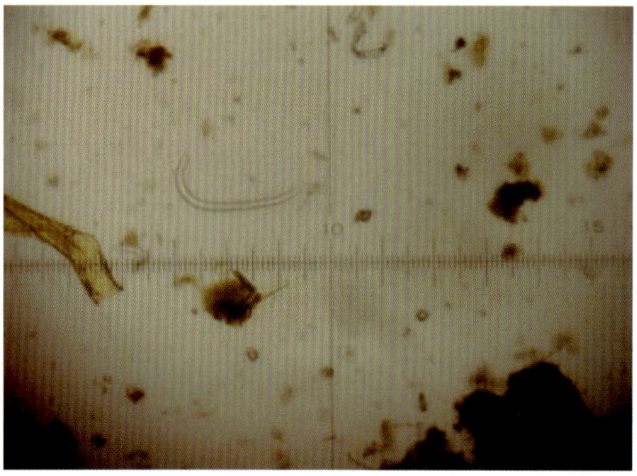

图 1-80　采用贝尔曼氏法检查，显微镜下观察到的肺线虫幼虫
（夏晨阳　刘建枝　供图）

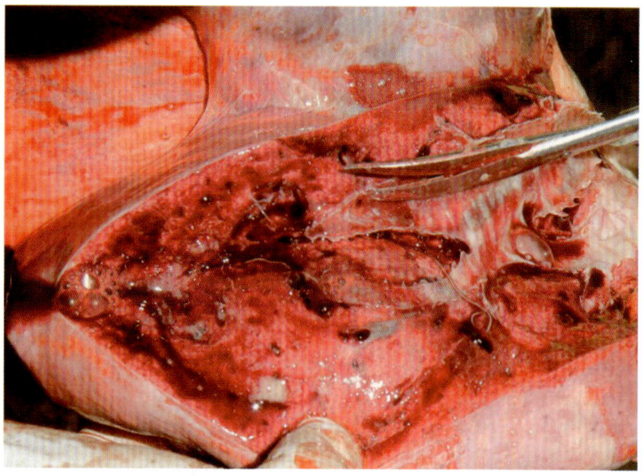

图 1-83　病牦牛剖检可见肺脏充血，其内含有虫体
（夏晨阳　刘建枝　供图）

图 1-81　采用贝尔曼氏法检查，显微镜下观察到的肺线虫幼虫
（夏晨阳　刘建枝　供图）

第十三节　牛、羊捻转血矛线虫病

捻转血矛线虫病也叫作捻转胃虫病，是由于捻转血矛线虫寄生在羊真胃中引起的一种寄生虫病。呈全球性分布，尤其在热带和温带地区分布较为广泛。据报道，在牧区的羊群中捻转血矛线虫感染率高达 80%，严重时甚至能够达到 100%，给畜牧生产造成极大的经济损失。

一、病原及生活史

捻转血矛线虫属于圆线目、毛圆科，线虫主要寄生于反刍动物皱胃和小肠内，虫体因吸血而呈淡红色（图 1-84）。雄虫呈缝衣针状，雌虫呈捻转状（图 1-85），头端尖细，口囊小，内有一个位于背侧的矛状小齿。颈乳突显著，呈锥形，伸向后侧方(图 1-86)。雄虫长 15～19 mm，交合伞有由细长的肋支持着的长的侧叶和偏于左侧的一个由倒“Y”字形背肋支持着的小背叶(图 1-87、图 1-88)。交合刺两根，近末端各有一个小的倒钩。引器呈梭形。

雌虫长 27～30 mm，因白色的生殖器官环绕于红色含血的消化道周围，形成了红白线条相间的麻花状外观，故称捻转血矛线虫。阴门位于虫体后半部，有一个显著的瓣状阴门盖(图 1-89、图 1-90)。

虫卵呈长椭圆形，大小为(75～95) μm×(40～50) μm。卵壳薄而光滑，略呈黄色，胚细胞几乎填满整个虫卵，但也有些虫卵未被胚细胞填满，在一端或两端出现新月形的空隙。第 3 期幼虫(L3)虫体纤细透明，尾鞘中等长度，内含 16 个类似三角形的细胞，两排细胞交叉排列，每排有 8 个细胞。

捻转血矛线虫是一种直接发育的寄生虫，发育过程中无须中间宿主的参与，因此羊群容易感染发病。成虫主要在羊的真胃内寄生，并进行产卵，且产卵能力较强，每条雌虫每天排卵高达 5 000～10 000 个。虫卵通过粪便排至体外，在环境温度和湿度适宜的情况下，在 1～2 d 后就会从卵内转出第 1 期幼虫，其比较活泼，经过大约 1 周，进行 2 次蜕皮后变成第 3 期幼虫，此时具有感染性。羊通常在饮水和吃草时摄入第 3 期幼虫，从而发生感染。第 3 期幼虫的活动与温度、湿度以及光照强度相关，通常温暖季节、草叶上附着较多露水以及光照微弱会促使其爬至草叶上。因此，第 3 期幼虫往往在早晚和小雨后的天初晴、草叶足够湿润、日光不是非常强烈时大量爬至草叶上，当羊群放牧时就容易食入虫体，感染率高。幼虫可隐藏在羊粪和土壤中，环境适宜时会从土壤中爬至牧草上，但环境不良时又会钻回至土壤中隐藏起来，在土壤的庇护下存活更久，因此使牧草污染的幼虫主要是来源于土壤。幼虫进入羊的真胃后，经过 30～36 h 进行第 3 次蜕皮，发育为第 4 期幼虫，并在侵入的 9 d 后再进行 1 次蜕皮，发育为童虫，在感染后的 2～3 周，即可发育为成虫，寿命约为 1 年。

二、流行病学

雌虫经过 25～35 d 的发育，进入产卵高峰，一条雌 虫每天可产虫卵 5 000 枚，捻转血矛线虫成虫寿命约为 1 年。虫卵在北方地区不能越冬。第 3 期幼虫抵抗力强，在一般草场上可存活 3 个月，不良环境中可休眠达 1 年；该期幼虫有向植物茎叶爬行的习性以及对弱光的趋向性，温暖时活性加强。此病流行甚广，在我国各地普遍存在，多与其他毛圆科线虫混合感染，危害家畜。单对捻转血矛线虫的再次感染有“自愈”现象。

感染性幼虫在外界的活动状况与宿主的感染有密切关系。在适宜的温度和充足的湿度以及微弱阳光下，幼虫会爬到草叶上，容易被牛羊等吞食。在干燥和有阳光的条件下，幼虫会回到土壤里。在牧场上，幼虫迁移活动最频繁的时间是早晨和傍晚，因此时湿度最大，而光照也不强烈。

捻转血矛线虫在我国分布很广。据调查，虫体侵入宿主的途径是采食含有感染性幼虫的牧草或饮水时食入感染性幼虫。各地流行时间多为仲夏和早秋。捻转血矛线虫的虫卵和幼虫在北纬 40°以北的草地上不能越冬。牛感染的季节在北方主要是夏季，而在南方四季都能发生，但主要在夏、秋两季。

由于捻转血矛线虫呈世界性分布，为了适应寒冷、热和干燥等不同的气候条件，虫体往往在宿主体内进入发育停滞阶段，以度过不利的气候季节。所谓发育停滞阶段就是虫体进入宿主体内后不发育，停滞在幼虫阶段。这种滞育现象多出现于冬季和夏季来临之前。

冬季温度过低，该病极少发生，但一旦春季来临就可能会出现大爆发，引起羊群的“春死亡”，即所谓的春季高潮现象。探究其原因，可能是由于真胃内休眠的幼虫所引起的，当幼虫进入宿主体内时，宿主的免疫力低下以至于不能抑制幼虫的发育，这时幼虫便迅速发育起来，从而发生春季高潮，导致羊群中的羊大量死亡。

三、临床特征

发病牛主要集中在 1.5～3 岁的牛，病牛体质瘦弱、拉稀，被毛粗乱，食欲不振，可视黏膜苍白，体温一般不高，耳尖发凉，放牧时经常掉队，喜卧，后期下颌间隙水肿，呈典型“皮袋颌”，加强喂饲，暂时消失。3 岁以上病牛主要表现拉稀与便秘交替出现，体质虚弱，颌下水肿不发生或轻度发生。

病羊症状为精神萎靡，食欲不振，被毛粗乱，体形消瘦，贫血，眼结膜发生水肿并变得苍白，放牧时往往独自离群或卧地不起。交替发生腹泻和便秘，机体日渐衰弱，有时颌下、胸下以及腹下发生水肿，但体温基本正常，脉搏减弱但速度加快，呼吸加速，最后只能够卧地不起，并由于极度虚脱而死。

发病羊根据发病周期可以分为急性型，亚急性型和慢性型 3 种。3 种类型中，急性型是以肥羔羊突然死亡为特征，死亡的羔羊眼结膜苍白；亚急性型则主要表现为贫血，眼结膜苍白等特征，其下颌间和下腹部有水肿迹象，患羊的被毛粗乱无光泽，下痢和便秘交替发生。亚急性型的病例，如果不及时治疗，很有可能转为慢性型。慢性型主要表现为消瘦、发育迟缓、被毛粗乱。羔羊与成年羊相比抗感染力及排除成虫的能力弱，并且羔羊在第二次被感染后所产生的抵抗力及对某些射线灭活的捻转血矛线虫疫苗的应答能力也不如成年羊的强。

四、病理变化

对病死牛进行剖检，死后剖检血液稀薄如水，体质高度瘦弱，下颌间隙水肿部分呈胶冻状。第四胃黏膜表面有大量虫体寄生，皱胃壁水肿，黏膜有许多小出血点和无数直径 1～2 mm 的稍突出于黏膜表面的小结节，有些结节融合在一起，形成"大鹅卵石"状外观。部分实质器官(如肝脏、肾脏、脾脏等)存在出血斑点，质地柔软；盲肠和小肠的肠道黏膜上均呈现卡他性炎症，皱胃黏膜或胃内容物内可以发现大量红白色的成虫。心包和胸腔有积水。

对病死羊进行剖检，可见血液如水样稀薄，呈淡红色，凝固不良；皮下发生胶冻样水肿，肌肉消瘦且变得清白，肋骨突出，腹壁如窗纸一样薄；心外膜存在大量出血点，心肌质地柔软；部分实质器官(如肝脏、肾脏、脾脏等)存在出血斑点，质地柔软；盲肠和小肠的肠道黏膜上均呈现卡他性炎症，其肠壁处可见灰黄色结节和化脓性结节。皱胃黏膜或胃内容物内可以发现大量淡红色的成虫(图 1-91)。腹腔和胸腔积水严重。

五、诊断

结合临床症状和当地的流行病学资料可做出初步诊断。生前诊断可采用饱和食盐水漂浮法检查虫卵，但虫卵特征性不强，进一步鉴别需作幼虫培养，对第三期幼虫进行鉴定。利用核糖体 DNA 第二转录间隔区(ITS－2)可以进行捻转血矛线虫卵的分子鉴定；实时定量 PCR 技术可以定量检测粪便中捻转血矛线虫的虫卵量，这将有助于本病的生前诊断。

死后诊断，可通过剖解动物查找虫体而确诊。

六、防治

1944 年就有人提出控制捻转血矛线虫病的办法，即应用合适的驱虫药和改善牧场管理以预防或减少易感动物的感染。特别是在牧区牧场管理是更为重要的预防措施。但是不管采用何种办法，掌握寄生虫的发生发展规律是制定防治寄生虫病的最基本依据。为此提出下列防治对策，有望达到控制和减少本病对畜牧业的危害。

1. 轮牧

牧场轮牧，不仅可达到合理利用牧场培育牧草；同时也是预防羊群感染本病的重要措施。在牧区一年四季实行分区轮牧。牧场一次放牧后，春、夏季休牧约 2 个月，冬、秋季休牧 3～4 个月，可使牛群免受此虫的侵害。

2. 因时因地合理安排放牧时间和地点

应按不同季节和天气状况，确定放牧的地点和时间。在多雨的季节宜在干燥牧地放牧；雨天在条件许可时，应改放牧为舍饲。放牧避开在晨、昏为宜。

3. 药物驱虫

如何提高药物驱虫效率，除了选用合适的药物外，找出恰当的驱虫时间和次数，针对寄生虫发育的最薄弱环节或危害最严重的季节，给予及时驱虫至为重要。根据本病的流行病学，建议 1 年驱虫 2 次，第 1 次时间在 5 月，第 2 次在 9 月，可取得较好的驱虫效果。

4. 药物治疗

多以驱线虫药物为主，例如，可采用左旋咪唑按每千克体重 6～8 mg，1 次口服或注射，奶牛休药期不得少于 3 d。或采用阿苯达唑按每千克体重10～15 mg，1 次口服等。

（董海龙　吴庆侠）

图 1-84　捻转血矛线虫的淡红色虫体　（夏晨阳　供图）

图 1-85　捻转血矛线虫形态：雄虫呈缝衣针状，雌虫呈捻转状　（米玛顿珠　供图）

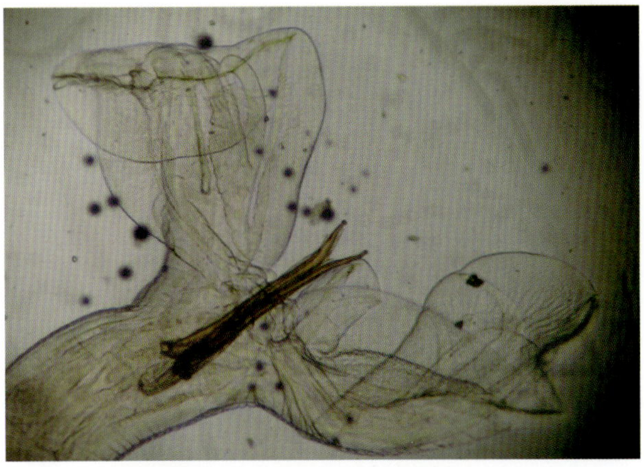

图 1-88　捻转血矛线虫雄虫的交合伞形态　（夏晨阳　供图）

图 1-86　捻转血矛线虫雄虫，头端尖细，口囊小。颈乳突显著，呈锥形，伸向后侧方　（夏晨阳　供图）

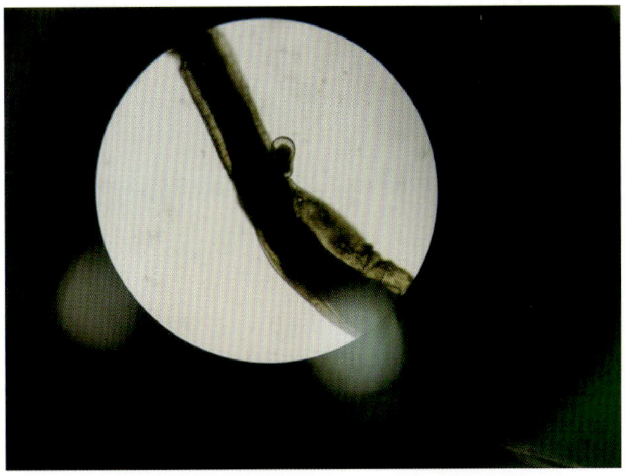

图 1-89　捻转血矛线虫雌虫，有 1 个显著的瓣状阴门盖　（米玛顿珠　供图）

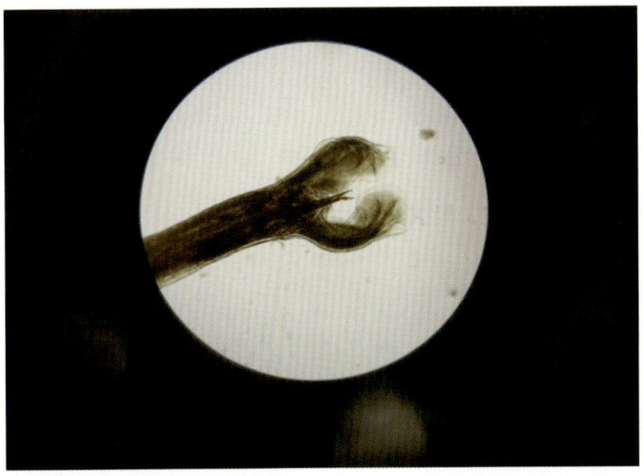

图 1-87　捻转血矛线虫雄虫交合伞（主要特征背肋呈 Y 字形）形态　（米玛顿珠　供图）

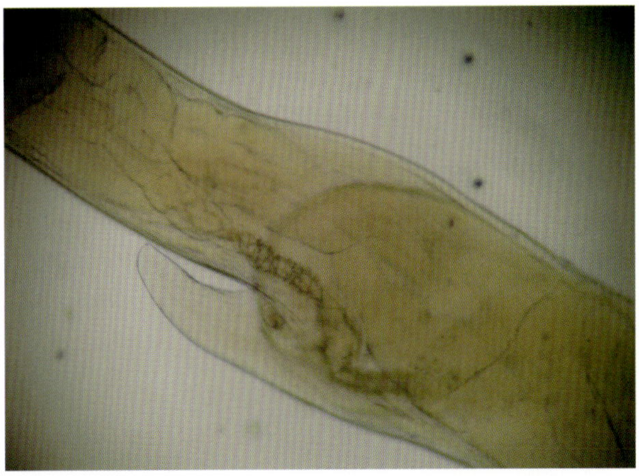

图 1-90　捻转血矛线虫雌虫阴门及 1 个瓣状阴门盖　（夏晨阳　供图）

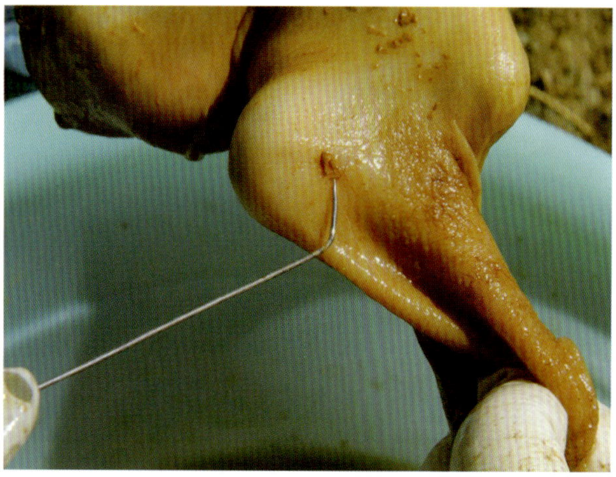

图 1-91　病羊剖检可见皱胃上的虫体　（夏晨阳　供图）

第十四节　牛、羊毛首线虫病

牛、羊毛首线虫病主要危害草食幼龄动物，常引起动物发生死亡。

一、病原及生活史

牛、羊毛首线虫属于毛首科(Trichuridae)、毛首属(*Trichuris*)，毛首线虫因其形态特点，也称鞭虫或毛尾线虫。虫体呈乳白色，长 20～80 mm，虫体外观形如鞭状(图 1-92)。前部细长为食道部，约占整个虫体长的 2/3，内含由一串串单细胞围绕着的食道。后部粗短为体部，内有生殖器官和肠管。雄虫尾部卷曲，泄殖孔位于体末端，无交合伞；有交合刺 1 根，包藏在有刺的交合刺鞘内，刺及刺鞘均可伸缩于体内、外。雌虫尾部较直，阴门位于粗细交界处，肛门位于体末端。虫卵为棕黄色，腰鼓形，卵壳较厚，两端有卵塞(图 1-93)。

成虫产出单细胞期虫卵，卵随粪便排到外界后，在适宜的温度和湿度条件下，随粪便排到外界后，在适宜的温度和湿度下，经 3～4 周发育为含第 1 期幼虫的感染性虫卵，经口感染宿主。

毛首线虫第 1 期幼虫在动物小肠后部孵出后，钻入肠绒毛发育；8 d 后移行到盲肠和结肠内、固行于肠黏膜上。绵羊毛首线虫在盲肠内发育为成虫约需 12 周。

二、流行病学

成虫主要寄生于牛、羊等草食动物的盲肠中，鹿、长颈鹿、麝、羚羊、岩羊和羚牛等野生草食动物也常感染这类线虫。

从幼虫感染到发育成熟需 30 d。成虫寿命为 4～5 个月。主要危害幼龄动物。一般夏季易于感染，秋、冬季出现临床症状。

在卫生条件较差的圈舍内，一年四季均可感染。虫卵壳厚，抵抗力强，可在土壤中存活 5 年。

三、临床特征

感染动物临床表现为腹泻、贫血、消瘦，幼畜发育受阻。轻度感染时，动物出现间歇性腹泻、贫血；严重感染时，动物精神不振，食欲减退、消瘦，不愿走动，剧烈腹泻，拉灰白色似水泥样稀粪，呈糊状，腥臭，甚至引起动物死亡。

四、病理变化

对病死动物进行剖检，盲肠和结肠黏膜有出血、水肿、溃疡和坏死，有时肠黏膜上形成结节，内有部分虫体和虫卵。

五、诊断

生前诊断，可采集动物新鲜粪便用漂浮法查到特征性的虫卵；死后诊断，可通过剖解动物查找虫体(图 1-94)而确诊。

六、防治

(一)预防

加强饲养管理，搞好环境卫生；做好治疗性或预防性驱虫，并无害处理粪便，保持饲草和饮水卫生等。

(二)治疗

(1)左旋咪唑　每千克体重 10 mg，配成 5%水液肌内注射；或每千克体重 10～15 mg 内服或左咪唑透皮剂每千克体重 0.1 mL，涂擦耳根部，均有良效。

(2)伊维菌素或阿维菌素　每千克体重 0.3 mg，内服或皮下注射。

（董海龙　吴庆侠）

图 1-92　牦牛毛首线虫虫体外观形如鞭状

（夏晨阳　刘建枝　供图）

图 1-93　虫卵为棕黄色，腰鼓形，卵壳较厚，两端有卵塞

（夏晨阳　刘建枝　供图）

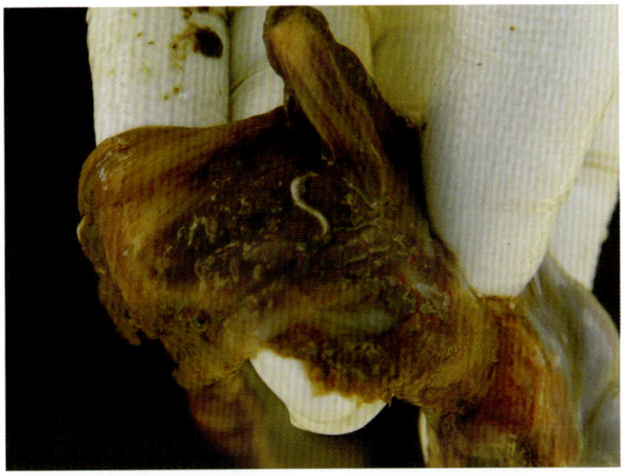

图 1-94　羊盲肠中的虫体

（夏晨阳　刘建枝　供图）

第十五节　牛、羊蜱虫病

蜱病是由蜱螨目的各种蜱寄生于家畜、伴侣动物、野生动物、鸟类而引起的一种吸血性外寄生虫病。蜱（ticks）是属于蛛形纲（Archnida）蜱螨目（Acarian）的一大类能够致病并传播疾病的节肢动物。蜱包括硬蜱、软蜱和纳蜱，其中硬蜱、软蜱危害较为严重。除了本身致病，蜱还会传播多种疾病，尤其是多种人畜共患病。

一、病原及生活史

硬蜱呈红褐色或暗灰色，躯体呈卵圆形（图 1-95）、虫体芝麻至米粒大小，雌虫吸饱血后可达蓖麻籽一般大（图 1-96）。背腹扁平，背面有几丁质的盾板，4 对足。硬蜱头、胸、腹融合在一起，按其外部器官的功能与位置区分为假头与躯体 2 部分。假头位于躯体前端，由假头基和口器组成。躯体为假头基后缘的蜱体部分，呈卵圆形。背面最明显的构造为几丁质的盾板。腹面有足、生殖孔、肛门、气门板和几丁质板等。

硬蜱的发育过程为不完全变态发育，包括卵、幼蜱、若蜱和成蜱 4 个时期。雌蜱和雄蜱交配后，雌蜱吸饱血后离开宿主落地，爬到地表缝隙内或土块下经过一段时间（一般为 4～9 d）才开始产卵，这一时期叫产卵前期（或孕卵期）。卵产出后经过胚胎发育到从卵中孵化出幼蜱，这段时间叫卵期或孵化期，一般为 2～3 周，长者可达 1 个月以上。幼蜱孵出后经过几天的休止期，才寻找宿主开始吸血，饱血后幼蜱经一定天数的蜕变期变为若蜱，经过吸血变为成蜱。从雌蜱开始吸血到下一代成蜱出现为一个生活周期，即一代。硬蜱生活史的长短因种类不同而异。温度是影响蜱类发育的重要因素，环境湿度对硬蜱的发育也有明显影响，干燥不利于生长、发育。微小扇头蜱完成一个世代所需的时间仅需 50 d，而青海血蜱则需要 3 年。蜱类还存在滞育现象，这是对度过不良环境的一种适应。

二、流行病学

硬蜱多在白天侵袭宿主，吸血时间较长，一般需要数天。软蜱多在夜间侵袭宿主，吸血时间较短，一般数分钟至1 h。蜱的吸血量很大，各发育期饱血后可胀大几倍至几十倍，雌硬蜱甚至可达100多倍。

三、临床特征

蜱寄生引起的临床症状与寄生的数量和寄生部位有关。一般少数蜱寄生动物往往不表现明显的临床症状。严重感染时牦牛会出现烦躁不安，痛痒，经常蹭、抓或舔蜱寄生部位。寄生部位皮肤会出现发炎、水肿、结痂、增厚等症状。

四、病理变化

严重感染时病畜会出现贫血症状、可视黏膜苍白、消瘦、生长发育不良等。如蜱寄生于趾间，即使是轻度感染、也会出现跛行等症状。有些蜱叮咬宿主后还会引起动物出现“蜱瘫痪症”，表现为食欲减退、运动失调、肌无力、流涎、瞳孔散大、瘫痪等，严重者可造成死亡。

五、诊断

在牛、羊体表发现寄生的幼虫、若虫和成虫可确诊，硬蜱多寄生于皮肤较薄、毛较少的部位，如耳根、腿根等处(图1-97至图1-99)。在进行硬蜱种类鉴别时，未饱血的雄蜱比较容易观察，可以选择雄蜱来进行种类鉴别，可根据《我国硬蜱科分属检索表》进行鉴别。

六、防治

硬蜱需要采取综合防治措施。对于寄生于牛、羊体表的硬蜱可以用手工或机械清除，活用药物进行驱杀，如有机磷类药物、聚酯类药物和有机氯类药物进行喷雾、涂擦、药浴、或注射伊维菌素、阿维菌素、多拉菌素等大环内酯类药物。对于在圈舍周围活动的蜱可以采取堵塞畜舍内所有缝隙和小洞，在圈舍内喷洒杀虫剂等防治措施。对于自然环境中活动的硬蜱，可以采用轮牧及喷洒杀虫剂、消灭啮齿类动物、开展生物防治等措施。

（李坤　李家奎）

图1-95　蜱虫及其卵，其卵呈团存在。外观有一定光泽度、莹润度　（李家奎　供图）

图1-96　蜱虫：(左)雌性饱血蜱——背面；(右)雄性蜱(有盾板)——背面　（米玛顿珠　供图）

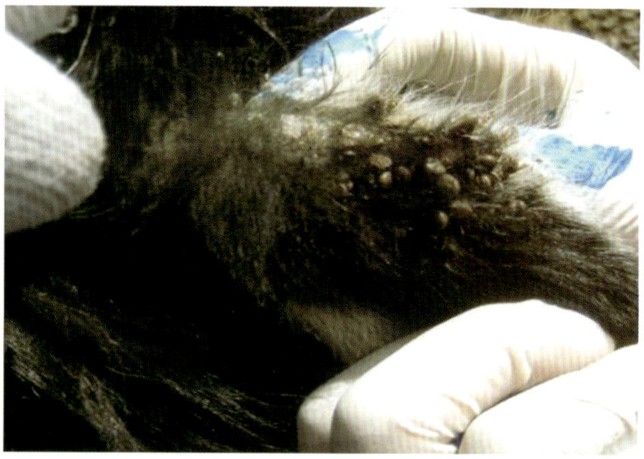

图1-97　寄生于病牦牛体表的蜱虫　（石斌　供图）

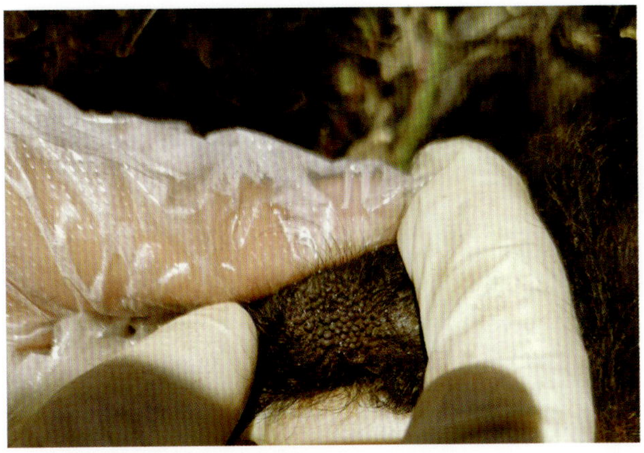

图 1-98　寄生于牦牛体表的蜱虫

（唐文强　单曲拉姆　供图）

图 1-99　寄生于病羊体表的蜱虫

（夏晨阳　刘建枝　供图）

第十六节　牦牛牛皮蝇蛆病

牛皮蝇蛆病是由皮蝇科、皮蝇属的昆虫幼虫寄生于牦牛体内所引起的一种慢性寄生虫病。牛皮蝇蛆病是草原放牧牛最常见、危害较严重的寄生虫病之一。

一、病原及生活史

牛皮蝇蛆外形似蜂，全身有绒毛，成蝇长约 15 mm，口器退化，不能采食，也不能咬牛。虫卵为橙黄色，长圆形，大小为 0.8 mm×0.3 mm。第 1 期幼虫长约 0.5 mm，第 2 期幼虫长 3～13 mm，第 3 期幼虫体粗壮，颜色随虫体的成熟度而呈现淡黄、黄褐及棕褐色，长可达 28 mm，第七腹节（倒数第二节）腹面前、后缘均无刺，背面较平，腹面凸且有许多结节，有 2 个后气孔，气门板呈漏斗状（图 1-100）。蚊皮蝇（*H. lineatum*）和中华皮蝇（*H. sinense*）的成蝇、虫卵及各期幼虫的形态与牛皮蝇基本相似，蚊皮蝇的第 3 期幼虫长约 26 mm，第七腹节（倒数第二节）腹面仅具前缘刺，中华皮蝇（*H. sinense*）的第 3 期幼虫前后缘均有刺。

牛皮蝇蛆的生活史属于全变态，整个发育过程须经卵、幼虫、蛹和成虫 4 个阶段。成蝇在夏季晴朗炎热无风的白天，飞翔交配或侵袭牛只产卵，卵黏附于腹部两侧、前后肢等处的被毛上。经 4～7 d 卵孵出第 1 期幼虫，第 1 期幼虫沿着毛孔钻入皮内，在体内移行最后到达背部皮下形成包囊隆起，随后隆起处出现直径约 0.1～0.2 mm 的小孔，幼虫以其后气孔朝向那里，第 3 期幼虫成熟后即由皮孔蹦出，落在地上慢慢蠕动，钻入土松化为蛹，其后羽化为成蝇，幼虫在牛体内寄生 10～11 个月，整个发育过程需要 1 年左右。

二、流行病学

成蝇系野居，营自由生活，不采食，也不叮咬动物，只是飞翔、交配、产卵。一般多在夏季晴朗无风的白天侵袭牛只。皮蝇广泛分布于世界各地，据统计全球至少有 55 个国家存在本病，成蝇出现的季节随各地气候条件和皮蝇种类的不同而有差异。例如在浙江同山镇，纹皮蝇出现的较牛皮蝇早，一般在 4—6 月份，而牛皮蝇则出现于 6—8 月份。该病主要流行于我国的东北、西北、华北、西南及内蒙古等地区，南方由于调入北方的牛只，偶有少数病牛发生本病。

在青藏高原地区，皮蝇蛆病是长期制约牦牛饲养业的主要疫病之一，在未防治的牦牛群中皮蝇幼虫的感染率在 50. 4%～93. 3%，平均感染率 64. 78%，严重地区高达 100%。1～3 岁和体况较差的牦牛的寄生率和寄生强度明显大于成年牛和体况较好的牦牛。有人解剖 114 头牦牛发现皮蝇蛆寄生率达 100%，平均寄生强度为 71.66 个。

三、临床特征

成蝇虽然不叮咬牛，但在夏季繁殖季节，成群围绕牛飞翔，尤其是雌蝇产卵时引起牛惊恐不安，表现为头高举，两眼圆睁，尾巴向上翘起，腿蹴踢，疯狂逃跑，跑向风口等处，这就是所谓“跑蜂”；影响牛采食和休息，引起消瘦，易造成外伤和流产，生产性能下降等，幼虫钻入皮肤引起局部痛痒，牛表现不安。幼虫在牛体生活中分泌毒素，损害血液系统，引起贫血，有时因幼虫移行伤及延脑或大脑可引起神经的相关症状，甚至死亡。在牛背部皮下寄生时，引起周围结缔组织增生和发炎（图 1-101），背部两侧皮肤上柱状结节隆起。若激发细菌感染可形成化脓性瘘管，幼虫钻出后，瘘管逐渐愈合并形成瘢痕。

图 1-100　牦牛皮蝇蛆第 3 期幼虫体，虫体粗壮，颜色随虫体的成熟度而呈现淡黄、黄褐及棕褐色，长可达 28 mm，有 2 个后气孔，气门板呈漏斗状　（米玛顿珠　供图）

四、病理变化

成虫产卵和幼虫在皮下移行时，患牛烦躁不安、消瘦、产乳量下降、贫血，幼虫在皮下移行时形成血肿、窦道，最后形成结缔组织包囊（图 1-102），继而化脓菌侵入，形成脓肿。

五、诊断

主要根据流行病学、临床诊断和病理变化综合确诊。夏秋季节检查牛被毛上的虫卵可以作为诊断的参考。幼虫出现于背部皮下时易于诊断，可触诊到隆起，上有小孔，内含幼虫，用力挤压，可挤出虫体，即可确诊（图 1-103），注意勿将虫体挤破，以免发生过敏反应。解剖死亡动物在其背部皮下，食道黏膜等处查到第 1 期、第 2 期、第 3 期任一阶段的幼虫可确诊。此外，流行病学资料对本病的诊断也有一定的参考意义。

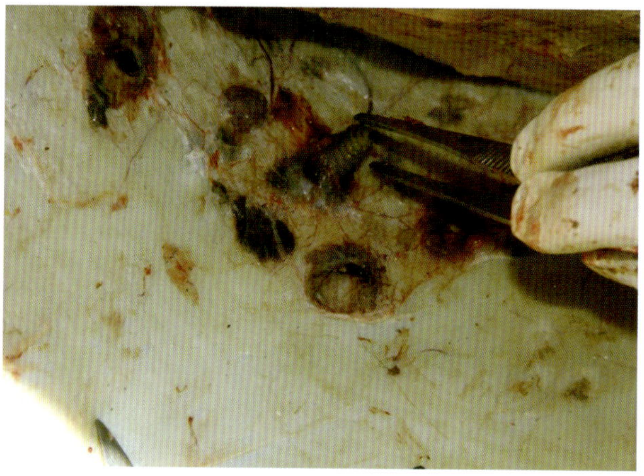

图 1-101　牦牛牛背部皮下寄生　（刘建枝　夏晨阳　供图）

此外，可采用动物皮蝇蛆 ELISA 检测试剂盒，它是以天然或重组的胶原蛋白酶为抗原建立的 ELISA 诊断技术。

目前已有的国家标准 GB/T 22329—2008《牛皮蝇蛆病诊断技术》，标准规定了牛皮蝇病诊断技术的要求，包括临床诊断、动物剖解和酶联免疫吸附试验，可参考使用。

六、防治

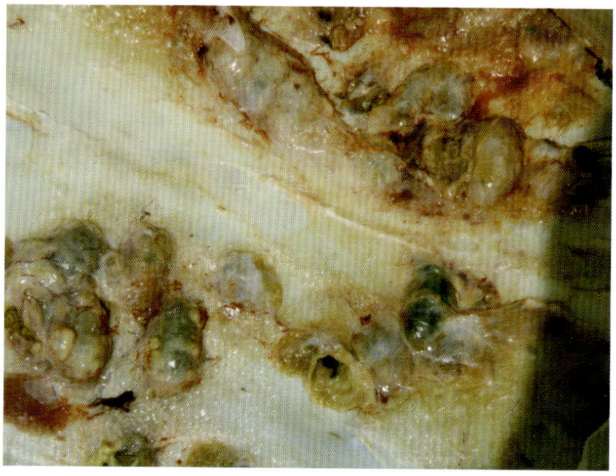

图 1-102　牦牛皮蝇蛆幼虫在牦牛皮下移行时形成血肿、窦道，最后形成结缔组织包囊　（刘建枝　夏晨阳　供图）

应在秋季或春季治疗患牛。最佳杀虫时机为秋季，因为秋季杀虫可防止春季第 3 期幼虫阶段形成皮肤结节。一般 12 月份至翌年 3 月份间不宜用药，用药后幼虫在这些部位死亡，会引起严重的变态反应。伊维菌素：按照每千克体重 200 μg，皮下注射，对各期幼虫均有 100% 效力。2% 敌百虫、3% 倍硫磷 0.3 mL/kg、4% 蝇毒磷 0.3 mL/kg 或 8% 皮蝇磷 0.33 mL/kg、0.005% 敌杀死溶液或 0.006 7% 杀灭菊酯溶液等。手工灭虫：手挤皮孔周围或青霉素瓶口对皮孔按压，挤出第 3 期幼虫。

（张丽鸿　李家奎）

图 1-103　牦牛皮蝇蛆幼虫出现于牦牛背部皮下，可触诊到隆起，上有小孔，内含幼虫，用力挤压，可挤出虫体

（刘建枝　夏晨阳　供图）

第十七节　牦牛梨形虫病

牦牛梨形虫病又称巴贝斯虫病，是牦牛巴贝斯虫寄生于牦牛红细胞引起的一种蜱传性的季节性血液原虫病。常与双芽巴贝斯虫混合感染。

一、病原

牦牛梨形虫是一种小型虫体，长度小于红细胞半径，大小为 2.0 μm×1.5 μm。形态有梨籽形、圆形、椭圆形、不规则形和圆点形等（图 1-104）。典型形状为成双的梨籽形，尖端以钝角相连，位于红细胞边缘或偏中央，每个虫体内含有一团染色质块。每个红细胞内有 1～3 个虫体。

牦牛梨形虫的生活史与双芽巴贝斯虫生活史相似，也需要通过两个宿主的转换才能完成，且只能由蜱传播，包括裂殖生殖、配子生殖、孢子生殖 3 个阶段。

二、流行病学

牦牛梨形虫与双芽巴贝斯虫一起广泛存在于有牛蜱的北纬 32°～南纬 30°，两者常混合感染。我国此病的分布不如双芽巴贝斯虫病广，已发现存在于河北、河南、陕西、安徽、湖北、湖南、福建、西藏、贵州、云南、四川、浙江、辽宁等地。该虫寄生于牦牛、水牛和奶牛。该病的发生和流行与传播媒介蜱的消长、活动密切相关。由于蜱的活动具有明显的季节性，分布具有地区性，因此该病的发生和流行也具有明显的季节性和地区性。不同年龄和品种的牛易感性有差异，犊牛发病率高，但症状轻微，死亡率低。成年牛发病率低，但症状明显，死亡率高。纯种牛和非疫区引进牦牛发病率高，疫区牦牛有带虫免疫现象，发病率低。

牦牛梨形虫传播媒介为微小牛蜱，以经卵方式由次代幼虫传播，次代若虫和成虫阶段无传播能力。我国虽然有可能作为牛巴贝斯虫传播者的全沟硬蜱（*Ixodes ersulcatus*）存在，但尚未见可证实其传播该病的报道。本病多发生于 1～7 个月龄的犊牦牛，8 个月以上者较少发病，成年牛多为带虫者，带虫现象可持续 2～3 年。致病作用、临床症状及病理变化与双芽巴贝斯虫病相似。

三、临床特征

潜伏期一般为 10～15 d，病牦牛首先表现为高热稽留，体温高达 40～42 ℃，精神沉郁，食欲减退，脉搏和呼吸加快，轻度腹泻，反刍迟缓或停止，病牦牛迅速消瘦，可视黏膜苍白并逐渐发展为黄染，后期出现血红蛋白尿，尿色由浅红变为酱油色，乳牦牛泌乳减少或停止，怀孕母牦牛常发生流产，耐过急性期的牦牛转为慢性型并逐渐康复成为带虫者。

四、病理变化

病死牦牛尸体消瘦，尸僵明显，对病死牦牛尸体进行剖检可见血液稀薄如水，凝固不全；皮下脂肪及内脏被膜黄染；颌下淋巴结、腹股沟淋巴结、肩前淋巴结等全身淋巴结呈不同程度的肿大，有出血点，实质性内脏器官均有不同程度的肿大，被膜皆黄染；心包有大量积液，心外膜存在出血点；肺脏严重瘀血、水肿；肝脏肿大，边缘钝圆；真胃出血；脾稍肿大；皮下组织、肌间结缔组织和脂肪均呈黄色胶样水肿状。

五、诊断

在临床上，根据临床症状和流行病学可做出巴贝斯虫病的初步分析，这主要包括特征性症状（如高热、贫血、血红蛋白尿）、发病地点、季节、年龄、来源等，但确诊必须结合实验室检查。

1. 血涂片检查

采集外周血液（一般为牛耳静脉）制成薄血涂片，甲醇固定后染色镜检，发现红细胞内有特征性虫体，即可得出十分可靠的诊断结论。为了提高检出率，也可采用浓集虫体的方法。即将可疑血液经抗凝处理后，低速离心，取上层红细胞涂片检查。这主要是因为含虫红细胞的比重比正常红细胞轻，经离心后大多位于上层。

2. 血清学检查

用于梨形虫病诊断的血清学方法很多，其中以补体结合试验、间接荧光抗体试验、酶联免疫吸附试验、间接血凝试验和乳胶凝集试验等方法显示出较强的特异性和敏感性而得到了较广泛的应用。血清学诊断方法多用来检测自然感染或人工感染梨形虫的体液免疫状况，即检测血清内特异性抗体来判断动物是否感染梨形虫。

3. 死后剖检

脑涂片在梨形虫病的死后诊断上具有重要意义。具体方法是用巴斯德吸管从牦牛的脑皮层中吸取涂片材料，然后制片、染色和镜检虫体，这种方法在地区性流行病学分析上有一定意义，但临床上没有多大价值。

4. 分子生物学诊断

随着分子生物学技术的发展，近年来，核酸探针技术和 PCR 技术均已成功地运用于梨形虫的诊断。

六、防治

牦牛梨形虫病要及时确诊，尽快治疗。除了应用特效的药物杀灭虫外，还应结合对症治疗。

1. 药物治疗

常用的杀虫药物有以下 4 种。

(1)三氮脒(贝尼尔)三氮脒粉剂　临用时配成 5%溶液作深部肌内注射和皮下注射。牦牛剂量每千克体重 3～7 mg，水牛剂量每千克体重 1 mg，乳牛剂量每千克体重 2～5 mg。可根据情况重复应用，但不得超过 3 次，每次用药要间隔 24 h。

(2)吖啶黄　又名黄色素、锥黄素。牦牛剂量为每千克体重 3～4 mg，极量为 2 g/头。用生理盐水或蒸馏水配成 0.5%～1.0%溶液，静脉注射，注射前加温至 37 ℃，必要时 24 h 后再次用药。

(3)咪唑苯脲　又名咪唑啉卡普。配成 10%的水溶液肌内注射或皮下注射。牛每千克体重 13 mg，必要时每天 1～2 次，连续 2～4 次。

(4)硫酸喹啉脲　本品又名阿卡普林、抗焦素。配成 5%溶液按每千克体重 1 mg 做皮下或肌内注射。如疑有代谢失调或有心脏和血液循环疾患时，应分 2 或 3 次注射，每隔数小时注射 1 次。

2. 驱虫

蜱是预防牦牛梨形虫病的关键。根据流行区蜱的活动规律，有计划地采取一些灭蜱措施，如药浴，人工摘除牦牛身上的蜱等。但热带和亚热带国家试图通过根除蜱来控制蜱媒疾病时，遇到了很大困难，影响蜱根除的原因主要有：蜱对杀螨剂产生了耐药性；新型杀螨剂价格昂贵；另外，蜱在家养动物和野生动物体上均能存活。澳大利亚研制出蜱的疫苗，通过降低蜱的繁殖力来控制蜱的数量也取得了一定的成功。

3. 药物预防

由于咪唑苯脲在体内代谢缓慢，导致它长期在体内残留，因此常将该药用于药物预防。据报道，该药的保护期可达 21～60 d。国内罗建勋等将该药制成缓释剂应用于临床也取得了很好的效果。

（李坤　李家奎）

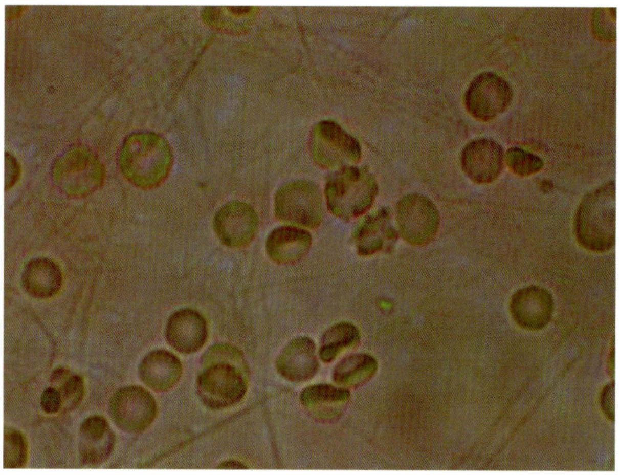

图 1-104　牦牛血液中的巴贝斯虫　（李坤　供图）

第十八节　牦牛住肉孢子虫病

牦牛住肉孢子虫病是由住肉孢子虫科(Sarcocystidae)住肉孢子虫属(*Sarcocystis*)的多种住肉孢子虫寄生于牦牛体内所引起的原虫病，是一种人畜共患寄生虫病。

一、病原及生活史

可感染牦牛的住肉孢子虫有 3 种，分别是以犬和郊狼为终末宿主的牦牛犬住肉孢子虫(*Sarcocystis bovicanis*)、以猫为终末宿主的牦牛猫住肉孢子虫(*S. bovifelis*)和以人为终末宿主的牦牛人住肉孢子虫(*S. bovihominis*)。

住肉孢子虫在牦牛肌纤维和心肌中，以包囊形态存在；在终末宿主小肠上皮细胞内或肠腔中，以卵囊或孢子囊形态存在。

包囊灰白色或乳白色，其纵轴与肌纤维平行，多呈纺锤形，椭圆形、长线状、圆柱形等，大小 1～10 mm，小的需在显微镜下才可见到。囊壁由 2 层组成，内层向囊内延伸，将囊腔间隔成许多小室。囊内含有母细胞，成熟后成为呈香蕉形的慢殖子，又称雷氏小体。

终末宿主食入感染有住肉孢子虫的牦牛肉后，包囊被消化，慢殖子逸出，侵入小肠上皮细胞内发育，7～9 d 后，粪便中就会出现感染性孢子化卵囊，牦牛食入住肉孢子虫感染性孢子化卵囊后，就会受到感染。孢子囊在肠内释放出子孢子，子孢子钻入肠系膜淋巴结，发育为裂殖体；裂殖体产生第一代裂殖子，裂殖子进入血液，并在心、肝、肾、脑、肌肉血管上皮细胞内形成第 2 代裂殖体，约感染后 19～46 d，开始出现第 2 代裂殖子，裂殖子通过血液循环，进入心肌和骨骼肌中定居下来，形成住肉孢子虫包囊。牦牛首次感染住肉孢子虫后 70 d，体内的住肉孢子虫对终末宿主具有感染力。

二、流行病学

根据国内牦牛住肉孢子虫病流行病学调查报道，多集中于青海牦牛，但也是少量，住肉孢子虫对宿主的性别没有明显的特异性，对寄生部位有较强的特异性，常寄生于牦牛的膈肌、心肌、食道肌。牦牛住肉孢子虫的感染高峰期一般为 6 月、8 月、10 月或 12 月。

三、临床特征

牦牛急性住肉孢子虫病可引起牛的死亡，发生在感染后 26～33 d。多数表现为隐性经过，患畜精神沉郁，疲倦无力，食欲减退，消瘦，贫血，脱毛，母畜流产，腹泻，感染严重的牦牛衰竭死亡。

四、病理变化

剖检可见全身淋巴结肿大，黏膜和内脏苍白，胸腹腔和心包有积水，脂肪组织浆液性萎缩，心脏、大脑、消化道、泌尿道黏膜有淤血斑。可在肌肉组织内发现长梭形住肉孢子虫包囊（图 1-105）。

五、诊断

生前诊断困难。主要借助免疫学方法，如间接血凝试验、酶联免疫吸附试验等，结合临床症状和流行病学进行综合诊断；也可采取少量肌肉组织（腿肌、臀肌、背肌等），剪碎压片镜检，观察到住肉孢子虫包囊（图 1-106），即可确诊。死后剖检发现包囊可确诊。

六、防治

目前尚无特效药物，患牦牛可试用抗球虫药物，如盐霉素、莫能菌素、氨丙啉等治疗。应在预防上下功夫，加强肉产品检验制度，将住肉孢子虫列为必检项目；被住肉孢子虫污染的肉产品，要进行无害化处理；对引进的牦牛进行检疫，防止引入该病；对家养的犬、猫等肉食动物进行普查，消除病原。

（李坤　李家奎）

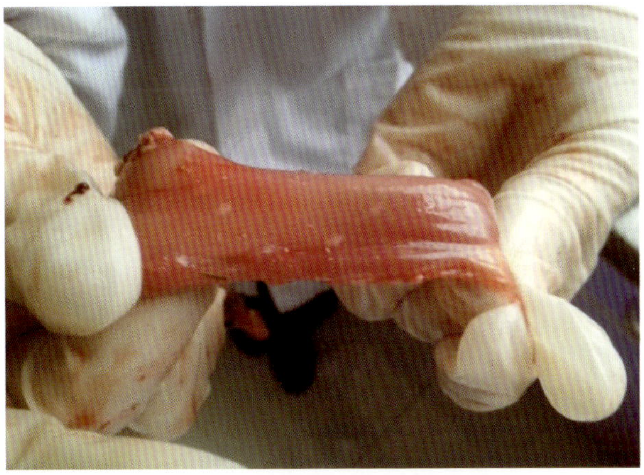

图 1-105　寄生于病牦牛食道肌肉的住肉孢子虫

（李坤　供图）

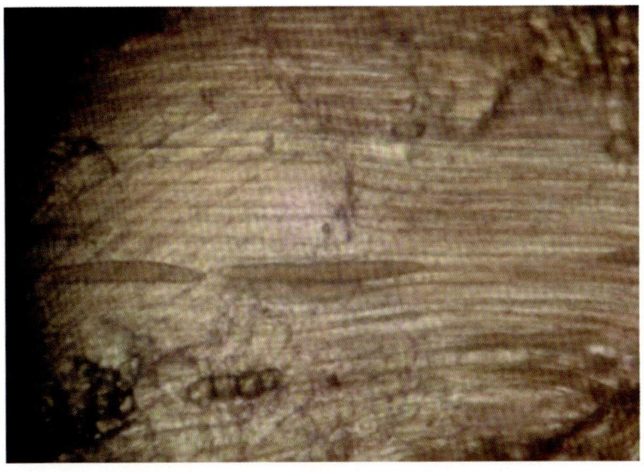

图 1-106　寄生于病牦牛膈肌的住肉孢子虫包囊

（李坤　供图）

第十九节　牛真菌性皮肤病

牛真菌性皮肤病是由皮肤真菌引起的一种人畜共患传染病，俗称钱癣、脱毛癣、秃毛癣、皮癣或匍行疹。该病是由毛癣菌（*Trichophyton*）、小孢子菌（*Microsporum*）和表皮癣菌属（*Epidermophyton*）多种病原菌引起的皮肤及其附属物的感染。病原菌主要侵害动物的被毛、趾甲、爪、蹄等角化组织。其主要临床特征是牛的眼、鼻镜、尾根、四肢、肩胛、臀部等处出现秃毛和皮炎、硬皮鳞屑斑，斑块似圆形、不整形或轮状癣斑，与健康皮肤界限明显。发病初期病牛痒感不明显，后期痒感明显，与墙壁摩擦行为增多，生长发育受到一定影响。

近年来随着我国养牛业的发展，牛的真菌性皮肤病呈上升趋势。虽然本病对牛来说是非致死性疾病，但具有传染性，可引起大批动物群发性感染，并且也能引起人的感染，对大群饲养的畜群及饲养人员的健康有很大影响。在西藏犊牦牛也有一定的发病率，并感染人，不及时处理或处理不当将严重影响牛群生产生长性能，同时也会造成一定公共卫生问题。

一、病原

牛的皮肤真菌病常见病原主要为疣状毛癣菌，其次是须毛癣菌和马毛癣菌，它们存在于被侵害牛的表皮内外及毛根周围。病原菌可以产生抵抗力极强的孢子。

二、流行病学

本病可感染各类、各年龄段的牛，包括牦牛，公、母牛。犊牛最易感染，幼年牛、圈养牛较易发病，也较常见于成年牛。本病一年四季均可发生，但以秋冬季节发病率最高，本病的潜伏期为 2～4 周，随后被毛开始脱落，并出现圆形病变。多数病牛症状较轻，不引起全身症状，不及时治疗，病变可波及全身各部，患畜瘙痒不安，机体消瘦，生产性能下降。饲养密度过大、光照不足、湿度大、饲养环境脏乱和年龄差异均易诱发该病。另外日粮单一（尤其是缺乏各种维生素）、外伤等也可诱发本病。在牛离开房舍之后，毛癣菌仍可存活数月。土壤、稿秆、木头和粪便是毛癣菌藏匿和生活的场所。无临床症状带菌牛对本病传播起重要作用，隐性带菌者是散播本病最重要的方式，昆虫也与本病传播有关。

三、临床特征

本病潜伏期为 2～4 周，常发生在头部、面部、颈部，因此又称为“花斑脸”或“面团脸”，也可发生在躯干部、四肢、尾根和肛周等部位。发病初期病变局限，仅为豌豆大小的结节，之后逐渐从病灶外缘以同心圆状向四周蔓延，形成结节状隆起，被毛脱落似古钱币样。随着病情的发展，皮肤上出现界限明显的带痂皮的圆斑，病灶呈白色乃至灰黄色（图 1-107），痂皮块呈石棉状（图 1-108）。痂皮下湿润呈血样，有小凹窝（图 1-109）。痂皮经 1～2 个月或治疗后脱落，干燥，留一秃毛斑（图 1-110）。病牛发病初期不痒，中期和晚期痒觉明显，触诊有痛感，病牛常瘙痒不安，靠墙壁摩擦，精神不振，背毛杂乱，食欲下降，贫血甚至死亡。

四、诊断

首先，本病要与螨病、湿疹相区分开。螨病皮肤上无圆形癣斑、患部皮肤发痒，镜检可见到螨虫。而湿疹无癣斑，无传染性，镜检无病原体。其次，大多数情况下本病可以根据临床症状确诊，但仍需要进行实验室检查和皮癣菌的分离培养。

1. 初步诊断

本病可根据临床症状进行初步诊断，如头部等部位皮肤发生边界明显的圆形和不整形痂皮隆起秃毛斑，可初步判定为牛的钱癣病。

2. 伍德氏灯检查

在暗室内小孢子菌经伍德氏灯的特定波长紫外线照射下，会发出苹果绿颜色的荧光。

3. 实验室诊断

进一步确诊则需要进行实验室诊断。刮取病变部位被毛、痂皮、鳞屑等镜检，显微镜下见有一定量真菌孢子即可确认真菌感染。若用过碘酸希夫染色（PAS）染色时，则染成明显的红色。疣状毛癣菌感染时，可见分生孢子呈镶嵌状或整齐的链状排列。注意真菌为动物皮肤常在菌，镜下仅见个别真菌孢子，不能做出诊断。

4. 病原菌分离培养

先将病变部位用酒精擦拭干净，然后用灭菌手术刀片和棉签采集病料（毛发、皮屑和分泌物等），之后接种在事先已添加1%酵母浸出液和氯霉素的马铃薯葡萄糖琼脂培养基上培养，培养温度为37 ℃，由于疣状毛癣菌生长缓慢，所以培养周期一般为2～3周，菌落初期呈现天鹅绒状或蜡样光泽，成熟时呈粉状或棉絮状，灰白色或淡黄色。观察发现，菌丝中除形成无数的节孢子和厚垣孢子外，也出现大量的小分生孢子，呈梨形或卵圆形，偶见大分生孢子，形成鼠尾，具有4～6室。

五、防治

（一）预防

1.皮癣菌双价灭活苗（系兰州兽医研究所制）

此疫苗对牛皮癣菌病具有预防和治疗的双重作用，治愈率和保护率均达到100%。并且无毒害和副作用，注射后安全可靠。因此疫苗吸收缓慢，个别牛注射部位肿胀，形成小的硬节，时间稍长自行消失。与其他外用涂擦药物治疗相比，具有操作简便，省钱，疗效好等优点。

2.饲养管理方面

（1）在易感的秋、冬季节和初春，要对牛舍、食槽、饲养用具以及其他牛群可能接触到的地方等进行全面的消毒。尽量消灭或减少病原。

（2）要实行分栏或分区饲养。减低牛的饲养密度，尽量做到自繁自养，全进全出。对牛群及时检查，一旦发现潜在发病牛，要及时隔离并进行治疗，防治疾病的蔓延传播。控制疾病的传播途径。

（3）要加强牛群饲养管理，做到日粮营养要全面，及时补充各种维生素和微量元素。

（4）提高饲养人员的责任意识，减少人为原因引起的疾病发生。如严禁饲喂劣质饲料、坚持刷拭牛体、及时给用具消毒等。

（二）治疗

1.10%浓碘酒（或15%碘软膏）涂擦患部

取碘片10 g，碘化钾15 g，酒精100 mL溶解后使用，首先将患部的鳞屑用刀刮掉，至出血为止，再用浓碘酊涂擦。隔5 d再涂擦一次，轻者一次痊愈，重者两次即愈。

2.成品药“华佗膏”涂擦患部

首先除去痂皮，暴露病灶，涂擦“华佗膏”，每隔3 d使用一次，症状轻的病牛一般2～3次即可痊愈。

3. 5%硫酸铜溶液涂擦患部

制5%硫酸铜溶液或者硫酸铜1份配合凡士林3份混匀，涂在患处，每隔5 d涂一次，连续2～3次，即可痊愈。本方法对于大群感染的牛群比较经济实用。

4.涂擦抗真菌药膏

如硫磺软膏、克霉唑软膏、酮康唑软膏、硝酸益康唑软膏等涂擦，每天2次。对于感染严重或感染面积大者，可在饲料中加入灰黄霉素喂服，每天1次。连用1周。其他抗真菌药，如酮康唑、特比奈芬，也可口服使用。但多数抗真菌药对肝肾有损害作用，应注意控制使用剂量，疗程及与其他药物的配伍禁忌。妊娠家畜不宜全身使用某些抗真菌药（如灰黄霉素）。

5.中药制剂涂擦患部

（1）药物组成及配制　斑蝥15个，蜈蚣、全虫各10条，吴茱萸、丁香、细辛各15 g，良姜、肉桂各20 g，75%酒精500 mL，装瓶密闭浸泡7 d即可应用，浸泡时每天振动药液1～2次。

（2）使用方法　先将患部用温水或肥皂水洗涤，揭去坚硬结痂，再用药棉沾药液涂搽患处，每天2～3次，若体癣面广，可分片轮换涂药治疗。

（董海龙　吴庆侠）

图1-107　病牦牛表现为“花斑脸”，随着病情的发展，皮肤上出现界限明显的带痂皮的圆斑，病灶呈白色乃至灰黄色

（甘富斌　供图）

图 1-108　病牦牛发病处痂皮块呈石棉状
（吴庆侠　董海龙　供图）

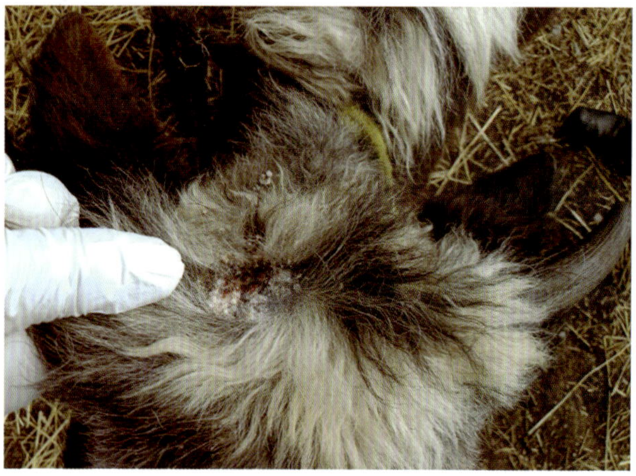

图 1-109　病牦牛发病痂皮下湿润呈血样　（董海龙　供图）

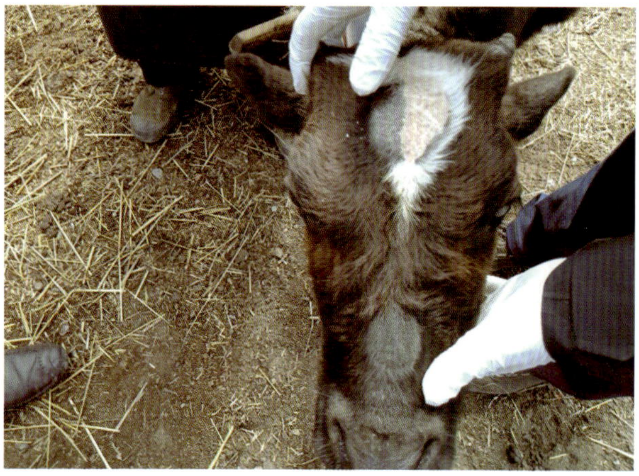

图 1-110　病牦牛发病处经治疗后，痂皮脱落，干燥，留下秃毛斑
（甘富斌　供图）

第二十节　引进牛高原病

高原环境属于一种特殊的自然环境。海拔高度会对生物产生明显的生物学效应，在生物医学领域，将海拔超过 3 000 m 的面积广阔的地区称为高原地区，与平原地区相比，高原地区海拔升高，气压下降、氧分压下降，具有低氧、低压、低温、强紫外线等特殊性。

动物从世居的平原进入高原后，高原环境中气压下降和氧分压下降等因素将对动物机体产生一系列影响，为适应这种缺氧、低压、强辐射的特殊的高原环境，动物机体各系统以多种层次、不同方式对这些环境因素的影响产生响应。其中，动脉氧分压、血氧饱和度等生理指标发生改变而引发动物体的代偿适应性改变。动物机体对高原特殊环境的适应程度有一定的范围和限度，如果高原环境的改变幅度超出了此范围和限度，就会引发机体对环境改变的响应失调，导致各种不协调和不适应状态，表现为各种病理性改变，甚至死亡。

一、病因

把平原生长较快的牛种引入高原环境时，如果管理不当，使其受寒、剧烈运动等即可诱发本病。

二、临床症状

患牛出现食欲、饮欲减退；腹胀腹泻，粪便一般偏黑，偏稀，有的为白色黏稠物，里面混有鼻涕状黏液；呼吸困难，咳泡沫痰；有的出现心功能不全，两肺听诊可有干、湿啰音。全身脱水现象明显。神经症状主要表现为精神沉郁；有的牛喜欢后退，有时突然身体倒地、仰头晕倒、抽搐、死亡。

三、病理变化

剖检可见患牛肺水肿，有的胸腔有积液，右心扩张。有的患牛在脖子至前胸处有水肿现象，指压留痕，皮肤弹性降低，穿刺可引流出淡黄色液体（图 1-111）。后期水肿部位变硬，变硬的部位有片状柔韧物，取出后为白色，质地坚韧，手术刀难以切开。其他部位皮下也常有水肿，甚至水肿液集聚在皮下。如果水肿液中有过多的纤维素，病程长者，水肿液被吸收，纤维素附着在皮下，犹如脂肪（图 1-112）。肝水肿，体积增大，切面外翻，流出多量液体。

四、发病机理

缺氧导致肺动脉高压，从而肝淤血、水肿。水肿首先发生在身体的下垂部位，如下肢、下颌部等。严重时出现胸腔积水和腹腔积水。

因肺动脉高压，肝脏回心血量减少，造成肝淤血和水肿，进一步加重造成腹腔积水。可能伴有黄疸等症状。由于腹腔脏器淤血；肠壁可能出血，造成粪便色泽加深并伴有腹泻；如果肝细胞受损严重，可能引起胆汁生成减少，导致粪便发白。

如果伴有肺脏或其他呼吸道疾病（如下颌至脖颈水肿，使呼吸道狭窄，引起通气量减少），可加重缺氧。伴随胸腔积液，可让回心血量进一步减少，加重缺氧症状。

由于大脑耗氧量大，占机体总耗氧量的20%～30%，大脑皮质对缺氧的耐受性最低。急性缺氧时，最初发生脑血管扩张、血流量增加和颅内压升高，大脑皮质兴奋性增强，出现头痛和步态不稳等症状。后期ATP生成减少，脑细胞膜钠泵功能障碍，细胞内钠、水潴留，发生脑细胞水肿、坏死等变化，引起神经症状。

五、防治

预防呼吸道疾病的发生。避免感冒、肺丝虫、支原体等损害呼吸道和肺脏的疾患。

肝脏病变可加重腹腔积水和缺氧，如肝片吸虫等。因此，建议引进牛犊，首先驱虫，并且冬春交际和秋冬交际应做2次常规驱虫。

引进动物，需要一段时间适应高原环境，适应期少驱赶，少运动，饲料营养应丰富，另建议补充含铁制剂（如牲血素）等。

在西藏海拔较高的地方引进动物，建议在夏季引进，如在秋、冬、春季引进，气温较低，会加重缺氧。

（吴庆侠　董海龙）

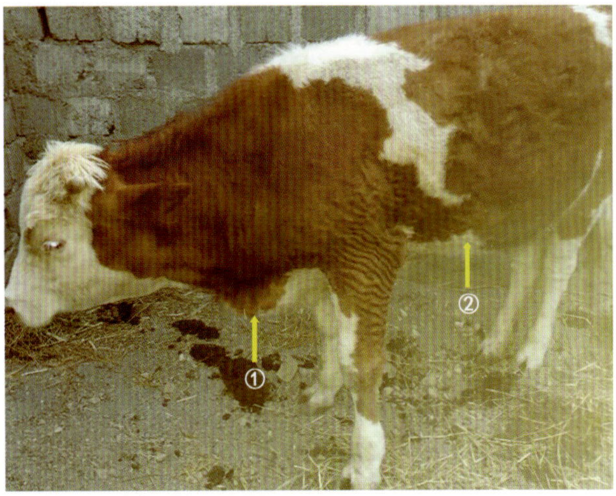

图1-111　病牛可见，脖子至前胸有明显肿胀（箭头①），穿刺流出清亮、淡黄色液体，其为水肿液。缺氧引起肺动脉高压，前腔静脉、后腔静脉回流受阻，使体静脉压增高，毛细血管流体静压增高。水肿首先出现在毛细血管流体静压最高的下垂部，如本图所示前胸部位（箭头②）

（吴庆侠　董海龙　供图）

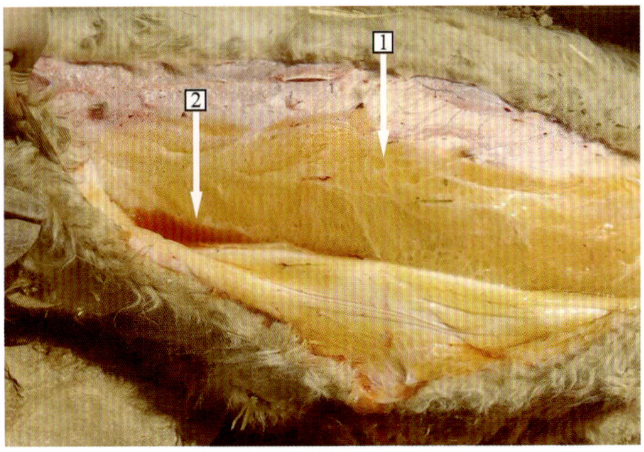

图1-112　病牛剖检可见腹壁有黄色物质（箭头1），还有部分淡红色液体（箭头2）。箭头1处黄色脂肪状物质本质为纤维素，箭头2为水肿渗出液。推测曾经皮下水肿严重，且伴随纤维蛋白渗出

（吴庆侠　董海龙　供图）

第二章　羊病

第一节　小反刍兽疫

小反刍兽疫(peste des petits ruminants，PPR)俗称羊瘟，又名小反刍兽假性牛瘟(pseudorinderpest)、肺肠炎(pneumoenteritis)、口炎肺肠炎复合症(stomatitis-pneumoenteritis complex)，属一类传染病，是由小反刍兽疫病毒引起的一种急性病毒性传染病，主要感染小反刍动物，以发热、口炎、腹泻、肺炎为特征。

一、病原

小反刍兽疫病毒属副黏病毒科麻疹病毒属。与牛瘟病毒有相似的物理化学及免疫学特性。病毒呈多形性，通常为粗糙的球形。病毒颗粒较牛瘟病毒大，核衣壳为螺旋中空杆状并有特征性的亚单位，有囊膜。病毒可在胎绵羊肾、胎羊及新生羊的睾丸细胞、Vero细胞上增殖，并产生细胞病变(CPE)，形成合胞体。

小反刍兽病毒属于有囊膜的病毒，其在自然环境中抵抗力较低，在温度达到50 ℃时，1 h便可将其灭活，但是该病毒在冷藏和冷冻组织中可以存活很长时间。杀灭该病毒的化学物质主要有清洁剂、2% NaOH、苯酚、醇、醚。

二、流行病学

小反刍兽疫(PPR)自1942年首次在西非象牙海岸的科特迪瓦被发现后，疫情一直呈扩散蔓延趋势，已扩散到亚、非地区的40多个国家，对全球养羊业形成巨大威胁。我国周边许多国家疫情呈大规模暴发或地方性流行，对我国动物卫生安全构成了严重威胁。2013年以来，全球共有26个非洲国家、16个亚洲国家以及地处欧亚交界的土耳其等43个国家报道发生小反刍兽疫。

该疫病主要在小反刍动物(如山羊、绵羊、羚羊等)中自然发病，其中以山羊最为严重，绵羊次之，有时也可感染野生动物。当牲畜被感染后，会出现病毒血症，病毒逐渐扩散至各个组织中，以分泌物和排泄物的形式成为传染源，通过直接接触的形式传播，另外，还可以通过被病毒污染的工具、圈舍、饮水、饲料间接传播。该病一年四季均可发生，尤其是干燥寒冷季节和多雨时节易发，潜伏期通常为4～6 d，有时甚至能够长达21 d左右。小反刍兽疫可分为最急性型和急性型2类。最急性型主要发生于山羊中，潜伏期约2 d，发热(40～41 ℃)，精神沉郁、不食、流浆液黏性鼻汁，病程5～6 d；而急性型潜伏期共3～4 d，发病初期主要症状为发热和厌食，母畜出现外阴阴道炎，怀孕母畜流产，病程共8～10 d。在易感动物群体中，发病率为100%，严重暴发时死亡率为100%，中度暴发时死亡率为50%。幼年动物的发病率和死亡率都很高。

三、临床特征

山羊临床症状比较典型，绵羊一般较轻微。该疫病主要症状：①病畜体温高达40～41 ℃，高温持续时间为3～8 d，口鼻分泌物增加，伴有严重腹泻和口腔溃疡(图2-1、图2-2)；②个别病畜出现支气管肺炎；③怀孕的母畜可能流产；④被感染的动物情绪不安、口鼻干燥、皮毛无光泽、食欲下降，有的离群独处(图2-3)；⑤发热前4 d，口腔黏膜伴有充血，颊黏膜出现广泛性损害，然后出现坏死性病灶，最初为红色浅表性坏死病灶，随后为粉红色；⑥严重病畜坏死病灶还可能蔓延至头部、舌头、齿龈、颊部等；⑦病畜在后期腹泻加重，排泄物为带血水样，脱水严重，随后温度降低，出现呼吸异常和咳嗽等症状。急性型：较少发生，急性死亡，感染后1～2 d内死亡。

四、病理变化

可见坏死性或出血性肠炎。解剖后，可见盲肠、结肠近端和直肠出现特性条状充血、出血，呈斑马状条纹(图2-4)；可见淋巴结特别是肠系膜淋巴结水肿，脾脏肿大并可出现坏死病变；组织学上可见肺部组织出现多核巨细胞以及细胞内嗜酸性包涵体。

尸体剖检病变与牛瘟病牛相似。病变从口腔直到瘤-网胃口。患畜可见结膜炎、坏死性口炎等肉眼病变，口腔和鼻腔黏膜糜烂坏死，支气管肺炎，肺脏明显肿大(图2-5)。严重病例可蔓延到硬腭及咽喉部。皱胃常出现病变，而瘤胃、网胃、瓣胃很少出现病变，病变部常出现规则、有轮廓的糜烂，创面红色、出血。肠可见糜烂或出血(图2-6)，特征性出血或斑马条纹常见于大肠，特别在结肠直肠结合处，同时还伴有肠壁排空，透明化（图 2-7）。淋巴结肿大，脾脏有坏死性病变。在鼻甲、喉、气管等处有出血斑。还可见支气管肺炎的典型病变。

因本病毒对胃肠道淋巴细胞及上皮细胞具有特殊的亲和力，故能引起特征性病变。一般在感染细胞中出现嗜酸性胞浆包涵体及多核巨细胞。在淋巴组织中，小反刍兽疫病毒可引起淋巴细胞坏死。脾脏、扁桃体、淋巴结细胞被破坏。含嗜酸性胞浆包涵体的多核巨细胞出现，极少有核内包涵体；在消化系统中，病毒引起马尔基氏层深部的上皮细胞发生坏死，感染细胞产生核固缩和核破裂，在表皮生发层形成含有嗜酸性胞浆包涵体的多核巨细胞。

五、诊断

1. 流行病学诊断

根据流行病学、临床症状和病变的特征可做出诊断。

2. 病原学检测

主要包括琼脂凝胶免疫扩散、病毒分离鉴定、捕获酶联免疫吸附试验以及对流免疫电泳。其中琼脂凝胶免疫扩散具有操作步骤简单、对实验室条件要求较低、经济实惠等优点，甚至能够在野外进行检测。病毒分离鉴定的优点是敏感性高、特异性好，但操作步骤复杂，应用较少，但是在该病现暴发流行阶段，依旧要进行病毒分离鉴定，从而对其进行深入研究。捕获酶联免疫吸附试验的优点是灵敏度高、操作简单、检测时间短。对流免疫电泳是所有抗原检测中用时最短的一种检测方法。

3. 血清学诊断

病羊处于恢复阶段时，由于体内病毒抗原被逐渐清除，只进行抗原检测不能做出诊断，还要检测体内是否存在针对病毒的抗体。除了酶联免疫吸附法是常用方法，还可选择病毒中和试验、乳胶凝集试验和血细胞凝集试验，尤其在国际贸易中要求必须进行病毒中和试验。

4. 分子生物学技术

该病常用的检测方法主要有 2 种技术，即 RT-PCR 技术和 DNA 探针，二者都能够进行特异性鉴定，且具有较高的敏感性。在条件较好的实验室，可采取更为先进的环介导等温扩增和一步法荧光定量 RT-PCR 技术，其特异性和敏感性更高。

六、防治

对本病尚无有效的治疗方法，发病初使用抗生素和磺胺类药物可对症治疗和预防继发感染。在本病的洁净国家和地区发现病例，应严密封锁，扑杀患羊，隔离消毒。对本病的防控主要靠疫苗免疫。

1. 发现疫情后处理

发现羊患小反刍兽疫病后，要尽快向有关部门报告，确诊后要严格按照农业部制定的《小反刍兽疫防控应急预案》和《小反刍兽疫防治技术规范》进行应急处理以及疫情处置。对发病羊场要进行隔离封闭并加以监控，发现疑似病羊后禁止移动其采食过的饲料和接触过的设备，如有需要可进行追溯调查，采取扑杀等无害化处理，同时还要划定疫区，避免疫情蔓延。对场地及各种设施进行严格消毒。一般来说，疫区范围内的办公区、公共食堂、饲养人员宿舍等场所适宜采取喷洒方式进行消毒，车辆、羊舍以及屠宰加工、贮藏等场所宜使用消毒液进行清洗、喷洒等消毒，金属设施适合采取冲洗、熏蒸和火焰等方式进行消毒，粪便、剩余饲料、垫料等采取焚烧或者堆积发酵等方式处理。

2. 疫病防控管理

在容易发生该病的季节，相关部门要加强羊小反刍兽疫防控的宣传工作，并密切关注邻近省区的疫情状况，向乡镇兽医站、农场以及养殖户分发关于防控该病的常识材料。

3. 疫苗接种

小反刍兽疫目前还没有特异性的治疗方法，病羊初期使用磺胺类药物和抗生素可使病死率下降，而接种疫苗是防控该病最常用的方法。可用的疫苗有：①牛瘟弱毒疫苗，因为本病毒与牛瘟病毒的抗原具有相关性，可用牛瘟病毒弱毒疫苗来免疫绵羊和山羊进行小反刍兽疫病的预防。牛瘟弱毒疫苗免疫后产生的抗牛瘟病毒抗体能够抵抗小反刍兽疫病毒的攻击，具有良好的免疫保护效果。②小反刍兽疫病毒常见的弱毒疫苗为 Nigeria7511 弱毒疫苗和 Sungri/96 弱毒疫苗。该疫苗无任何副作用，能交叉保护其各个群毒株的攻击感染，但其热稳定性差。③小反刍兽疫病毒灭活疫苗，本疫苗系采用感染山羊的病理组织制备，一般采用甲醛或氯仿灭活。实践证明甲醛灭活的疫苗效果不理想，而用氯仿灭活制备的疫苗效果较好。④重组亚单位疫苗，麻疹病毒属的表面糖蛋白具有良好的免疫原性。无论是使用H蛋白或N蛋白都可作为亚单位疫苗，均能刺激机体产生体液和细胞介导的免疫应答，产生的抗体能中和小反刍兽疫病毒和牛瘟病毒。⑤嵌合体疫苗，是用小反刍兽疫病毒的糖蛋白基因替代牛瘟病毒表面相应的糖蛋白基因。这种疫苗对小反刍兽疫病毒具有良好的免疫原性，但在免疫动物血清中不产生牛瘟病毒糖蛋白抗体。⑥活载体疫苗，将小反刍兽疫病毒的F基因插入羊痘病毒的TK基因编码区，构建了重组羊痘病毒疫苗。重组疫苗既可抵抗小反刍兽疫病毒强毒的攻击，又能预防羊痘病毒的感染。

（孔庆辉）

图 2-1　病岩羊可见水样腹泻、肛门污秽、口鼻分泌物

（应兰　供图）

图 2-2　病岩羊可见眼、口、鼻分泌物

（应兰　供图）

图 2-3　病岩羊可见精神沉郁迟钝、离群独处

（应兰　供图）

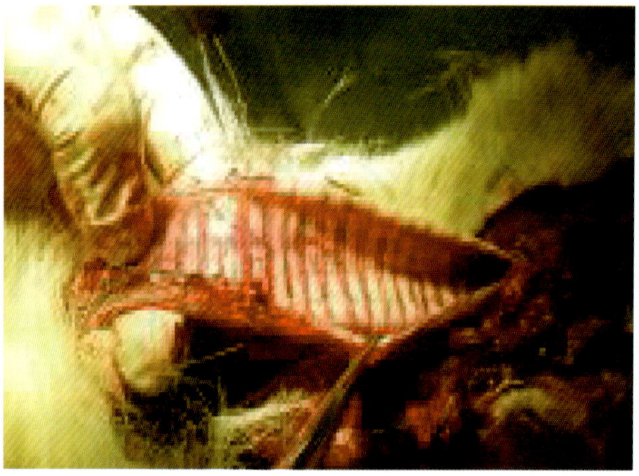

图 2-4　病岩羊剖检可见，气管内壁条状出血

（应兰　供图）

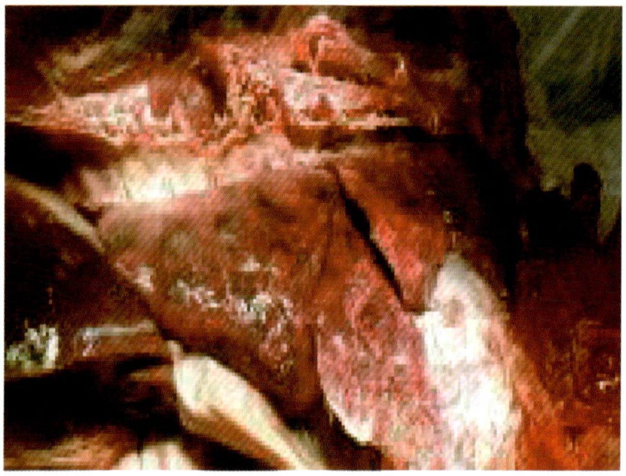

图 2-5　病岩羊剖检可见，肺脏明显肿大、充血

（应兰　供图）

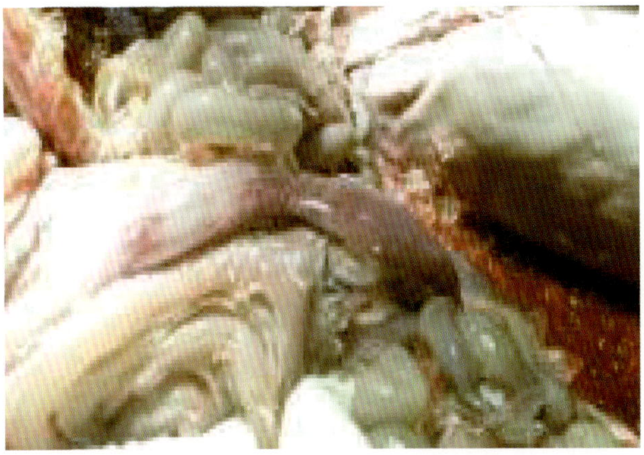

图 2-6 病岩羊剖检可见,盲肠充血、出血、肿大

（应兰 供图）

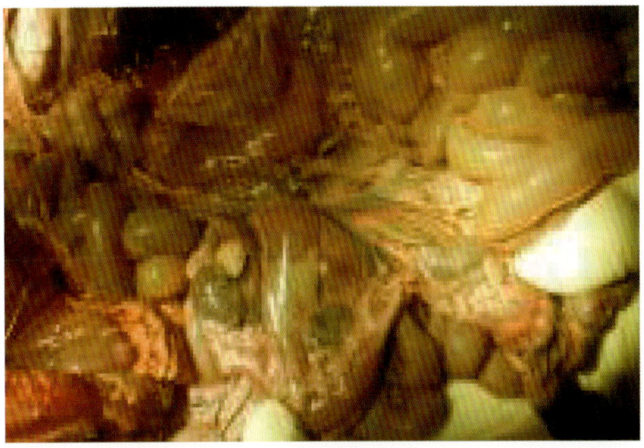

图 2-7 病岩羊剖检可见,肠壁菲薄 （应兰 供图）

第二节 羊布鲁菌病

羊布鲁菌病(brucellosis)又称为羊布氏杆菌病,是由布鲁菌引起的人兽共患传染病。不仅危害畜牧生产,而且严重损害人类健康。以生殖器官和胎膜发炎,引起流产、不孕、关节炎、睾丸炎等为特征。本病历史悠久,呈世界性分布,我国也分布较广,在某些地区(特别是牧区)的流行严重。在羊布鲁菌病流行的地区,人布鲁菌病患者也较多。

一、病原

1. 形态及染色特征

细菌呈球形或短杆状,长 0.6～1.5 μm,宽 0.5～0.7 μm。革兰氏阴性,吉姆萨染色是紫色。经柯兹罗夫斯基或改良 Ziehl Neelsen、改良 Koster 等鉴别染色法染成红色,能够与其他细菌区别开来。

2. 培养特性

本菌专性需氧,初代分离时需提供含 5%～10%的 CO_2。最适生长温度 37 ℃,最适 pH 6.6～7.4,普通培养基上生长较差,通常在肝汤琼脂、马铃薯浸汁琼脂培养基,在加入葡萄糖和马血清的培养基中生长良好。泛酸钙和消旋赤藓糖醇可刺激某些菌株生长。

在固体培养基上,光滑(S)型菌落无色透明、表面光滑湿润,菌落大小不等,一般直径为 0.5～1.0 mm。粗糙(R)型菌落不太透明,呈多颗粒状。有时还可出现浑浊不透明、黏胶状的黏液(M)型菌落。除 S、R 和 M 型菌落外,在培养中还会出现这些菌落间的过渡类型,如 S—R 型菌落间的中间(I)型菌落。

3. 抵抗力

本菌对外界环境的抵抗力较强,在污染的土壤和水中可存活 1～4 个月,皮毛上 2～4 个月,鲜乳中 8 d,乳、肉食品中约 2 个月,粪中 120 d,流产胎儿中至少 75 d,子宫渗出物中 200 d。在直射阳光下可存活 4 h。

对湿热的抵抗力不强,60 ℃ 加热 30 min 或 70 ℃ 5 min 即被杀死,煮沸立即死亡。5%新鲜石灰乳 2 h 或 1%～2%福尔马林 3 h 可将其杀死;0.01%度米芬或新洁尔灭 5 min 内即可杀死本菌。在 pH 3.5 或更低的情况下迅速死亡。

4. 分类

长期以来,将布鲁氏菌属分为马尔他布氏杆菌(*B. melitensis*)、流产布氏杆菌(*B. abortus*)、猪布氏杆菌(*B. suis*)、绵羊布氏杆菌(*B. orvis*)、沙林鼠布氏杆菌(*B. neotomae*)和犬布氏杆菌(*B. canis*)6 个种,以及报道的海洋哺乳动物的海豚布氏杆菌(*B. cetacease*)和海豹布氏杆菌(*B. pirmipediae*)。

二、流行病学

易感动物广泛,其中羊、牛、猪最易感。传染源是病畜和病人。病畜从乳汁、粪便和尿液中排菌,污染草场、畜舍、饮水、饲料。当病母畜流产时,病菌随着流产胎儿、胎衣和子宫分泌物一起大量排出成为最危险的传染源。

经口感染是主要传播途径,健畜摄取被病畜污染的饲料、饮水等，通过消化道感染。另外，也可经阴道、皮肤、结膜感染，还有通过自然配种和呼吸道感染。常为地方性流行，无明显季节性，但多发生于动物产仔季节。

三、临床症状

主要症状是流产，一般呈隐性经过。流产多发于妊娠第4个月。流产前2～3 d，体温升高，精神不振，食欲减退，有的卧地不起。由阴道排出黏液或黏液带血分泌物。流产的胎儿多死亡或极度衰弱发育不良。产后阴道持续排出黏液或脓液，发生慢性子宫炎。有的病羊发生慢性关节炎及滑液囊炎、跛行。公羊有时发生睾丸炎、附睾炎。睾丸肿大，触诊局部发热，有疼感。

四、病理变化

母畜的病理变化主要在子宫。子宫绒毛膜间隙中有灰色或黄色胶样渗出物，绒毛有坏死病灶，表面覆盖黄色的坏死物。胎盘子叶水肿，胎儿皮下浸润变绿色。镜检可见胎膜上皮炎性水肿、充血、出血。绒毛上皮营养不良、肿胀或崩解。部分坏死组织机化形成肉芽组织，胎儿胎盘和母体胎盘紧密粘连。输卵管炎性肿大，长滞留黄色液体。卵巢组织硬化，有时形成卵巢囊肿。淋巴结多呈增生性肿大。肝脏有时出现脓肿。肾脏可见多发性血斑。脾呈轻度肿大，网状内皮组织弥漫性增生。流产胎儿的病变多呈败血症变化。浆膜和黏膜有出血点和出血斑，皮下结缔组织发生浆液性、出血性炎症。脾和淋巴结肿大。

公畜可见睾丸显著肿大、被膜与外层的浆膜相粘连，并可见坏死灶和化脓灶。阴茎红肿，黏膜上出现小的硬结节。有的病例可见到关节炎、腱鞘炎和滑液囊炎。后期关节结缔组织广泛增生，关节变形。

五、诊断

鉴于布氏杆菌病有可能由实验室感染所致，所以发达国家规定凡涉及本菌的样本检测，均应在生物安全2级实验室进行，凡涉及本菌的培养，则需在生物安全3级实验室内操作。

本病流行特点、临床症状、病理变化均缺乏明显特征，而且多数病畜呈隐性感染，因此诊断主要依靠实验室检验。布氏杆菌病常表现为慢性或隐性感染，其诊断和检疫主要依靠血清学检查及变态反应检查。细菌学检查仅用于发生流产的动物和其他特殊情况。

1. 细菌形态检查

采取流产胎儿、胎盘、阴道分泌物或母畜子宫绒毛膜抹片，革兰氏或吉姆萨染色后显微镜观察细菌形态。阳性病例可见大量革兰氏阴性或吉姆萨紫色，球杆状短小杆菌。还可通过柯氏染色法对其进行镜检，流程如下：

涂片制备→涂片干燥固定→染色（2%沙黄）→水洗→复染（1%孔雀绿）→清洗→镜检

存在布鲁氏菌的组织表现为红色球状，其他组织则为蓝色。

2. 血清学检查

动物感染布鲁氏菌7～15 d出现抗体。常用凝集试验（包括虎红平板凝集试验（图2-8）、试管凝集试验（图2-9）和全乳环状反应及乳清凝集试验）和补体结合试验相结合。该方法可迅速诊断，进行畜群检疫。另外，IHAT、ELISA、荧光抗体检查等也可用于本病的检疫或诊断。

3. 变态反应检查

皮肤变态反应一般在感染后20～25 d出现，不适宜早期诊断，适宜绵羊、山羊的大群检疫。检测人员可抽取0.2 mL的布鲁菌水解素，将其向患病羊的尾根皮内注射，观察48 h后注射区域的变化，如果患病羊表现出红肿热等现象，表明病羊为阳性。病畜变态反应出现较晚，但其持续时间较长，对羊布鲁菌病检出率较高。

详细检测方法可以参考中华人民共和国国家标准，GB/T 18646—2018《动物布鲁氏菌病诊断技术》。

六、检疫处理

确诊为布鲁菌病时，迅速隔离病畜。不建议对患畜用抗生素治疗，以避免产生耐药菌株和扩大传染。淘汰或宰杀病畜，焚烧或深埋病尸、流产死胎、胎盘及病畜分泌物、排泄物等。对污染的圈舍、场地和用具等，用2%石炭酸、烧碱、甲醛溶液、3%有效氯的漂白粉溶液或3%石灰乳，进行彻底消毒。

七、防疫措施

1.防疫管理

严禁从疫区引进动物。对进出境或本地区的易感动物加强隔离检疫。对常发病的畜群应采取定期检疫淘汰的方法，逐渐建立净化畜群。每 2～3 个月进行 1 次检疫，随时清除阳性动物，直至全群连续 2 次检疫阴性为止，之后实行预防管制 6 个月，其间再做 2 次检疫在全群阴性的情况下，可认为本病已清除。

2.做好饲养管理

在羊养殖中，饲养管理是防治羊布鲁菌病的主要措施。养殖户需从场址选择、养殖管理、圈舍消毒、病羊管理等方面入手，全面防控布鲁氏菌在养殖场的传播，保障羊群健康生长。为避免外来羊引入病原菌，养殖场需坚持自繁自养，保障羊群的统一性。如果养殖场不得不引入外来羊，需按照规范的隔离检疫流程，确保外来羊不携带病原菌，保障羊群的健康。

3.免疫预防

对常发此疫病城市的奶牛场和牧区无条件的畜群，可在检疫淘汰的基础上，用 M90 株弱毒活疫苗或 S2 株弱毒活疫苗实施免疫接种，实现羊布鲁菌病的有效防治。

（罗润波）

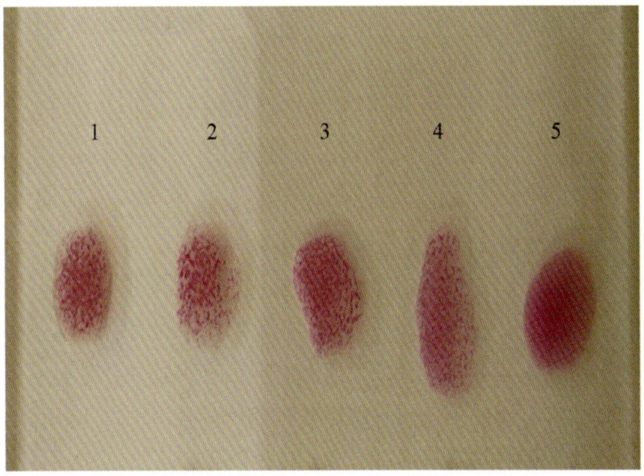

图 2-8　虎红平板凝集试验

1-4. 阳性对照，凝集；5. 阴性对照，不凝集　（罗润波　供图）

1　2　3　4　5

图 2-9　试管凝集试验

1. 抗原对照；2. 阴性对照；3-5. 阳性对照　（罗润波　供图）

第三节　羊链球菌病

羊链球菌病又称作为羊败血性链球菌病，是由链球菌属中 C 群兽疫链球菌（为溶血性链球菌）引起的一种羊的热性、急性、全身败血性传染病，呈全球分布。我国西北地区的羊链球菌病早已存在，1950—1955 年先在青海流行，1955 年后期传至四川，随后传至新疆、甘肃、内蒙古等地，资料可见甘肃、内蒙古、河北、北京、四川、西藏、陕西、宁夏、上海均有此病报道，在新疆乌鲁木齐、伊犁、阿勒泰、哈密、石河子、喀什也有病例报道。

一、病原

羊链球菌（*Streptococcus ovine*）是 C 群马链球菌兽疫亚种。本菌呈球状，直径小于 2.0 μm，绵羊链球菌常呈双球或者短链状排列，有荚膜。多排成链状或成双。一般致病性的链球菌其链较长，非致病性菌株则较短。固体培养基上常呈短链，在液体培养基中易呈长链。绵羊链球菌为链球菌属中一个新的独立的种，根据国际上 B341 分子生物学的分类方法，特别是 16SrRNA 系列同源性和生物特性的具体分析方法，也可通过血清学试验进行分群，而在我国的教科书和大量参考文献研究中，还将此菌划为兽疫链球菌绵羊变种。多数的链球菌为兼性厌氧菌，厌氧菌占极少数，37 ℃是为合适的生长温度，最适生长的 pH 为 7.4～7.6。在鲜血培养基上 37 ℃ 经 12～24 h 培养，形成灰白色露珠样表面光滑边缘整齐的细小菌落，直径 0.1～1.0 μm，在菌落周围形成不透明的草绿色的溶血环，红细胞未溶解，血红蛋白变成绿色。这类细菌统称为草绿色链球菌（α 型溶血链球菌），致病力不强，多为机会致病菌。也可在菌落周围形成完全透明的溶血环，红细胞完全溶解，此类菌称为 β 型溶血链球菌，由于致病力非常强，往往使得人和动物发生重大疾病。

本菌普遍存在于病羊的各种分泌物、排泄物以及各个组织脏器中，尤其在鼻液、鼻腔、肺脏以及气管中含量最多。该菌具有较强的抵抗外界环境的能力，如果在 −20 ℃温度下能够存活至少 1 年，病死羊胸腔积液内的菌体在 0～4 ℃温度下能够存活超过 160 d，在室温下能够生存超过 100 d。病菌对大部分消毒药都具有较弱的抵抗力，如 0. 5%的漂白粉、2%的来苏儿和 2%的石炭酸都可在 2 h 内使其失活。本菌对热抵抗力均较弱，60 ℃经 30 min 多数可以杀死，煮沸立即死亡。

二、流行病学

本病的流行呈现明显的季节性，主要在冬、春季节发生，特别是 2 月、3 月更为多见。这是由于冬季气候寒冷、缺少饲草，而春季气候多变，忽冷忽热，从而容易出现发病。多为地区流行散发，常与魏氏梭菌、巴氏杆菌等混合感染。有些慢性经过的病羊还可变成带菌者。根据兰氏分群绵羊链球菌在我国 20 世纪 80 年代曾流行如下血清型：C 型总计 12 株，D 型总计 31 株；C 型主要为兽疫链球菌，D 型主要为粪肠球菌。在新疆有过绵羊链球菌病的报道很多，主要发生于伊犁、阿克苏、阿勒泰等地区。

易感动物主要是绵羊，山羊相对较少。另外，不同性别、各个年龄的羊都易感，其中以幼羊、母羊多发。病羊和带菌羊是主要传染源，病菌遍布全身各处，经过呼吸道排出细菌，有些慢性经过的病羊还可变成带菌者。

自然感染情况下，主要经由呼吸道途径感染，还可经由皮肤、黏膜损伤以及吸血昆虫（如羊虱蝇等）叮咬进行传播。

三、临床特征

病程初期表现为精神不佳，萎靡不振；眼结膜出现充血、眼睛湿润有泪珠，并伴随着脓性分泌物流出；停止采食厌食，走路姿势变形；鼻腔内多为流浆液性鼻液，随着病程加重变成脓性鼻液；并时常有口水流出，体温高出正常体温的 1.5～3 ℃，面部、呼吸道系统、乳房出现肿胀，便血及粪便稀软中带黏液；有孕母羊出现流产。急性型病例，则会出现呼吸极度艰难，1 d 内死亡，通常病情下 48～72 h 内死亡。

本病潜伏期为 2～7 d，少数可达 10 d。病程为 2～4 d。根据发病速度可分为 3 型：急性型、亚急性型、慢性型。①急性型。病羊初发时各种症状表现不显著，常在 24 h 内死亡，或是清晨检查圈舍时发现死于圈内。病羊体温比正常体温高出 1.5～3 ℃，呼吸脉搏均加快。病羊精神不佳，喜静不愿走动，厌食拒绝采食，眼结膜出现充血，并有泪珠，随后有浆液性分泌物，呼吸困难，鼻腔不通，鼻腔内有浆液性脓性鼻液。呼吸器官、免疫器官出现肿胀。怀孕母畜阴门出现充血肿胀，伴随着流产。②亚急性型。患病羊体温上升，呼吸不畅，不愿意进食，同时停止反刍，有透明鼻涕从鼻孔流出，排出稀软带血的粪便，走动时步态不稳。临死前只能卧地，无法站立。症状严重时，还会出现神经症状。随着病情的发展，病羊由于机体各器官的衰竭最终以死亡告终，病程为 1～2 周。③慢性型。温度变化不明显或有轻微的上升，采食不佳，渐行性的消瘦，行走姿势僵硬，患有关节炎的现象。

四、病理变化

本病病理性特征以败血性变化为主。淋巴结出血、肿大。鼻、咽喉、气管黏膜出血。肝脏出现病发区并肿大，质软、色土黄（图 2-10），胆囊胀大，其壁水肿，增厚肿大至原来的 2～4 倍，并有胆汁流出；呈现大叶性肺炎，可见有坏死点和少量的出血点；肺部出现充血、水肿；大网膜、肠系膜有出血点。胃肠黏膜肿胀，有的部分脱落。第四胃出血及内容物变稀。第三胃内容物干如石灰；幽门出血及充血。肠道充满气体，部分肠体出现明显组织脱落（图 2-11），十二指肠内容物变为橙黄色。肺脏常与胸壁粘连。肾脏在患病后质地变得松软，有出血点和梗死，表面附着包膜不容易剥开。膀胱黏膜出血。

五、诊断

羊链球菌病诊断方法除流行病学、临床特征、病理学变化诊断外，还可以从病原学检测、PCR 等检测手段进行检测。

根据绵羊链球菌的培养特性、生化特性，对采集的病菌进行病原鉴定。首先将疑似患有绵羊链球菌病羊，使用无菌采集的方法采集肺、肝、脾、淋巴结、脑等病变脏器，将病料涂片后革兰氏染色，镜检可见视野中呈现蓝紫色、卵圆形或圆形呈双球形，呈链状或单个存在，革兰氏染色呈阳性。同时将病料放置血清肉汤中 37 ℃培养 24 h 后，将血清肉汤中的菌分别接种普通培养基、鲜血培养基上 37 ℃培养 24 h，该菌在普通培养基上生长不良，在血液培养基上生长良好，在血平板上可见无色或略有灰色的针尖大小菌落，出现 β 型溶血环，将菌落进行革兰氏染色镜检、生化试验、分群试验，确定为链球菌。

此外还可以同步做羊链球菌病的毒素检查，其主要是为了排除类似的疾病，如猝狙症。可以选择饲养的回肠内容物，50～100 g，使用生理盐水进行 2～5 倍稀释，充分搅拌均匀，2 000～3 000 r/min 离心，30 min 左右后取上清液，静脉注射 2 mL 家兔，短则几分钟，长达数小时会导致家兔死亡，表明结肠中有毒素存在。选择 4 只健康家兔，在试验前为家兔进行健康检查，表明并无症状后，选择其中的 2 只用于试验用，另外 2 只用于对比观察。治疗 24 h 后，如果并未死亡，说明并无毒素存在，确诊为羊链球菌病。

在诊断中要做好类症鉴别：①与羊支原体肺炎的鉴别。山羊易感，但绵羊敏感性较低，剖检可见一侧肺叶出现病变，胸腔内初期存在大量淡黄色积水，后期会快速凝聚变成胶胨状。②与羊炭疽的鉴别。该病通常在夏季发生，死亡率高，病羊全身出现痉挛，呼吸困难，鼻孔中流出黑紫色血液，死后血液凝后不良，血液呈焦煤状。③与羊毒血症的鉴别。2～12 月龄的绵羊易感，往往发生急性死亡，且死后肾脏组织出现软化，触压就变成烂泥，体腔内存在积水，小肠黏膜发生明显出血。

六、防治

羊链球菌的预防，主要措施有：①做好羊养殖的放牧管理，特别是秋、冬季节的养殖管理，秋天需要养膘、冬天要保膘，一定要做好养殖场防风保温措施，对羊的养殖密度做好控制，避免羊群过于拥挤。②要积极防治寄生虫。要严格消毒养殖场和周围环境，养殖人员需要严格遵循消毒规范进行。对于羊链球菌发病率比较高的地区，要对每个环节都进行消毒，彻底避免病菌传播，防止病菌进一步蔓延。③选择链球菌氢化铝甲醛苗对病羊进行注射，而且需要在入冬前对羊进行疫苗接种，接种量为 3 mL。对于 3 个月以下的幼年羔羊，要在 2～3 周后再次接种一次，使羔羊的抵抗能力变强。④对患病羊要进行隔离饲养。要严格消毒患病羊的场地和使用器具，使用石灰乳 10%含量，或使用来苏儿 3%含量根据 1/200 的比例实施喷洒消毒。羊的粪便要进行堆积并发酵，要将病死羊做好处理，进行深埋和消毒。⑤要对引种工作做好检疫。种羊在进入养殖场后，需要做好严格消毒处理。对于养殖区出现疫病的种羊不能引入。种羊引入后，首先要做好隔离饲养做好观察，当隔离养殖一定时间后，确定没有感染疫病，才能开展混养，避免病菌的传播，使疾病发生率降低。

羊链球菌病的治疗，主要措施有以下几点：①将病羊隔离治疗。使用 160 万 IU 的青霉素、100 万 IU 的链霉素，联合 20 mL 的复方氨基比林，每日注射 2 次，连续注射 5 d。内服磺胺嘧啶钠，6 g/次，每日 2 次，连续服药 5 d 左右。②健康同群羊。可以接种羊链球菌病疫苗，经皮下注射 3 倍量，发病的病羊则需要 4 倍量接种疫苗防治。③及时清理病死羊和粪便污染物。为降低羊链球菌病患病概率，对于病死羊和粪便等污染，需要集中清理，可以通过掩埋无害化处理，使用 0.5%漂白粉对养殖场进行充分消毒处理，间隔 1 d 消毒 1 次，另可配合中药治疗：黄连、黄芩、玄参、陈皮、牛蒡子、薄荷、升麻、栀子、柴胡各 20 g，甘草、僵蚕各 10 g，连翘、桔梗、石膏、知母、紫草各 30 g，板蓝根 50 g，将其研磨，水煎灌服，连用 3 d。

（董海龙　曾江勇）

图 2-10　病羊剖检可见肝脏肿大，质软，色土黄，胆囊肿大

（马弘财　供图）

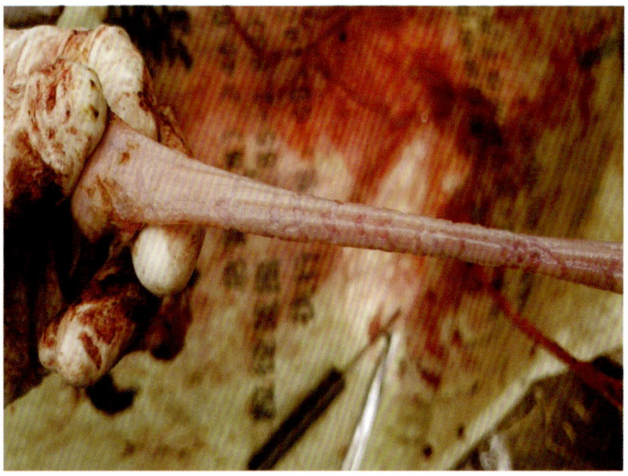

图 2-11　病羊剖检可见肠黏膜表面坏死，出现多处条带状组织缺损
（马弘财　供图）

第四节　羊细颈囊尾蚴病

本病多发于放牧的山羊和绵羊。

一、病原

羊细颈囊尾蚴病是由带科、带属的泡状带绦虫（*Taenis hydatigema*）的中绦期幼虫（细颈囊尾蚴，*Cysticercus temiolli*）寄生于动物的肝脏、网膜及肠系膜等处引起的疾病。细颈囊尾蚴呈囊泡状（俗称水铃铛），大小不等，豌豆大或更大。囊壁薄，呈乳白色，内含透明液体，肉眼可见囊壁上有一个向内生长具有细长颈部的头节，故名细颈囊尾蚴。在脏器中的囊体，体外有一层由宿主组织反应产生的厚膜包围，故不透明，易与棘球蚴相混。

虫卵为卵圆形，内含六钩蚴，大小为(36～39) μm×(31～35) μm。

孕节随粪便排出体外，破裂后散出的虫卵污染牧草、饲料和饮水，被中间宿主（猪、羊、牛等）采食后发生感染。六钩蚴在宿主消化道内逸出，并钻入肠壁血管，随血流到肝实质，以后逐渐移行至肝表面，有些进入腹腔寄生于大网膜、肠系膜或腹腔的其他部位，也有的进入胸腔到肺脏，经 34～53 d 发育成熟而具有感染能力。犬等肉食动物吞食了含有细颈囊尾蚴的脏器而被感染，进入小肠后头节伸出，附着于肠壁上经 36～73 d 发育为成虫。

二、流行病学

本病呈世界性分布。我国各地普遍流行，是农村放养或散养羊的一种常见病。终末宿主为犬、狼、豹、北极狐、貂、家猫、森林野猫和狐等肉食动物。中间宿主除猪、牛、羊、骆驼等家畜外，还可见于野猪、野牛、野羊和鹿等野生动物。

三、临床特征

本病多呈慢性经过，感染早期成年病羊一般无明显症状，但羔羊发病症状明显。身体日渐消瘦，被毛逆立而无光泽，眼结膜及皮肤的颜色逐渐苍白，在放牧过程中行动无力，有异嗜现象。如果伴发急性腹膜炎，会导致腹部膨大，对腹壁按压有痛感。发病后期还会伴有腹泻、腹水、体质衰弱，停止嗳气、反刍，呼吸困难等，最后因为严重衰竭而死亡。

四、病理变化

病死羊进行剖检，皮下脂肪减少，肌肉颜色变淡，血液稀薄，在皮下或肌间往往出现胶样浸润。打开腹腔，仔细观察在大网膜上是否有大小不等（小者如豌豆大，大者如鸡蛋大）的乳白色透明状包囊；撕开大网膜，观察腹腔内、肝脏表面、肠系膜等处是否有大小不等的乳白色包囊，发现即可确诊（图 2-12、图 2-13）。急性感染病例肝脏增大，边缘钝圆，肝表面有出血点，在肝实质中和肝被膜下可见虫体移行的虫道，胆囊肿大。初期虫道内充满血液，以后逐渐变为黄灰色。肝表面被覆多量灰白色纤维素性渗出物，质地较软。若引起急性腹膜炎，腹腔内有积水并混有渗出的血液，积液中能找到幼小的囊尾蚴体。

五、诊断

细颈囊尾蚴病生前诊断较困难，目前仍通过剖检发现细颈囊尾蚴进行确诊。注意急性型易与急性肝片形吸虫病相混淆，在肝脏中发现细颈囊尾蚴时，应与棘球蚴相区别。前者只有 1 个头节，壁薄而且透明，后者囊壁厚而不透明。

六、防治

应注意防止犬散布病原，禁止犬进入羊圈舍，避免饲料、饮水被犬粪污染。应用吡喹酮或氯硝柳胺等驱虫药物对犬进行定期驱虫。捕杀野犬。严禁犬类进入屠宰场，禁止将带有细颈囊尾蚴的动物内脏生喂肉食动物。

药物治疗。整个羊群进行驱虫，按每千克体重使用 20 mg 甲苯咪唑或者阿苯达唑，注意空腹口服，同时配合每千克体重肌内注射 30～50 mg 吡喹酮 1 次，一个疗程连续使用 3 d，经过 1 周再用药 1 个疗程。如果病羊发生贫血。可肌内注射 B 族维生素或牲血素；如果病羊伴有发热、炎症，可肌内注射安乃近和青霉素、链霉素等；如果病羊体质虚弱无法采食，要采取补液等。病羊也可使用中草药进行治疗，可取 12 g 甘草，泽泻、厚朴、茯苓、木通、肉蔻、槟榔、胆草各 38 g，75 g 贯众，50 g 苏木，加水煎煮后给其服用，每天 1 次，连续使用 3 d。采取以上处理后能够快速控制病情，并使其逐渐康复。

（董海龙　吴庆侠）

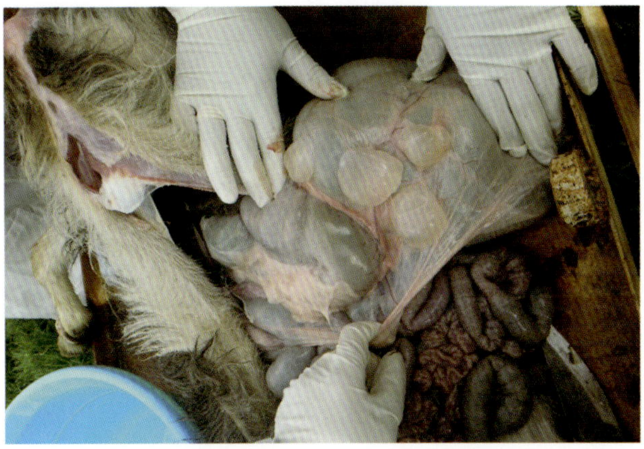

图 2-12　病羊剖检可见大网膜上水铃铛样包囊

（石斌　供图）

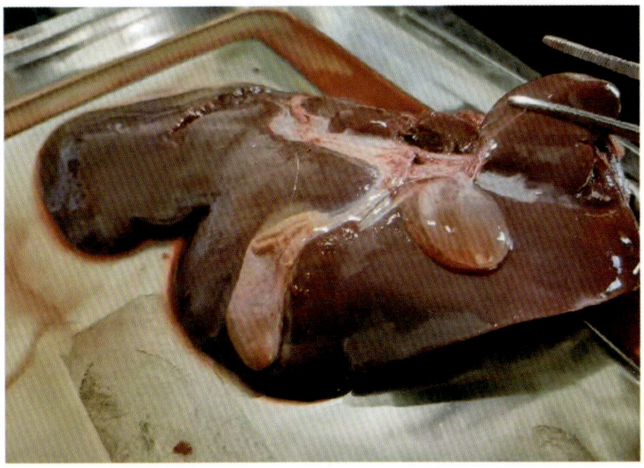

图 2-13　病藏绵羊剖检可见肝脏上水铃铛样包囊

（唐文强　供图）

第五节　羊鼻蝇蛆病

羊鼻蝇蛆病是由狂蝇科羊狂蝇的幼虫寄生羊的鼻腔及其附近的腔窦内所引起的，呈现慢性鼻炎症状，该病主要危害绵羊，山羊受害较轻，在欧洲有寄生于骆驼和人的报道。羊狂蝇蛆病在我国西北、内蒙古、东北地区感染较为严重，流行严重地区感染率可高达 80%。有研究表明，患羊增重降低 3.58%～8.29%，每只羊月均活重损失 0.479～0.6 kg，而胴体肉损失达 1.19～4.6 kg，羊毛损失 200～500 g，产奶量下降 10%，严重影响羊只生长发育并给畜牧业带来严重经济损失。

一、病原及生活史

羊鼻蝇的整个发育过程要经过幼虫（蛆）、蛹、成虫各阶段，其幼虫阶段寄生于羊。成虫呈淡灰色，外形像蜜蜂，虫体长 10～12 mm，头部大，呈黄色，两复眼小，相距较远，触角短小呈球状，位于触角窝内，触角芒简单无分枝，口器退化。头部和胸部具有很多凹凸不平的小结，胸部呈淡褐色并有小黑斑，腹部黑色带有银白色闪光，翅透明。刚产下的幼虫为第 1 期幼虫，长约 1 mm，淡黄白色，前端有两个黑色的口前钩，体表丛生小刺。第 2 期幼虫呈椭圆形，长 20～25 mm，体表的刺不明显。成熟的幼虫为第 3 期幼虫，长约 30 mm，前端细小，有两个黑色的口前钩。虫体分节，在每节的背面有黑棕色横带。虫体背面拱起而光滑，腹面扁平并有多排小刺，后端平直如刀切，有两个明显的黑色气门板（图 2-14）。

羊狂蝇生活史属于完全变态。雌蝇在体内幼虫形成后，选择晴朗炎热天气，飞向羊只，突然冲向羊鼻，直接产出幼虫，而不是产出虫卵，每次可产出 20～40 个幼虫，几天内就能够产出 500～600 个幼虫，生产结束后立即死亡。幼虫可爬入羊鼻腔内，并在该处寄生 9～10 个月，通过两次蜕化发育为第 3 期幼虫，其中只有 10%～20% 的幼虫可发育为成虫。在次年春天，第 3 期幼虫发育成熟后就会从深部逐渐移动至浅部，在羊打喷嚏时即可将鼻内的幼虫喷到地面上，钻入羊圈内或者粪便中变成蛹。蛹期通常为 1～2 个月，最后羽化为成蝇，其可存活 2～3 周。一般来说，在气候温暖的地区每年可繁殖两代，而在气候寒冷的地区每年只可繁殖一代。

二、流行病学

有关报道称羊鼻蛆原是一种古北界的物种，后随人类和宿主动物迁移而被带往各地；现在普遍认为羊狂蝇蛆为全球性分布，由其幼虫侵袭引起羊的狂蝇蛆病亦在世界各国养羊区广泛流行。如美国西南部羊狂蝇蛆感染率为 91.5%，平均感染强度 25.61；法国西南部感染率为 33.2%，强度为 4.9；乌克兰感染率为 58%～90%，强度为 14；非洲各养羊区普遍流行；南非感染率 73.4%。由于羊狂蝇的感染率随地区差异而变化较大，故只有调查地区相对一致才具有可比性。就同一地区而言，绵羊的感染率高于山羊，夏秋季高于冬春季，幼龄羊高于成年羊。羊狂蝇蛆病的致死率不高，偶尔可由大量的虫体阻塞呼吸道致患羊窒息或继发病菌感染死亡。其发病情况通常在夏秋季成虫大批出现时以表现卡他性鼻炎为主要症状，采食羊只为躲避成虫侵袭常将鼻孔紧贴于地面，或将头藏于其他羊只两后肢中间；冬季无明显症状，春季则多摇头、打喷嚏。

羊鼻蝇的宿主特异性较强，通常寄生于羊科动物，主要是绵羊。但达胡巴雅尔等报道还可寄生于骆驼和驯鹿，国内有研究表明驯鹿狂蝇蛆与羊狂蝇蛆不是一个种。

三、临床特征

羊感染幼虫时，大部分会由于虫体损伤鼻腔和额窦黏膜，使其长时间不愈并出现发炎，鼻孔持续有黏液性鼻液流出，严重时还会流出混杂血液的化脓性鼻液，非常容易堵塞鼻孔，此时会引起呼吸困难，往往会出现张口呼吸，同时眼睑明显浮肿。部分在鼻腔内寄生的幼虫会持续刺激使机体出现连锁反应，如通过频繁打喷嚏，不断甩头的方式试图将鼻内幼虫排出，使痛苦减轻，同时鼻腔流出浆液性、黏液性、脓性鼻液（图 2-15）。此时病羊精神明显沉郁，采食量减少，机体日渐消瘦。部分病羊还会发生下痢或者贫血，走动不稳，被毛粗乱，严重时甚至颌下会发生水肿。有时幼虫还可通过额窦侵入病羊脑中，损伤脑膜，此时会表现出神经症状，如不断转圈，即发生“回旋病”，最终愈后不良。

四、病理变化

剖检病死羊，皮下消瘦，脂肪少，内脏各器官无明显眼观异常变化。打开头部时，在鼻腔、鼻窦或额窦可发现长 20～30 mm 的虫体（图 2-16、图 2-17）。

五、诊断

根据症状、流行病学情况和发现的幼虫，即可确诊。早期用药液喷射鼻腔，羊即喷出死亡的幼虫。死后剖检，可在鼻腔，鼻窦或额窦内发现羊狂蝇幼虫。如出现神经症状，应注意与羊多头蚴病和羊莫尼茨绦虫病作鉴别诊断。

六、防治

1. 药物治疗

病羊可采取内服、外用的治疗方式，治疗效果良好。全部病羊每千克体重使用 0.075 g 敌百虫，与适量水混合后灌服，能够有效消灭鼻腔中寄生的幼虫，经过 1 周再用药 1 次。同时，向病羊鼻腔内喷射 3%来苏儿，每侧用量为 20 mL，注意用药后用手使头部呈上仰姿势，保持 5 min，才可缓慢松手，以确保药液充分接触虫体，每天 1 次，1 个疗程连续使用 5 d。病羊鼻腔喷射药液后，会通过打喷嚏将幼虫从鼻腔内排出，此时要注意立即将排出的幼虫收集起来，采取焚烧处理。需要注意的是，在使用药液清洗病羊鼻腔时，要让其头部朝下，避免药液通过气管进入肺部而导致肺炎。病羊采取以上治疗措施，经过 1 个疗程症状完全消失，没有继续发病依旧健康生长。

2. 消灭病原

根据羊鼻蝇的寄生特点，为避免羊感染虫体，阻断雌蝇生产幼虫是最有效的措施，该方法可导致幼虫繁殖出现断代，但是操作较为困难。从防控方面分析，要采取以“防”为主，并配合有效治疗。根据北方地区的气候变化，并结合该病的流行特点，推荐在每年的 2—4 月份提前做好驱虫准备，从而减少夏季发病。在驱虫的同时，要保持场地干净卫生，并及时将羊鼻蝇的蛆蛹清除干净。进入夏季后，羊鼻蝇会旺盛活动，此时可尝试向羊鼻腔内喷射 3%的来苏儿，以将里面可能已经寄生的幼虫消灭。随着虫体的繁殖，1～2 期的幼虫可侵入羊鼻腔较深的地方，此时可尝试采取敌敌畏熏蒸毒杀的方式，通过加热使其雾化，每次保证熏蒸 10～15 min，可实现彻底驱虫。消灭成虫时，可定期向羊舍四周喷洒敌百虫溶液，防控效果较好。一般来说，适宜安排在清晨或者傍晚喷洒药液，这是由于此时虫体活动最弱，可保证防控效果良好。

3. 合理放牧

通过大量的驱虫实践发现，基本无法彻底根除羊鼻蝇蛆病，因此要采取合理的放牧方式，避免其在雌蝇生产幼虫时感染。通常来说，羊鼻蝇在每天的中午最为活跃，因此适宜安排在清晨或者晚间进行放牧。

4. 加强饲养管理

饲养环境要经常清污，定期清除松软的陈土，特别是运动场、圈舍。堆积较厚且松软的粪便非常适宜羊鼻蝇第3期幼虫的羽化，因此要求及时清除粪便，并将其堆积起来，通过生物发酵产生的热量将虫体杀死。经常观察羊的行为，一般在每年5月前后观察其是否出现流鼻液、打喷嚏、摇头、摩鼻的行为（这些是感染该病的前期症状），如果有则可考虑感染发病，要尽快进行治疗，避免幼虫侵入鼻窦、额窦或者颅腔内带来更大的损伤。

（董海龙 吴庆侠）

图 2-14 羊鼻蝇蛆第3期幼虫后端有两个明显的黑色气门板 （米玛顿珠 供图）

图 2-15 病羊可见鼻腔流出黏稠、带血鼻液 （刘建枝 供图）

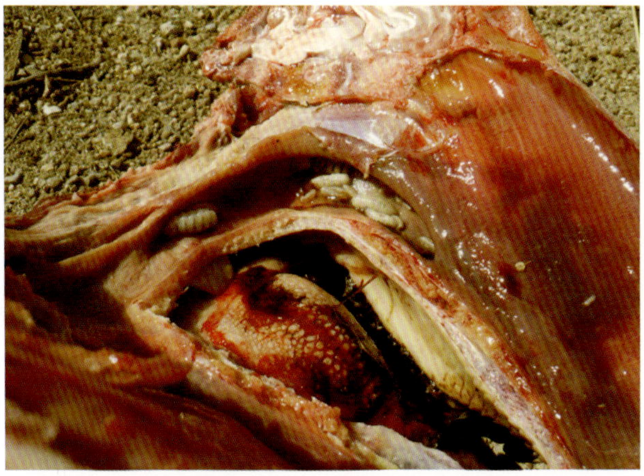

图 2-16 病羊剖检可见集中在蝶腭窦和腭窦中的虫体 （刘建枝 供图）

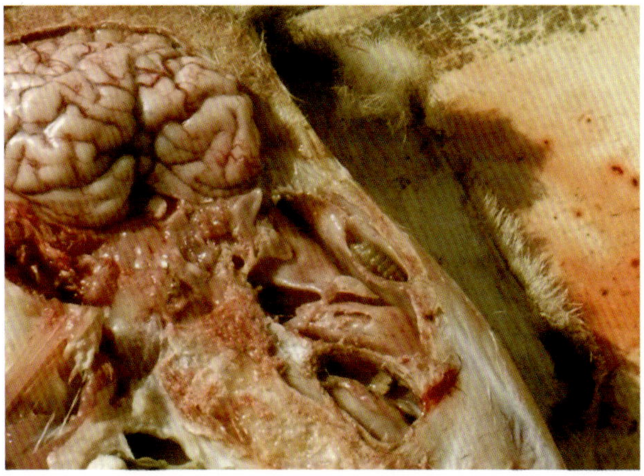

图 2-17 病羊剖检可见额小窦中的虫体 （刘建枝 供图）

第六节 羊虱蝇病

羊虱蝇又称绵羊蜱蝇、羊蜱蝇（*Melophagus ovinus*），属双翅目虱蝇科蜱蝇属。羊蜱蝇因寄生于绵羊体外，常常吸取绵羊血液进行生长繁殖，损伤绵羊体表，携带病原，继而引发绵羊体表感染和传染性疾病。其源于欧洲等地区，随着经济的不断发展，一带一路经济带的建设，中国西藏高海拔地区也发现了羊蜱蝇的踪迹。由于寄生方式和形态类似于蜱，很多牧民将其误认为蜱。它繁殖速度快，对羊群有较大的危害，严重影响我国西藏畜牧业的发展。

一、病原及生活史

羊蜱蝇的雌虫与雄虫相比较大，蛹椭圆形，呈黑棕色，长度在3～4 mm（图2-18）；成虫的身体总长在 4～6.2 mm；由头、胸、腹组成，体壁骨化比较明显的是头和胸部，腹部革质；羊蜱蝇的复眼和它们的两个触角比较短小，头部小而且阔扁嵌入它的胸部内，重要的是羊蜱蝇有强壮而尖锐的刺吸式口器；它们胸部不分节，胸部的背侧有 2 对较大的气门；在两侧有前、中、后 3 对粗壮的带发达尖爪的足，每对足又分为 6 节；腹部宽且不分节、没有足，腹前部背侧有 2 对较小的气门，背侧有 2 片三角形、腹侧 1 片弯月形盾片；雄性的腹部小且圆，末端凸出，阴茎为长锥状形(图 2-19 至图 2-21)；雌虫的腹部圆润较大，身体末端相对凹陷(图 2-22 至图 2-24)；在身体表面有较密的刚毛；羊蜱蝇无平衡棒、无翅，以吸血为生。

幼虫、蛹和成虫是羊蜱蝇生长的 3 个过程。只要找到了舒适的宿主，雌雄交配后的 6～8 d 会生出幼虫；雌性羊蜱蝇周期性地产生一个单一的幼虫，并化成蛹。幼虫首先在宿主的体表，然后一段时间会变为蛹，再经过一段时间的发育为成虫。蛹经常黏附于臀部和宿主的颈腹侧等油脂较多的身体部位；成虫在颈部、臀部和肩背部等有皮毛的地方寄生；而且成虫一旦离开宿主后一般只能存活 7 d 左右，然而雄性羊蜱蝇寄生于宿主时可以生存大约 80 d，雌性成活时间较长约 100 d，但有的雌性羊蜱蝇可以生活长达 130 d；雌雄羊蜱蝇在 24～36 h 会吸一次血。幼虫变为蛹后 24 h，雌雄交配，一生可以有 12～15 条的幼虫，但是也有的文献报道说生殖期为 50 d，羊蜱蝇可生出 5～6 条的幼虫。

二、流行病学

羊蜱蝇主要寄生于绵羊体表，也在青海藏羚羊、山羊、欧洲野牛、家兔、狗赤狐、人等体表发现；羊蜱蝇在绵羊的寄生部位也相对固定，如绵羊的颈部、腹下、四肢的内侧。羊蜱蝇主要是通过混群放养、羊群调运及母羊与羔羊之间的直接接触感染，亦可通过混用的管理工具和圈舍褥草等间接接触传播。秋冬季节，绵羊被毛厚密、皮肤湿度增加时，羊蜱蝇容易生存和繁殖。在饲养管理和卫生条件不良的畜群中，羊蜱蝇往往比较严重。

三、临床特征

羊蜱蝇吸取绵羊血液，引起宿主皮肤发痒；病畜啃痒或在其他物体上摩擦发痒处，造成皮肤损伤，有时还可继发细菌感染出现皮炎。并且宿主采食和休息受到影响，体格消瘦，幼畜发育不良，降低对其他疾病的抵抗力。绵羊常舐吮发痒部位可能造成食毛癖，且羊毛脱落严重，影响羊毛产量和质量，还可在胃内形成毛球，严重影响动物的健康成长。

四、病理变化

多见皮肤发生炎症，病理解剖变化多见于由蜱蝇引起的继发感染病变。

五、诊断

形态学鉴定：通过形态对比进行鉴定。

分子生物学鉴定：目前，对羊蜱蝇的组织进行全基因组 DNA 提取，通过 PCR 方法对羊蜱蝇线粒体基因 12S rDNA 和 16S rDNA，核糖体基因 18S rRNA 进行扩增，能够准确鉴定该病原。

六、防治

(一)预防措施

保持畜舍干净，经常打扫，保持通风、干燥，勤换垫草，定期对护理工具进行消毒和杀虫处理，及时隔离治疗，对新引入的家畜检查无羊蜱蝇后方可合群。

(二)治疗措施

在治疗方面，目前杀虫剂治疗效果较好。夏季，药浴治疗方法；冬季，注射和喷洒药物的治疗方法疗效较佳。例如烟草煎汁治疗法、杀虫粉治疗(含有倍硫磷、有机磷、敌百虫等为主的一些混合药物)、皮下方式注射伊维菌素(每千克体重 0.2～0.3 mg 隔 7～10 d 再注射 1 次，或用双甲脒、巴胺磷等药物进行药浴)、藏草乌水煎提取液、螨蝇净用于藏系绵羊的治疗等具有很好效果。

(索朗斯珠)

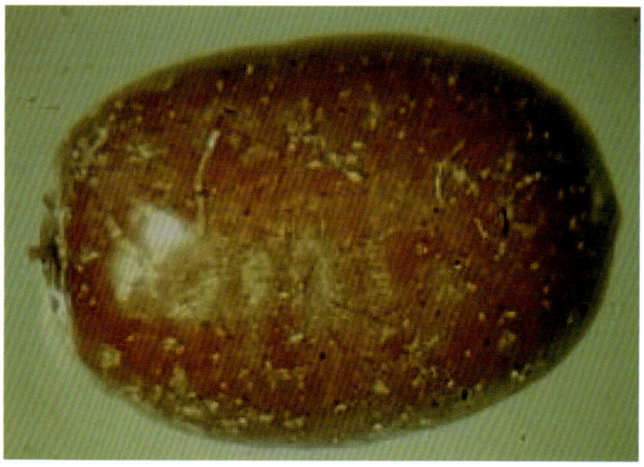

图 2-18　羊蜱蝇的蛹，椭圆黑棕色，长度为 3～4 mm，似鼓状

(索朗斯珠　供图)

图 2-19　**羊蜱蝇雄性背侧，全身刚毛，4～6.2 mm 之间，腹部小且圆，末端凸出，阳茎为长锥状形**　（索朗斯珠　供图）

图 2-20　**羊蜱蝇雄性腹侧，全身刚毛，4～6.2 mm 之间，腹部小且圆，末端凸出，阳茎为长锥状形**　（索朗斯珠　供图）

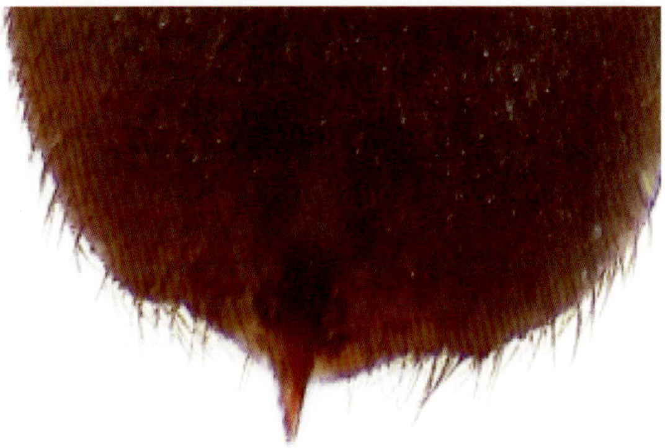

图 2-21　**羊蜱蝇雄虫末端，阳茎为长锥状形**　（索朗斯珠　供图）

图 2-22　**羊蜱蝇雌虫腹侧，全身刚毛，雌虫的腹部圆润较大，身体末端相对凹陷**　（索朗斯珠　供图）

图 2-23　**羊蜱蝇雌性腹侧，全身刚毛，雌虫的腹部圆润较大，身体末端相对凹陷**　（索朗斯珠　供图）

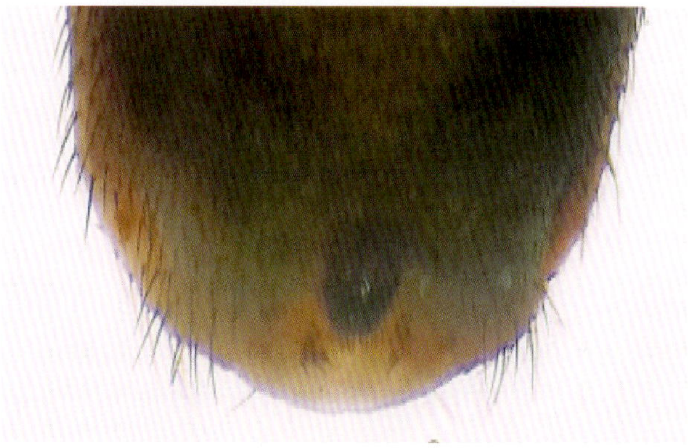

图 2-24　**羊蜱蝇雌虫末端，末端相对凹陷**　（索朗斯珠　供图）

第七节　疯草中毒病

疯草（locoweed）是豆科棘豆属（*Oxytropis* spp.）和黄芪属（*Astragalus* spp.）中有毒植物的统称。动物采食后发生以慢性神经机能障碍为主的中毒病，导致生产性能下降、繁殖障碍甚至死亡，从而危害动物的生长发育和畜种改良。发病动物主要是山羊、绵羊和马，猪、牛少见。

疯草是世界范围内分布最为广泛、危害最为严重的有毒植物。我国也是疯草主要威胁区域之一，主要分布于西藏、内蒙古、宁夏、甘肃、陕西、青海、新疆、四川等省区，分布面积已超过1 100万亩，约占全国草场总面积的2.8%，同时还有进一步扩展的趋势。其中以茎直黄芪(*A. strictus*)(图2-25、图2-26)、小花棘豆(*Oxytropis glabra*)(图2-27)、黄花棘豆(*O. ochrocephala*)、甘肃棘豆(*O. kansuensis*)、冰川棘豆(*O. glacialis*)及毛瓣棘豆(*O. sericopetala*)、变异黄芪(*A. variabilis*)、白花黄芪(*A. leucocephalus*)、丛生黄芪(*A. confertus*)、西藏黄芪(*A. tibetanus*)等分布最广，对家畜危害也最为严重。

一、病因

疯草中毒多因在生长有毒草的草场放牧所致。在青草季节，因疯草有不良气味，动物一般不愿采食。进入冬季以后，牧场转为枯草期，牧草相对缺乏，动物才会采食，同时疯草在春天返青较早。所以每年11月份动物开始发病，次年2～3月份达到高峰，死亡率上升，5～6月份停止发病。发病动物能耐过者，进入青草季节后，病情可逐渐好转。但在新发病区，或刚从外地购入的家畜不能识别这些有毒的牧草，全年任何季节均可发生中毒病。

多数学者认为，疯草的有毒成分是吲哚里西啶类生物碱——苦马豆素，黄花棘豆、甘肃棘豆中的含量分别为0.012%和0.021%。从小花棘豆和冰川棘豆中分离出了喹诺里西啶生物碱单体，证明均有毒性作用。

黄芪属植物有毒种所含有毒成分不同，有些含硝基化合物(主要在北美)，有些含硒化合物(属聚硒植物主要在北美地区及美国)，有些则含生物碱——苦马豆素。我国中毒危害严重的茎直黄芪及变异黄芪所含有毒成分为苦马豆素。

二、中毒机理

疯草中所含的吲哚里西啶生物碱苦马豆素和氧化氮苦马豆素，对哺乳动物、鱼类的细胞溶酶体α-甘露糖苷酶有很强的特异性抑制作用，这种作用是通过可逆地作用于该酶的基质部分实现的。根据苦马豆素的酸离解常数，认为在细胞溶酶体的酸性环境下，苦马豆素分子充分离子化并且浓度增高。由于苦马豆素阳离子与甘露糖阳离子的半椅状空间结构上的相似性，以及对甘露糖苷酶的高度亲和性，从而抑制了溶酶体α-甘露糖苷酶的活性，引起甘露糖蓄积，同时也抑制了糖蛋白的合成，产生富含甘露糖的混合天冬酰胺低聚糖。这种低聚糖在正常情况下被溶酶体水解酶—α-甘露糖苷酶所水解，当该酶活性被苦马豆素抑制后，其结果是溶酶体内大量的低聚糖不能被代谢而积聚，导致细胞特别是神经细胞和胎盘细胞空泡变性(图2-28至图2-30)，使动物出现一系列神经症状、运动障碍和流产。线粒体是细胞生物氧化和产生能量的主要源地，含有30多种酶系，当线粒体发生损伤后，其酶系受到破坏，蛋白质和能量代谢发生障碍(图2-31)。核仁是核蛋白体的主要成分rRNA合成部位，rRNA与蛋白质合成密切相关，当核仁发生分离和碎裂后，势必影响RNA的合成，进一步影响到蛋白质合成。

疯草的致流产作用可能是由于毒素引起黄体发生空泡变性，干扰孕酮的产生，从而破坏了妊娠。对动物繁殖能力的影响是由于损害了母畜的卵子和公畜(公羊)精囊和附睾，使母畜卵子的发生停止，公畜精母细胞空泡化，精子的形成减少。至于疯草中毒的致畸机理，毒素在体内的分布、转化与排泄尚需继续研究。

三、临床症状

自然条件下疯草中毒多呈慢性经过。动物采食疯草后引起以慢性神经症状为特征。由于疯草植物营养价值高，在动物采食初期，动物一般不出现中毒症状，体重增加反而加快。但持续采食数周以后，动物表现出中毒症状。中毒初期，动物体重开始下降，表现出精神沉郁、采食量减少等全身症状。中期开始出现神经症状，中毒动物反应迟钝、行走步态不稳、转圈、共济失调、步履蹒跚、呈低头姿势。中毒严重者出现恶病质状态甚至因呼吸、循环系统衰竭而死亡。疯草引起的临床症状可归纳为四种：神经症状、不育和生殖障碍、心脏衰竭以及体重下降和恶病质状态。

(1)山羊　病初，目光呆滞，食欲下降，精神沉郁，呆立，对外界反应冷漠、迟钝。中期，头部呈水平震颤。呆立时仰头缩颈，行走时后躯摇摆，步态蹒跚，追赶时极易摔倒，放牧时不能跟群。被毛逆立，失去光泽。后期，出现拉稀，以至于脱水。被毛粗乱，腹下被毛手抓易脱。后躯麻痹，卧地不起。多伴发心律不齐和心杂音。最后衰竭死亡。

(2)绵羊　症状与山羊相似，只是症状出现较晚。中毒症状尚未明显时，用手提绵羊的一只耳朵，便产生应激作用。疯草中毒的绵羊则表现转圈，摇头，甚至卧地等症状。怀孕母羊多流产，或产仔孱弱，常有畸形。

(3)马　病初行动缓慢，不愿走动，离群站立。食欲正常。以后腰背僵硬，行动困难，易惊。后期则头颈僵直，视力减退，步态蹒跚，容易跌倒，转弯困难。最后，采食饮水困难，后肢麻痹，卧地，衰竭而死亡。

(4)牛　主要表现为视力减退，水肿及腹水。使役不灵活。牛对棘豆草的敏感性较低，中毒较少发生，症状也较轻。

四、病理变化

剖检中毒羊可见极度消瘦，口腔及咽部有溃疡灶，皮下及小肠黏膜有出血点，胃及脾与横膈膜粘连，肾呈土黄、灰白相间，腹腔有多量积液。

1.组织学变化

肝细胞肿胀，胞质出现空泡，有些肝细胞破裂，核溶解或消失，间质结缔组织增生。肾小球肿大、充血。肾小管上皮细胞颗粒变性，有的胞质出现空泡，有些呈坏死性变化。大脑和小脑软脑膜轻度充血，神经细胞肿胀，尼氏小体溶解。小脑浦肯野氏细胞核溶解或消失，胞浆出现大小不等的空泡。神经胶质细胞增生，有“卫星现象”或“噬神经元现象”。脑毛细血管扩张充血，内皮细胞肿胀。脊髓运动神经细胞核大部分变性，有的胞核溶解、消失。心肌纤维横纹消失，混浊肿胀，肌浆有空泡变化。肾上腺皮质部细胞肿大，胞质出现大小不等的空泡，髓质部细胞普遍肿胀。胰脏腺泡细胞出现明显的空泡变性。真胃黏膜呈亚急性、慢性炎性变化。

2.电镜变化

脑和脊髓神经元细胞变性、坏死，核消失，细胞器消失，呈均质状结构。有髓神经纤维之间距离增大，水肿，轴索变性。肾线粒体排列紊乱，呈多形性，内质网扩张呈空泡化。

五、诊断

主要依据疯草中毒的特有临床症状，如后躯麻痹，行走摇摆，头部呈水平震颤等。结合放牧采食疯草的病史，即可做出诊断。对中毒症状尚不明显的绵羊，可采用手提羊耳朵致应激，根据羊的表现做出初步诊断。

实验室检验：血象呈贫血征象，血色素指数基本正常，血液指数分析呈大红细胞性贫血。血清谷草转氨酶(GOT)和碱性磷酸酶(AKP)活性明显升高，血清 α-甘露糖苷酶活性降低。尿液低聚糖含量增加，尿低聚糖中的甘露糖亦明显升高。

六、防治

(一)预防

1.围栏轮牧

在棘豆生长茂密的牧地，限制放牧易感的山羊、绵羊及马，而代之以放牧对棘豆迟钝的家畜(如牛)。也可用来饲养对棘豆草有很强耐受性的家兔。

2.化学防除

棘豆可用2,4-滴丁酯，西北高寒牧区用量为200～300 g/亩，兑水25 kg，用药期以花前期为最佳，选择日光好的天气用药，防效可达95%以上。但该药不能使根部坏死，用药后第二年仍可复发，需坚持每年用药，可以逐步控制棘豆生长蔓延。西北民族学院配制的TDC-Ⅱ药物，经连续几年试用，对棘豆防效可达100%，并且可使棘豆根部坏死，达到斩草除根之目的。宁夏农业科学院植物保护研究所与西北农业大学合作筛选出的使它隆(Starane)，按660 mg/L浓度喷洒，灭除效果亦可达100%。化学除草剂对伴生牧草均有一定程度的药害，应注意人工选择毒草施药。

3.日粮控制法

疯草中毒主要发生在冬季枯草季节天然草场可食草甚少，家畜因饥饿被迫采食疯草而发病。冬季备足草料，加强补饲，可以减少本病发生。

（二）治疗

疯草中毒的治疗，目前尚无特效疗法。

用10%硫代硫酸钠等渗葡萄糖溶液，按每千克体重1 mL静脉注射，有一定的疗效。

及时发现中毒病畜，转移放牧草场（脱离疯草生长的草场）。调整日粮，加强补饲，同时配合对症疗法，一般早、中期中毒病畜可以逐渐恢复健康。

（刘忠艳）

图 2-25　茎直黄芪，主要分布于西藏各地，是西藏疯草主要优势种之一。图片摄于西藏林芝（刘忠艳　供图）

图 2-26　茎直黄芪，主要生长于河滩、戈壁、道路两旁等，图片摄于西藏林芝（刘忠艳　供图）

图 2-27　小花棘豆根，疯草根系发达，是其生物竞争力强的原因之一（刘忠艳　供图）

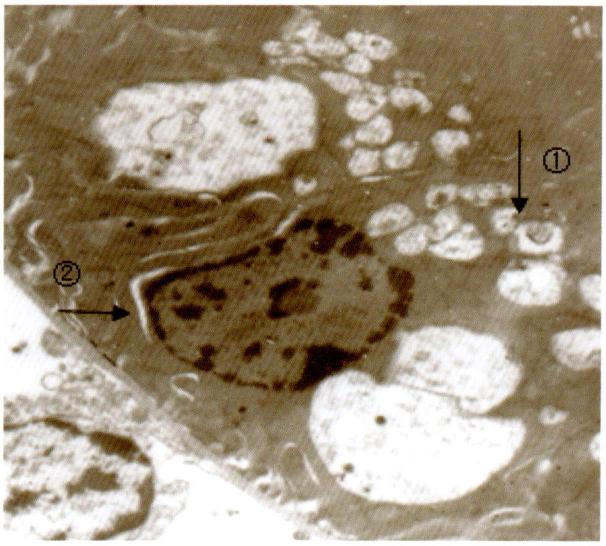

图 2-28　病羊肾脏切片，可见箭头①肾小管上皮细胞空泡变性；箭头②异染色质增生（刘忠艳　供图）

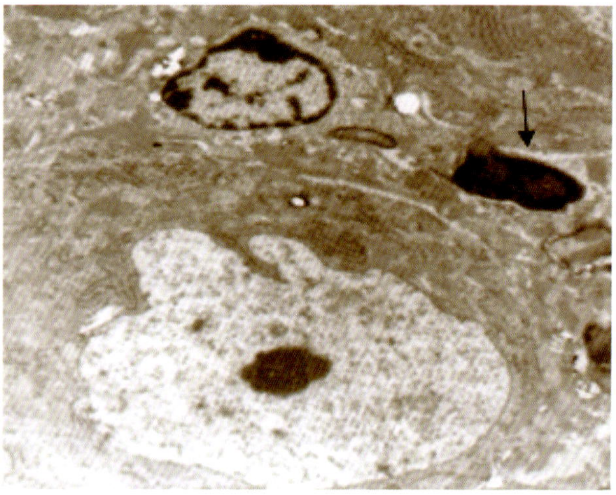

图 2-29　病羊小脑切片，可见小脑小胶质细胞尖锐变性（黑色箭头）（刘忠艳　供图）

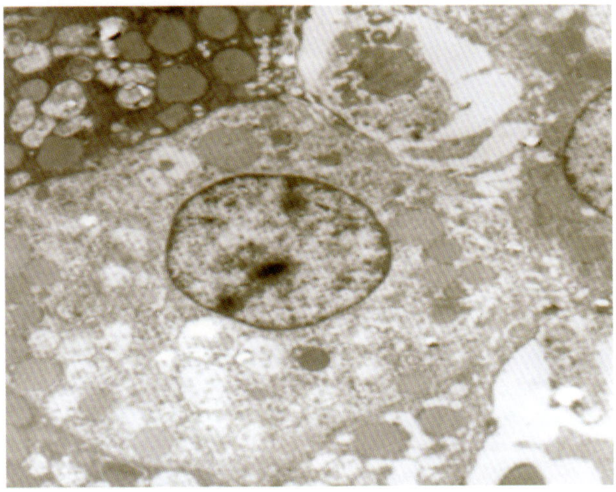

图 2-30　病羊肾脏切片，可见肾小管上皮细胞变性坏死

（刘忠艳　供图）

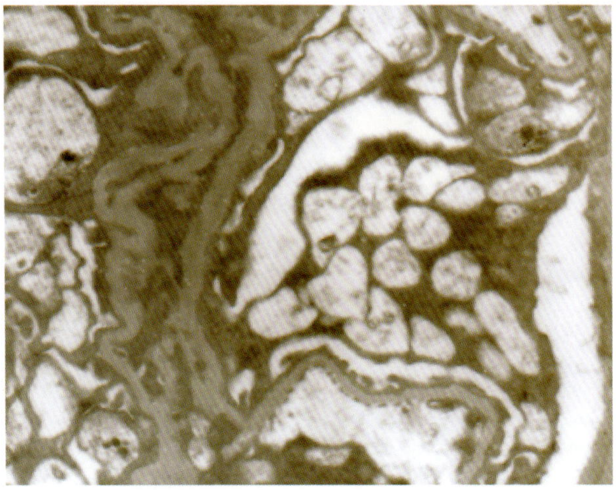

图 2-31　病羊肾脏切片，可见足细胞肿胀，线粒体空泡变性

（刘忠艳　供图）

第三章　猪病

第一节　猪瘟

猪瘟又称猪霍乱(classical swine fever，CSF)，俗称“烂肠瘟”，是一种急性、发热、高度接触性的传染病。本病以出现全身败血症及消化道炎症变化为主，流行广，传播快，死亡率高，常给养猪业带来巨大的损失。

世界各国都有猪瘟流行的报告。各国的流行范围和危害的程度各有不同。一般认为，猪瘟最早于1833年在美国被发现，从此逐渐蔓延到其他国家。在《中华人民共和国动物防疫法》中，猪瘟被认定为一类疫病，受到国家的极度重视。

一、病原

猪瘟病毒属黄病毒科瘟病毒属成员，病毒形态呈圆形、有囊膜，直径40～60 nm，衣壳呈二十面体对称，内含单股正链RNA基因组。病毒核酸长约12 300个核苷酸，包括一个大的开放读码框架，编码3 898个氨基酸的前体蛋白。

猪瘟病毒主要集中在淋巴结、脾脏、肠道组织、血液及心脏等组织中，不同组织器官中的病毒载量也存在着一定的差异。

猪瘟病毒对环境抵抗力不强，对干燥、紫外线和脂溶剂均敏感。其耐热抵抗力随介质材料不同而不同，细胞培养的病毒在60 ℃的温度下，10 min可灭活，而脱纤血中的病毒68 ℃ 30 min却不能灭活。猪肉及腌肉制品中病毒可存活数月乃至一年。2%氢氧化钠是常用的环境消毒剂，其他消毒剂对杀灭猪瘟病毒也十分有效，如次氯酸钠以及酚类化合物等。

二、流行病学

猪是猪瘟病毒唯一易感动物，同时也是病毒的主要传播者，各种年龄均可感染。牛偶尔可以感染，但无临床症状，其他动物均无感染。在我国，携带病毒的种猪和小猪是猪瘟传播的首要传染源。猪瘟的传播方式包括水平传播和垂直传播。发病猪可通过鼻咽分泌物、精液、尿液及粪便排毒。而体外寄生虫、家禽、犬、猫及人都可以成为间接的传播媒介。

三、临床特征

短的潜伏期只有2 d，一般是5～10 d，最长的潜伏期可达21 d。临床特征可分为最急性型、急性型和亚急性型、慢性型，目前还有持续性感染型。

1. 最急性型

突然发病，全身痉挛，四肢抽搐，皮肤和黏膜发绀，卧倒并很快死亡，剖检无明显病变，仅在部分黏膜、肾脏上有出血点，淋巴结有轻度肿胀，发红。病程为1～4 d。

2. 急性型和亚急性型

这两种类型临床症状相似，潜伏期一般为2～14 d，平均7 d。其整体表现为发病急，死亡率高，体温不低于41 ℃。食欲下降、精神极度沉郁；畏寒、拱背、扎堆；先便秘后腹泻，或便秘和腹泻交替出现，排干粪球状；眼结膜和口腔黏膜可见出血点，早期有结膜炎，眼睛内有多量淡黄色的脓性分泌物，甚至造成眼睑粘连。在鼻尖、耳尖、腹部皮下、四肢内侧均可出现紫色或大小不等的出血斑点，指压不褪色。

3. 慢性型

慢性型多发于猪瘟流行的老疫区或接种猪瘟疫苗但免疫水平不高的猪群，病程通常在一个月以上。在这期间，食欲不稳定，体温时有升高；便秘与腹泻持续交替发生，出现贫血，日益消瘦；部分皮肤出现紫色血斑、甚至坏死，耳尖尤为明显，常成为僵猪。由于病程较长，常与其他疾病混合感染。

4. 持续性感染型

持续性感染型也有称为“温和型”“非典型”，病程一般都超过1个月，甚至更长。其通常不表现临床症状，呈隐性经过，发作慢而温和，可不间断向体外排毒，特别是带毒母猪在临床上的垂直传播率高达45%～100%。

四、病理变化

1. 急性型和亚急性型

腹股沟淋巴结明显肿大、充血及出血，切面呈红白相间的大理石状，脾脏边缘有暗红色突起的出血性梗死(图3-1)，扁桃体充血(图3-2)，其他淋巴结也有不同程度的出血(图3-3)。肾脏土黄色，被膜下有小出血点(图3-4)。膀胱黏膜见有多少不等的出血点。在回盲口附近及结肠黏膜的淋巴滤泡坏死、溃烂，形成纽扣状溃疡。口腔黏膜呈小点状出血或溃疡。心内膜、心外膜现大量出血斑(图3-5)。肺脏淤血有出血斑点(图3-6)。喉头黏膜有出血斑点。胃黏膜有出血斑点(图 3-7)。

2. 慢性型

病猪盲肠、结肠和回肠末端等处淋巴肿大、坏死,形似纽扣状,一般称为“纽扣状”溃疡。“纽扣状”溃疡眼观呈灰白色或灰黄色、干燥,隆起突出于肠黏膜表面,严重者引起穿孔并继发腹膜炎。部分病猪出现肋骨病变。

3. 持续性感染型

在发生该类的病猪中,母猪不表现临床症状,但是其导致仔猪感染的概率很高。死胎、木乃伊胎、胎儿水肿甚至胎儿畸形,能存活的胎儿出生后很快死亡,其皮肤和内脏均有点状出血。没有死亡的胎儿几乎都变为僵猪,并且大部分在 1 个月内死亡。

镜检病变:猪瘟患猪的血管壁、淋巴结、脑、肾脏的病理变化具有诊断意义。

肾、脾、皮肤、淋巴结等器官组织的毛细血管、后微动脉或小动脉的内皮细胞发生肿胀、增生,核大而淡染,胞浆发生空泡化。有时可见内皮细胞在变性的基础上坏死并脱落。小血管壁可发生透明变性,呈均质红染。这类变化引起管腔狭窄、阻塞、微血栓形成、血管壁通透性升高,这是造成组织梗死和出血的基础。

淋巴结毛细血管扩张充血,被膜下淋巴窦和周围组织中汇集大量红细胞(图 3-8),淋巴小结和小梁周围淋巴窦也见出血(图 3-9)。此外,还可见到淋巴组织和髓质变性、坏死(图 3-10),淋巴窦内大量浆液渗出(图 3-11),网状细胞肿胀、增生、脱落,巨噬细胞吞噬变性坏死的淋巴细胞和红细胞,呈现出血坏死性淋巴结炎的状态。

肾小球体积增大,分叶增多,毛细血管内皮细胞和系膜细胞增生、肿胀,毛细血管管腔狭窄,血流量减少。由于毛细血管壁通透性升高,肾球囊内可见少量红细胞。此外,还见肾小管上皮细胞颗粒变性,肾间质有出血和淋巴细胞浸润,呈急性增生性肾小球肾炎。

脑组织表现为典型的非化脓性脑炎,小血管周围见明显的淋巴细胞和单核细胞浸润、增生。

五、诊断

本病初步诊断可以根据流行病学、病状、病理变化来进行。猪瘟进一步的诊断技术较多,我们临床上既可以鉴定病原,又可以检测抗体。其一般有实验室检测和分子生物学检测。

(一)实验室检测

实验室检测常用的方法有琼脂扩散试验、间接血凝试验、动物接种试验、免疫胶体金技术、酶联免疫吸附试验和免疫荧光试验等方法。

1. 琼脂扩散试验

琼脂扩散试验是利用了可溶性抗原与抗体在琼脂凝胶内扩散形成白色沉淀的原理。其包括单向和双向。该试验特点是操作简单、快捷,易于判定结果,可应用于猪瘟的定性及抗体检测,但敏感性低,临床上几乎不推荐使用。

2. 间接血凝试验

间接血凝试验原理为将抗原或抗体包被于红细胞表面作为载体,然后与相应的抗体或抗原结合,发生红细胞凝集反应。其包括正向和反向:正向用于检测血清中猪瘟抗体;反向用于检测组织病料中猪瘟抗原。其优点是不需要特殊检测仪器,肉眼即可判定结果,操作方法简单,适用于基层和技术落后地区。该方法采用肉眼观察判定结果,受主观因素影响极大,因此需要通过纯化抗原的获得和对测试人员进行培训,以提高该方法的特异性和准确性。

3. 动物接种试验

动物接种试验主要包括兔体交互实验和本体动物回归实验。接种易感幼龄猪试验需要的时间较长,适用于其他诊断方法难于确诊的病例中使用。受诊断成本及时间限制,动物接种实验现在几乎不使用。

4. 免疫胶体金技术

免疫胶体金技术主要是利用金颗粒可催化银离子还原成金属银的特性,通过银显影剂增强金属颗粒的可见性,提高测定灵敏度。试验数据表明,可达到 ELISA 的灵敏度水平。胶体金免疫检测技术只能定性,不能定量,准确性较低。其操作比较简单,适用于基层初步筛查。

5. 酶联免疫吸附试验

酶联免疫吸附试验是世界动物卫生组织推荐的血清抗体检测方法。其特点是特异性较高,可检测抗原和抗体,还可区分疫苗弱毒感染、野毒感染和混合感染所引起的抗体反应,具有一定敏感性和特异性。其可用于猪群抗体监测和抗原检测,目前也是规模化养殖场普遍采用的一种检测技术。

6.免疫荧光试验

免疫荧光试验包括组织直接免疫荧光试验、细胞培养直接免疫荧光试验和间接免疫荧光试验。其原理是将抗猪瘟病毒抗体 IgG 提纯并标记荧光物，做成荧光试剂并用于扁桃体或淋巴结等病料的触片或冰冻切片进行着色或染色，然后借助于荧光显微镜观察，在显微镜下若能看到绿色荧光，表明猪瘟病毒抗体染色为阳性结果。与其他方法相比，其具备诊断所需时间短、检出率高、准确性强的优点，尤其适用于疫情初起时查明病源。

（二）分子生物学检测

分子生物学检测包括普通反转录-聚合酶链式反应（RT-PCR）技术、反转录巢式 PCR（Nested RT-PCR）技术、多重反转录-聚合酶链式反应（mRT-PCR）技术、反转录实时荧光定量 PCR（RTFQ RT-PCR）技术及环介导等温核酸扩增（RT-LAMP）技术等，另外还有一些基因芯片检测技术和核酸探针技术用于猪瘟病毒诊断工作。

1.普通反转录-聚合酶链式反应技术

RT-PCR 技术是将扁桃体活体组织或病死猪的扁桃体、淋巴结、肺脏、脾脏、肾脏和大脑等组织研磨，提取 RNA，然后进行 RT-PCR 扩增合成目的片段。该技术特异性较强、灵敏度较高、重复性好、易操作。整个实验过程只需要几个小时就能达到快速检测的目的。

2.反转录巢式 PCR 技术

Nested RT-PCR 技术是使用两对 PCR 引物扩增完整的片段。第一对 PCR 引物扩增片段和普通 PCR 相似，第二对引物（又称为巢式引物）结合在第一次 PCR 产物内部，使得第二次 PCR 扩增片段短于第一次扩增。Nested RT-PCR 的优点：如果第一次扩增产生了错误片段，则第二次能在错误片段上进行引物配对并扩增的概率极低。因此，该技术扩增特异性强，其灵敏度非常高。

3.多重反转录-聚合酶链式反应技术

mRT-PCR 技术是 PCR 技术中的一种。该技术是在同一 PCR 管中加入多对特异性引物和多个对应的模板，之后进行 PCR 反应，在一个 PCR 管中同时检测多个目标 DNA 分子。多重 PCR 技术可以扩增一个病毒的一个片段，也可以同时扩增多个病毒的不同片段，它具有快速、灵敏度高、特异性强等优点，可用于混合发病诊断工作。

4.反转录实时荧光定量 PCR 技术

本技术通过连续监测荧光信号强弱的变化来测定特异性产物的量，不需要分离 PCR 产物，即能准确定量起始模板数。与普通 PCR 相比，它具有特异性更强，有效解决 PCR 污染问题及自动化、程度高等优点。

5.环介导等温核酸扩增技术

RT-LAMP 技术是众多核苷酸扩增技术中的一种，其基本原理是针对靶序列的 6 个特异部位设计 4 条引物，利用具有链置换活性的 BstDNA 聚合酶在恒温条件下催化新链合成，从而使靶序列高效扩增。环介导等温核酸扩增技术是检测 CSFV 的一种新型核酸扩增技术，它的一系列引物是基于 *E2* 基因序列设计的，然后在 63 ℃下孵育 50 min 进行病毒 RNA 的扩增，扩增产物可以通过琼脂糖凝胶电泳呈现梯形分布来判定，还可以通过直接离心扩增产物观察白色沉淀的生成并借助于专用比浊仪对结果进行判定，另外还可在扩增产物中加入 SYBR Green Ⅰ，根据颜色变化判定扩增结果。环介导等温核酸扩增技术是一种新兴的分子生物学检测方法，已广泛应用于多种细菌病和病毒病的检测。与其他检测技术相比，该技术特异性强、灵敏度高、操作简便，检测速度快、无特殊设备要求，适用于基层及现场诊断使用。

六、预防、净化与治疗

（一）预防与净化

预防本病需要加强饲养管理，封闭式管理是非常有必要的，在搞好圈舍卫生的前提下，养殖人员的消毒常态化意识要反复加强。

疫苗接种仍然是防控猪瘟的主要手段。我国以猪瘟兔化弱毒疫苗为主。丘惠深等（1997）、孙建华等（2008）和涂长春等（2004）均通过使用兔化弱毒疫苗进行的动物免疫试验证明了该疫苗的安全有效性，对不同毒株可以产生同样的交叉免疫保护效果，消除了疫病防制中普遍存在的有关病毒变异会影响疫苗免疫效果的顾虑。同时，猪瘟兔化弱毒疫苗已被国际上公认是效果最好的猪瘟弱毒疫苗。其产生免疫力快，免疫力坚强，保护率高且持久，遗传性稳定，不排毒、无残余毒力、毒力不返强、不产生病毒血症，可安全地免疫预防任何怀孕期母猪和哺乳仔猪，不引起胎儿畸变、流产、死胎，不影响受精率、产仔率、存活率等。

目前市场上预防猪瘟的疫苗主要有 3 种：①猪瘟活疫苗（Ⅰ）——乳兔苗。②猪瘟活疫苗（Ⅱ）——细胞苗。③猪瘟活疫苗（Ⅰ）——淋脾苗。这些疫苗通过不断改进，大多安全有效。近年来，猪瘟的临床表现发生了很大变化，呈现典型猪瘟和非典型猪瘟共存、隐性感染和持续感染并现。免疫失败的现象时有报道，且不能区分野毒感染和免疫接种。

为了适应新的变化，新型猪瘟疫苗正在开发中，包括核酸疫苗、病毒活载体疫苗、基于蛋白/肽的疫苗、基因缺失疫苗、嵌合猪瘟病毒疫苗等，目前还均未有产品大面积上市。

除此之外，猪瘟比较严重的养殖场需要进行猪瘟的净化工作。猪瘟净化的基本流程如下。

（1）猪瘟带毒调查阶段。

（2）猪瘟稳定控制阶段。

（3）猪瘟全群净化阶段。

（4）种猪群的再监测与净化效果分析。

具体实施方案如下。

（1）对不同阶段猪只采血，调查猪群抗体保护率情况。

（2）公猪每头检测抗原和抗体，精液检测病原。

（3）基础母猪全群检测。

（4）后备母猪每批检测，抗体合格才能入群。

（5）每季度按比例抽检种猪群。

（6）定期抽检产房弱仔。

净化后要维持保证良好的净化效果需要科学选用疫苗，根据监测合理调整优化免疫程序。

（二）治疗

由于本病的病原为病毒，采用常规的治疗病毒手段，例如，使用单克隆抗体、抗病毒药、甚至细胞因子治疗等，治疗成本相对较高，而效果微乎其微。因此，本病仍然按照“防重于治，以预防为主”的方式，几乎无法治疗。一旦发现疫情，按照上报、消毒、隔离、封锁疫情，全群扑杀为主要措施。

（董海龙 吴庆侠）

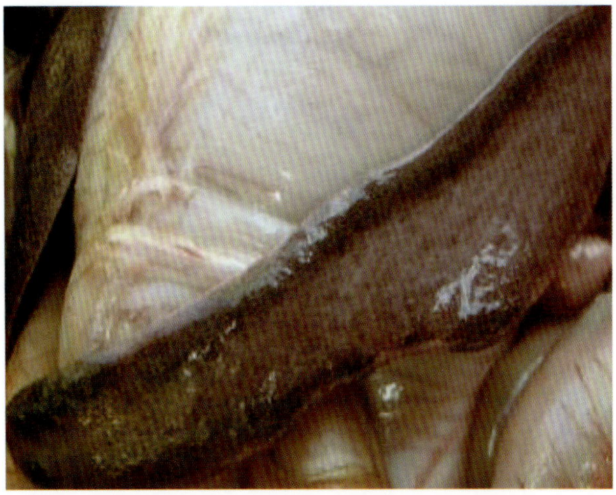

图 3-1 病藏猪剖检可见脾脏边缘有暗红色突起的出血性梗死 （吴庆侠 董海龙 供图）

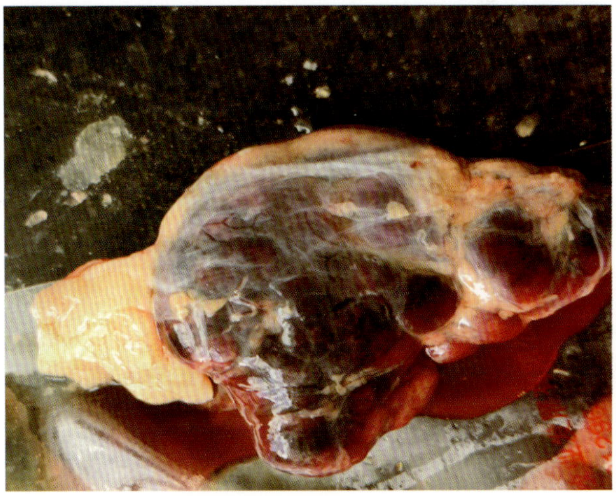

图 3-2 病藏猪剖检可见扁桃体肿大充血 （张健 供图）

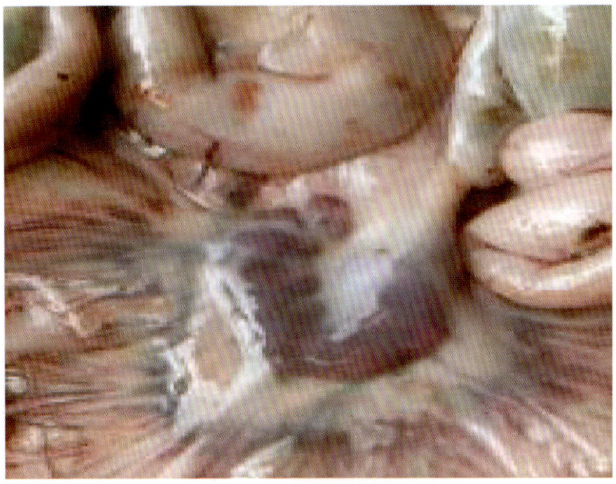

图 3-3 病藏猪剖检可见肠系膜淋巴结出血 （吴庆侠 董海龙 供图）

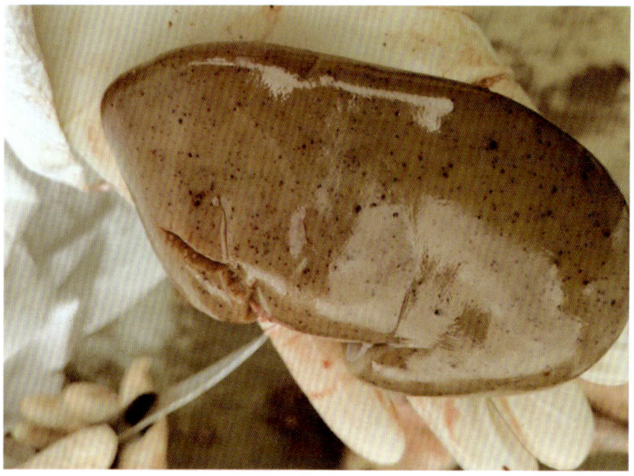

图 3-4　病藏猪剖检可见肾脏肿大并出现大量小出血点

（甘富斌　供图）

图 3-5　病藏猪剖检可见心脏大量出血斑

（张健　供图）

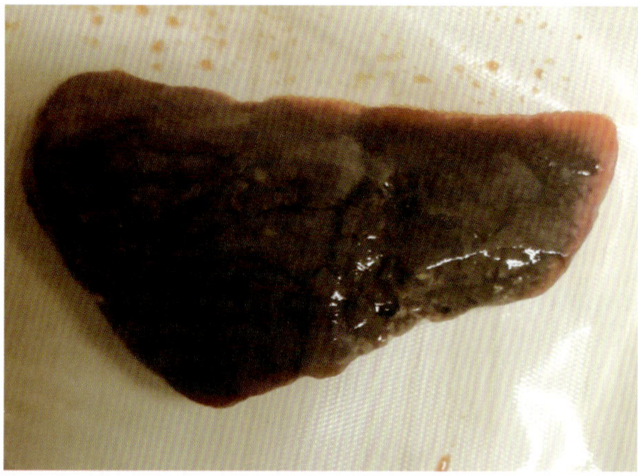

图 3-6　病藏猪剖检可见肺脏淤血有出血点

（张健　供图）

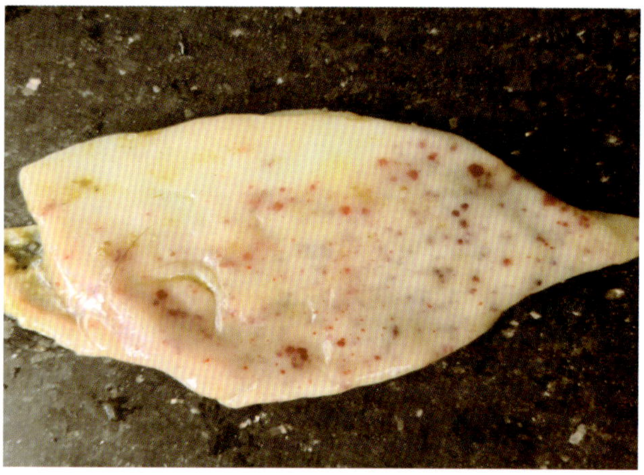

图 3-7　病藏猪剖检可见胃黏膜有大量出血斑点

（张健　供图）

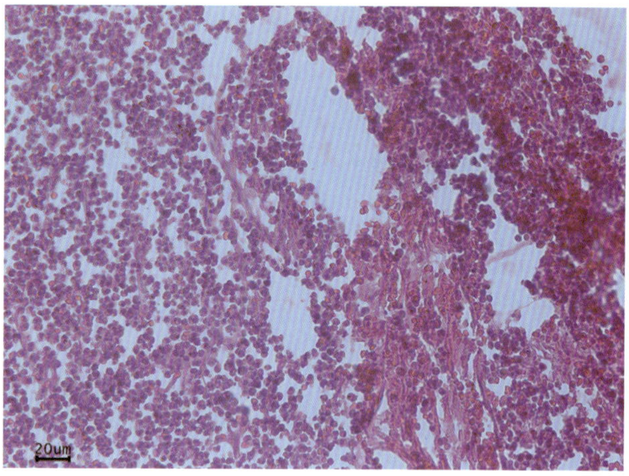

图 3-8　病藏猪淋巴结切片，可见被膜下窦出血

（吴庆侠　供图）

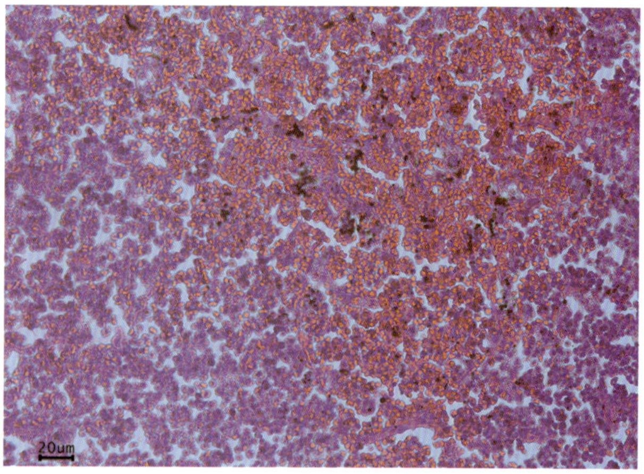

图 3-9　病藏猪淋巴结切片，可见淋巴窦出血

（吴庆侠　董海龙　供图）

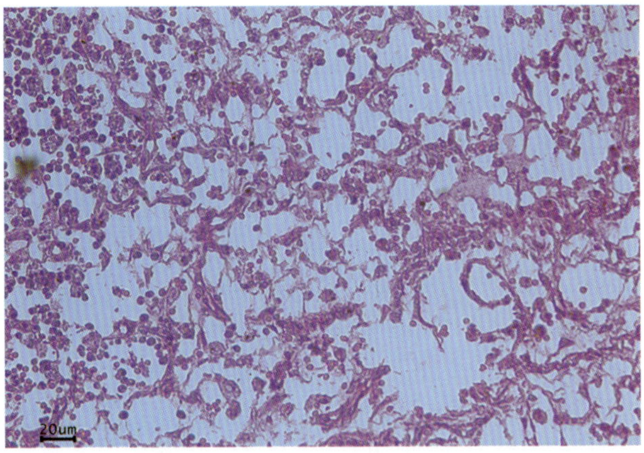

图 3-10 病藏猪淋巴结切片，可见淋巴组织皮质和髓质均发生坏死

（吴庆侠 董海龙 供图）

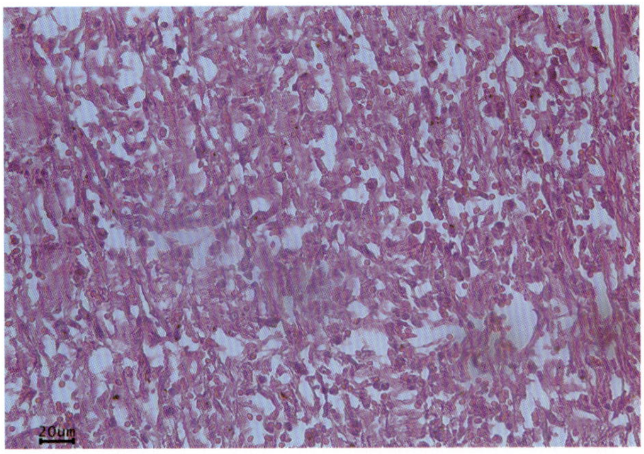

图 3-11 病藏猪淋巴结切片，可见淋巴窦内大量浆液渗出

（吴庆侠 董海龙 供图）

第二节 非洲猪瘟

非洲猪瘟（African swine fever，ASF），是由非洲猪瘟病毒引起的猪的一种急性、烈性、高度接触传染性疾病。在临床症状上非洲猪瘟与猪瘟相似，其主要特征为高热、皮肤发绀、全身内脏器官广泛出血、呼吸障碍和神经症状。动物通常在感染后 3～10 d 内死亡，病死率可达 100%。世界动物卫生组织将其列为法定报告动物疫病，我国将其列为一类动物疫病。

一、病原

非洲猪瘟病毒（ASFV）是一种大真核 DNA 病毒，在病毒分类中隶属于 DNA 病毒目、非洲猪瘟病毒科、非洲猪瘟病毒属，为该科唯一成员，且是目前唯一已知的虫媒 DNA 病毒，可通过节肢动物尤其是乳突钝缘蜱传播。非洲猪瘟病毒主要在猪的网状内皮细胞和单核巨噬细胞中复制。

ASFV 的病毒粒子具有双层囊膜二十面体结构，基因组为线性双链 DNA 分子，不同毒株之间基因组大小存在一定差异，总体介于 170～193 kb。

本病毒对热的抵抗能力不高，在 55 ℃的环境中，一般 30 min 会灭活；而在 60 ℃的环境中，10 min 即可灭活。含病毒的脾脏保存于 70 ℃的环境中，两年内毒力基本不会发生改变；如果处于冰冻的肉尸中，非洲猪瘟病毒的存活时间不会少于 100 d；而在冰冻的骨髓中可存活 180 d；在腌火腿中可存活 150 d。非洲猪瘟病毒具备较为广泛的 pH 存活范围，pH 达到 13.4 时仍能存活近 21 h，pH 3.1 时可存活 22 h。在 1%的福尔马林溶液中，通常需要 6 d 才会致死。

二、流行病学

1921 年非洲猪瘟首次于肯尼亚被发现。因为它的临床症状与传统猪瘟高度相似，且首次发现于非洲，因而被命名为非洲猪瘟。此后，该疫情在非洲大部分国家陆续发生。1957 年，非洲猪瘟首次从非洲传出，于 20 世纪 60 年代传入欧洲，20 世纪 70 年代传入南美洲，2007 传入高加索地区和俄罗斯。自 2017 年以来，俄罗斯远东地区发生数起非洲猪瘟疫情。

2017 年 3 月，俄罗斯远东地区伊尔库茨克州发生非洲猪瘟疫情，而离伊尔库茨克发生 ASF 最近的疫点距离超过 4 000 km，这表明 ASFV 具有巨大的长距离传播能力。该疫情发生地距离我国较近，仅为 1 000 km 左右。在伊尔库茨克爆发 ASF 后，在离中国边境不远的西伯利亚又爆发多起 ASF 疫情。

感染猪、野猪和软蜱是 ASFV 的自然宿主和重要传染源。此外，ASFV 存在于感染猪的各种组织脏器中，并随唾液、眼泪、尿液、粪便和生殖道分泌物等排出体外，进而污染环境和各种媒介，易感猪接触后引起发病。加强 ASFV 监测，做到全覆盖、无死角的采样和检测，是 ASF 防控的第一道防线，也是最为有效的措施之一。

ASFV 主要的传播途径是直接接触传播和间接接触传播。直接接触传播是通过易感猪和感染猪只之间的接触，或者易感猪接触感染猪排出的体液和分泌物进而发生传播。间接接触传播则是通过易感猪接触病毒污染的饲料、猪肉及其制品、人员、车辆以及粪便，进而造成 ASFV 感染和传播。在 ASF 呈地方流行的地区，ASFV 还会感染钝缘蜱属的软蜱，从而间接传播到易感生猪。

2018 年 8 月 1 日，辽宁省沈阳市沈北新区某养殖户的生猪发生疑似非洲猪瘟疫情，存栏 383 头，发病 47 头，死亡 47 头。2018 年 8 月 3 日，经中国动物卫生与流行病学中心（国家外来动物疫病研究中心）确诊，该起疫情为非洲猪瘟疫情。据了解，这是我国首次发生非洲猪瘟疫情。截至 2019 年 7 月 29 日，我国国内共通报非洲猪瘟疫情 149 起，涉及 31 个省（自治区、直辖市）103 个地（市、盟），其中 3 起为野猪疫情（吉林、黑龙江、内蒙古各一起）。

2019 年 4 月 7 日，经中国动物卫生与流行病学中心确诊，林芝市巴宜区、工布江达县、波密县发生非洲猪瘟疫情。

三、临床症状

ASF 自然感染的潜伏期为 3～5 d，也可延长至 19 d，个别可长达 28 d。ASF 的临床症状与猪瘟非常相似。根据病毒毒力和感染途径不同，其表现可分为最急性型、急性型、亚急性型和慢性型 4 种类型。

1. 最急性型

本型一般由毒力较强的毒株引起，往往未见到明显临床症状就倒地死亡，有时可见惊厥、食欲消失，数小时内即出现死亡。

2. 急性型

病猪表现为无食欲，体温升高至 40～40.9 ℃，稽留 3～5 d 后，体温下降，临死前呈深度昏迷状态，1～2 d 出现心跳加速，呼吸急促，皮肤出血，死亡率高。

3. 亚急性型

病猪呈现鼻、耳、腹肋部发绀，有出血斑（图 3-12）。时而咳嗽，眼、鼻有浆液性和黏液性分泌物，后肢无力，出现短暂性的血小板和白细胞减少。

4. 慢性型

在耳、鼻、腋下、腹、会阴、尾等无毛部分呈界线明显的紫色斑（图 3-13），耳朵紫斑部肿胀（图 3-14），中心深暗色分散性出血，边缘褪色，尤其在四肢及腹壁皮肤眼观明显。怀孕母猪感染后出现流产，腹泻，呕吐，粪便中有血液、黏液，时有呼吸改变及低病死率等症状。

四、病理变化

ASF 最急性型和急性型的病理变化表现为内脏器官的广泛性出血，并破坏组织的血管壁和淋巴网状细胞系统，以内皮细胞的出血、坏死，淋巴结的小结周围、副皮质区、脾脏的小结周红髓、肝脏的枯否细胞坏死为特征，脾脏出现明显肿大（图 3-15、图 3-16），充血（图 3-17）；亚急性型和慢性型的病理变化较轻微，亚急性型主要损害在脾、淋巴结、肾和心脏，脾脏色泽变深、脆性增大及出血梗死（图 3-18），淋巴结出血，切面呈大理石状，肾脏可见大量出血点（图 3-19、图 3-20），心脏出现严重的心包积水；慢性型以呼吸道、淋巴结、脾脏病理变化为主，其中肠系膜淋巴结充血、肿胀明显（图 3-21）。另外还有纤维素性心包炎、胸膜炎、胸膜粘连、肺部水肿、充血（图 3-22）和淋巴网状组织增生肥大。

五、诊断

（一）临床诊断

非洲猪瘟与猪瘟的其他出血性疾病的症状和病变都很相似，他们的亚急性型和慢性型在生产现场实际上是不能区别的，因而必须用实验室方法才能鉴别。现场如果发现尸体解剖的猪出现脾和淋巴结严重充血，形如血肿，则可怀疑为猪瘟。

（二）实验室诊断

包括病毒分离法、血清学检测、分子检测等。

1. 病毒分离法

红细胞吸附试验：红细胞吸附试验是指猪的红细胞能附着在感染 ASFV 的单核细胞或巨噬细胞的表面。绝大多数 ASFV 分离株都具有猪红细胞吸附现象，但 1963 年在西班牙首次发现了不能吸附猪红细胞的 ASFV 毒株，之后陆续分离到许多不具有猪红细胞吸附能力的 ASFV 毒株。这使得使用红细胞吸附实验法鉴定 ASFV 的应用受到了限制。

2. 血清学检测

酶联免疫吸附试验、双抗体夹心 ELISA 法、直接免疫荧光试验、间接免疫荧光试验、免疫印迹试验、胶体金免疫层析法等

3. 分子检测

分子检测是目前运用最广泛，检出率和准确率都有保证的手段，包括：普通 PCR 技术、实时荧光定量 PCR 技术、环介导等温扩增技术、交叉引物扩增法、聚合酶交联螺旋反应等。

六、防控措施

目前由于缺少有效的疫苗或治疗方案来预防ASFV感染，以传统的疾病控制措施为控制感染的主要手段，其中包括流行病学调查，病猪的追踪、扑杀，严格监测和控制物流等。

1.加强饲养场及周边的消毒管理

ASFV耐低温、耐酸碱、耐腐败，在血液和排泄物中较稳定，对高温也有一定的耐受能力。完整的病毒粒子对蛋白酶不敏感，但对胰蛋白酶抵抗力较差。此外，乙醚、氯仿等脂溶性化学物质可以有效灭活ASFV。用0.8%氢氧化钠、有效氯含量为2.3%的次氯酸盐、0.3%福尔马林、3%邻苯基苯酚处理30 min以及碘化物都可有效地使该病毒失活；具体可参考农业农村部发布的《感染非洲猪瘟养殖场恢复生产技术指南》选择消毒药。

(1)猪舍消毒　《猪瘟现场排查手册》和《规模猪场(种猪场)非洲猪瘟防控生物安全手册(试行)》指出：对圈舍进行消毒时，应先将剩余饲料、污物和粪便彻底清除，用热水及除垢剂冲洗栏舍地面、设备；再用钢丝球加清洁剂擦拭，并将产生的污水集中收集进行无害化处理。用1%～2%氢氧化钠水溶液充分泼洒圈舍地面，24 h后用清水清洗。干燥后用36%甲醛溶液+2～3 mg/m^{3}高锰酸钾进行蒸熏消毒，猪舍温度控制在15 ℃以上，湿度不低于75%，或使用微酸性次氯酸溶液雾化消毒，密闭48 h。猪舍地面、走道及墙壁清洗消毒后涂石灰浆，干燥后在地面喷洒生石灰或氢氧化钠。猪栏等金属制品可以采取蒸熏、火焰或消毒液冲洗的方式消毒；可浸泡的器具用2%氢氧化钠或含氯消毒剂等浸泡24 h。

(2)粪污及其管道消毒　将猪舍内外粪沟和舍内漏粪地板下的污物清理干净，清空粪水池。清理出的粪便或粪污堆积物要先作化学处理，再采取深埋、堆积发酵或焚烧等方式处理。漏缝地板、粪池、粪沟等用60 ℃以上热水清洗后再用2%氢氧化钠消毒。

(3)生产区消毒　在料塔、屋顶等区域安装驱鸟器，及时清理场内杂草和树木，定期喷洒除草剂。场区道路及两侧2 m范围内的地面用2%氢氧化钠喷洒，以新鲜生石灰白化；猪舍周边5 m内的地面以2%氢氧化钠喷洒后用新鲜的生石灰白化并覆盖5 cm厚碎石。所有辅助生产房间(兽医室、物品库等)需用福尔马林32 mL+高锰酸钾16 g/m^{3}熏蒸消毒后密闭72 h以上。

(4)生活区消毒　所有个人物品集中烘干或浸泡处理后统一静置。生活区使用甲醛+高锰酸钾熏蒸或次氯酸溶液雾化消毒48 h，地面用1∶200过硫酸氢钾复合物喷洒。第二轮清洗消毒时应使用60 ℃以上热水再次熏蒸消毒。

(5)车辆消毒　生猪运输车辆可能残留病猪的分泌物、排泄物，是ASFV传播的风险之一。因此，在出入疫点的途中应设立临时消毒点，指定专人负责对来场车辆进行消毒。先清除车辆内外表面污物，然后用低压水枪初步冲洗车身外表面、车厢内表面、底盘、轮胎等部位，再使用高压水枪冲洗污染区和角落，去除附着污物。优先选择使用温和的、可与消毒剂配合使用的清洁剂。随车配备和携带的物品可通过紫外线照射充分消毒。参与非洲猪瘟疫情处置的车辆需先用0.5%过氧乙酸或有效氯含量不低于2%的含氯制剂喷洒消毒，浸润0.5 h后冲洗干净，再严格遵照程序进行清洗消毒，车辆消毒过程中所用的清理工具应在车辆清理完毕后立即进行消毒。

(6)进出人员消毒　在猪场内建立一个完善的人员出入场管理制度，做好出入登记，设立科学合理的消毒、洗浴、更衣、隔离程序。指定专人负责对外联系，本场人员尽量减少外出。相关人员外出时，不得接触外界猪只，严禁进入疫区。外来人员进场时，需先将衣服、鞋等进行熏蒸或者紫外线照射消毒，更换拖鞋彻底淋浴20 min以上，换上猪场内的衣服，在洗手盆(1∶200过硫酸氢钾复合物)、脚踏盆(1∶50过硫酸氢钾复合物)中对手、脚进行消毒后才可进入生产区。

(7)进出物资消毒　要做好外来物资的检查工作，严禁猪肉及相关制品进入场内，严禁疫区物品进场。非本场人员所携带的物品尽量不带入猪场，如需进入，要先经臭氧蒸熏30 min彻底消毒。采购的药品等需先去除最外层包装，再用臭氧熏蒸30 min。不能进行加热消毒的物品如生物制剂等要用75%乙醇擦拭后方可入场。

2.加强猪场生物控制

钝缘软蜱是ASFV的主要携带者及传播者，而苍蝇、鼠类等啮齿动物也是ASFV传播的重要途径。因此，猪场需做好灭蚊蝇、灭鼠、防鸟等工作。

（1）猪场灭蚊蝇　彻底清理蚊蝇滋生场所，如猪栏内、地沟、粪水表面及周围堆积的废弃物，尤其是潮湿处。此外，墙壁的裂缝、粪堆和产房内都是蚊蝇常见的产卵区和繁殖区，需定期对生产区周围的死水、杂草和树木进行清理，防止蚊蝇滋生。门窗应设置防蚊网、纱窗和门帘，防止蚊蝇进入。在做好环境治理的同时，辅以适当的化学药物防治，根据场内实际情况选择合适的药物和施药器械，调整施药频率。

（2）猪场灭鼠　做好鼠患监测工作，在老鼠数量较少时就开始连续监测；尽量减少开放性食物和水源，定期排查建筑物和食物附近的老鼠藏匿之处；老鼠数量较多时可通过化学方法减少鼠群密度。猪场每年应集中灭鼠 4 次，平时定期投放灭鼠药，猪舍周围墙根地面铺设宽 1 m、厚 5 cm 的石子防鼠带，防止老鼠进入和打洞。

（3）猪场防鸟　料塔和猪舍应安装防鸟网，阻止鸟类进入圈舍内。猪舍入口加装塑料条，通风口加装围栏，防止野鸟飞入。及时清除路面散落的饲料等，避免吸引鸟类进场；定期检查场内所有大门，未使用时尽量保持关闭，防止鸟类携带病原进入。

3. 加强饲料原料，质量管控

应该建立严格的饲料使用和管理制度，尽量固定采购渠道。有条件的养殖场可增加专门的 ASFV 检测环节，对进场的饲料先进行检测，保证所购饲料未受 ASFV 污染，并在使用过程中定期对饲料进行质量评估。禁用未经高温处理的泔水及用其配制的饲料，暂停使用以猪血为原料的血液制品生产的生猪饲料；同时加强对饲料质量的监管力度，杜绝使用发霉变质的饲料，对于难以判断是否发霉的饲料，可适当使用脱霉剂或霉菌毒素降解剂处理。

4. 加强引种管理

对外引种及采购精液存在着巨大的生物安全风险，最好坚持自繁自养，以尽量减少引种或不向外引种，防止病毒通过种猪或精液进入猪场。确需引种的情况下，应尽量固定一个非疫区引种场。引种前先仔细评估猪群健康状态，确保种猪不携带病毒，经隔离舍隔离 45 d 以上方可入场。同时应做好运输过程中车辆和道路的消毒工作。

5. 提高猪群免疫力

非洲猪瘟的广泛传播受外部环境因素和猪群自身健康因素共同作用，在做好全方位生物安全措施的同时，提高猪群的非特异性免疫力至关重要。ASFV 主要侵染猪巨噬细胞和单核细胞，从而引起淋巴细胞减少甚至凋亡，免疫系统受损。因此，为降低 ASF 的发病率，有必要提高猪群免疫力。

（1）加强营养　营养水平影响猪的免疫功能和抗病能力，因此更应该加强猪群营养。饲喂配制科学合理的全价日粮，给猪只提供全面营养，是提高其免疫力的关键。由于猪生理阶段、生产目的以及饲养环境不同，营养需要不同，应根据需求饲喂不同营养水平的饲料。在常规饲料基础上可根据营养需要适量添加维生素 A、维生素 C 等，以达到提高动物免疫力的目的。此外，在饲料中适当添加脂肪酶，既能在一定程度上破坏病毒表面囊膜，减弱其感染力，又能促进动物对营养物质的消化吸收。

（2）减少应激　加强猪群的饲养管理，尽可能减少应激。改善饲养管理，做好防暑降温、防寒保暖工作，防止因温度突变导致应激；此外，断奶、转群、转栏时要规范合理操作，尽量减少猪只应激。

6. 提高饲养人员生物安全意识

生物安全是防控非洲猪瘟的有效手段，猪场全体人员必须共同参与。猪场应建立完善的监督制度和员工奖惩制度，在制度的保障下，对全体人员进行系统培训，强化员工的生物安全意识，正确认识 ASF 的危害和流行现状，普及 ASF 的防控基础知识；同时，不断进行强化培训，并及时对培训效果进行评估，通过严格的检查或者考试，确保所有员工都可正确实施防控非洲猪瘟的生物安全措施。

（甘富斌　吴庆侠）

图 3-12　病藏猪可见鼻孔出血斑　（甘富斌　供图）

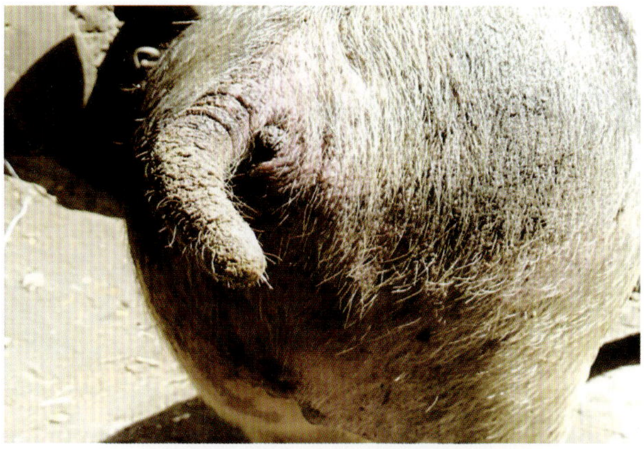

图 3-13　病猪可见会阴部位皮肤结痂。慢性型病猪多处皮肤局部红斑、溃疡，耳部、腹部、大腿内侧可能突起或坏死，易继发感染，如继发易引起肺炎和关节炎，死亡率低，血清转阳
（甘富斌　供图）

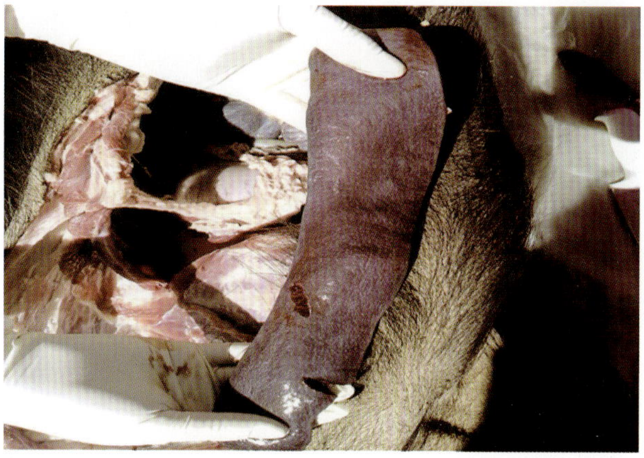

图 3-16　病死藏猪脾脏肿大　（甘富斌　供图）

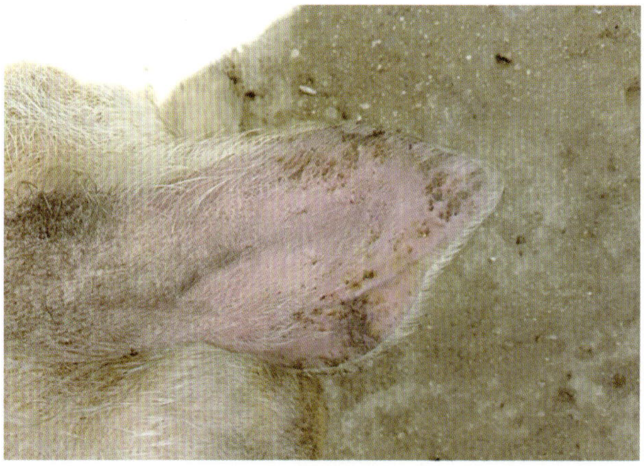

图 3-14　病猪可见耳尖的发绀病变　（甘富斌　供图）

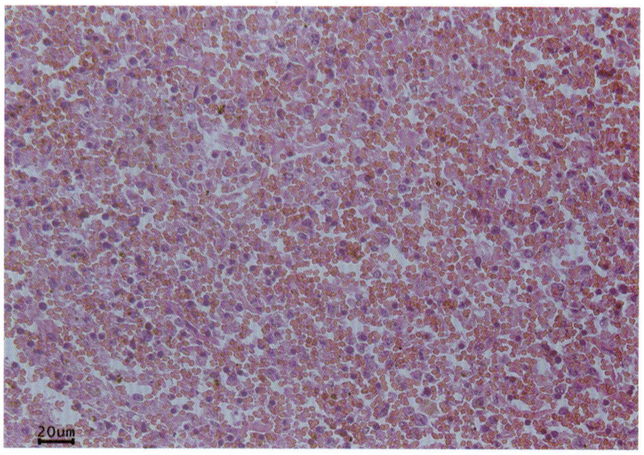

图 3-17　病猪脾脏切片，可见脾窦扩张，充满红细胞
（吴庆侠　董海龙　供图）

图 3-15　病死长白猪脾脏肿大　（甘富斌　供图）

图 3-18　病猪脾脏肿大、易碎、颜色呈暗红色至黑色
（甘富斌　供图）

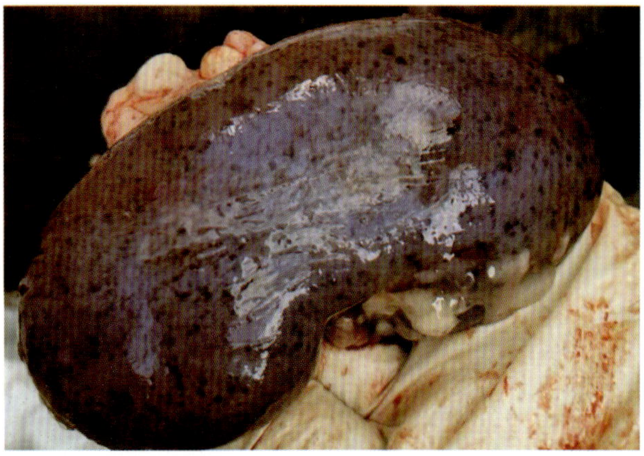

图 3-19　病藏猪剖检可见肾脏肿大并出现大量出血点

（甘富斌　供图）

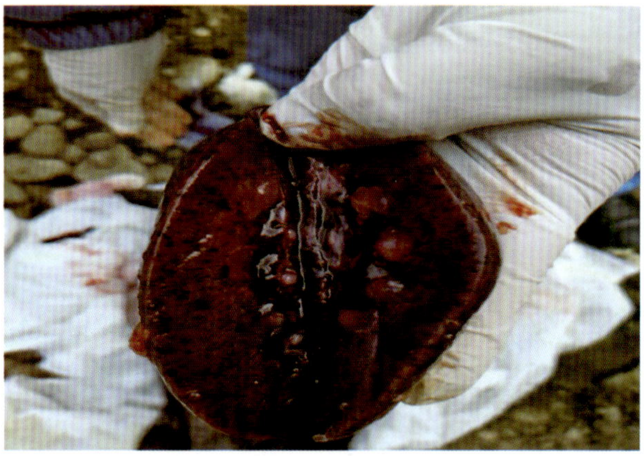

图 3-20　病藏猪剖检可见切开的肾脏，大量出血点

（甘富斌　供图）

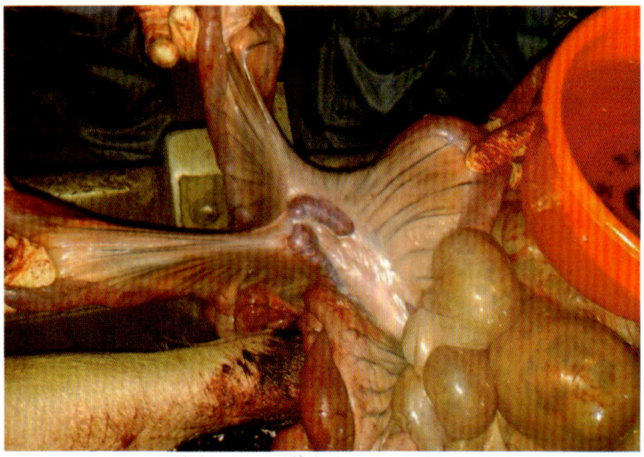

图 3-21　病猪剖检可见肠系膜淋巴结出血、肿大

（甘富斌　供图）

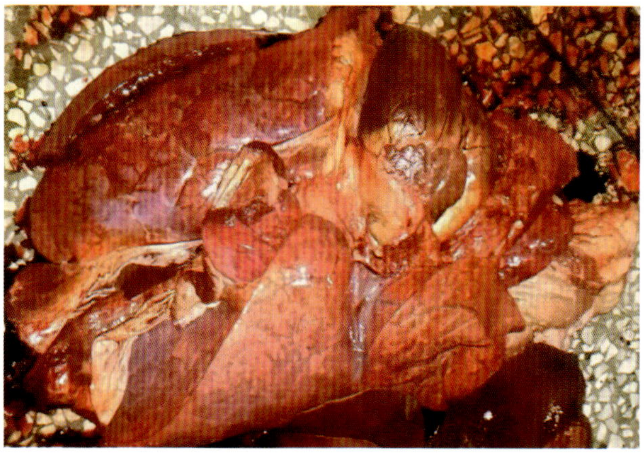

图 3-22　病猪剖检可见肺脏变化。肺水肿及充血，小叶间增宽

（甘富斌　供图）

第三节　猪伪狂犬病

猪伪狂犬病（porcine pseudorabies）又称为奥耶斯基氏病，是由伪狂犬病病毒（*Pseudorabies virus*，PRV）引起的一种猪、牛、绵羊、犬、猫及多种野生动物、肉食动物的烈性传染病。其中猪是 PRV 的唯一自然储存宿主，且是病毒的主要传播源。其发病主要特点取决于感染病毒的毒力、感染量以及感染猪的年龄。新生仔猪感染伪狂犬病毒会引起大量死亡，成年猪一般为隐性感染，若有症状也很轻微，易于恢复。其临床表现为发热、精神沉郁，有些病猪呕吐、咳嗽，一般于 4～8 d 内完全恢复。怀孕母猪可发生流产、产木乃伊胎儿或死胎，其中以死胎为主，无论是头胎母猪，还是经产母猪，都发病。发病特点是种猪不育症，公猪感染伪狂犬病毒后，表现出睾丸肿胀、萎缩，丧失种用能力。本病没有严格的季节性，但以寒冷季节即冬末春初多发，在我国猪伪狂犬病的流行范围很广，给养猪业造成的经济损失仅次于猪瘟。因此，猪伪狂犬病给养猪业造成严重的经济损失，被世界动物卫生组织（OIE）列为 B 类动物疫病，也被我国列为二类疫病。

一、病原

伪狂犬病毒属于疱疹病毒科（*Herpesviridae*）、猪疱疹病毒属，病毒粒子为圆形，直径为 150～180 nm，核衣壳直径为 105～110 nm。病毒粒子的最外层是病毒囊膜，它是由宿主细胞衍生而来的脂质双层结构。囊膜表面有长为 8～10 nm 呈放射状排列的纤突,伪狂犬病毒基因组是线状双链 DNA 分子,大小约 150 kb,平均 G+C 含量高达 74%,具有典型的疱疹病毒基因组结构特征,由独特长区段、独特短区段(US)及位于 US 两侧的末端重复序列(TR)和内部重复序列(IR)组成。

伪狂犬病毒是疱疹病毒科中抵抗力较强的一种,在 37 ℃的环境下的半衰期为 7 h,在 8 ℃的环境下可存活 46 d,而在 25 ℃的干草、树枝、食物上可存活 10~30 d,但当短期保存病毒时,4 ℃较 −15 ℃和 −20 ℃冻结保存更好。病毒在 pH 为 4~9 时保持稳定。5%石炭酸经2 min 灭活,但 0.5%石炭酸处理 32 d 后仍具有感染性,0.5%~1%氢氧化钠迅速使其灭活,对乙醚、氯仿等脂溶剂以及福尔马林和紫外线照射敏感。

伪狂犬病毒只有一个血清型,但不同毒株在毒力和生物学特征等方面存在差异。伪狂犬病毒具有泛嗜性,能在多种组织培养细胞内增殖,其中以兔肾和猪肾细胞(包括原 I 代细胞和传代细胞系)最为敏感,并引起明显的细胞病变,细胞肿胀变圆,开始呈散在的灶状,随后逐渐扩展,直至全部细胞圆缩脱落,同时有大量多核巨细胞形成。细胞病变出现快,当病毒接种量大时,在 18~24 h 后即能看到典型的细胞病变。

实验动物也可用于病毒的分离。在兔、1 日龄小鼠和组织培养之间对伪狂犬病毒的敏感性无显著差异,但与新生鼠相比,成年鼠有较强的抵抗力。虽然鸡胚对伪狂犬病毒不很敏感,但应用鸡胚绒毛尿囊膜接种是最早用于病毒增殖和传代的方法。

二、流行病学

伪狂犬病最早发生于 1813 年美国的牛群中,主要表现为"奇痒",直到 1902 年,匈牙利科学家 Aujeszky 首次报道此病,因此,该病被命名为奥耶斯基病(Aujeszky's disease)。美国、英国、德国、法国、日本等 50 多个国家和地区均有该病发生的报道。伪狂犬病自然发生于猪、牛、绵羊、犬和猫,另外,多种野生动物、肉食动物也易感,水貂、雪貂因饲喂含伪狂犬病毒的猪下脚料也可引起伪狂犬病的暴发。在实验动物中,家兔最为敏感,小鼠、大鼠、豚鼠等也能感染。关于人感染伪狂犬病毒的报道很少,并且都不是以病毒分离为报道依据,如土耳其及我国台湾曾报道有血清学反应阳性者,欧洲也曾报告数起因皮肤伤口接触病料组织而被感染的病例。其主要表现为局部有发痒,未曾报告有死亡。最新的报道见于 1992 年,在波兰因直接接触伪狂犬病毒而感染的工人,首先是手部出现短暂的瘙痒,后扩展至背部和肩部。当前我国猪场伪狂犬野毒感染普遍,2016—2017 年,辽宁省沈阳、大连等地区部分猪场 PRV IgE 抗体个体阳性率达到 11.5%和 36.8%。

值得注意的是,自 2011 年底以来,病毒变异已经出现,许多免疫过 Bartha-K61 疫苗的猪场发病。根据最近的一份报告显示,中国 23 个地区的 80.1% 的被调查农场遭受感染 PRV 的变异株的影响。此外,被调查的 213 个猪场中有 58.2%的猪场 PRV 总体感染率或 IgE 抗体阳性率从低于 20%增加至超过 50%,这说明我国的猪群受到野毒 PRV 严重感染,对猪生产造成重大的经济影响。2009 年,在河南省仅一个猪群中,就有 2 600 新生仔猪和 200 头母猪死于该变异 PRV 感染,造成至少 100 万元人民币的直接经济损失。绵羊和猪的疫苗接种攻毒试验表明传统的狂犬病疫苗对中国当前流行的变异毒株不能提供完整保护。当前分离的变异株全基因组分析显示了,病毒基因组出现变异,包括替换、插入或删除。目前在我国野毒感染导致的 PR 仍继续流行和发生,严重影响我国动物生产,尤其是生猪生产。

三、临床特征

伪狂犬病毒的临诊表现主要取决于感染病毒的毒力和感染量以及感染猪的年龄。其中,感染猪的年龄是最主要的。与其他动物的疱疹病毒一样,幼龄猪感染伪狂犬病毒后病情最重。

新生仔猪感染伪狂犬病毒会引起大量死亡,临诊上新生仔猪第 1 天表现正常,从第二天开始发病,3~5 d 内是死亡高峰期,有的整窝死光。同时,发病仔猪表现出明显的神经症状、昏睡、鸣叫、呕吐、拉稀,一旦发病,1~2 d 内死亡。剖检主要是肾脏布满针尖样出血点,有时见到肺水肿、脑膜表面充血、出血。15 日龄以内的仔猪感染本病者,病情极严重,发病死亡率可达 100%。仔猪突然发病,体温上升达 41 ℃以上,精神极度委顿,发抖,运动不协调,痉挛,做前进或后退转动,倒地四肢划动(图 3-23),呕吐,腹泻,极少康复。断奶仔猪感染伪狂犬病毒,发病率为 20%~40%,死亡率为 10%~20%,主要表现为神经症状、拉稀、呕吐等。成年猪一般为隐性感染，若有症状也很轻微，易于恢复。主要表现为发热、精神沉郁，有些病猪呕吐、咳嗽，一般于4～8 d内完全恢复。怀孕母猪可发生流产、产木乃伊胎儿或死胎，其中以死胎为主。无论是头胎母猪还是经产母猪都发病，而且没有严格的季节性，但以寒冷季节即冬末春初多发。

伪狂犬病的另一发病特点是表现为种猪不育症。近几年发现有的猪场春季暴发伪狂犬病，出现死胎或断奶仔猪患伪狂犬病后，紧接着下半年母猪配不上种，返情率高达90%，有反复配种数次都配不上的。此外，公猪感染伪狂犬病毒后，表现出睾丸肿胀、萎缩，丧失种用能力。

四、病理变化

伪狂犬病毒感染一般无特征性病变。眼观主要见肾脏有针尖状出血点，其他肉眼病变不明显。可见不同程度的卡他性胃炎和肠炎(图3-24)，当中枢神经系统症状明显时，脑膜明显充血(图3-25)，脑脊髓液增多，心、肝、脾等实质脏器常可见灰白色坏死病灶(图3-26至图3-28)，肺充血、水肿和坏死点(图3-29)。子宫内感染后可发展为溶解坏死性胎盘炎。

组织学病变主要是中枢神经系统的弥散性非化脓性脑膜脑炎及神经节炎，有明显的血管套及弥散性局部神经元坏死。在脑神经细胞内、鼻咽黏膜、脾及淋巴结的淋巴细胞内可见核内嗜酸性包涵体和出血性炎症。有时可见肝脏小叶周边出现凝固性坏死。肺泡隔和小叶间质增宽，淋巴细胞、单核细胞浸润。

五、诊断

(一)临床诊断

根据疾病的临诊症状，结合流行病学，可做出初步诊断，确诊必须进行实验室检查。同时要注意与猪细小病毒、流行性乙型脑炎病毒、猪繁殖与呼吸综合征病毒、猪瘟病毒、弓形虫及布鲁氏菌等引起的母猪繁殖障碍相区别。

(二)实验室诊断

PRV的分离鉴定是经典的实验室方法，也是诊断伪狂犬病的可靠方法。但该方法费时费力，不能满足于实际生产。病毒分离时最常采集病猪的脑(以中脑和脑桥为主)、扁桃体、肾和脾等组织，咽拭子、阴道拭子等均可用于病毒的分离，PRV检出率最高的是三叉神经节，其检出率为100%。PRV病原的分子诊断方法主要有：酶切图谱分析(RFP)、原位杂交技术、常规PCR、鉴别PCR、定量PCR、核酸探针技术等，临床常用的PRV病原检测方法主要是常规PCR技术。

六、防控

1. 国外对PR的防控

过去几十年，常规疫苗的广泛使用PR得到一定的控制，但没有完全控制住该病的流行。随着基因缺失疫苗及其相应的鉴别诊断方法的不断发展，世界上一些受PR影响的国家实施了该病的根除计划，并已取得了显著成效，目前英国、丹麦、荷兰等国家基本实现猪伪狂犬病的净化。美国1989年开始启动为期10年的全国性净化计划，并已于2004年实现计划目标。对发展中国家而言，PR的净化仍很遥远。

2. 国内对PR的防控

在中国PR已被列为2012—2020年中长期动物疾病预防和控制程序中着重考虑的猪病之一，其中有一个强制性的疫苗接种政策计划，该计划自2012年开始实施，该计划的任务之一是在2020年底在猪群中消除PR，但到目前为止尚未进行。中国早在自20世纪90年代初，大规模接种常规疫苗、基因缺失活疫苗(Bartha-K61株或其衍生物)被用于PR的防控。Bartha-K61株在猪肾细胞、鸡胚和鸡胚成纤维细胞上连续传代后，导致病毒毒性和感染性减弱。该疫苗已被证明是安全和有效的，接种可以降低PR的发生和减少经济损失。在过去的几十年中，PR在中国的大部分地区存在区域流行性。

疫苗研究也是防控PR的重要一环。目前已经有多种新型疫苗的研究报道，脱氧核苷酸疫苗、亚单位疫苗、活病毒载体疫苗、*gE/gI/TK*基因缺失疫苗等。2003年颁布许可的基因疫苗SA215株和2006年获得许可证书的*TK/GG*基因缺失PR疫苗HB-98株，被认为是PR爆发急救最合适的疫苗。

这两个被许可的疫苗已经在畜牧领域使用。最近的研究表明，传统的 Bartha-K61 疫苗对当前中国猪群中的流行株不能提供完整的保护力。目前可用的 HB-98 株或基因缺失三联疫苗 SA215 株是否可以提供有效的保护尚不清楚。为了有效控制由新的变异株引起的感染，对当前流行株进行研制，其中 gE/gI 缺失疫苗以天津株 PRV 为代表，gE/gI/TK 缺失疫苗以河南 1201 株 PRV 为代表，而灭活的 gE/gI/TK 缺失疫苗以 ZJOL 株为代表。据报道，这些疫苗对于 PRV 毒株的感染起到一定的保护作用，但这些候选疫苗的安全性和有效性仍有待进一步研究。无论如何，这些新型有效的疫苗给我国 PR 的净化和防控提供了一定的帮助。

（杨飞　吴庆侠）

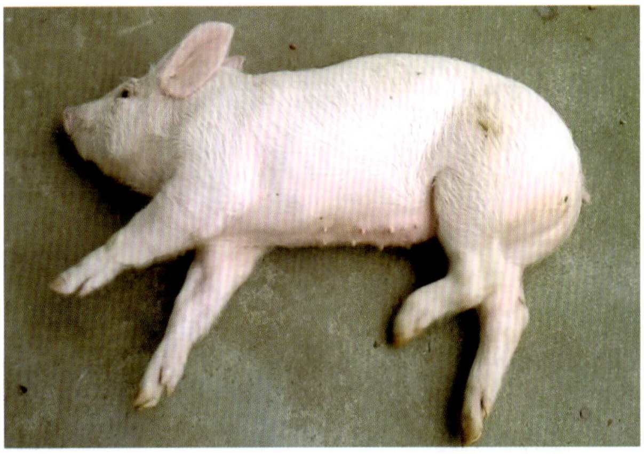

图 3-23　病仔猪角出现弓反张、倒地四肢划动，做前进或后退转动（杨飞　供图）

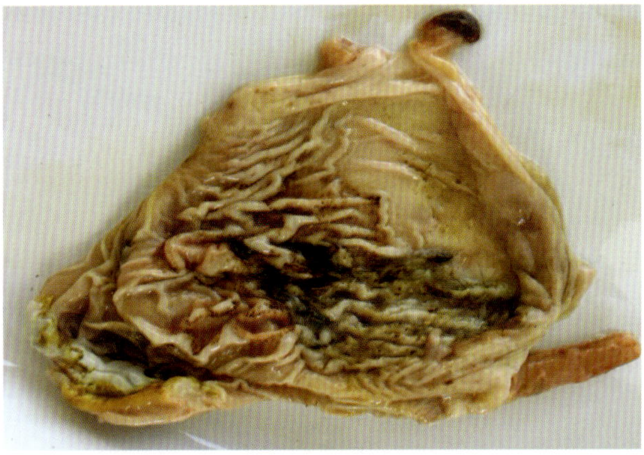

图 3-24　病猪剖检可见陈旧性出血性胃溃疡，胃底区黏膜炎灶（杨飞　供图）

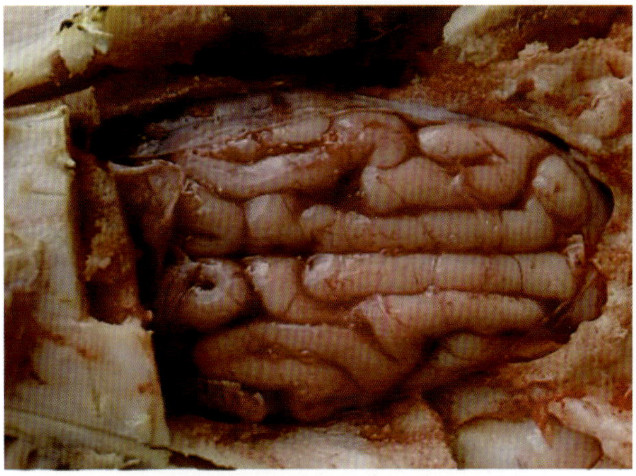

图 3-25　病猪剖检可见脑膜充血、出血、水肿（杨飞　供图）

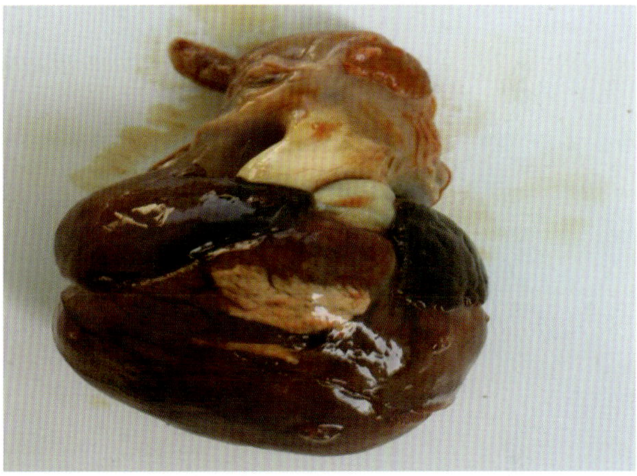

图 3-26　病猪剖检可见心脏出现白色坏死灶（杨飞　供图）

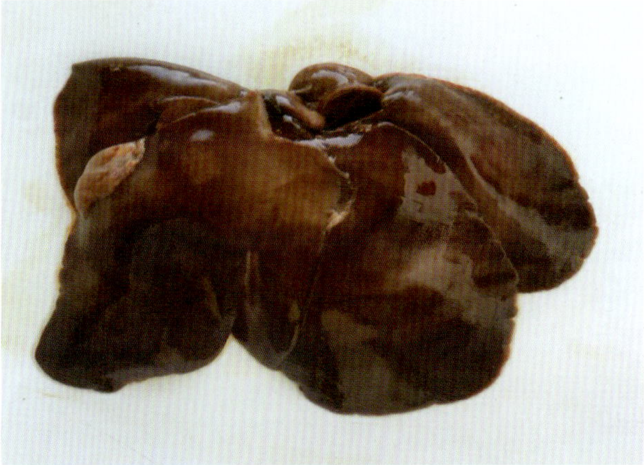

图 3-27　病猪剖检可见肝脏边缘淤血，色泽较深（杨飞　供图）

图 3-28　病猪剖检可见脾脏肿大、有白色坏死点

（杨飞　供图）

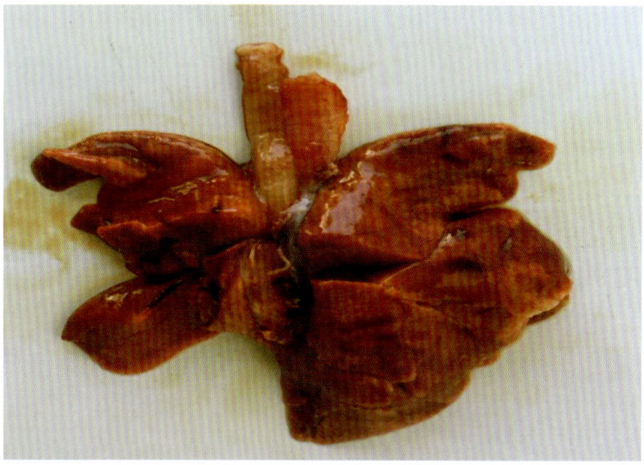

图 3-29　病猪剖检可见肺脏充血、水肿和局部坏死

（杨飞　供图）

第四节　猪肺疫

猪肺疫是由多杀性巴氏杆菌（*Pasteurella multocida*，Pm）引起的一种人畜共患病，俗称“锁喉风”“肿脖瘟”。急性或慢性经过，急性呈败血症变化，咽喉部肿胀，高度呼吸困难，死亡率高，给广大养殖户带来很大的威胁，发病后如处理不当则有巨大的经济损失。

一、病原

多杀性巴氏杆菌为杆状或球杆状，两端钝圆，大小为(0.25～0.4) μm×(0.5～2.5) μm；单个存在，有时成双排列；病料涂片用瑞氏或亚甲蓝染色，可见典型的两极着色，无鞭毛，强毒株有荚膜，革兰氏染色为阴性。按菌株间抗原成分差异，多杀性巴氏杆菌可分为若干血清型。用特异性荚膜抗原（K）可将本菌分为 A、B、D、E、F 5 个血清群；利用菌体抗原（O）可将本菌分为 16 个菌体型。我国对本菌的血清型鉴定表明，我国的血清群主要有 A、B、D 3 个血清群，没有发现 E 血清群。多杀巴氏杆菌的产毒素菌株多为 D 型，少数 A 型 Pm 菌株也可产毒素，但 Pm 菌株主要分离于猪肺疫临床症状严重的猪只。

本菌在添加血清或血液的培养基上生长良好。在鲜血琼脂上培养 24 h 形成细小的透明菌落，48 h 形成圆形、隆起、光滑、中等大小（直径 2～3 mm）、灰白色菌落，无溶血现象。在普通培养基中生长不旺盛，在普通琼脂上形成细小、透明的露珠状菌落；在普通肉汤中呈均匀混浊，静置后形成黏性沉淀和菲薄的附壁菌膜；明胶穿刺培养沿穿刺孔呈线状生长，上粗下细。

本菌对理化因素和外界抵抗力不强，在日光直射下和干燥的条件下则迅速死亡；巴氏消毒法（65 ℃经 30 min 或 70 ℃经 15 min）可将其杀灭；一般消毒剂在低浓度下数分钟和十几分钟可被杀死，3%石炭酸和 0.1%升汞水在 1 min 内可杀死本菌，10%石灰乳及常用的甲醛溶液 3～4 min 内可使之死亡。纯培养物在 0 ℃以下会很快死亡，但动物脏器（如肝、脾）中的细菌在－20 ℃的环境中可存活数年。

二、流行病学

多杀性巴氏杆菌对多种动物和人均有致病性。家畜中以黄牛、水牛、猪、兔和绵羊发病较多；山羊、鹿、骆驼、马、驴、犬、猫和水貂等亦可感染发病，但较少见。禽类中以鸡、火鸡和鸭最易感，鹅、鸽次之，野鸭等 20 多种野生水禽感染本病，以幼龄为多，病死率较高。

正常动物上呼吸道（如哺乳动物扁桃体和禽类上颚裂）常有巴氏杆菌存在，疾病的发生与环境条件及动物抵抗力状况紧密相关，动物群体中发生巴氏杆菌病时，往往查不出传染源。一般认为动物在发病前已经带菌。患病动物的排泄物、分泌物及带菌动物也是本病的重要传染源。

本病主要通过消化道和呼吸道，也可通过吸血昆虫和损伤的皮肤、黏膜而感染。①消化道感染。患病动物由其排泄物、分泌物不断排出有毒力的病菌，污染饲料、饮水、用具和外界环境。②呼吸道感染。由咳嗽、喷嚏排出病菌，通过飞沫传染。③跳蚤、吸血昆虫以及皮肤、黏膜的伤口也可发生传染。人多经伤口感染，也可经呼吸道感染。同种动物能相互传染，不同种动物之间也偶见相互传染。如个别情况下猪巴氏杆菌可传染给水牛。黄牛和水牛之间可互相传染本病，而禽和兽之间的相互传染少见。

本病的发生一般无明显的季节性，但以冷热交替，气候剧变，闷热、潮湿、多雨的时期发生较多，各地因气候不同而有不同的发病季节。体温失调，抵抗力降低是本病主要的发病诱因之一。当动物被饲养在不卫生的环境中，寒冷、闷热、气候剧变、潮湿拥挤、通风不良、营养缺乏、寄生虫、饲料突变、长途运输等诱因使其抵抗力降低时，病原菌即可乘机侵入肺部，随淋巴液而进入血流，发生内源性传染。此外，某些疾病的存在造成机体抵抗力降低，易继发本病。本病一般为散发性，但水牛、牦牛、猪有时可呈地方流行性，羊有时可大量发病。家禽特别是鸭群发病时，多呈流行性。

三、临床特征

根据本病的发展过程，可分为最急性型、急性型和慢性型 3 个病型。

1. 最急性型

最急性型俗称“锁喉风”，主要症状为咽喉肿胀，呼吸困难。多突然发病，迅速死亡。发展较慢的病猪体温上升至 41 ℃，呼吸极度困难，呈犬坐式，可视黏膜发绀，心跳加快，食欲废绝。耳根、颈部、腹部等处发生出血性红斑。咽喉部肿胀，坚硬发热，口吐白沫，数小时到 1 d 内死亡。病死率可达 100%。

2. 急性型

急性型是本病的主要病型，除了有败血症的一般症状外，还表现为急性胸膜肺炎的特征。体温上升至 40～41 ℃，呼吸困难，气喘，有短而干的咳嗽，触诊胸部有疼痛，听诊有啰音和摩擦音。流泪，流鼻涕，有黏液性或脓性结膜炎。皮肤出现出血红紫斑。初便秘，后腹泻。病猪消瘦无力，卧地不起，往往在 2～6 d 内死亡，耐过的多转为慢性。

3. 慢性型

慢性型主要表现为慢性肺炎和慢性胃炎症状，即持续的咳嗽，呼吸困难。病猪逐渐消瘦，有时关节发生肿胀。最后持续腹泻，衰竭而死。病程可达半个月左右。

四、病理变化

1. 最急性型

本型亦称流行性猪巴氏杆菌病，俗称“锁喉风”。以咽喉部及其周围组织的浆液-出血性炎和全身出血性败血症为主要病理特征。

①剖检病变。可见下颌严重肿胀，咽喉黏膜及其周围组织明显水肿，炎性水肿向前可扩展到舌系带及舌，向后则蔓延到颈部甚至胸部皮下。当切开水肿部时，有大量淡黄色、淡红色略透明的浆液流出。被水肿液浸润的组织呈黄色或黄红色胶冻样。颌下、咽后及颈部淋巴结呈现急性浆液、出血性淋巴结炎的变化，表现为淋巴结因显著充血、出血和水肿而肿胀，全身其他部位的淋巴结亦见不同程度的肿大。

全身浆膜及黏膜点状出血，胸、腹腔和心包腔内液体增多，有时见纤维蛋白渗出。肺脏多淤血、水肿，有时可见肺组织散在局灶性红色肝变病灶。

脾脏眼观无明显改变。胃肠黏膜发生卡他性炎。

②镜检病变。咽喉部及其周围病变部水肿液中含有病原菌和数量不等的中性粒细胞及红细胞。脾表现为红髓轻度充血，白细胞浸润，网状细胞肿胀、崩解，鞘动脉的网状组织因浆液-纤维素性渗出物浸润而变疏松，或发生纤维素样变性，白髓体积变小，边缘不规整。其他实质器官亦发生不同程度的变性、充血、出血性变化。

2. 急性型

本型亦称散发性猪巴氏杆菌病，为猪巴氏杆菌病中重要的和常见的一个病型。该型以纤维素性肺炎、纤维素性胸膜炎和败血症为主要病理特征。

①剖检病变。可见病变主要集中在肺部，呈现纤维素性肺炎各个不同发展阶段的变化。病变多波及一侧或两侧肺叶的大部分，而以尖叶、心叶和膈叶的前下部最常受累，严重时可波及全部肺叶(图 3-30、图 3-31)。病变肺组织多膨大，因感染时间先后不同，其表面及切面呈现不同色彩和质地。初期病变以充血、水肿为主，以后则出现纤维素性肺炎特有的变化：有的病变区呈暗红色，含血量较多，

质地相对柔软；有的也呈暗红色，但质地变实，有的呈灰黄色，质地亦较坚实；有的病灶以支气管为中心发生坏死和化脓；有的则发展为坏疽性肺炎。病灶内肺小叶间质水肿、增宽，病变部与相邻组织界限明显，其周围组织一般呈现淤血、水肿或出血变化，偶见气肿区。因此、整个肺脏色泽斑驳，形成大理石样外观。气管及支气管中含有多量泡沫状黏液，其黏膜充血、肿胀。

②镜检病变。肺脏主要呈现纤维素性肺炎的变化。在充血区，肺泡壁毛细血管扩张充血，肺泡腔内有多量的浆液、少量红细胞和中性粒细胞以及脱落的肺泡上皮细胞。在红色肝变区，肺泡壁毛细血管亦扩张充血，肺泡腔内有大量交织成网状的纤维素、红细胞、中性粒细胞、巨噬细胞、脱落的上皮细胞及浆液（图 3-32、图 3-33）。在灰色肝变区，肺泡壁毛细血管充血消退，肺泡腔扩张，其内含有大量的中性粒细胞、巨噬细胞、浆液、坏死细胞碎屑、纤维素。与此同时，还能见到从充血期到红色肝变期以及从红色肝变期到灰色肝变期的过渡阶段的各种变化。病变部间质疏松，有多量浆液渗出和少量中性粒细胞浸润。间质中的淋巴管扩张，有的形成淋巴栓；细支气管内有多量纤维素渗出，中性粒细胞浸润（图 3-33）。

胸膜及心外膜往往同时发生纤维素性炎，胸腔积有多量含有絮状物的黄红色液体。胸膜粗糙，失去原有光泽，其上附着数量不等的纤维素和散布斑状或点状出血。心包扩张，心外膜充血和出血，在心外膜上或心包液中有膜状或絮状纤维素，有时心包与心外膜发生粘连。胸腔内淋巴结肿胀，切面潮红多汁。实质器官发生不同程度的变质性变化，如肝细胞见灶状坏死。全身浆膜、黏膜、淋巴结及皮肤常散在出血点，呈现出败血症的一般变化（图 3-34）。

3.慢性型

本型多见于流行后期，主要呈现纤维素-坏死性肺炎和慢性胃肠炎的变化。

剖检病变：尸体极度消瘦、贫血。肺脏有多处坏死灶和肝变区，有的坏死灶后期形成溶解性空洞；有些坏死灶被结缔组织包绕，附近见代偿性气肿或因结缔组织增生而发生肉变。胸膜、心包和心外膜常有纤维素样絮状物附着。由于炎性渗出物的机化，常见胸膜与心包发生粘连。肺门及纵隔淋巴结常见坏死性炎症变化。胃肠黏膜上皮细胞坏死、脱落和增生，炎性细胞浸润。黏膜肥厚。有的病猪关节发炎肿胀。

五、诊断

根据流行病学、临床症状和病变特点可做出初步诊断，确诊需要进行实验室诊断，可取病死动物肝、脾、淋巴结、体液、分泌物及局部病灶组织等，先做染色镜检，再做细菌分离与鉴定，如有必要，还可做动物试验和 PCR 检测等。

1.涂片镜检

对病料涂片、革兰氏染色、镜检，巴氏杆菌为革兰氏阴性菌；瑞氏、吉姆萨或亚甲蓝染色，可见典型的两极着色球杆菌。用印度墨汁等染料染色，可见清晰的荚膜。

2.细菌分离、鉴定

将病料分别接种营养肉汤、普通琼脂、鲜血琼脂和麦康凯琼脂培养基，在 37 ℃的环境下培养 24 h，观察细菌的生长情况、菌落特征、溶血性等，并染色镜检。挑取可疑菌落进行克隆、纯化培养。用纯化的可疑培养物做生化试验鉴定，多杀性巴氏杆菌在 48 h 内可分解葡萄糖、果糖、单乳糖、蔗糖和甘露糖，产酸不产气。一般不发酵乳糖、鼠李糖、菊糖、水杨苷和肌醇。可产生硫化氢，能形成靛基质。V-P（乙酰甲基甲醇试验）和 MR（甲基红）试验均为阴性；接触酶和氧化酶试验均为阳性。

3.动物试验

致病性试验常用的动物是小鼠和家兔。分离自死亡动物的巴氏杆菌可在 12 h 内致死小鼠。实验动物死亡后立即剖检，取心血和实质脏器分离细菌，并涂片、染色、镜检，见大量两极浓染的细菌即可确诊。

4.PCR 检测

既可从病料中直接检测巴氏杆菌，又可对分离物进行鉴定。

六、防治

（一）预防

1.坚持自繁自养

在引进种猪时，进行相关疾病的检疫和隔离，对检疫阳性猪应及时淘汰，严防从外地购入带菌猪和病猪；在组建新猪场时，禁止从多个不同的猪场同时进猪，同时在生产过程中严格执行防疫制度，防止病源的带入和传播。

2. 隔离饲养

对有典型症状或类似症状，或检测阳性的家畜；没发现任何症状，但与病畜有过明显接触的家畜；应该和假定健康家畜分开单独饲养。

3. 加强饲养管理

新购进的仔猪先进行隔离观察后再合群；对于猪肺疫病猪，早发现早隔离早治疗或紧急屠宰；降低保育猪和育肥猪的饲养密度；早期断奶，减少母体病原传播的机会；加强饲料的营养，可以在怀疑是猪肺疫时，在饲料中添加维生素 A、维生素 D、维生素 E、维生素 K 及 B 族维生素，以维持黏膜上皮组织的结构完整和增强机体抗感染的能力；对于猪舍坚持 1 周消毒 1 次。

4. 药物预防

本病的免疫接种可选用猪肺疫灭活苗、猪丹毒猪肺疫二联灭活苗、猪瘟-猪丹毒-猪肺疫三联灭活苗和猪肺疫弱毒苗，这 4 种苗的免疫期均在 6 个月以上，一般选择在春秋季节各免疫 1 次。

（二）治疗

青霉素、链霉素和四环素等对猪肺疫都有一定疗效。抗生素与磺胺药合用，如四环素＋磺胺二甲嘧啶，泰乐菌素＋磺胺二甲嘧啶则疗效更佳。

（董海龙　吴庆侠）

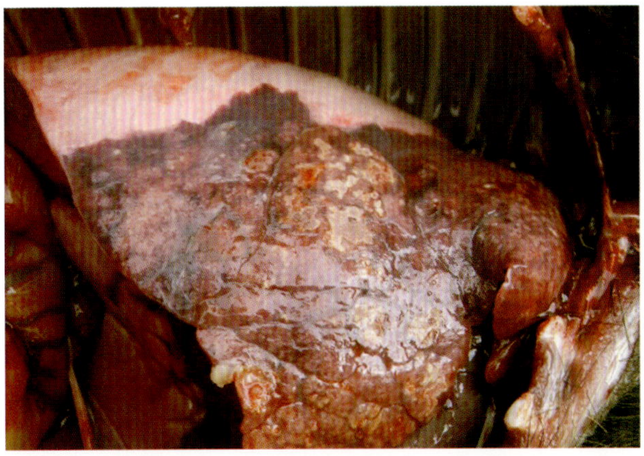

图 3-30　病藏猪剖检，可见肺脏病变多波及一侧或两侧肺叶的大部分，而以尖叶、心叶和膈叶的前下部最常受累，严重时可波及全部肺叶。波及部位出现肝变，淤血，有黄色或灰色坏死灶　（吴庆侠　董海龙　供图）

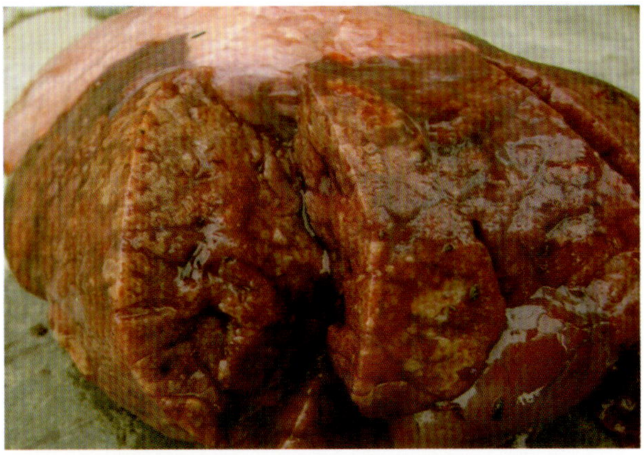

图 3-31　病藏猪剖检，可见肺脏有的病变区呈暗红色，含血量较多，质地相对柔软；有的也呈暗红色，但质地变实，有的呈灰黄色，质地亦较坚实　（吴庆侠　董海龙　供图）

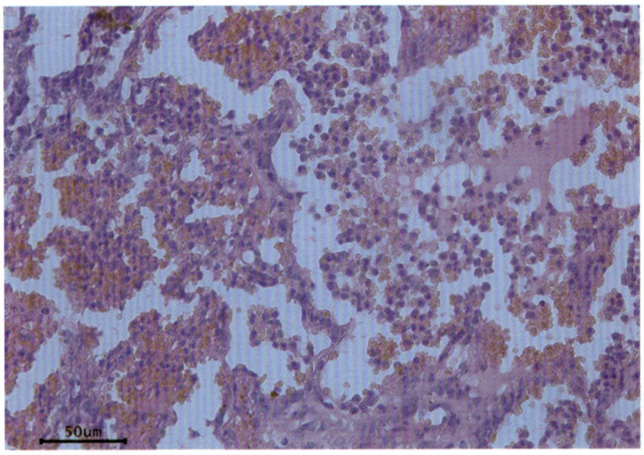

图 3-32　病藏猪肺脏切片，可见病灶内肺小叶间质水肿、增宽，肺泡内有浆液渗出（红染均质）、红细胞渗出、大量白细胞浸润　（吴庆侠　董海龙　供图）

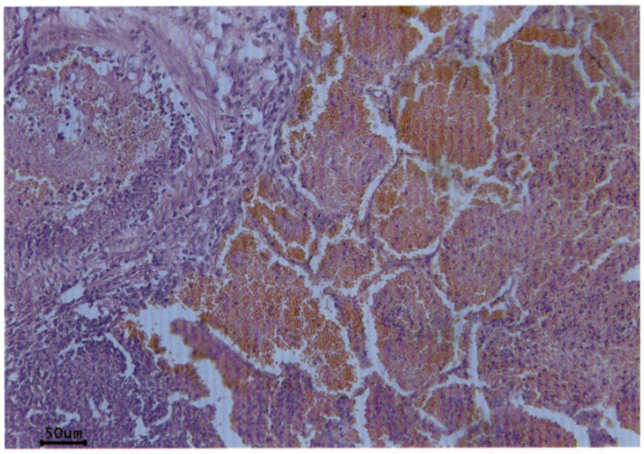

图 3-33　病藏猪肺脏切片，可见病变部间质疏松，有多量浆液渗出和少量中性粒细胞浸润。间质中的淋巴管扩张，有的形成淋巴栓；细支气管内有多量纤维素渗出，中性粒细胞浸润（左侧部分）。右侧部分为红色肝变期变化，出血严重　（吴庆侠　董海龙　供图）

图 3-34　病藏猪剖检可见，全身淋巴结有散在出血点，该图为腹股沟淋巴结　（吴庆侠　董海龙　供图）

第五节　猪丹毒病

猪丹毒病又称“打火印”，是由猪丹毒杆菌引起的一种人畜共患传染病，在 20 世纪 80 年代猪丹毒是肉品卫生检验中常见的猪三大传染病之一，并且检出率最高。该病属于农业部公布的二类动物疫病。在 1882 年巴斯德和杜伊埃首次分离出猪丹毒杆菌，澳大利亚 1940 年起也发现该病，该病广泛存在于世界各地，在欧洲、亚洲和北美等地区对养猪业带来巨大损失。在我国江西、浙江、湖南、四川、云南、广州、福建、吉林、安徽、黑龙江等地近年来均有猪丹毒散发的报道。本病无明显的季节性，各种年龄段的猪均易感，主要发生在母猪和 3～6 月龄的架子猪。

一、病原

本病的病原是猪丹毒杆菌（即红斑丹毒丝菌），它是一种革兰氏阳性很细长的小杆菌，长 0.5～2.0 μm，宽 0.2～0.4 μm。本菌不运动，不产生芽孢，无荚膜（可作为区别李氏杆菌的形态特征）。革兰氏染色阳性。本菌为微需氧菌，普通培养基上就可生长，在血琼脂或血清琼脂上生长更佳，明胶穿刺培养，3～4 d 后呈试管刷样生长，明胶不液化。目前认为本菌有 25 个血清型（即 1a、1b、2a～2b、3-22 及 N 型），我国主要流行为 1a 型和 2 型。本菌对盐腌、烟熏、干燥、腐败和日光等自然因素的抵抗力较强，并耐酸，猪胃内的酸度不能杀死它，因此可经胃而进入肠道。对热的抵抗力较弱，一般 70 ℃ 经 5～15 min 可完全杀死，对大部分消毒药敏感，如 2%福尔马林、1%漂白粉、1%氢氧化钠或 5%碳酸中很快死亡。

二、流行病学

本病猪最易感，特别是 3～6 月龄架子猪最易感，马、牛、羊、犬、禽等次之，人也可感染，为类丹毒。病猪和健康带菌猪是主要的传染源，病菌主要存在于扁桃体、胆囊、心、肾、脾和肝，心、肾含量最高。病原经粪便、尿液、唾液、眼及鼻分泌物等排出体外，污染饲料、饮水、土壤、用具和场舍。本病主要传染途径是消化道，猪食用污染的饲料和饮水，病菌通过消化道黏膜进入体内。本病也可以通过损伤皮肤及蚊、蝇、虱、蜱等吸血昆虫传播，因此吸血昆虫对本病的传播起到重要作用。本病原广泛分布于自然界，常呈爆发性流行，一年四季均可发生，在夏季高温季节多发，常在闷热暴雨之后，发病更多。偶有部分地域冬、春季也可爆发。

三、临床特征

潜伏期一般是 3～5 d。临床上分为 3 种类型。

1. 急性型（又称败血型）

病猪不愿走动，虚弱地躺卧，不食，有时有呕吐。体温上升高达 42 ℃以上，稽留不退。眼结膜充血，眼睛清亮。粪便干硬呈栗状，附有黏液。严重的呼吸加快，黏膜发绀。发病 1～2 d 后常见皮肤有红色疹块，大小形状不一，压之褪色。一般病程经过很短，可以突然死亡。也有些病猪于 3～4 d 后体温下降，死亡。急性不死的转入亚急性和慢性。

2. 亚急性型（疹块型）

发病初期食欲失常，精神不振，体温一般上升到 41 ℃。以后在背、胸、腹、颈、耳、四肢等处出现方形、菱形等大小不同的红色疹块（图 3-35），手摸有热感，以白毛猪最多见。疹块可突起于皮肤，表面出现小水疱，后来疱液干燥而结成大小不等的痂皮。待疹块发出后，体温随之下降，病势也减轻，病猪经数天或十余天都能自行恢复健康。

3. 慢性型

慢性型由急性不死或亚急性型转变而来。四肢关节发炎肿胀，食欲常转好，但生长缓慢，体质虚弱、消瘦。发生心内膜炎，呼吸急促甚至出现咳嗽和呼吸困难。经一到数周后食欲渐减少，皮毛粗乱，部分或大部分皮肤坏死，久而变成厚的痂皮经久不能脱落。病期可拖延至数星期，最后常因过度衰弱或后躯麻痹而死。

四、病理变化

1. 急性型

急性型以败血和体表出现大量红斑为主要特征。解剖可见，胃底部黏膜有点状和弥漫性出血。十二指肠和回肠有轻重不等的充血及出血（图 3-36）。全身淋巴结充血、肿胀，切面多汁。脾肿大，边缘钝圆，呈红棕或暗红色（图 3-37）。肝充血（图 3-38）。肾混浊肿胀，呈暗红色水肿，有“大红肾”之称（图 3-39）。肺充血或水肿（图 3-40）。心脏内外膜均有小点出血。

2. 亚急性型

亚急性型主要病变为皮肤有坏死性疹块，这些疹块通常在耳、颈、腹、背、大腿等处皮肤上表现为坚硬而浅平的肿块。疹块部皮下组织充血，也有侵害关节而使关节发炎肿胀，内脏及肌肉等无显著病变。

3. 慢性型

心脏二尖瓣处有溃疡性心内膜炎，形成疣状团块，状如菜花，此病变亦能发生在三尖瓣处。在髋关节、飞节、腕关节以及跗关节等部位，常见慢性关节炎，关节囊肿大，有浆液性纤维性渗出物。

五、诊断

1. 临床诊断

本病初步诊断可以根据流行病学、症状、病理变化来进行。进一步确诊需要进行细菌学检查以及血清学诊断。

细菌学检查可用于病猪生前或死后。采样部位为病猪的耳静脉采血或切开疹块挤出血液和渗出液，作涂片。若是病死猪可从心脏、脾脏、肝脏、肾脏甚至淋巴结中采血涂片。使用吉姆萨氏、瑞氏或革兰氏染色后镜检，可发现纤细的小杆菌，不分支，平直或稍弯，尤其是在白细胞内簇集成丛状，可做初步诊断。若是镜检找不到细菌，需要做细菌培养，将病料接种到血琼脂培养基或明胶内穿刺，培养 1～2 d 后观察，一般为针尖大的菌落，表面光滑，边缘整齐，有蓝绿色荧光。

血清学诊断主要采用血清培养凝集试验，同时可用于血清抗体测定及免疫集中效果评价，采用荧光抗体试验，直接对病料中本病进行快速诊断。若呈阳性，则表明有本病存在。同时，琼脂扩散试验可用于血清抗体定性和菌株血清型的鉴定。

2. 分子生物学方法

猪丹毒杆菌作为一种革兰氏阳性细菌，可利用 PCR 进行诊断，试验中常进行猪丹毒杆菌 *SpaA* 基因检测。

目前也有通用型猪丹毒 *SeMr* 基因检测试剂盒，使用分光光度计或酶标仪进行检测。

六、防治

（一）防疫

预防本病以该改善饲养管理为主，在猪丹毒常发地区，建议每年使用 20% 石灰乳涂刷圈舍 2～3 次，可大大降低猪丹毒发病率。

猪丹毒疫苗有 2 种，分别为猪丹毒疫苗（猪丹毒氢氧化铝甲醛苗、猪丹毒与猪瘟、猪肺疫三联苗）和猪丹毒弱毒活疫苗（GC_{42} 和 G_4T10）。

（二）治疗

由于本病的病原为革兰氏阳性菌，首选药物青霉素。

具体使用方法：青霉素钠每千克体重 5 万单位，硫酸链霉素每千克体重 1 万单位，地塞米松磷酸钠每千克体重 0.01 mg（病情不重者，勿用，每日总量不超过 15 mg）兽用复方氨基比林注射液，每千克体重 0.15 mL（体温低于 40 ℃者，不必使用）以上药物混合后一次性肌注，每日两次，严重者每日 3 次或进行静脉滴注。

猪丹毒最快治疗方法：疫情暴发，最快的治疗措施是选对药，正确治疗，快速控制病情。另外，在治疗的同时，注意对全群进行投药预防，可以在饲料中添加电解多维。

（董海龙　吴庆侠）

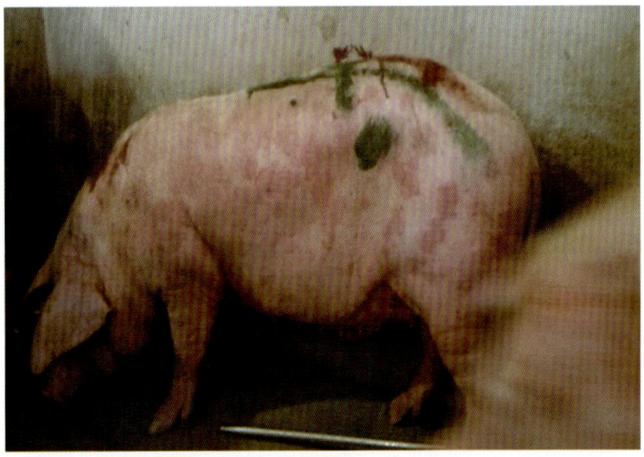

图 3-35　病猪可见胸、背、颈、腹侧、四肢均出现界限明显呈方形、菱形或不规则形红色疹块　（王阳　供图）

图 3-36　病猪剖检可见肠道充血及出血　（王阳　供图）

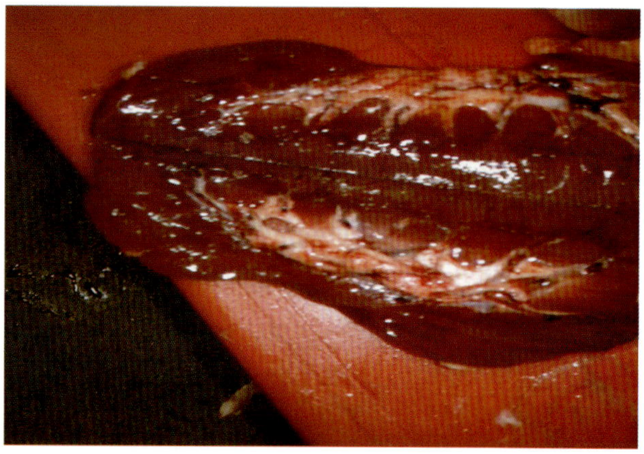

图 3-39　病猪剖检可见“大红肾”，横切面，充血，质脆易碎　（王阳　供图）

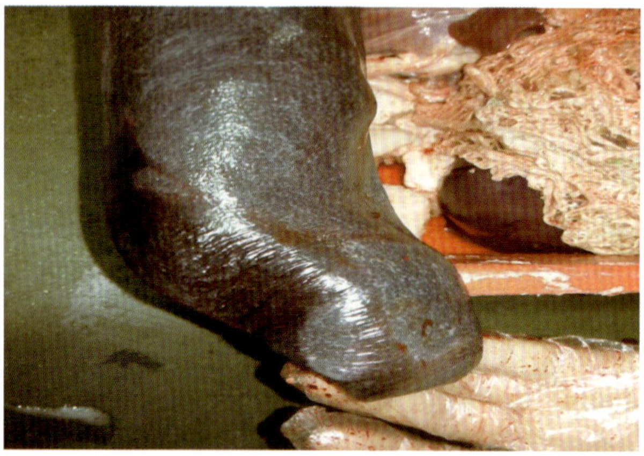

图 3-37　病猪剖检可见脾脏呈暗红色，质地松软，显著充血肿大，边缘钝圆　（王阳　供图）

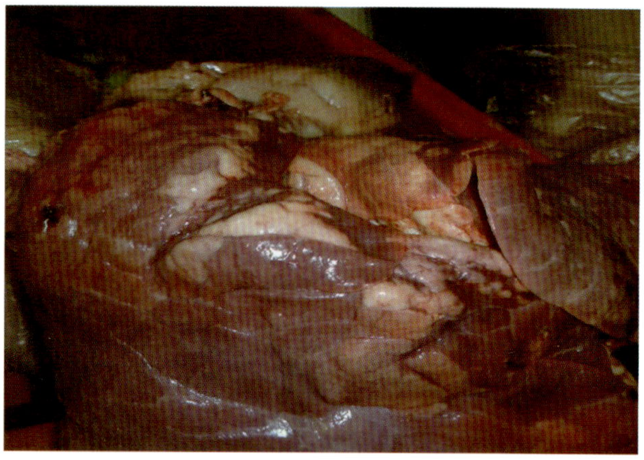

图 3-40　病猪剖检可见肺脏淤血水肿，体积增大，色泽加深，被膜紧张，小叶间间隔增宽　（王阳　供图）

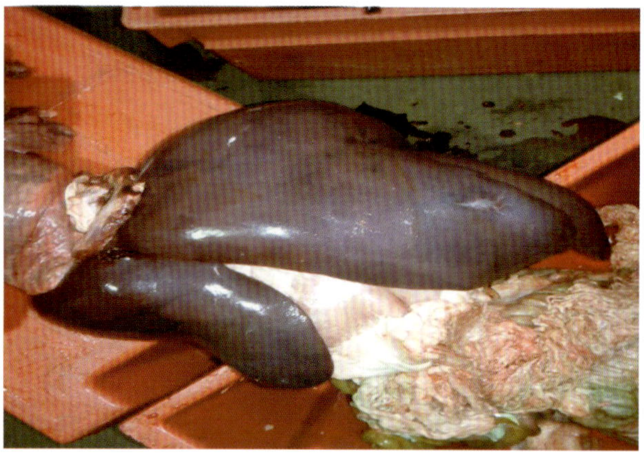

图 3-38　病猪剖检可见肝脏显著淤血，体积增大，被膜紧张，边缘变钝，色泽不均一，有的地方呈红棕色，有的地方呈鲜红色　（王阳　供图）

第六节　猪支原体肺炎（气喘病）

猪支原体肺炎（mycoplasmal pneumonia of swine，MPS）又称猪地方流行性肺炎（swine enzootic pneumonia），俗称猪气喘病，是由猪肺炎支原体引起猪的一种慢性呼吸道传染病。

一、病原

病原体为猪肺炎支原体（*Mycoplasma hyopneumoniae* 或 *M. suipneumoniae*），属支原体科（Mycoplasmataceae）支原体属（*Mycoplasma*）成员，又称猪肺炎霉形体。

1. 形态及菌落特征

猪肺炎支原体因无细胞壁，故呈多形态，一般有环状、球状、点状、杆状和两极状。本菌不易着色，可用吉姆萨或瑞特氏染色。革兰氏染色为阴性,且着色不佳;而吉姆萨或瑞特氏染色良好。在固体培养基上生长较慢,接种后经 7～10 d 长成肉眼可见针尖和露珠状菌落。低倍显微镜下菌落呈煎荷包蛋状。

2.培养特性

本菌能在无细胞的人工培养基上生长,但猪肺炎支原体生长需求极为苛刻,分离相当困难,其在基本肉汤培养物中生长缓慢,经 3～30 d,培养物才产生轻微的混浊,并产酸使颜色发生变化。支原体的一个与潜在的致病性和控制有关的很重要的特征是:其具有明显改变表面抗原的倾向,Artiushin 和 Minion(1996)提供了一些猪肺炎支原体分离物中存在异源性抗原的证据。

3.抵抗能力

猪肺炎支原体对自然环境抵抗力不强,圈舍、用具上的支原体,一般在 2～3 d 失活,病料悬液中支原体在 15～20 ℃的环境下放置 36 h,即丧失致病力。猪肺炎支原体对青霉素、链霉素、红霉素和磺胺类药物不敏感,但对壮观霉素、土霉素和卡那霉素敏感。常用的化学消毒剂均能达到消毒目的。

二、流行病学

1.易感动物

自然病例仅见于猪,即猪是本病的自然宿主,各种年龄、性别和品种的猪均能感染。较引入品种,我国地方猪种明显对本病易感。乳猪和断乳仔猪易感性高,发病率和病死率较高,其次是怀孕后期和哺乳期的母猪。肥育猪发病较少,病情也轻。母猪和成年猪多呈慢性和隐性经过。最早可能发生于 2～3 周龄(地方品种有 9 日龄的)的仔猪,但一般传播缓慢,在 6～10 周龄感染较普遍,许多猪直到 3～6 月龄时才出现明显症状,患病后症状明显,死亡率高。

2.传染源

病猪和带菌猪是本病的主要传染源,特别是隐性带菌病猪是最大的祸根。引种不慎将隐性病猪引入后,常造成本病的流行。当易感猪与带菌猪接触后,长的发病的潜伏期为 10 d 或更长时间,并且所有自然发生的病例均为混合感染,包括支原体、细菌、病毒及寄生虫等。

3.传播途径

病猪与健康猪直接接触,即病原体是经气雾或与病猪的呼吸道分泌物直接接触传播的,通过病猪咳嗽、气喘和喷嚏将含病原体的分泌物喷射出来,形成飞沫,经呼吸道而感染。病猪与健康猪同圈,同运动场或同地放牧直接接触时,经呼吸道感染发病。很多地区和猪场由于从外地引进猪只时,未经严格检疫购入带菌猪,引起本病的暴发。哺乳仔猪从患病的母猪受到感染,其严重程度常因管理水平、季节、通风条件、猪的密度以及其他环境因素改变而有很大差异。有的猪场连续不断发病是由于病猪在临床症状消失后,在相当长时间内不断排菌感染健康猪。本病一旦传入,如不采取严密措施,很难彻底扑灭。

4.流行特点

本病一年四季均可发生,但在气候多变、阴湿、寒冷、多雨、潮湿或气候骤变时较为多见,症状明显。以慢性经过为主,新发病的疫区常呈急性暴发,老疫区呈隐性经过。饲养管理和卫生条件是影响本病发病率和死亡率的重要因素,尤以饲料的质量,猪舍潮湿和拥挤、通风不良等影响较大。如继发其他病常引起临床症状加剧和死亡率升高,最常见的继发性病原体有多杀性巴氏杆菌、肺炎球菌等。

三、临床症状

潜伏期一般为 11～16 d,按 X 线检查发现肺炎病灶为标准,最短的潜伏期为 3～5 d,最长可达 1 个月以上。

主要临诊症状为咳嗽和气喘,根据病的经过,大致可分为急性型、慢性型和隐性型 3 个类型。

1.急性型

急性型主要见于新疫区和新感染的猪群,病初精神不振,头下垂,站立一隅或趴伏在地,呼吸次数剧增,每分钟可达 60～120 次。在病程后期,病猪呼吸困难,病猪呈犬坐姿势(图 3-41),张口呼吸或将嘴支于地面而喘息,表情十分痛苦,咳嗽次数少而沉溺,似有分泌物堵塞,难以咳出,严重者张口喘气,发出哮鸣声,似拉风箱,有明显腹式呼吸。咳嗽次数少而低沉,有时也会发生痉挛性阵咳。体温一般正常,如有继发感染则体温可升到 40 ℃以上。呼吸急促,呼吸次数增多。其病程一般为 1～2 周,病死率也较高。

2.慢性型

慢性型多由急性型不死者转化而来,也有部分病猪开始时就取原发性的慢性经过,常见于老疫区的架子猪、育肥猪和后备母猪。

其主要症状:咳嗽,清晨和黄昏气温较低时或赶猪喂食和剧烈运动时，咳嗽最为明显。咳嗽时站立不动，背拱，颈伸直，头下垂，用力咳嗽多次，严重时呈连续的痉挛性咳嗽。常出现不同程度的呼吸困难，呼吸次数增加和腹式呼吸（喘气）。这些症状时而明显，时而缓和，食欲变化不大。

其病势病程：病程较长，可拖延 2～3 个月，甚至半年以上。

病程与预后：视饲养管理和卫生条件的好坏差异很大。如果条件好则病程较短，症状较轻，病死率低；如果条件差则抵抗力弱，出现并发症多，病死率升高。

3. 隐性型

本型可由急性型或慢性型转变而来。有的猪只在较好的饲养管理条件下，感染后不表现症状，但用 X 线检查或剖解时发现肺炎病变，在老疫区的猪只中本型占相当大比例。如加强饲养管理，则肺炎病变可逐步吸收消退而康复。反之饲养管理恶劣，病情恶化而出现急性型或慢性型的症状，甚至引起死亡。

四、病理变化

主要病变只见于肺、肺门淋巴结和纵隔淋巴结。急性死亡见肺有不同程度的水肿和气肿。在心叶、尖叶、中间叶及部分病例的膈叶出现融合性支气管肺炎，以心叶最为显著，尖叶和中间叶次之，然后波及膈叶。病变部的颜色多为淡红色或灰红色，半透明状，病变部分界限明显，像鲜嫩的肌肉样，俗称肉变。随着病程延长或病情加重，病变部分颜色转为浅红色、灰白色或灰红色，半透明状态的程度减轻，俗称胰变或虾肉样变（图 3-42）。肺门和膈淋巴结显著肿大，有时边缘轻度充血。继发感染细菌时，引起肺和胸膜的纤维素性、化脓性和坏死性病变，还可见其他脏器的病变。早期病变发生在心叶，如粟粒大至绿豆大，逐渐扩展而融合成多叶病变，发展为融合性支气管肺炎。

在组织学变化上，早期以间质性肺炎为主，以后则演变为支气管性肺炎，支气管和细支气管上皮细胞纤毛数量减少，小支气管周围的肺泡扩大，泡腔充满大量炎性渗出物，肺泡间组织有淋巴样细胞增生。急性病例中，扩张的泡腔内充满浆液性渗出物，混有单核细胞、中性粒细胞、少量淋巴细胞和脱落的肺泡上皮细胞。慢性病例，其肺泡腔内的炎性渗出物中的液体成分减少，主要是淋巴细胞浸润。

五、诊断

1. 流行病学诊断

根据流行病学、临床症状和病变的特征可做出诊断，本病仅发生于猪，以怀孕母猪和哺乳猪症状最为严重，病死率较高，在老疫区多为慢性和隐性经过。症状以咳嗽、气喘为特征，体温和食欲变化不大。特征性病变是肺的心叶、尖叶、中间叶及隔前下缘有实变区，肺门淋巴结肿大。诊断本病时应以一个猪场整个猪群为单位，当猪群中发现一头病猪，就可以认为是病猪群。在流行特点上，冬、春季多发；土种猪、新疫区易暴发，症状严重；老疫区多为慢性或隐性经过，常呈地方性流行。在临床上主要表现为慢性干咳，生长发育迟缓，病程长，死亡率低，发生及扩散慢，反复发作，体温变化不大。

2. X 线检查

X 线检查对本病的诊断有重要价值，对隐性或可疑患猪通过 X 线透视阳性可做出诊断。在 X 线检查时，猪只以直立背胸位为主，侧位或斜位为辅。病猪在肺野的内侧区以及心隔角区呈现不规则的云絮状渗出性阴影。

3. 血清学诊断

20 世纪 80 年代后期，血清学诊断的相关研究得到了一定发展，如微量补体结合试验、免疫荧光、微量间接血凝试验、微粒凝集试验、ELISA 等，近年还开展了核酸探针、PCR 技术的研究，这些诊断方法有助于本病的快速诊断。

4. 鉴别诊断

（1）猪肺疫　为散发性或地方流行性，临床症状表现体温升高，食欲废绝。主要病变为败血症变化或纤维素性肺炎，取病猪和病死猪心血或肝抹片，经染色镜检可见两极浓染的多杀性巴氏杆菌。

（2）猪肺丝虫病　能引起猪咳嗽，主要病变是支气管炎，炎症多位于隔叶后端，切开病变部可发现肺丝虫，粪便检查可见到肺线虫幼虫。

六、防治

1. 定期预防接种

接种疫苗是预防该病的重要措施，采用猪支原体灭活疫苗和猪肺炎支原体兔化弱毒苗进行免疫接种。两周龄以后的哺乳仔猪首免 1 次。种猪每年春、秋各注射疫苗 1 次，到确定留种用时再进行第 2

次免疫，育肥猪不做 2 免。

2. 综合防治措施

坚持自繁自养的原则，防止购入隐性感染猪。从分娩、保育、到生长育成均严格采用“全进全出”的饲养方式。培育和建立无特定病原(SPF)猪群，以新培育的健康母猪取代原来的母猪(但由于猪肺炎支原体可以通过气溶胶传播，很难彼此隔离阻断，而且花费很大，可操作性不强)。

(吴庆侠　孔庆辉)

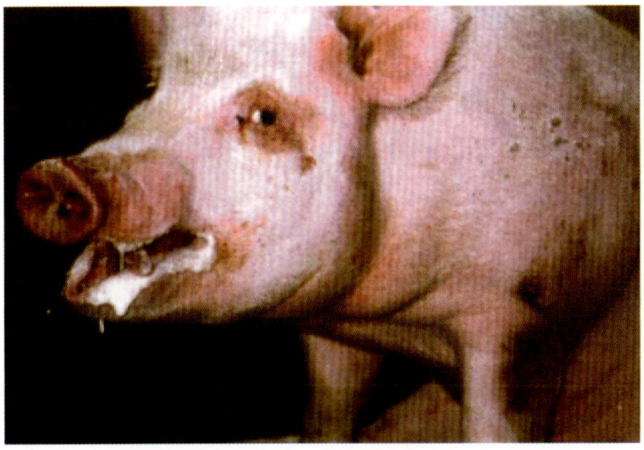

图 3-41　病猪可见口鼻流沫、呼吸困难，呈犬坐姿势

(张红见　供图)

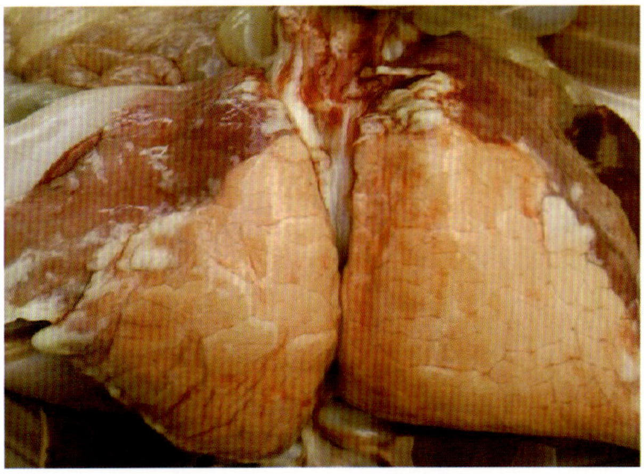

图 3-42　病猪剖检可见肺叶大面积胰腺样变 (杨飞　供图)

第七节　猪圆环病毒病

猪圆环病毒病(porcine circovirus disease)又称猪圆环病毒相关病(rorcine circovirus2 ssociated disease, PCVAD)，是由猪圆环病毒 2 型引起猪的多种疾病的总称，包括断乳仔猪多系统衰竭综合征(postweaning multisystemic wasting syndrome, PMWS)、猪皮炎肾病综合征(porcine dermatitis and nephropathy syndrome, PDNS)、猪呼吸道病、肠炎、母猪繁殖障碍和仔猪先天震颤等，其中 PMWS 最为常见，以消瘦、贫血、黄疸、生长发育不良、腹泻、呼吸困难、全身淋巴结水肿和肾脏坏死等为特征。本病可导致猪群产生严重的免疫抑制，从而容易继发或并发其他传染病。

PMWS 病例于 1991 年在加拿大首先发现，1997 年暴发流行，随后很多欧洲和美洲国家相继报道，并被认定与猪圆环病毒 2 型有关，现已遍及世界各养猪国家和地区，造成严重经济损失。我国于 2001 年首次报道，目前几乎存在于所有猪群，严重影响猪只生产水平，给我国养猪业造成了巨大经济损失。

一、病原

猪圆环病毒(*Porcine circovirus*, PCV)属于圆环病毒科(*Circoviridae*)的圆环病毒属(*Circovirus*)，呈二十面体对称，无囊膜。病毒粒子直径为 17 nm，在氯化铯中的浮密度为 1.37 g/mL，是迄今发现的一种最小的动物病毒，不凝集牛、羊、猪、鸡等多种动物和人的红细胞。病毒基因组为单股负链环状 DNA，全长约 1.7 kb，有 2 个大的开放阅读框(open reading frame, ORF)，其中 ORF1 编码病毒复制蛋白(Rep)，ORF2 编码核衣壳蛋白(Cap)。Cap 蛋白抗原性较强，可以诱导猪体产生免疫保护作用。

本病毒有 2 个血清型，即 PCV1 和 PCV2。PCV1 无致病性，广泛存在于猪体内及猪源传代细胞系中，PCV2 具有致病性，是本病的必须病原。PCV2 有多个基因亚型，包括 *PCV2a*、*PCV2b* 和 *PCV2c* 等，但其抗原性没有明显差异，*PCV2b* 毒力较强。

本病毒能在 PK-15 细胞上生长，并形成胞质内包涵体，但不致细胞病变。本病毒不能在原代胎猪肾细胞、恒河猴肾细胞和 BHK- 21 细胞上生长。PK-15 细胞培养物中加入 300 mmol/L *D*-氨基葡萄糖，促进 PCV2 的复制。PCV2 主要侵害机体的免疫系统，单核细胞和巨噬细胞是 PCV2 的靶细胞，可以造成机体的免疫抑制。

本病毒对外界环境抵抗力极强，耐酸，在 pH 3 的环境下仍可存活，在 70 ℃环境中仍可稳定存活 15 min。一般消毒剂很难将其杀灭，氯苯双胍己烷、福尔马林、碘酒和酒精室温下作用 10 min，可部分杀灭病毒。

二、流行病学

家猪和野猪是自然宿主。猪对 PCV2 具有较强的易感性，各种年龄均可感染，但仔猪感染后发病严重，呈现多种临床表现，包括断乳仔猪多系统衰竭综合征（PM-WS）和猪皮炎和肾病综合征（PDNS）等。感染猪可以通过鼻液和粪便排毒，经口腔、呼吸道途径传播。妊娠母猪感染 PCV2 后，也可经胎盘垂直传播感染仔猪，引起繁殖障碍。

PCV2 是致病的必要条件，但不是充分条件，必须在其他因素参与下才能导致明显临床病症，这些因素包括：猪舍温度不适、通风不良，不同日龄猪混群饲养，猪体免疫接种应激，其他重要病原体的混合感染，如猪流感病毒（SIV）、猪繁殖与呼吸综合征病毒（PRRSV）、猪细小病毒（PPV）、脑心肌炎病毒、链球菌、猪肺炎支原体和肺孢子虫等。

本病的发病率和病死率变化很大，依猪群健康状况、饲养管理水平、环境条件及病毒类型等而定，病死率一般在 10%～20%。本病无明显的季节性。

三、临床症状及病理变化

猪圆环病毒感染后潜伏期均较长，常在胚胎期或出生后早期感染，多在断乳以后才陆续出现临床症状。本病临床上常见病症类型如下。

1. 断乳仔猪多系统衰竭综合征

仔猪感染后发病严重，胚胎期或生后早期感染的猪，往往在断乳后才可以发病，一般集中在 5～18 周龄，尤其在 6～12 周龄最多见。其临床症状表现为淋巴系统疾病、渐进性消瘦、皮肤苍白、淋巴结肿大、呼吸道症状、腹泻及黄疸，造成患猪免疫机能下降、生产性能降低。发病率和病死率取决于猪场和猪舍条件，一般分别在 4%～30%，但常常由于并发或继发细菌或病毒感染而使病死率大大增加。

病死猪病理变化明显，淋巴结和肾脏有特征性病变。全身淋巴结，尤其是腹股沟、纵隔、肺门和肠系膜以及颌下淋巴结显著肿大（图 3-43）。肾脏肿胀、灰白色，皮质与髓质交界处出血（图 3-44）。常见胸腔积液，肺脏水肿，间质增宽，质度坚硬或似橡皮，其上散在有大小不等的褐色实变区。脾脏、肝脏轻度肿胀。有些病死猪的肠道，尤其是回肠和结肠段肠壁变薄，肠管内液体时充盈。继发细菌感染的病例可出现相应的病理变化，如继发副猪嗜血杆菌感染，可见胸膜炎、心包炎、腹膜炎和关节炎。

组织病理学变化广泛分布于全身各组织器官，主要表现在淋巴结、扁桃体、集合淋巴小结、胸腺和脾脏等淋巴组织器官。其显著特征是：淋巴细胞缺失，单核巨噬细胞浸润，出现合胞体性多核巨细胞和细胞质内包涵体，淋巴结的皮质和深皮质区显著扩大。淋巴滤泡中心部有蜂窝状坏死和炎性肉芽肿；包涵体主要分布在组织细胞、巨噬细胞及多形核巨细胞中，直径为 2～2.5 μm，圆形，界限明显，均质的嗜碱性或两性染色。其他组织病变有：肺脏有明显多灶性闭塞性支气管肺炎。肝脏最常见到门静脉周围淋巴细胞浸润，有窦状隙内单核炎性细胞聚集和单细胞坏死为特征的肝炎。慢性死亡病例肝细胞坏死、消失及单核细胞弥漫性浸润。肾脏有轻度乃至严重的多灶性间质性肾炎，少数病例有肾盂肾炎、急性渗出性肾小球肾炎。心脏有多种炎性细胞浸润为特征的多灶性心肌炎。

2. 猪皮炎和肾病综合征

猪皮炎和肾病综合征通常发生在 8～18 周龄猪，发病率为 0.15%～2%，有时达 7%。最常见的临床症状为皮肤发生圆形或不规则的隆起，呈红色或紫色，中央形成黑色病灶，在会阴部和四肢最明显。这些斑块有时会相互融合，在极少情况下皮肤病变会消失。病猪表现皮下水肿，食欲丧失，有时体温上升。通常在 3 d 内死亡，有时可以维持 2～3 周。病理变化为出血性坏死性皮炎，动脉炎、渗出性肾小球性肾炎和间质性肾炎，胸腔积液和心包积液。

3. 猪呼吸道病综合征

猪呼吸道病综合征主要危害 6～14 周龄育成猪和 16～22 周龄育肥猪，主要表现为生长缓慢、厌食、精神沉郁、发热、咳嗽和呼吸困难。6～14 周龄猪发病率可达 2%～30%，病死率为 4%～10%。肉眼可见病变为弥漫性间质性肺炎（图 3-45）。常由病毒和细菌的混合感染引起，如 PCV2、PRRSV、SIV、肺炎衣原体、胸膜肺炎放线杆菌和多杀性巴氏杆菌。

4. PCV2 相关性繁殖障碍

PCV2 感染可以造成繁殖障碍，导致母猪返情率增加、产木乃伊胎、流产以及死产和产弱仔等。流产胎儿没有特征性的组织病变，在研究中发现，后期流产的胎儿和死产小猪肺脏出现了微观的病变，出现的病灶多为轻度到中度病变。肺炎以肺泡中出现单核细胞浸润为特征。大面积心肌变性坏死，伴有水肿和轻度的纤维化，还有中度的淋巴细胞和巨噬细胞浸润。

5. PCV2 相关性肉芽肿性肠炎

主要发生于 40～70 日龄的猪，发病率为 10%～20%，病死率为 50%～60%。其主要表现为腹泻，开始排黄色粪便，后来为黑色，生长迟缓。所有病例抗生素治疗都无效。组织学病变为大肠和小肠的淋巴集结中出现肉芽肿性炎症和淋巴细胞缺失，肉芽肿性炎症的特点是上皮细胞和多核巨细胞浸润，并在组织细胞和多核巨细胞的细胞质中出现大的、嗜酸性或嗜碱性的梭状包涵体。

6. PCV2 相关性先天性震颤

PCV2 可能与先天性震颤有关。患有先天性震颤的猪脑和脊髓的神经发生脱髓鞘，以不同程度的震颤为特征，严重程度随时间下降，通常到 4 周龄自愈。感染猪的病死率可高达 50%，不能哺乳。

四、诊断

本病的诊断必须依靠临床症状、病理变化和病毒检测 3 个方面。实验室确诊方法如下。

1. 样品采集

根据临床症状和病理变化，采集病猪相应内脏组织，包括淋巴结、肺脏、脾脏、肠道组织等，用于检测 PCV2 抗原或核酸。发病猪的血清也存在病毒。实验室检测病原结果有时不一致，可能与检测方法和采集的病料组织有关。

2. 病毒检测

病毒检测主要方法有病毒分离鉴定、电镜检查、原位杂交、免疫组化技术和 PCR 等。其中，免疫组化技术和荧光抗体技术检测肺或淋巴结组织中 PCV2 抗原，敏感性高，特异性强，结果可靠。PCR 比较快速、简便、特异，但操作时必须注意避免实验室污染，以免出现假阳性。国外有时采用核酸探针检测 PCV2。

3. 抗体检测

抗体检测主要有间接荧光抗体技术和 ELISA 等。ELISA 灵敏、快速，适合用于大规模病毒抗体检测，包括竞争 ELISA、间接 ELISA、阻断 ELISA 和抗原捕获 ELISA 等。临床上，应注意与猪瘟、猪繁殖与呼吸综合征、猪丹毒、猪渗出性皮炎等鉴别诊断，并应考虑到与 PMWS 混合感染的其他疾病。

五、防控

本病的预防和控制主要依靠免疫接种和综合性措施。综合性措施主要有以下几点。第一，改进、完善猪场传统的饲养管理方式，尽可能采用分段同步生产、两点式或三点式饲养方式，同时确保饲料具有良好的品质。第二，有效的环境卫生和消毒措施。第三，控制其他病原体共同感染或继发感染，如猪繁殖与呼吸综合征病毒、细小病毒、副猪嗜血杆菌、猪链球菌和支原体等，一方面安排合理免疫程序，另一方面，饲料中定期添加预防保健类药物，如支原净、金霉素、阿莫西林等，有助于控制细菌混合感染或继发感染。第四，发病猪及时隔离饲养或淘汰，降低病死率。

疫苗接种是本病预防控制的关键措施之一。我国批准使用的疫苗主要有 PCV2 灭活疫苗（SH、LG、DBN/98、WH 和 ZJ/2 株）和 PCV2 Cap 蛋白重组杆状病毒灭活疫苗。妊娠母猪产前 1 个月免疫 2 次，2～3 周龄仔猪免疫 1～2 次，每次间隔 3 周，可以有效降低发病率和死淘率，提高肉猪生产水平。

（杨飞　董海龙）

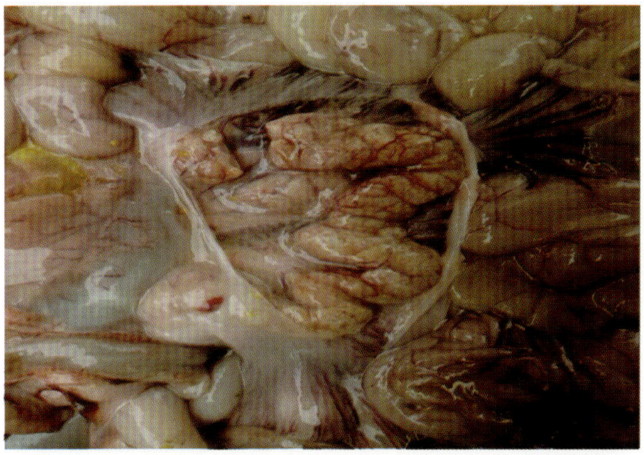

图 3-43　病猪剖检可见肠系膜淋巴结明显肿胀，肠黏膜充血

（杨飞　供图）

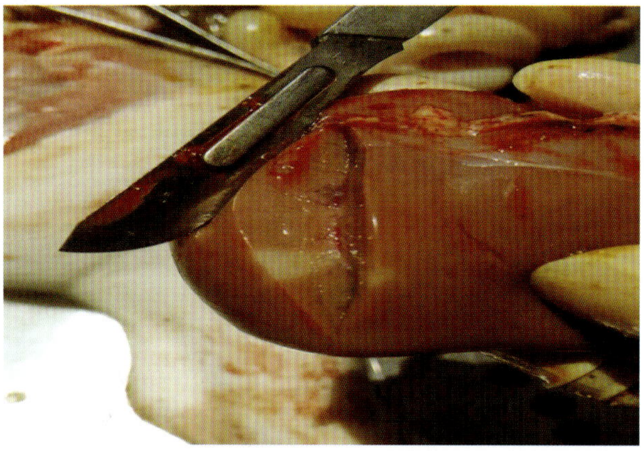

图 3-44　病猪剖检可见肾脏肿胀、呈灰白色，俗称“白斑肾”
（杨飞　供图）

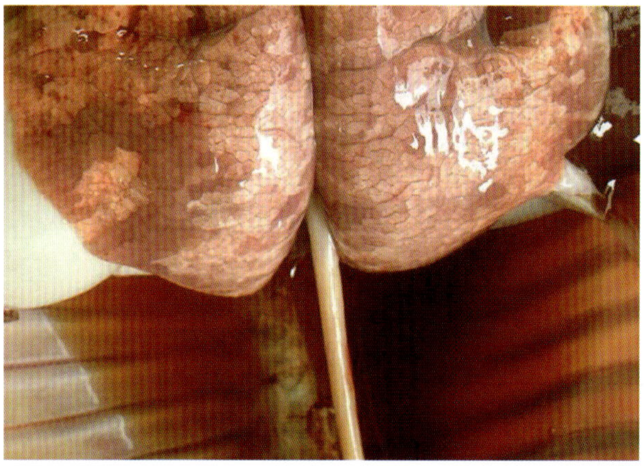

图 3-45　病猪剖检可见胸腔大量浆液渗出、积液，肺脏水肿，间质增宽（弥漫性间质性肺炎），质度坚硬　（杨飞　供图）

第八节　猪繁殖与呼吸综合征

猪繁殖与呼吸综合征（porcine reproductive and respiratory syndrome，PRRS）是由病毒引起的猪的一种繁殖障碍和呼吸系统的传染病，其特征为母猪厌食、发热，妊娠后期流产，产死胎或木乃伊胎。仔猪发生呼吸系统疾病和大量死亡。高致病性毒株可以引起成年猪发热、皮肤发红、呼吸困难和急性死亡。由于部分病猪耳部发紫，故又称蓝耳病。

本病最早于 1987 年在美国中西部发现，随后在加拿大、德国、法国、荷兰、英国、西班牙、比利时、澳大利亚、日本、菲律宾等国家相继发生，1991 年荷兰和美国相继分离获得病毒。此后，世界各地相继暴发和流行，并造成严重经济损失，成为影响世界养猪业发展的最严重疫病之一。我国台湾地区 1991 年出现此病，我国大陆于 1996 年首次暴发并逐渐流行；2001—2002 年第二次暴发流行，并存在严重混合感染；2006 年病毒出现明显变异，引起成年猪发热、呼吸困难和大量急性死亡，即所谓的“高致病性猪蓝耳病”。目前，本病几乎存在于所有猪群，有最急性型、急性型和亚急性型等多种临床表现类型，是影响我国养猪业发展的最严重疫病之一。

一、病原

猪繁殖与呼吸综合征病毒（porcine reproductive and respiratory syndromeures，PRRSV）归属为动脉炎病毒科（*Arteriviridae*）、动脉炎病毒属（*Arterivirus*）。本病毒有囊膜，病毒粒子呈卵圆形，直径 50～65 nm 核衣壳直径 30～35 nm，呈二十面体对称，对乙醚和氯仿敏感。基因组为单股正链 RNA，全长 15.1 kb，编码 7 个阅读框（ORF），其中 ORF1 编码 14 个非结构蛋白，包括 NSP1～12，NSP1 又分为 NSP1α 和 NSP1β，NSP7 分为 NSP7α 和 NSP7β。ORF2～7 分别编码糖基化蛋白 GP2～5、基质蛋白 M 和核衣壳蛋白 N 等 6 个结构蛋白，其中 GP5 和 GP3 蛋白具有中和抗原表位。M 蛋白和 M-GP5 蛋白二聚体有助于病毒吸附于猪肺泡巨噬细胞（PAM）的 CD163 肝素样受体上，促进病毒感染。N 蛋白含量最高，病毒感染猪体诱导产生抗 N 蛋白抗体最快，但没有中和作用。由于 N 蛋白表达水平较高、抗原性较好，因此可以作为诊断分析的理想靶标。

PRRSV 分为欧洲型和美洲型两个血清型，前者又称为血清 1 型，后者称为血清 2 型。欧洲型代表毒株为 Lelystad 病毒（LV），美洲型代表毒株为 VR2332。随着该病流行，欧洲、美洲和亚洲多个国家均出现两种血清型病毒，而且同一血清型病毒又出现了多个基因亚型不同血清型、不同亚型流行毒株存在毒力和抗原性的差异。2000 年美国出现的“非典型”或“急性”PRRSV，代表毒株为 MN184；2006 年我国出现的高致病性 PRRSV，代表株为 JX-A1，其毒力均有明显增强，而且抗原性发生变异。相对 VR2332 毒株，JX-A1 的 *NSP2* 基因序列含有 30 个氨基酸的不连续缺失。PRRSV 的其他抗原性变异监测主要依靠 GP5 蛋白基因序列测定和分析。

PRRSV 对 PAM 细胞亲嗜性最高，体外培养时，可以采用 CL-2621、Marc-145 和 PAM 细胞系，但是不同流行毒株对细胞的嗜性存在差异，欧洲型毒株一般仅能适应于 PAM 细胞，并致细胞病变，只有细胞适应的分离毒株才能适应 Marc-145 细胞。美洲型毒株则可以适应 PAM、CL-2621、Marc-145 和 MA-104 等多种细胞系，并致 CPE。猪体感染本病毒后 7～9 d，肺脏中的病毒含量最高，而且出现病毒血症。血清中病毒及其抗体可以同时存在。病猪扁桃体和淋巴结中病毒存在时间较长。

PRRSV 在 −70 ℃ 可保存 18 个月，4 ℃保存 1 个月，在 37 ℃的环境下经 48 min、在 56 ℃的环境下经 45 min 完全失去感染力。PRRSV 对酸碱度依性强为 pH 6.5～7.5 相对稳定，当 pH 高于 7 或低于 5 时，感染力很快消失。在室温条件下用 0.03% 氯仿经 10 min、0.007 5%碘经 1 min、0.006 3%季铵化合物经 1 min，即可杀灭病毒。

二、流行病学

各种年龄和品种的猪均易感，但主要侵害繁殖母猪和仔猪，而育肥猪发病温和。病猪和带毒猪是本病的主要传染源。感染母猪可向外排毒，如鼻分泌物、粪便、尿均含有病毒，耐过猪可长期带毒并不断向外排毒，有证据显示感染猪在临床症状消失后 8 周仍可向外排毒。

本病传播迅速，主要经呼吸道感染，因此当健康猪与病猪接触，如同养、运、高度集中更容易导致本病发生和流行。本病也可垂直传播，病毒能够通过患病母猪的胎盘屏障传染给胎儿致死胎，或带毒公猪感染后 3～27 d 和 43 d 所采集的精液中均能分离到病毒，7～14 d 从血液中可查出病毒。以含有病毒的精液感染母猪，可引起母猪发病，在 21 d 后可检出 PRRSV 抗体。怀孕中后期的母猪和胎儿对 PRRSV 最易感。

持续感染是本病最为重要的流行病学特征。猪体感染病毒后，病毒能在敏感细胞内复制几个月并不表现出临床症状。因此，猪群一旦感染，即很难彻底清除，且本病毒可以引起猪体免疫抑制，从而容易继发其他病原感染，包括猪圆环病毒 2 型、多杀性巴氏杆菌、链球菌和副嗜血杆菌等。

目前我国流行的病毒主要有高致病性和传统的美洲型毒株，个别地区报道发现也有欧洲型毒株。高致病性猪蓝耳病一旦发生，不同日龄猪均可感染，发病率和病死率高达 90%以上，传统美洲型毒株感染主要引起妊娠母猪和断乳后仔猪发病，发病率高，病死率低。本病临床感染现象十分普遍，病毒感染状态决定猪群是否发病。猪场卫生条件差、气候恶劣、饲养密度大，可明显加重本病流行。

三、临床特征

人工感染潜伏期 4～7 d，自然感染一般为 14 d。

根据猪群病毒感染状态和病毒性质，本病临床表现不尽相同。通常情况下，以妊娠中后期母猪繁殖障碍和仔猪呼吸道症状为主要特征，成年猪发病较少。高致病性猪蓝耳病可以引起成年猪发病和死亡。

母猪通常出现一过性精神倦怠、厌食、发热。妊娠后期发生早产、流产，产死胎、木乃伊胎及弱仔（图 3-46）。这种现象往往持续 6 周，而后重新出现发情的现象，但常造成母猪不育或产奶量下降。或者母猪生产正常，但弱仔和死胎比例明显增加。通常情况下，如果弱仔和死产数比平时正常情况增加 2 倍以上，应考虑是否存在该病。

仔猪以 2～28 日龄感染后临床症状最为明显，其病死率高达 90%以上。早产仔猪在出生后立即或几天内死亡，大多数出生仔猪表现呼吸困难、肌肉震颤、后肢麻木、共济失调、打喷嚏、嗜睡，有的仔猪耳部发紫和躯体末端皮肤发紫。肥猪眼睑肿胀，有明显呼吸困难。

公猪感染后表现咳嗽、喷嚏、精神沉郁、食欲不振、呼吸急促和运动障碍、性欲减弱、精液质量下降、射精量少。

高致病性猪蓝耳病的临床特征是：常见于免疫猪群，除引起上述临床症状外，可以引起仔猪、经产母猪、公猪和育肥猪发病和死亡，病猪出现高热，体温 41 ℃以上，眼结膜炎，耳朵和皮肤发红、发紫，喘气与呼吸困难，部分患猪出现四肢呈游泳状的脑神经症状（图 3-47、图 3-48）。

四、病理变化

一般情况下，本病没有明显病理变化。肉眼可见病理变化主要为肺脏轻度水肿，弥漫性间质性肺炎，并伴有细胞浸润和卡他性肺炎区，淋巴结水肿，其他内脏器官无明显病变。组织病理学变化为：肺泡壁增厚；肺泡膈有巨噬细胞和淋巴细胞浸润；支气管上皮细胞变性；鼻黏膜上皮细胞变性，纤毛上皮消失。母猪可见脑内局灶性血管炎，脑髓质可见单核淋巴细胞性血管套。脾脏动脉周围淋巴鞘的淋巴细胞减少，细胞核破裂和溶解。

胎儿一般很难见到特征性病变。出生时的活胎或出生几天后死亡的胎儿病理变化主要表现为：肾脏、肠系膜水肿，胸腔积水和腹水。组织病理学变化有肺脏、心脏和肾脏的局部动脉炎和动脉周炎、间质性肺炎、心肌炎和脑炎。脐带部位的大面积出血具有诊断意义。

高致病性猪蓝耳病肺脏病变呈多样化，大多数病例表现肉样实变，或出现间质性肺炎，间质增宽、切面为鲜红色；淋巴结水肿，有时出血病变明显；部分猪内脏器官有出血病变，肾脏可见少量出血点，所以很容易与猪瘟混淆。继发细菌性感染后常有纤维素性胸膜肺炎、胸腔积液以及与胸壁粘连等病变。

五、诊断

根据母猪妊娠后期发生流产，产死胎和弱仔，新生仔猪病死率高，仔猪呼吸道症状和间质性肺炎等可初步做出诊断。由于本病不仅与其他引起猪繁殖障碍的疾病的临床症状非常相似，而且极易发生混合感染，加之不同猪场感染发病后临床症状有较大差异，因此，本病确诊有赖于实验室诊断。

1. 样品采集

采取病猪肺脏、扁桃体、淋巴结组织和血清等。一般来说，仔猪体内病毒含量高而且持续时间长，扁桃体和淋巴结中病毒存活时间比血清、肺脏和其他组织中长。急性感染期，病毒在很多组织中复制，感染后 4～7 d 达到峰值，随后下降，至 28～35 d 即很难检出。哺乳、断乳和生长猪感染后 28～42 d、母猪和公猪感染后 7～14 d 存在病毒血症。病毒血症消失后的几周内，肺脏冲洗液、扁桃体和淋巴结中仍能检测到感染性病毒和病毒 RNA。妊娠晚期流产和早产仔猪，应采集活仔猪的相应组织，木乃伊胎或者死胎组织因自溶很难检测。检测病毒持续感染，采集猪只扁桃体、口咽拭子和淋巴结比采集血清和肺脏更为适宜。公猪精液中的病毒较难检测。

2. 病毒分离与鉴定

上述病料经无菌处理后接种猪肺泡巨噬细胞，培养 3～5 d 后，用血清学方法或 PCR 检查肺泡巨噬细胞中是否存在 PRRSV；或将上述处理好的病料接种 CL-2621 或 Marc-145 细胞培养，37 ℃培养 4～5 d，观察 CPE。还采用 PRRSV 特异抗体进行血清学方法鉴定病毒，如间接荧光抗体技术、免疫组化技术和中和试验等，或采用 RT-PCR 方法检测病毒核酸。

六、防控

本病防控主要采取综合性预防和控制措施。最根本的办法是消除病猪、带毒猪和彻底消毒，切断传播途径。此外，应加强进口猪的检疫和本病监测，以防本病扩散。

我国猪群饲养规模和管理水平差异较大，该病防控应采取多种措施。提倡猪群分段饲养、全进全出，改进饲养条件。加强各种生物安全措施，确保病原不传入场内、不传出场外、不在场内不同猪群传播。引种时必须隔离饲养观察 1 个月以上，并经检测为 PRRSV 阴性之后方可引入正常猪群。人工授精的精液应当来自 PRRSV 阴性种公猪。如有条件，种公猪和种母猪猪舍可以采取空气过滤装置，减少猪舍外野毒侵入机会。国外部分规模化猪场，在采用疫苗免疫的基础上，通过严格封闭饲养，达到了净化该病的目的。我国该病流行面广，饲养条件和管理水平比较低，采用疫苗免疫接种有较好效果。

本病免疫机制尚不十分清楚。病毒感染后 7～14 d 可以检出 PRRSV 特异抗体，并可持续 1 年以上。N 蛋白具有很强的免疫原性，感染猪免疫应答首先是针对 N 蛋白，NSP7 蛋白抗体持续时间也较长，与 N 蛋白抗体产生规律基本一致。但是，病毒中和抗体产生时间较晚，病毒感染后 1 个月才能产生，感染后 70 d 才能达到高峰，但母猪接种该病毒的阳性血清对其后代有保护作用。病毒感染后细胞免疫应答也比较迟，一般感染后 1 个月才能产生 INF-γ，而且不同毒株诱导猪体产生的体液免疫和细胞免疫差异较大。病猪从恢复期开始即可产生免疫力，对于再次感染 PRRSV 均有抵抗力。因此，在地方流行性区域内给猪接种疫苗对预防 PRRS 比较有效。

1. 疫苗接种

目前，国内外均已研制出弱毒疫苗和灭活苗，一般认为弱毒苗效果较佳，能保护猪不出现临床症状，在减轻疾病、减少病毒血症时间、减少排毒时间和同源野毒再次感染方面有一定作用，但不能阻止强毒感染，存在毒力返强风险，对异源病毒的免疫保护作用存在差异，因此它多半在受污染猪场使用。后备母猪在配种前进行 2 次免疫，首免在配种前 2 个月，间隔 1 个月进行 2 免。仔猪在 2～3 周龄接种，如有必要，间隔 3 周后可以加强免疫一次。公猪不能接种。弱毒苗使用时应注意如下问题：疫苗毒在猪体内能持续数周至数月，并可以排毒，感染健康猪；疫苗毒能跨越胎盘导致先天感染，有的毒株保护性抗体产生较慢，有的免疫猪不产生抗体；疫苗毒持续存在于公猪体内可通过精液散毒。弱毒苗对同源野毒保护效率较高，但对异源病毒保护效率较低。采用弱毒苗接种时，同一猪舍内的所有猪只应同时接种。灭活苗接种 PRRSV 阴性猪，免疫效果较差，但如果与弱毒苗联合使用或者用于以前感染过 PRRSV 的猪只时，会诱导产生比单独应用灭活苗更多的中和抗体。因此，母猪首次免疫弱毒苗或用野毒驯化后，可采用灭活苗加强免疫，提高免疫效果。

2. 后备猪感染驯化

补充的后备种猪先进行 PRRSV 感染驯化适应，对稳定临床症状、改进生产指标参数和断乳时 PRRSV 阴性小猪的健康状况具有重要意义。本病不稳定猪场可以使用同一猪场感染发病猪的组织和血清等含病毒材料，在隔离圈舍中感染 PRSVY 阴性的后备母猪，然后自行康复。再将这些康复后获得免疫力的母猪引入种猪群，一般不会再被感染而出现病毒血症，也不会感染其他母猪。后备母猪的感染驯化方法包括用疾病暴发时所产弱胎和死胎仔猪的组织作为感染源，或使用弱毒苗和灭活疫苗等。当然，对后备种猪进行强毒感染驯化有散毒风险，应谨慎使用。

3. 净化

本病净化比较困难。根据猪群规模、饲养管理水平和病毒感染状况，可以采取不同的根除和净化方法，包括整体淘汰—更新猪群、部分淘汰—早期隔离断乳、检测—淘汰—猪群封闭等。其中，猪群整体淘汰—更新的成本很高，仅适用于分娩—哺育阶段的猪群。部分淘汰-早期隔离断乳技术方法比较容易实施，适用于用感染母猪建立 PRRSV 阴性猪群，但还需要采取封闭、检测和淘汰等措施，清除种猪群中的病毒，断乳猪只应采用全进全出方式饲养。PRRSV 有持续感染特征，但病毒不能在免疫过的猪群中长期存在，母猪免疫后封闭饲养 6 个月以上，可以逐步清除组织中的病毒。随着种猪群感染猪只不断减少，再逐步引进 PRRSV 阴性后备母猪，从而建立 PRRSV 阴性猪群。检测—淘汰—封闭的技术检测程序包括整个种猪群的血液检测、病毒及其抗体，淘汰猪群中的 PRRSV 阳性猪只。该方法适合 12 个月内无本病发生、且 PRRSV 感染率低于 25% 的种猪群。本病根除和净化的关键是引入的后备母猪能够阻断病毒在猪群中循环，建立高免疫力、无病毒猪群，同时必须制定严格的生物安全措施，防止病毒再次感染猪群。

（杨飞　董海龙）

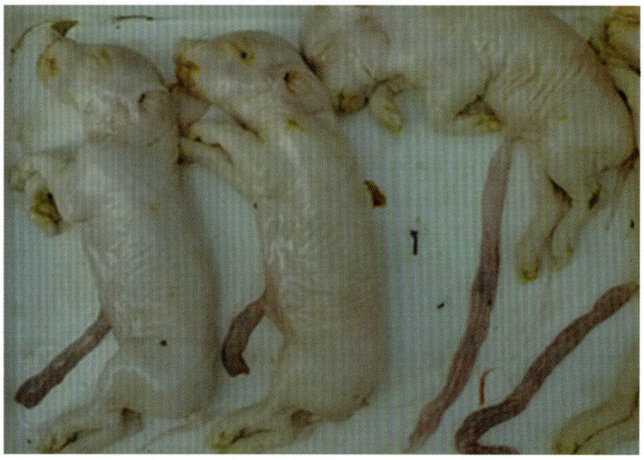

图 3-46　病母猪流产，产出白色死胎　（杨飞　供图）

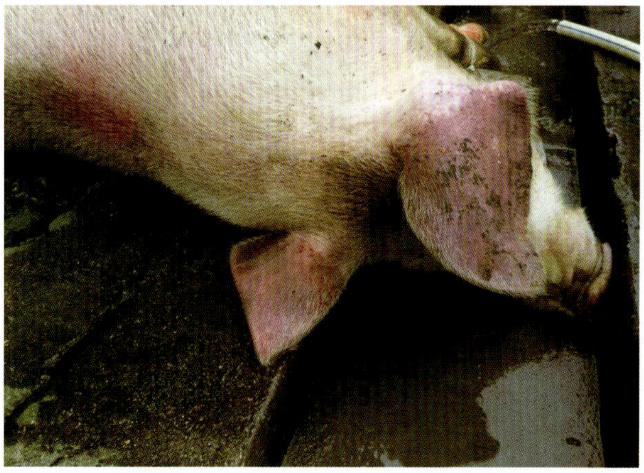

图 3-47　病猪可见耳朵和皮肤发红、发紫　（杨飞　供图）

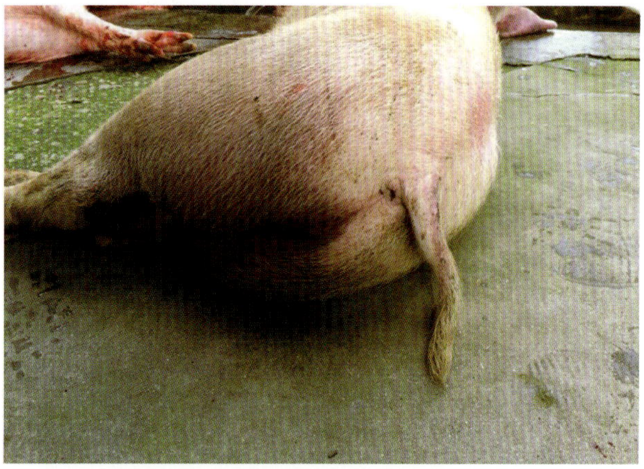

图 3-48　病猪可见臀部皮肤发红，有出血斑　（杨飞　供图）

第九节 藏猪细颈囊尾蚴病

细颈囊尾蚴(*Cysticercus tenicollis*)是一种常见的人畜共患寄生虫疾病，主要寄生在犬和其他肉食类动物(猪、黄牛、牦牛、山羊、绵羊等)的小肠、肝、大网膜、肠系膜、腹腔等器官中。猪细颈囊尾蚴可感染各个年龄段和品种的猪只，该病除影响动物的采食量和生长发育外，还可引发腹膜炎、肝炎、肺炎和胸膜炎等严重疾病，严重可导致死亡，对藏猪产业造成巨大的经济损失。

一、病原

该病的病原为细颈囊尾蚴(*Cysticercus tenuicollis*)，是带科(Taenldae)带属(*Taenia*)的泡状带绦虫(*T. hydatigena*)的幼虫。幼虫细颈囊尾蚴呈乳白色，囊泡状，俗称“水铃铛”，内含无色透明液体，大小由黄豆至鸡蛋大，直径约为 8 cm。囊壁分 2 层，外层厚而坚韧，是宿主结缔组织形成的，不透明，极易与棘球蚴相混淆。内层薄而透明，是虫体的外膜，肉眼观察可看到内层壁上有一个向内生长而具有细长颈部的乳白色头节。头节上有两行小钩，颈细而长，所以称为细颈囊尾蚴。

二、生活史

细颈囊尾蚴的成虫主要的寄生部位是肉食动物的小肠，粪便中的孕节经肠道排出，破裂后虫卵会进一步污染周围环境，被中间宿主采食后即可感染。六钩蚴(幼虫)穿出宿主消化道，侵入血管，经血流至肝脏，之后慢慢移至肝脏表面，或在大网膜、腹腔或肠系膜、肺脏等部位寄生。细颈囊尾蚴发育到成虫，需 3 个月之久，其成熟的头节感染能力较强。当细颈囊尾蚴虫体被犬等动物吞食会引发感染，其潜伏期长达 51 d，有的甚至可存活长达 1 年。

三、流行病学

本病在世界各地均有分布，中国是本病流行的高发地区之一，而且近几年流行情况十分严重，尤其是偏远、生产水平落后的地区，部分地区感染率高达 70%，我国东部沿海地区发病率较低，西北部区域感染率较高；集约化和农村散养感染率均较低。犬是本病的重要传染源，再就是狐、狼等肉食动物，其粪便中排出的绦虫带有孕节或虫卵，进而污染牧场、水源、饲料等，使得中间宿主发生感染。

四、临床症状

当细颈囊尾蚴大量寄生于藏仔猪时，表现耳尖、臀部发紫，消瘦，黄疸，食欲不振或废绝，精神沉郁，也有的先拉稀后便秘。如细颈囊尾蚴进入肺或胸腔，患猪表现呼吸困难和咳嗽。引起腹膜炎，体温升高，腹壁敏感有腹水。如腹腔出血，腹部膨大，也有大叫一声即死亡的病例。

五、病理变化

急性经过时，病例主要可见肝肿大，表面有较多小结节和出血点。肝叶变黑红色或灰褐色，在肝实质中可找到六钩蚴移行的虫道，初期充满血液，以后变灰黄色。急性腹膜炎病例，腹水中混有血液，其中含有幼小的囊尾蚴虫体。慢性病例可在肠系膜、大网膜上和肺脏等处，找到数量不定、大小不等被结缔组织包裹着的囊状肿瘤样的细颈囊尾蚴(图 3-49 至图 3-51)。包膜内的虫体死亡钙化，划开可见黄褐色钙化碎片以及淡黄色或灰白色头颈残骸。

六、诊断

1. 制片诊断

将虫体切割成长为 2 cm 左右，做成压片，在光学显微镜下 400× 观察，可见该虫体 4 个吸盘形状的结构。其前部有相对短的节片，而后部较长；成熟的体节长 10～14 mm，宽 4～5 mm。子宫由大侧枝和小分枝组成，各节片均有自身对应的生殖器，而其生殖孔在一边。

2. 分子生物学鉴定

对疑似感染细颈囊尾蚴的藏猪进行粪便收集，提取粪便基因组 DNA，通过细颈囊尾蚴特异性引物进行 PCR 鉴定。

3. 鉴别诊断

(1) 与猪包虫病比较

①相同点。一般症状不明显，严重时会出现腹围较大、消瘦并伴随呼吸困难。

②不同点。如果猪带绦虫至肝脏，会疼痛并有膨大现象；在肝脏剖检时呈现凸凹不平的特征。

(2) 与华支睾吸虫比较

①相同点。如果时间短而数量较少，临床症状

并不明显。

②不同点。感染华支睾吸虫的病例剖检可见胆囊增大，胆管粗大，胆囊中可见虫体。

七、防治

（一）养殖环节预防措施

（1）防止犬只进入养殖场　改变养殖方式，执行圈养。养殖场应具备动物防疫要求的各项条件，取得《动物防疫条件合格》，各项防疫设施设备齐全，运行正常。加强管理，防止犬类进入养殖场，避免猪、犬之间的接触。

（2）防止饲料污染　饲料应存放在专门的场所，不能与其他物品混放，防止污染。青饲料等可能被污染的饲料应清洗干净后再饲喂。

（3）防止饮用水污染　供水水源应符合饮用水标准，取、用水安全可靠，有专用的水池和水管，且要防止被犬类粪便污染，确保饮用水清洁卫生。

（4）防止使用具、衣、帽、鞋等物品污染　饲养场内的各种用具应专用，并经常清洗消毒。工作人员专用的衣、帽、鞋等必须经常清洗，用前、用后都要进行消毒。

（5）防止车辆污染　运猪、运料车辆装前、卸后要严格清洗、消毒，出入养殖场的车辆应严格消毒。

（二）屠宰环节预防措施

（1）定点屠宰　严格按屠宰管理要求到符合防疫条件的屠宰场屠宰家畜，杜绝私屠乱宰。屠宰场应取得《动物防疫条件合格证》，各项防疫设施设备齐全，运行正常。屠宰场严禁养犬，同时应加强管理，防止犬类进入。

（2）严格检疫　严格按屠宰检疫规程实施检疫，发现有细颈囊尾蚴寄生时，应检出所有的细颈囊尾蚴虫体，同时割除因严重寄生细颈囊尾蚴发生病变的组织、器官。

（3）卫生处理　细颈囊尾蚴病藏猪胴体应严格按有关规定处理，检出的细颈囊尾蚴及因严重寄生细颈囊尾蚴发生病变的组织、器官，应集中销毁，其他部分不受限制出厂。禁止将屠宰废弃物乱扔，避免犬类因吃了带有细颈囊尾蚴虫体的内脏而感染。

（常振宇　张辉）

图 3-49　病藏猪剖检可见大网膜上有大小不等被结缔组织包裹着的囊状细颈囊尾蚴　（常振宇　供图）

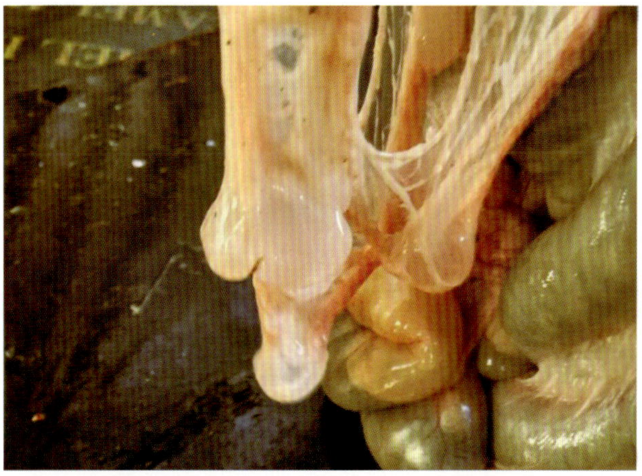

图 3-50　病藏猪剖检可见大网膜上的细颈囊尾蚴　（常振宇　供图）

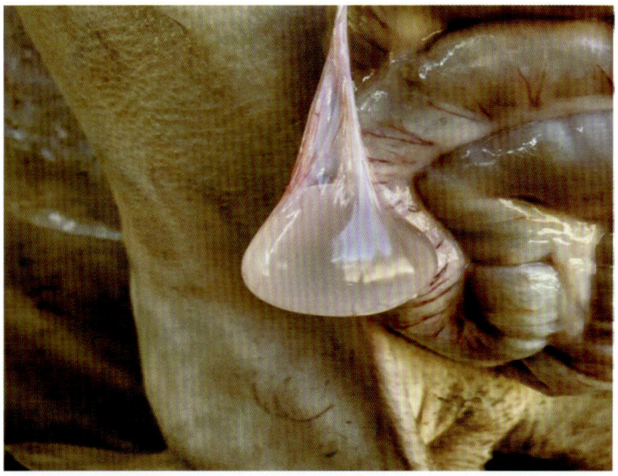

图 3-51　病藏猪剖检可见肠系膜上的细颈囊尾蚴呈乳白色，俗称“水铃铛”　（常振宇　供图）

第十节　藏猪绦虫病

猪绦虫病是一种比较常见的人兽共患寄生虫病。绦虫在猪体内会夺取机体营养，且生长繁殖过程中会生成大量毒素，破坏组织细胞，导致饲料的利用率下降，影响生长发育，甚至造成生长缓慢甚至完全停止，严重时还会引起死亡。随着养猪产业的不断发展，饲养规模的逐渐扩大，增大养殖效益的同时导致猪绦虫病的发病率也随之升高，林芝市藏猪以散养为主，也出现过大量猪绦虫病病例。

一、病原

根据动物分类系统，猪带绦虫属于动物界扁形动物门绦虫纲圆叶目带科带属，其幼虫囊尾蚴俗称囊虫。绦虫成虫呈扁长的带状。虫体呈乳白色，长度为 2～4 m，分为三个部分，分别为头节、颈节以及链体。头节接近球形，呈小米粒大小，直径为 0. 6～1.0 mm，长有 4 个吸盘（呈杯状）和顶突（可伸缩），顶突基部具有 2 圈小钩，为 25～50 个小钩。颈部是虫体中最细的部分，长度为 5～10 mm。链体也叫作体节，共有 700～1 000 个节片，大部分节片宽度在 0.5 mm 左右（图 3-52），节片比较薄，略微透明。颈部附近的幼节宽且短，可叫未成熟节片；中部的成节接近方形，也叫作成熟节片，里面含有雌雄生殖器官；末端的节片呈细长状，也叫作孕节或妊娠节片，每个孕节里面含有 3 万～5 万个虫卵。绦虫的特征性结构是石灰小体，在中绦期虫体和绦虫成虫的实质中普遍都存在。虫卵由于具有非常薄的卵壳，其从孕节散出时卵壳已经脱落，因此检查粪便时只能够看到失去卵壳而只有胚膜的虫卵。虫卵呈棕黄色的圆球形，直径为 31～43 cm，外面是放射状条纹的胚膜，相对较厚，里面为发育成熟的六钩蚴（图 3-53）。

人是猪绦虫成虫唯一的终末宿主，主要在小肠内寄生，虫体利用头节上的吸盘和小钩附着在肠黏膜上。虫体末端的孕节可单个或 5～6 节连在一起同时脱落至肠腔，一般 1 个月可脱落 200 节左右。孕节脱落后由于自身活动或者宿主排便时被压破，从而散出虫卵。宿主通过粪便排出孕节和虫卵。猪由于采食存在孕节或虫卵的人粪而发生感染。虫卵进入小肠后经过 24～72 h 的消化，胚膜就会发生破裂，使里面的六钩蚴逸出，通过胚体分泌物或小钩侵入肠壁，随着血液或者淋巴扩散至机体各个部位，如肌肉、心脏、脑等。随着虫体的不断生长，中间细胞会发生溶解变成空腔，并含有大量液体，经过 60 d 左右其头节上会长出吸盘和小钩，再经过 10 周左右即可发育为成熟的囊尾蚴。猪体内寄生的囊尾蚴能够存活 3～5 年之久，有时甚至长达 15～17 年。猪肉寄生囊尾蚴后叫作“豆猪肉”“米猪肉”或“米糁子肉”。

二、流行病学

本病呈全球性分布，国外主要流行于亚、非、拉等一些国家和地区，其中以中非、南非、中南美等最为严重。我国约有 400 万猪带绦虫病患者和 700 万囊虫病患者，以东北、华北、西北和西南地区一些省份的农村居民及少数民族人群发病率较高，如黑龙江、吉林、山东、河南、青海、四川、贵州、云南、广西等，其中贵州黔东南的凯里、从江、黔南的都匀、罗甸和黔西南的册亨等县（市）为少数民族聚居区，是猪带绦虫、囊虫病的潜在流行区。

感染猪带绦虫的人是本病的主要传染源。目前我国农村猪主要以分散饲养为主，猪主要在圈外活动觅食，故误吞入人粪中猪带绦虫节片或虫卵的机会较多。人因食用生的或半生的含有猪囊尾蚴的猪肉而被感染。在自然条件下，猪是高敏易感动物，囊尾蚴可在猪体内存活 3～5 年，野猪、犬、猫也可感染，人是唯一的终末宿主（也可作中间宿主）。

三、临床特征

本病通常具有 2～3 个月的潜伏期。由于虫体会吸取机体营养，同时对肠壁产生刺激，加之其代谢产物具有毒性，会导致一些病猪表现出腹胀、腹痛、恶心以及虚弱乏力等症状。猪肉绦虫的节片往往会通过粪便排出体外，不会自动从肛门溢出，50%左右的病猪出现腹痛，通常是上腹部或整个腹部出现隐痛，个别发生腹泻，食欲增强。

四、病理变化

通过剖检病死猪，可见咬肌、舌肌以及心肌存在囊肿。另外，可见机体消瘦、贫血，腹部发生肿胀，皮下脂肪完全溶解消失。本病主要表现为小肠持续出现病变，小肠黏膜水肿、充血，并散布有坏死病灶，并可在肠道内容物中看到成虫，虫体长度为几厘米至几十厘米不等（图 3-54），肠黏膜发生脱落，肠系膜淋巴结明显肿大、充血。

五、诊断

猪带绦虫病主要通过下面几种方法进行诊断。

1. 直接诊断

如粪便中检出虫卵或呕吐液中检测出孕节片。对于实验条件达不到的地区来说，这是最基本且最简单的诊断的方法。

2. 免疫学诊断

主要是检测感染期间或感染后的机体是否所产生一些抗原相对应的抗体。

3. 分子生物学诊断

即从DNA水平上检测样本。目前来说，由于相关设备条件及费用的限制，此方法还未能作为常规的检测方法。

六、防治

(一)预防

加强饲养管理，农村散养户要确保将猪圈和厕所分开，加强疾病免疫接种工作。猪场内的兽医等人员不允许在其他地方兼职，也不允许场外兽医到生产区进行诊治，如果需要使用场外兽医，在进入生产区前必须更换专用的鞋帽、服装，经过严格消毒等步骤。

1. 普查普治

人不仅是猪绦虫病的终末宿主，也是中间宿主，因此患病的人类是该病主要传染源。为彻底清除猪绦虫病，就要及时治疗患者，并控制猪接触人，从而减少感染。因此，全国范围内都要进行该病的普查，在容易发生该病的地区要更加注意进行“驱绦灭囊”。

2. 宣讲卫生知识

开展卫生宣传是预防人类感染发病的关键，使其改变不良的饮食习惯，如不吃生肉、严格区分食用生熟的餐具、保持个人卫生良好。严格管理粪便，避免草地、水源污染粪便，从而控制人畜感染。

3. 严格检疫猪肉

对进入市场的肉类要严格控制，不允许销售寄生有囊虫的“米猪肉”。生猪屠宰必须通过国家的卫生部门检疫，确认合格后才可销售。

(二)治疗

1. 西药治疗

病猪可按体重服用30 mg/kg阿苯达唑片；按体重使用0.08～0.1 g硫双二氯酚，空服1次；按体重使用50～70 mg/kg氯硝柳胺，配成悬浊液给病猪灌服。

2. 中药治疗

取龙胆草、苏木、贯众、茯苓、泽泻、木通、肉蔻各25 g，甘草20 g，槟榔15 g，厚朴30 g，全部研成粉末，给病猪灌服1/4量即可。

(吴庆侠　董海龙)

图3-52　绦虫成虫节片宽度为0.5 mm左右

(董海龙　吴庆侠　供图)

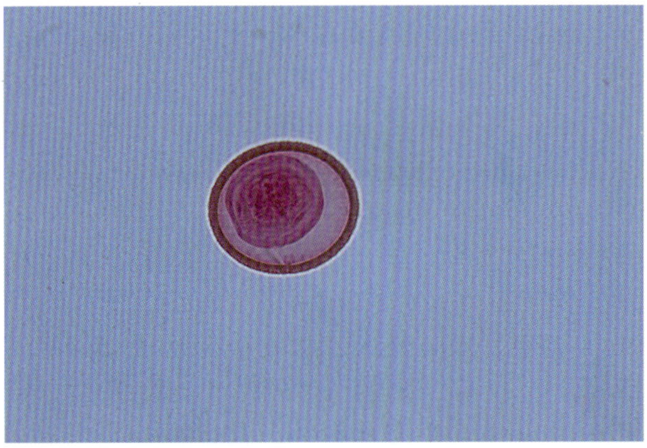

图3-53　绦虫虫卵切片　(董海龙　吴庆侠　供图)

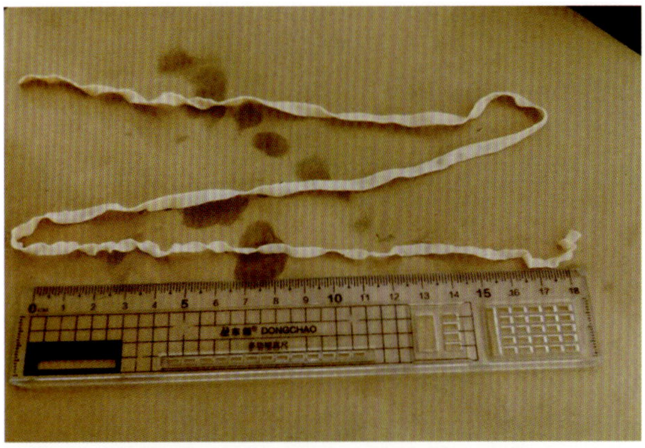

图3-54　病藏猪剖检后从肠道中取出的绦虫成虫

(董海龙　吴庆侠　供图)

第十一节　藏猪蛔虫病

在养猪产业中，猪蛔虫病是比较常见的寄生虫病，是一种易传染的疾病，猪蛔虫病是由于蛔虫寄生在猪小肠内引起的一种传染性疾病。该病在养猪场和散养猪地区发生较多。猪蛔虫病在养猪场内患病率最低达 17%，最高达 80%。猪蛔虫病给养猪业带来了极大的损失，使其经济效益下降明显。

一、病原

猪蛔虫在分类上属于线形动物门，线虫纲蛔目蛔科(Ascaridae)蛔属，主要寄生在猪的小肠中，新鲜的虫体呈现粉红色或者黄白色，而死亡的虫体呈现苍白色。猪蛔虫成虫雌雄异体，雄虫体长为 150～200 mm，直径约为 3 mm；雌虫较雄虫长，长为 200～400 mm，直径约为 5 mm。虫体两端稍细而中间略粗，结构近似圆柱形。猪蛔虫成虫体壁从内到外由肌肉层、上皮层和角质膜 3 层组成；体壁内是假体腔，充满了体腔液。成虫口孔位于头端，周边围绕着 3 个唇片，其中一个稍大的位于背侧为背唇，两个位于腹侧较小的为腹唇，总体呈"品"字形排列。两腹唇外缘的内侧各有 1 个大乳突，外缘的外侧各有 1 个小乳突，背唇外缘的两侧各有 1 个大乳突，3 个唇片的内缘各有 1 排小齿。口孔后为食道，食道呈圆柱形，为肌肉构造。雌虫的生殖孔位于体前 1/3 与体中 1/3 交界处附近的腹面中线上，横切面明显可见子宫、卵巢等性腺(图 3-55)。肛门距虫体末端较近。雄虫尾端向腹面呈钩状弯曲，形似鱼钩，泄殖腔开口距尾端较近，有 2 根等长的交合刺，长 2.0～2.5 mm，肛前和肛后有许多小乳突，横切面可见精巢、输精管等(图 3-56)。

猪蛔虫属于直接发育生活史型线虫。寄生于猪小肠内的雌虫受精后，将虫卵产出。虫卵随粪便排出，在适宜的外界环境中，经过第 1 期(L1)、第 2 期幼虫(L2)发育后成为感染性虫卵。感染性虫卵随着猪饲料或饮水被猪吞食后，经过胃到达小肠，在小肠内孵化成为幼虫。幼虫通过不同的途径进入肝脏，经腔静脉、右心房右心室肺动脉进入肺，再由肺毛细血管进入肺泡，在肺内发育成为第 4 期幼虫(L4)，此后离开肺泡进入细支气管、支气管和气管，随黏液一起到达咽并进入口腔，再次被咽下到达小肠内逐渐发育成为成虫，整个过程共需要 2～2.5 个月。蛔虫在猪小肠内主要以黏膜表层物质和肠内容物为食物。在猪体内寄生 7～12 个月后，即随粪便排出体外。如果宿主不再感染，约 12～15 个月可将蛔虫排尽。

二、流行病学

猪蛔虫病全球广泛流行，尤其我国猪蛔虫病流行情况较为严重。据报道，我国猪蛔虫的感染率为 17%～80%，平均感染强度为 20～30 条。蛔虫繁殖能力极强，雌虫每天可排虫卵 11 万～28 万个，蛔虫的高产卵能力是造成猪蛔虫广泛流行的主要原因。虫卵的发育过程均在卵膜内进行，蛔虫卵有 3 层卵膜，可防止化学物质侵蚀和紫外线的作用，生存能力强，对外界环境因素抵抗力大，可在土壤中生存 5～10 年。但虫卵的发育需要一定的温度和湿度，以 28～30 ℃最为适宜。当高于 40 ℃或低于－2 ℃时，虫卵停止发育，但并不死亡。在干燥情况下，虫卵只能存活 3～5 h。环境恶劣、管理不善、饲养密度过高等不合理饲养易引起大批发病，尤以 3～5 月龄的仔猪最易感染猪蛔虫。仇书兴等(2008)报道，2～6 月龄猪蛔虫感染率最高(27.9%)。断奶仔猪缺少母源抗体的保护，免疫功能和生理机能不够完善，如不按时驱虫，极易感染猪蛔虫。

三、临床特征

猪蛔虫病的临床表现通常为 3～6 月龄的猪群比较显著，仔猪在患蛔虫病约 7 d 后表现出轻微的咳嗽，体温上升至 40 ℃左右，犯病较严重的猪群会呈现出精神萎靡不振，呼吸急促，心跳加速，胃口减退，喜欢睡觉，营养不良，体格瘦弱等现象，并伴随有贫血，被毛粗壮杂乱，或有全身性黄疸，患病的猪群生长发育受到抑制，进而变为僵猪。随着时间的推移，当蛔虫病更严重时，病猪就会出现呼吸极度困难且没有规律性，时常还会伴有声音沉重和嘶哑的咳嗽声，还会呈现出呕吐、流口水等症状。患病的猪群在 7～15 d 逐渐变得越来越虚弱，最后死亡。而 6 月龄以上的猪群蛔虫寄生数量相对较少，营养较好，显现出的症状不明显。但是多数情况下，由于猪群肠胃功能遭到不同程度的损坏，经常有食欲减退、磨牙、发育迟缓等症状发生。成年猪通常具有比较强的抵抗力，能抵抗一定程度的蛔虫感染，症状几乎不会显现，但是它们可作为蛔虫病的传染病源。如果蛔虫数量太多，会堵塞猪的肠道流通，病猪会出现腹痛症状，严重时还会发生肠道破裂造成猪只死亡。胆道蛔虫症状也经常发生在这些猪群内，开始表现出粪便稀疏，身体温度异常，食欲消退，甚至绝食，腹部剧痛的症状，通常 6～8 d 会因肠道破裂而死。

四、病理变化

成虫寄生在猪的小肠内时会大量繁殖堵塞肠管而发生肠梗阻(图 3-57)，导致小肠黏膜出现卡他性炎症、出血溃疡；如果肠破裂将会导致腹腔积血或腹膜炎。有时蛔虫钻入胆道，导致胆管阻塞，病程长者可引起黄疸；如果幼虫移行至肝脏，将会引起肝脏组织表面产生大量的出血点或者灰白色的斑点，即云雾状的蛔虫斑；移行至肺时，引起蛔虫性肺炎。在肝、肺、支气管等处有时可见大量幼虫。有试验剖检发现，肝脏表面充血且有出血点(针尖大小)，切开肝脏有红色浑浊液体流出，肝脏组织出现部分坏死，脂肪变性严重。肺脏肿大且有充血现象，切开肺脏可发现内部有虫体存在。剖检小肠可见黏膜充血、水肿和浆液性渗出等病变现象。

五、诊断

猪蛔虫病是慢性消耗性疾病，病程长，通常无明显的表现症状，感染严重时与其他线虫性疾病在临床上表现相似，均有食欲不振、生长缓慢、贫血等症状。因此，要确诊猪蛔虫病需借助实验室检查。对于患病仔猪，可用虫卵漂浮法检测其粪便，剖检、粪便检查等进行确诊，生产实践中可以采用直接涂片法检查虫卵(一般 1 g 粪便中虫卵数量大于等于 1 000 个时即可确诊为猪蛔虫病)。对于成年猪，通过剖检病死猪，若发现肝脏表面有蛔虫斑，借助贝尔曼法检查胆囊、肺脏的组织中的幼虫；为进一步确诊还可剖解病猪小肠，如小肠中有大量成虫存在，即可确诊猪蛔虫病。

六、防治

(一)预防

(1)加强饲养环境卫生　加强圈舍的环境清洁卫生，及时清洁处理排泄物。做到每天早晚各消毒一次。同时需要保持猪圈的空气流通。猪蛔虫喜在温暖湿润的环境下产卵发育，因此要保持猪舍卫生，尤其要保持干燥和清洁，可以直接减少虫卵的污染，从而有效地遏制猪蛔虫病的发生和传播。

(2)合理的定期驱虫　定期的驱虫工作直接影响猪蛔虫病的感染情况。散养猪可在 3 月龄和 5 月龄时各驱虫 1 次；规模化养殖场按照不同年龄段和不同饲养圈舍制定合理的驱虫计划，降低猪蛔虫的感染率。

(3)加强营养提高免疫力　有研究表明，多酚类营养添加剂比如葡萄渣肥(GP)与肠道猪蛔虫感染的相互作用关系。尽管 GP-提取物具有体外驱虫活性，但添加 GP 对肠道寄生虫幼虫数量无明显影响。但生物活性饲料显著增加了猪十二指肠、空肠和回肠感染引起的嗜酸性粒细胞数量，调节了感染猪空肠黏膜的基因表达。以上研究结果表明，虽然多酚类食物可能不会直接影响猪蛔虫的感染情况，但它可明显调节宿主对蠕虫感染的反应。因此，饮食对免疫功能的影响，可能被用来提高猪对蠕虫的免疫力。

(4)粪便合理处理　粪便是猪蛔虫病的最广泛传播途径。猪粪要及时清理，将清理的粪便转移到离猪圈较远的地方集中堆积和发酵处理，或者入沼气池二次利用，蛔虫卵不耐高温，粪便堆积发酵有利于彻底杀灭蛔虫卵，对公共卫生也有益。

(二)治疗

(1)化学药物治疗　针对已感染猪蛔虫病的猪群，要使用甲苯咪唑 10～20 mg、阿苯达唑 10～20 mg、氟苯咪唑 30 mg、噻嘧啶 20～30 mg、左咪唑 10 mg，与猪饲料混合一起给患病猪喂食。在使用伊维菌素 0.3 mg、阿维菌素 0.3 mg、多拉菌素 0.3 mg，按猪体重每千克的配比对病猪进行皮下注射。

(2)中药驱虫

方 1：取 3 枚乌梅、槟榔 13 g、使君子 15 g、石榴皮 15 g，加水煎煮，取药液给体重为 20～25 kg 的患病仔猪一次性空腹内服，连续使用 2～4 d。

方 2：取乌梅、使君子各 25 g，槟榔、苦楝皮、鹤虱各 15 g，全部研成粉末，给病猪按每千克体重空腹口服1 g，经过 10 d 再用药 1 次。

方 3：取压碎的乌梅和焙干捣碎的花椒各 50 g，缓和均匀后研成细末，每只用量为 20～30 g，添加适量温开水冲调，每天 1 次，连续使用 2～3 次，注意幼龄猪用量减半。

(董海龙　吴庆侠)

图 3-55　雌蛔虫横切面　（吴庆侠　董海龙　供图）

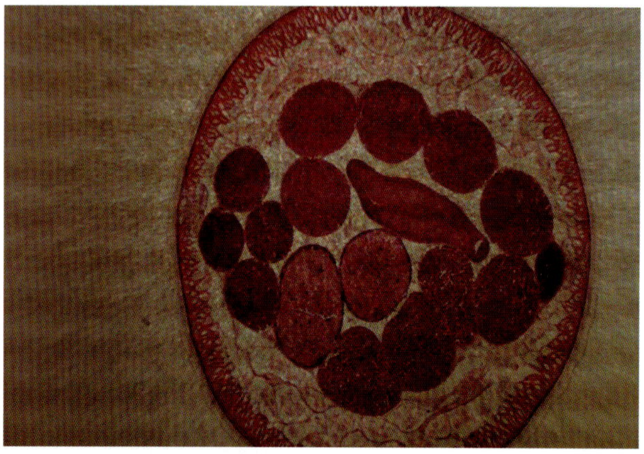

图 3-56　雄蛔虫横切面　（吴庆侠　董海龙　供图）

图 3-57　藏猪小肠内大量蛔虫成虫寄生、繁殖堵塞肠管　（李家奎　供图）

第十二节　野猪后圆线虫病

野猪后圆线虫病又称为猪肺丝虫病，是由后圆科的长刺后圆线虫、短阴后圆线虫、莎氏后圆线虫的寄生所引起的。成虫寄生于家猪或野猪的支气管内，大多在猪肺的后叶与中叶生存。此病以幼猪感染率高，呈地方性流行，发病后可造成患猪的大批死亡，对养猪场的危害较大。

一、病原及生活史

猪后圆线虫病是由支气管和细支气管内寄生有后圆科的线虫引起的（长刺后圆线虫、短阴后圆线虫和萨氏后圆线虫），其中长刺后圆线虫最为常见。3种虫体都呈灰白色或乳白色丝状，生有非常小的口囊，口缘存在1对三叶侧唇。雄虫交合伞的背叶小，而侧叶大，具有1对细长的交合刺，末端存在单钩或者双钩。雌虫后端存在阴门，紧靠肛门，两条子宫并列，阴门前存在一个角皮膨大部，有时后端会朝向腹侧弯曲。猪后圆线虫体繁殖都为卵胎生。长刺后圆线虫，雄虫长度为12～26 mm，前侧肋较大，且末端发生膨大；中侧肋和后侧肋相互融合在一起；背肋非常小。交合伞较小，生有丝状交合刺，长度为4～4.50 mm，末端存在单钩，没有引器。雌虫长度为20～51 mm，末端略微朝向腹面弯曲。短阴后圆线虫，雄虫长度为16～18 mm，肋的形式类似于长刺后圆线虫。交合伞较大，生有长度只有1.2～1.4 mm的交合刺，末端存在锚状双钩，并具有引器。雌虫长度为19～37 mm，尾部笔直。阴道只有0.5 mm长，阴门前为球状的角皮膨大部。萨氏后圆线虫，雄虫生有长度为2.12～2.37 mm的交合刺，末端存在一小钩。

以上3种寄生虫的生活史相同，雌虫在猪的肺脏、支气管内产卵，虫卵随着气管上皮纤毛的运动与咳嗽从气管来到口腔，然后被吞进消化道内，与粪便一起排出体外。虫卵在外界潮湿的环境中可以长时间地保持活力，也可以在适宜的条件下孵化出幼虫，虫卵或幼虫被蚯蚓吞食后，钻入蚯蚓的食管壁或血管腔内，发育成感染性幼虫，此时的蚯蚓被猪吞食后，就会感染发病。在猪的消化道内，蚯蚓被消化，幼虫逸出，钻入肠壁，经肠系膜淋巴结、淋巴管、血管到达肺脏，幼虫由肺血管到达支气管内，并在此发育为成虫。从感染性幼虫到成虫大约需要为25～35 d。

二、流行病学

1～12月龄猪最容易感染该病，病猪和带虫猪是本病的主要传染源，而被猪肺虫卵污染并有蚯蚓的牧场、运动场、饲料种植场以及有感染性幼虫的水源等均可能为猪感染的重要场所。本病主要是经消化道传播，是猪吞噬了含有感染性幼虫的蚯蚓而引起的。因此，本病的发生与蚯蚓的滋生和猪采食蚯蚓的机会有密切的关系。其主要发生在夏季和秋季，冬季很少发生。这是由于蚯蚓在夏、秋两季最为活跃。

三、临床症状

病猪主要表现为咳嗽、气喘，呼吸困难，特别是在早、晚时段，采食时尤其明显，严重时会持续咳嗽，并伴有呕吐，还有浓稠的淡黄色或黄色黏性液体从鼻流出，被毛粗乱失去光泽。发病初期还能够采食，但之后食欲不振，甚至完全废绝，精神萎靡，机体严重消瘦，呼吸急促、困难，最终由于严重衰弱而发生死亡。即使病猪痊愈，也会导致生长发育缓慢。另外，病猪的体温、脉搏都要高于正常状况，听诊肺部存在啰音，呈现明显的肺炎和支气管肺炎症状。

四、病理变化

病理变化是确诊本病的主要依据。本病的主要病变是寄生虫性支气管肺炎。病初，由于肺虫的幼虫穿过肺泡壁毛细血管，故可见肺呈现斑点状出血。幼虫不断成长，迁移至细支气管和支气管内栖息，以黏液和细胞屑为食，但可刺激黏膜分泌增多。切开支气管，见管腔黏膜充血、肿胀，含有大量黏液和虫体，造成局部管腔阻塞，相关的肺泡萎陷，实变，并伴发有气管、支气管和肺脏的出血和气肿变化(图 3-58、图 3-59)。存留在肺泡内虫卵和发育的胚蚴如同外来异物刺激，易引起局部肺组织发生细菌的继发感染，所以常可见化脓性肺炎灶。此时，可见支气管扩张，其中充满黏液和卷曲的成虫(图 3-60)。由于部分支气管呈半阻塞状态，使气体交换受阻，通常使进气大于出气，故在肺的尖叶和隔叶的后缘可见灰白色隆起的气肿小叶。

五、实验室诊断

1.皮内反应诊断

在病死猪的肺气管和支气管处用外科手术刀刮取少量的黏液，放在经过消毒杀菌的三角瓶内，按 1∶20 的比例添加 0.9%生理盐水进行稀释，混合均匀后再滴加适量的 3%醋酸溶液，出现沉淀后停止。之后进行过滤，再缓慢添加适量的 3%碳酸氢钠溶液，用于中和滤液，达到中性或微碱性时停止，最后再通过间歇性消毒制成抗原。取 0.2 mL 抗原在猪耳根背面皮内注射，经过 10 min 观察，发现注射处的皮肤发生肿胀，呈不规则形，肿胀部位凸起面的直径一般在 1.15～1.55 cm。

2.虫体检查

提取 10 条虫体直接进行镜检，并使用测微尺测定虫体长度和宽度。可见虫体呈线状，为白色，有些中线处会存在一条黑色的食物纵线。口腔较小，没有牙齿，口有 6 片唇。其中雄虫的平均体长为 20 mm 左右，平均中宽为 0.2 mm 左右，每条都具有 1 对交合刺，且长度相等，呈黄褐色的细长丝状，平均长度为 4 mm 左右，末端生有 1 个小的倒钩，没有导刺带。雌虫平均体长为 4 mm 左右，平均中宽为 0.4 mm 左右。

六、防治

1.药物治疗

症状严重的病猪可按体重皮下注射每千克体重 0.03 mL 1%伊维菌素；症状较轻或还没有表现出症状的假定健康猪使用阿苯达唑片治疗，可按每千克体重使用 20 mg，添加在饲料中混饲，同时使用链霉素、青霉素、维生素 C、复合维生素 B 注射液，防止出现继发感染，并促使机体尽快恢复，连续使用 3 d，经过 1 周再进行 1 次驱虫。疑似患病的猪群可每月都使用丙硫苯咪唑进行 1 次驱虫，或皮下注射阿维菌素(或伊维菌素)1 次，也可按每 100 kg 饲料添加 50 g 10%氟苯尼考粉混饲，连续使用 5～7 d，停止用药 7 d，再使用 1 次。

2.常规预防

蚯蚓主要生活在疏松多腐殖质的土壤中。据报道，这种土壤中每平方米有时可多达 300～700 条蚯蚓；而坚实土壤中蚯蚓极少，坚实的砂土中几乎没有蚯蚓。因此，在猪场内创造无蚯蚓的条件是杜绝本病的主要措施。例如，将猪场建在干爽处；猪舍、运动场应铺水泥地面；墙边、墙角疏松泥土要砸紧夯实，防止蚯蚓进入，或换上沙土，构成不适于蚯蚓滋生的环境等。这些措施对于预防本病具有重要作用。

3.加强饲养管理

保持运动场和猪舍的环境卫生良好，干燥，对猪场栏舍、环境定期使用 0.2%消毒威或消特灵等进行消毒，饲槽及其他用具经常使用消毒液冲洗。及时清除猪舍内的粪便，尽快运至指定地点进行生物热除虫。猪场地面尽量硬化，避免蚯蚓滋生繁殖。

每年的春、秋两季进行两次有计划的预防性驱虫。有放牧习惯的，要把秋季除虫改在舍饲之后。

（张辉　常振宇）

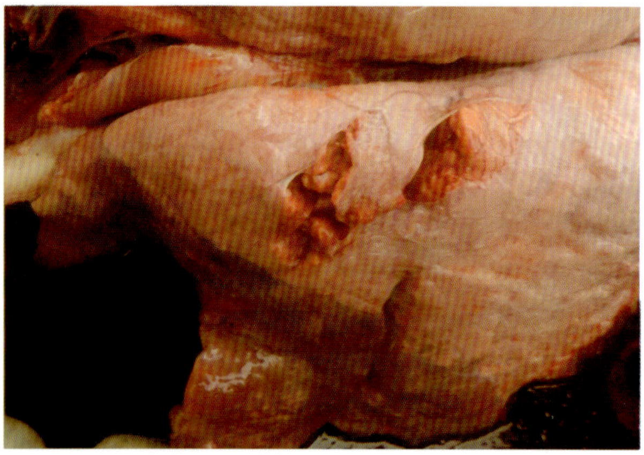

图 3-58　病猪剖检可见肺脏实质病变，肺的尖叶和隔叶的后缘可见灰白色隆起的气肿小叶　（张辉　供图）

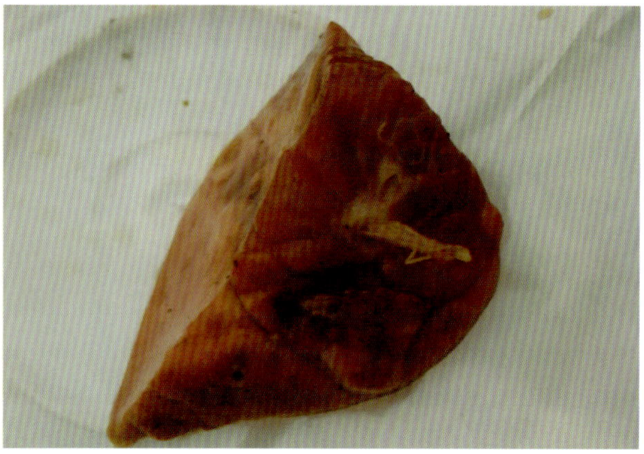

图 3-59　病猪剖检可见成虫寄生于猪的支气管内，大多在猪肺的后叶与中叶生存　（张辉　供图）

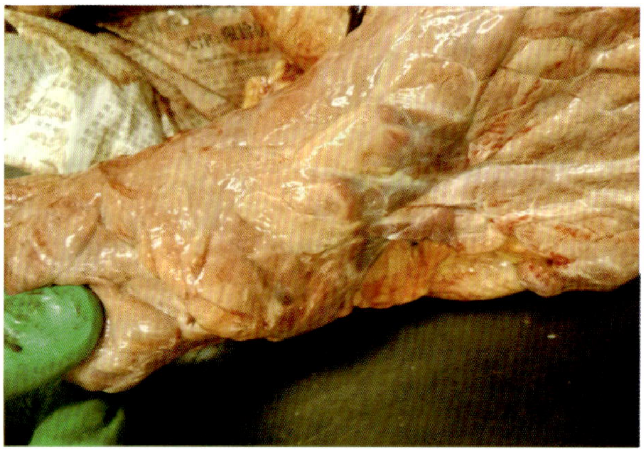

图 3-60　病猪剖检可见寄生于猪的支气管内的成虫，大多在猪肺的后叶与中叶生存　（张辉　供图）

第十三节　猪鞭虫病

猪鞭虫（trichuris suis）又称猪毛尾线虫，属于无尾感器纲（Aphasmidea）毛尾目（Trichurata）毛尾科（Trichuridea）毛尾属（*Trichuris*），虫体前部细长，后部粗短，形似马鞭，故也有毛首线虫或鞭虫之称。寄生于家猪和野猪的大肠中引起的一类线虫病。猪毛首线虫感染比较常见，会引发严重的脱水和腹泻现象，重度感染时可引起盲肠炎。

一、病原及生活史

鞭虫虫体呈乳白色，前部为食道部，约占 3/5，外观细长，内含由 1 串单细胞围绕的食道；后部为体部，约占 2/5，外观短粗，内有生殖器和肠管。雌虫体长 40～50 mm，尾直、末端呈圆形；雄虫体长 30～40 mm，尾部呈螺旋状卷曲。虫卵腰鼓状，两端有塞，卵壳厚，呈棕黄色（图 3-61）。

猪鞭虫成虫排出单细胞期的虫卵，随粪便排出到外界环境中，经过 3～4 周发育成为含第 1 期幼虫的感染性虫卵，猪吞食环境中的感染性虫卵后被感染。猪鞭虫的生活史不需要中间宿主，虫卵或幼虫在外界发育到具有感染性后直接感染终末宿主。

二、流行病学

猪鞭虫病的感染度较强、较普遍，四季均有发生，但是虫卵在夏季的孵化率和感染率均高于其他季节，寄生的鞭虫以吸血为主，相关报道指出每条成虫的日吸血量为 0.005 mL。感染重者往往导致死亡，每年养猪业因此病遭受了巨大的经济损失，对养猪业的健康发展也造成一定的威胁。1～4 月龄的仔猪较容易感染和寄生鞭虫，45 日龄仔猪粪便中即可检查出虫卵；4 月龄猪虫卵数目和感染率均显著提高；而对 6 个月龄以上的育肥猪和成年母猪的影响较小，且比较少见相关临床感染报道。

三、临床症状

临床症状表现为精神不振、贫血、消瘦及顽固性腹泻等。少量的猪鞭虫寄生对猪只造成的健康危害不大，但是严重感染时，仔猪则表现出消瘦、血清蛋白降低、贫血、黏膜苍白、皮肤无弹性、被毛无光泽等临床症状。

四、病理变化

猪鞭虫寄生于结肠和盲肠内，虫体头部深入黏膜，引起结肠和盲肠的慢性卡他性炎症，有时还会出现出血性肠炎，通常为瘀斑性出血。剖检可见结肠和盲肠黏膜有出血性坏死、水肿、结节和溃疡（图3-62、图3-63）。猪鞭虫病在临床实践中很容易和猪痢疾、增生性回肠炎等疾病相混淆，不容易鉴别和诊断。

五、实验室诊断

目前，对寄生虫的诊断多为传统显微镜镜检方法。虽然有快速、方便、简单等优点，但对一些形态上不容易区别的虫体或处于其发育期，其检测的准确性还达不到检测和诊断的要求，存在一定的局限性。此外，在分析寄生虫遗传和进化方面，选择一种适合的诊断方法就显得更为重要，在实践中，免疫学诊断和病原组织学诊断都已出现逐渐被分子生物学诊断方法替换的趋势。聚合酶链式反应（polymerase chain reaction，PCR）作为一种现代分子生物学技术，已经在生活的各个领域得到了广泛应用。近年来，在PCR基础上的直接测序方法的建立和使用，使基因间隔序列（ITS）分析成为寄生虫在分子水平上分类和鉴别的有效手段。

六、防治

猪鞭虫感染可采用多拉菌素、左咪唑、阿苯达唑、阿苯达唑、阿维菌素等药物进行驱虫，同时应加强圈养野生动物的地面、圈舍的消毒。及时处理野生动物产生的粪便，防止投喂的食物接触粪便。做好防鼠措施，避免鼠、猫窜入圈舍导致寄生虫的传播和感染。在饲养和接触过程中应当注意防范，加强环境卫生和个人卫生，防止食源性污染是降低感染的有效途径。

（杨飞　吴庆侠）

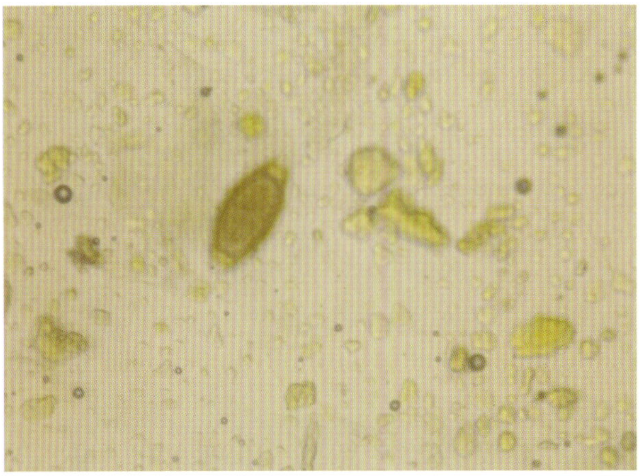

图3-61　猪鞭虫虫卵呈橄榄球形，两端有卵塞

（杨飞　供图）

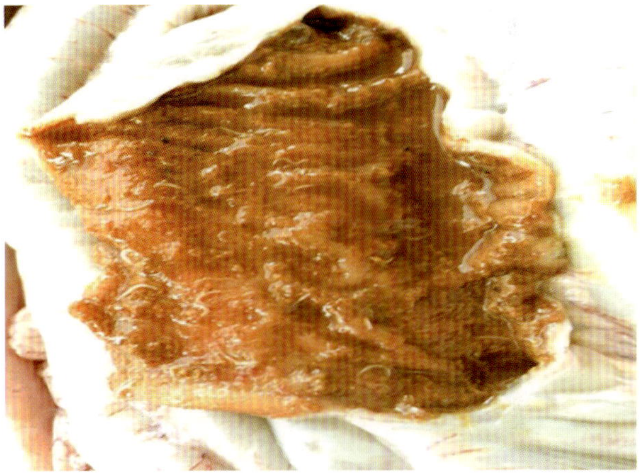

图3-62　病猪剖检可见盲肠上寄生有大量猪鞭虫成虫。引起盲肠的肠黏膜溃疡　（杨飞　供图）

图3-63　病猪剖检可见结肠处吸附鞭虫，伴有出血性肠炎

（杨飞　供图）

第十四节　藏猪旋毛虫病

旋毛虫病是一种全球性分布、严重危害人畜健康的寄生虫病。我国自首例人体感染证实以来，迄今已有西藏、云南、河南等26个省（自治区）70个县（市）发现旋毛虫病。世界上有上千万人感染旋毛虫。国际旋毛虫委员会（ICT）1986至2009年共报告发现65 818起人感染旋毛虫病例。2014年，FAO和WHO参照9个国际标准列出了24种主要寄生虫，而旋毛虫在国际贸易疾病传播中位居第一位。根据农业部2009年发布的第1149号文件，旋毛虫被列入“26种最危险人畜共患病名单”，属于我国二类动物疫病。旋毛虫对我国畜牧业生产、食品安全和贸易也产生重要影响。如今，旋毛虫的防治成本仍然很高。据初步统计，我国每年在旋毛虫检查和防控上花费近22亿元人民币。

一、病原及生活史

猪旋毛虫病的病原为旋毛虫，其属于线形动物门线虫纲毛首目毛形科。虫体比较小，肉眼难以观察。雌虫体长3～4 mm，雄虫体长1．4～1.6 mm，繁殖通过胎生。外观呈前细后粗的形状，白色（图3-64）。旋毛虫的幼虫为肌旋毛虫，长度为1～1.5 mm，在肌纤维膜内能形成椭圆形包囊，且非常小，为0．25～0．5 mm，虫体呈螺旋状蜷缩在囊内（图3-65、图3-66）。猪在采食含有旋毛虫幼虫的饲料或饮水后，幼虫在猪胃中脱离包囊，到小肠内寄生，经过40 h左右，幼虫就能发育成为成虫，当雌雄成虫交配后，雌虫就会产出幼虫。通常在肠道内寄生的雌虫大约经过6周的时间可以产出超过1 500条幼虫。幼虫由肠壁上的淋巴间隙进入淋巴系统中，再从淋巴系统进入血液，后随着血液循环侵入机体内的各处横纹肌。经过2个月左右的时间就会在虫体外形成结缔组织包裹，称之为包囊。这种带有包囊的幼虫具有很强的感染力，能在体内外的环境中长期存活。甚至在－20 ℃的环境中，包囊依然可以长期存活。在－13 ℃低温条件下能够生存12 d，在－72 ℃条件下能够生存6 h，在腐烂的肌纤维中能够生存长达120 d，只有通过70 ℃的温度处理才可以将包囊中存活的幼虫杀死。在猪体内的包囊再经过6～9个月，包囊钙化（图3-67），但幼虫依然可以存活11年左右。

二、流行病学

旋毛虫病是一种世界性动物疫原性寄生虫，分布于世界各地。宿主包括人、猪、鼠、犬、猫、熊、狐、狼、貂和黄鼠狼等49种动物，甚至鲸也可以感染旋毛虫。据试验，许多昆虫，如蝇蛆和步行虫，多能吞咽动物尸体中的旋毛虫包囊，并能使包囊的感染力保持6～8 d，故亦能成为易感动物的感染源。有时宿主吞食了大量含幼虫包囊的肉以后，从粪便中排出未被彻底消化的肌纤维，其中含有幼虫包囊，这种粪便在新鲜的时候，有可能成为其他哺乳动物的感染来源。加之包囊幼虫的抵抗力很强，在－120 ℃时可保持生命力57 d；盐渍或烟熏不能杀死肌肉深部的幼虫，在腐肉里能活100 d以上；因此鼠类或其他动物的腐败尸体，可相当长期的保存旋毛虫的感染力，这种腐肉被易感动物摄食，亦能造成感染。但干燥、高温则很快杀死肌肉中的旋毛虫。

由于西藏畜牧业特定的生产方式，动物和人感染旋毛虫病时有报道，2001年至2009年我区已暴发流行6起，报道的病例达150余人，除一例是食用感染旋毛虫的羊肉所致外，其余均因食用生或半生的感染旋毛虫幼虫的猪肉所致。据有关文献报道，我国的人体旋毛虫病多发于西藏自治区、云南、广西等地，这可能与当地居民饮食习惯和家畜饲养方式有关。林芝市农牧民饲养的生猪以传统方式散养，从而大大增加生猪感染旋毛虫的概率。藏族有生食或半生食牛肉、羊肉、猪肉的饮食习惯，以及青藏高原海拔高、气压低，肉类食物不宜煮熟。李子良等报道的超声波诊断旋毛虫病19例，是因进藏的汉族同志食用未煮熟的猪肉而爆发。

三、临床特征

猪旋毛虫病通常可分成2种类型，即由幼虫导致的肌型和成虫导致的肠型。当猪感染旋毛虫的成虫时，不会表现出典型的临床症状，常出现携带虫体的轻微症状，多为轻微的胃肠炎。但当严重感染时，病猪开始出现体温上升、食欲下降、不断呕吐和腹泻等症状，在粪便中还含有一些血液。体质会迅速下降，通常在2周时间后病猪死亡，未死亡的病猪会转变为慢性发病。肌型的症状表现较为严重，当幼虫在猪的肌肉中侵袭时，肌肉会发炎，此时的病猪体温升高明显，有麻痹和瘫痪等表现，甚至面部和咽喉部的神经也表现出麻痹，病猪的呼吸和咀嚼、吞咽等均受到影响，产生障碍。病程较长的病猪还出现体质消瘦，眼睑和四肢部位出现不同程度的水肿。在发病1个月后，病猪的临床症状会逐渐消失，也不再出现死亡情况，但耐过猪体内依然携带虫体。

四、病理变化

剖检病猪可见主要是肠道和肌肉发生病变。肠道病变主要是肠道黏膜出现水肿，肠黏膜变厚，积聚较多的黏液，并存在不同大小的出血点或者出血斑，这往往是由于幼虫在移行过程中所产生的毒素会破坏血管壁引起。肌肉病变主要是肌浆发生程度不同的溶解，肌纤维肿胀，发生坏死和崩解，肌纤维的横纹消失，往往发现在咬肌、胸肌、膈肌以及腰肌中寄生有大量的虫体，特别是膈肌寄生的更多（图3-68）。另外，病猪的部分实质器官也出现某些病变，如脓肿、出血、纤维蛋白渗出以及脂肪变性等，常见于心脏和肺。

五、诊断

猪旋毛虫诊断方法除流行病学、临床特征、病理学变化诊断外，还可使用实验室检查、免疫学诊断、分子生物学检测等技术。

目前，我国猪旋毛虫病的实验室标准诊断方法有压片镜检法和集样消化法。

1. 压片镜检法

按照OIE提供的诊断方法，收集特定位置的2 mm×10 mm规格的肌肉，用两个载玻片将肌肉压至半透明后镜检。此方法为最直接的且常用于野猪、家猪等动物的旋毛虫检测。对人旋毛虫病而言，通常选定腓肠肌的肌肉进行压片镜检，但此方法需要操作者具备足够的临床经验，且感染初期、无包囊的虫种等不易检出，容易出现漏诊和误诊。在我国动物屠宰检疫中，大多采用目检和镜检相结合的方式，或采用镜检和免疫胶体金检测结合的方式，但都需要投入大量的人力以及时间。

2. 集样消化法

按照欧盟法令（77/96/EEC号令）规定，收集待检动物特定部位的肌肉组织100 g，置于含1%胃蛋白酶和1%盐酸的人工消化液中，放置在磁力搅拌器上，在46～48 ℃环境中充分搅拌30 min，用180目筛网过滤弃肉渣，静止放置30 min，将下层沉淀放置在显微镜下观察，查看其中是否含有旋毛虫。此方法为国际旋毛虫委员会的推荐方法，且发达国家对屠宰动物进行检疫均采用此法。但吴秀萍等认为，不同种属及不同基因型的旋毛虫，在消化温度等不同的外部环境下，肌肉幼虫的回收比例具有显著的差异，而采用现有国际标准的消化法对旋毛虫进行检测，可能会造成结果的偏差。对于感染率低等情况下，可能会出现漏诊。此法虽需要具备严格的实验室环境，但因经济投入低，检出率相对理想，所以大多数国家依然采用集样消化法检测旋毛虫。

免疫诊断学这种方法具备一系列显著的优势，比如所需时间短、便捷、敏感性突出，不仅克服了生物疾病的不足，也降低了误诊错诊的概率，并且可通用于人体以及动物，该方法在旋毛虫检测中广泛运用。具体方法包括：酶联免疫吸附试验（ELISA）、免疫印迹法（Western blot）、补体结合试验（CF）、凝集试验、环幼沉淀试验（CPT）、免疫酶染色试验（IEST）、循环抗原检测。

随着PCR技术及基因序列技术的不断突破，分子生物学方法在旋毛虫病诊断中发挥了积极的影响。另外，由于其具备的敏感性强等优势，获得更多的研究人员关注，成为目前最热门的诊断方法。常见方法有：聚合酶链反应技术（PCR）、环介导等温扩增技术（LAMP）、基因芯片技术。

六、防治

本病的主要预防措施有：①疫情处理。该病在我国被列为二类动物疫病，加之目前该病没有特异性药物，通常来说病猪无须进行治疗，直接进行扑杀，且尸体必须采取无害化处理。当确诊猪场出现发病，要尽快报告给当地动物防疫机构，并在其现场指导下，对养猪场采取完全封锁。全部病猪扑杀后，要运送至指定地点进行焚烧或者深埋等无害化处理。另外，禁止养猪户售卖病死猪。同时，完全清除被病猪污染的垫料、饲料，与病死猪一起采取无害化处理。此外，及时清除舍内粪便，并采取堆积发酵，然后使用常规消毒剂进行消毒，每天上午、下午各1次，连续进行1周。待疫点/区最后1头病猪死亡或扑杀后无害化处理结束，经过15 d观察没有继续出现发病猪，再进行1次全面检疫和消毒后即可解除封锁。②定期驱虫。生猪饲养过程中，每年春、秋季节都要进行1次驱虫。驱虫药物适宜选择使用阿苯达唑、甲苯咪唑、苯硫咪唑等，每千克体重使用40 mL，经过1周再驱虫1次，可有效预防发生猪旋毛虫病。③加强饲养管理。在饲养过程中，禁止猪接触感染源，避免感染和抑制传播。采取标准化、规模化养殖方式，适当调整饲养方式。猪最好采取圈养，禁止放养，禁止混养其他动物。圈舍保持干净卫生，经常进行灭鼠。防止猪接触寄生有旋毛虫的动物粪便、尸体等，更不允许其食入动物尸体，如死亡的老鼠等。另外，禁止给猪饮用洗肉后的剩水，避免食入存在旋毛虫的肉屑。

本病的治疗没有特效药物，通常在临床上对发病猪应用的驱虫药物为甲苯咪唑和丙硫苯咪唑。每天使用的剂量为每千克体重 25～40 mg，将药物分成 3 份进行口服。通常需要用药 5～7 d。这样可以有效驱除寄生在肌肉中的猪旋毛虫幼虫及在其他部位寄生的成虫。

（董海龙　吴庆侠）

图 3-64　雌虫和雄虫切片。可见雌虫体长为 3～4 mm，雄虫体长为 1.4～1.6 mm。外观呈前细后粗的形状，白色

（刘建枝　供图）

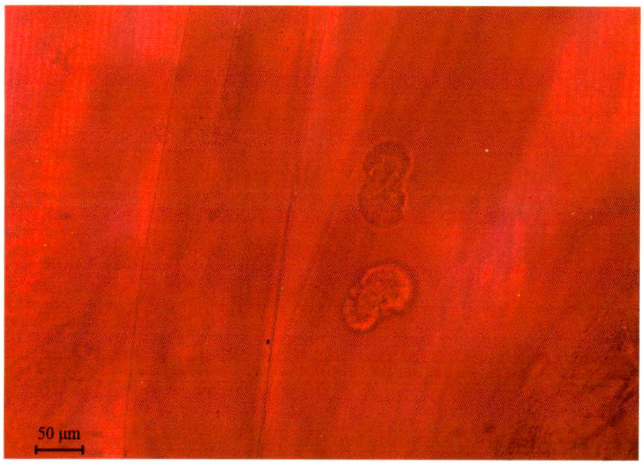

图 3-65 旋毛虫幼虫切片。可见在肌纤维膜内能形成椭圆形包囊，且非常小，为 0.25～0.5 mm，虫体呈螺旋状蜷缩在囊内　（吴庆侠　董海龙　供图）

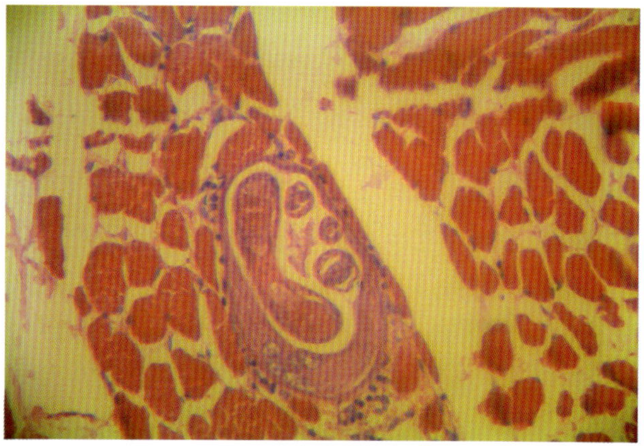

图 3-66 病藏猪咬肌肌肉横断面切片。可见肌横断面中的幼虫包囊，囊包壁有 2 层，外层薄，内层厚，是肌退变及结缔组织增生形成的产物　（吴庆侠　董海龙　供图）

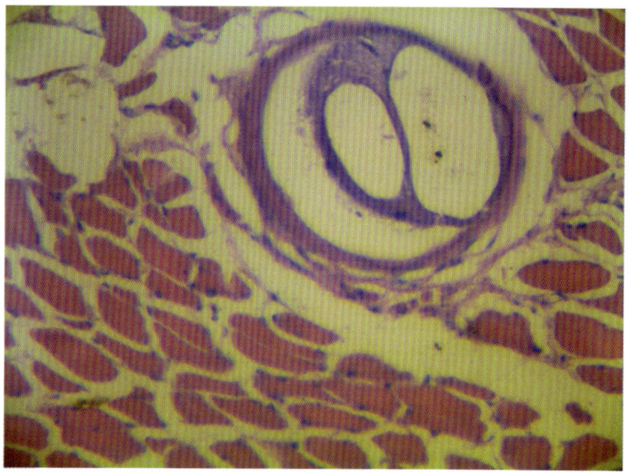

图 3-67 病藏猪咬肌肌肉横断面切片。可见包囊钙化，感染半年后，包囊两端开始出现钙化，表现为蓝染。幼虫存活一定时间后，则逐渐丧失感染能力并随之死亡，最后整个包囊钙化　（吴庆侠　董海龙　供图）

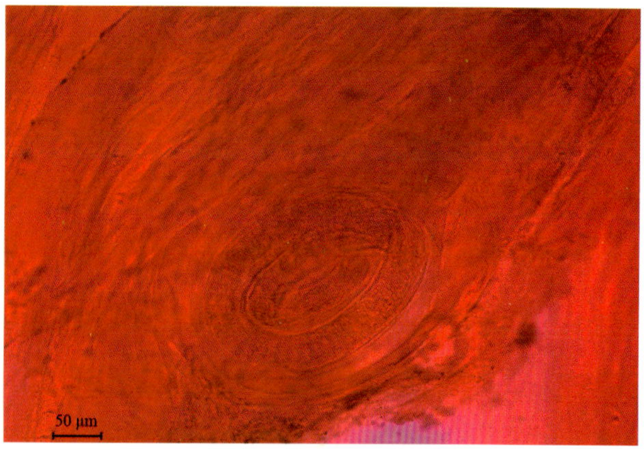

图 3-68 病藏猪膈肌压片可见位于膈肌部位旋毛虫成虫

（吴庆侠　董海龙　供图）

第十五节 藏猪巨吻棘头虫病

猪棘头虫病呈地方性流行，主要发生在放养或农村散养的猪。蛭形巨吻棘头虫除寄生于家猪、野猪等动物外，还可寄生于人，是一种人兽均可感染的寄生虫，但寄生于人小肠的蛭形巨吻棘头虫极少发育成熟。有研究显示，西藏林芝藏猪消化道寄生虫流行情况中蛭形巨吻棘头虫感染率占消化道感染寄生虫的 5.6%。

一、病原及生活史

猪棘头虫病由少棘吻科、巨型属的蛭形巨吻棘头虫(*Macracanthorh ynchus hirudinaceus*)寄生于猪的小肠内引起。虫体是一种大型寄生虫，借助吻突固定在肠壁上，在寄生部位的浆膜上，可见黄豆至豌豆大小的淡黄色结节。虫体呈乳白色或淡红色，圆柱形，前面部分粗，向后逐渐变细，虫体表面有横皱纹(图 3-69)。吻突小，呈球形，有 5～6 纵列呈螺旋形排列的吻钩，每列 6 个，共计 30～36 个。吻腺发达呈带状。

雄虫体长 50～113 mm。睾丸 2 个，呈椭圆形，前后排列于虫体的中部。黏液腺 8 个，呈长椭圆形。交合伞呈钟罩状。

雌虫体长 310～692 mm，体内充满不同发育时期的虫卵。

虫卵呈深褐色，长椭圆形，两端稍尖，大小为(87～102) μm×(43～56) μm。卵壳厚，其上布满不规则的沟纹，卵内含棘头蚴。

巨吻棘头虫的中间宿主为金龟子、天牛等甲虫。寄生于猪小肠的雌虫产出虫卵后，虫卵随粪便排出体外，被中间宿主吞食后释出棘头蚴，棘头蚴穿过肠壁进入体腔，发育至棘头体。从虫卵进入中间宿主发育至棘头体，需 1.5～2.0 个月，再经 2～3 个月后棘头体发育至棘头囊，棘头囊为一个椭圆形、乳白色的囊状体。中间宿主感染虫卵的季节不同，虫卵发育至棘头囊所需要的时间长短也不一样，如果在 6 月份以前感染，需要 3.5～4.0 个月，最短的为 35 d；如果在 7 月份以后感染，需要 12～13 个月。猪吞食了含棘头囊的中间宿主(甲虫的成虫、幼虫或蛹)而受到感染。在猪的消化道内，棘头囊破囊而出，以其吻突固定在小肠壁上，经 3～4 个月发育至成虫。

二、流行病学

本病呈地方性流行，土壤湿润的 6—7 月份多发。8～10 个月龄的猪感染率较高。猪巨吻棘头虫主要寄生在猪和野猪的小肠内，偶尔可寄生于人、犬、猫的猪巨吻棘头虫生活史体内，中间宿主为鞘翅目昆虫。其发育过程包括虫卵、棘头蚴、棘头体、感染性棘头体和成虫等阶段。虫卵随宿主粪便排出体外，由于对干旱和寒冷抵抗力强，在土壤中可存活数月至数年。当虫卵被甲虫的幼虫吞食后，卵壳破裂，棘头蚴逸出，并穿过肠壁进入甲虫血腔，在血腔中经过棘头体阶段，最后发育为感染性棘头体，约需 3 个月。感染性棘头体存活于甲虫发育各阶段的体内，并保持对终宿主的感染力。当猪等动物吞食含有感染性棘头体的甲虫，包括幼虫、蛹或成虫后，在其小肠内经 1～3 个月发育为成虫。人则因误食了含活感染性棘头体的甲虫而受到感染，但人不是猪巨吻棘头虫的适宜宿主，故在人体内，棘头虫大多不能发育成熟和产卵。雌虫在小肠中产卵，每条雌虫每天可排卵 25 万个以上，并持续排卵 10 个月。虫卵卵壳厚，对外界环境中各种不利因素的抵抗力很强，在 −16～−10 ℃低温下，仍能存活 140 d。在干燥与潮湿交替变换的土壤中，温度为 37～39 ℃时，虫卵能存活 1 年，在 5～9 ℃中可以生存 551 d。但在干燥环境中，几天即可死亡，在 55～66 ℃的温度下，15～30 min 即可死亡。本病主要感染 8～10 月龄猪，在流行严重的地区感染率可达 60%～80%。本病的感染季节与中间宿主金龟子的活动季节一致。金龟子一般出现在早春至六七月份，因此，春、夏季为猪棘头虫病的感染季节。放牧猪比舍饲猪感染率高，后备猪较仔猪感染率高。

三、临床特征

本病多在幼猪且在秋后发病，临床上因感染程度的轻重而表现症状不一。当感染较多时，可见食欲减退、腹痛、便血，呈周期性发作，有时患畜以腹部着地爬行。病程延长则呈现生长发育缓慢、消瘦。当发生肠穿孔时，可呈现极度衰弱，不愿起立，食欲废绝，体温升高到 41 ℃，腹壁紧张，以手压之有疼痛、最后死亡。

四、病理变化

剖检时可见黏膜苍白，在空肠和回肠的浆膜上有灰黄色或暗红色的小结节，其周围有红色充血带。肠黏膜发炎，严重的可见到肠壁穿孔，吻突穿过肠壁，咬着在附近的浆膜上，并引起粘连。肠壁增厚，有溃疡病灶。严重感染时，肠道塞满虫体（图 3-70），有时因肠破裂而导致死亡。

五、诊断

生前可用反复沉淀法或硫代硫酸钠饱和溶液漂浮法进行粪检，找到虫卵。其中以反复沉淀法效果较好。病猪死后剖检可在小肠壁上找到虫体。在实际工作中，有时将棘头虫误认为猪蛔虫。蛔虫体表光滑，游离在肠腔中，虫体多时常聚集成团；而棘头虫体表有环状皱纹，以吻突深深地固着在肠壁上，不聚集成团。

六、防治

（一）预防

需要加强饲养管理，搞好猪圈卫生，防止猪到处携土，吞食各期中间宿主。猪粪要及时清理并进行发酵处理，杀死蛴螬（金龟子的幼虫）和甲虫幼虫。每 2～3 个月对猪进行 1 次粪检，发现病猪转为以舍饲为主或及时处理。

（二）治疗

1. 西药疗法

疗法 1：病猪按每千克体重用 10%硫酸尼古丁 0.23 mL 和四氯化碳每千克体重 0.4 mL 的合剂内服，有良效；或用四氯乙烯内服，按每千克体重 0.2 mL。哌嗪化合物和二硫化碳合剂也有一定疗效。疗法 2：精制敌百虫，按每千克体重 0.1～0.2 g，加水适量，一次灌服，或用其 10%溶液，按每千克体重 1 mL，肌肉注射。疗法 3：使用左旋咪唑，按每千克体重 15～20 mg，口服，对成虫有效。疗法 4：使用丙硫苯咪唑，按每千克体重 100 mg，口服。疗法 5：使用丙硫苯咪唑吡喹酮复合剂，剂量各为按每千克体重 50 mg 口服。疗法 6：使用二氯酚，按每千克体重 0.5 g，口服。

2. 中药疗法

可服用化虫汤。药方为用鹤虱 5 g、使君子 5 g、槟榔 5 g、芜荑 5 g、雷丸 5 g、贯众 10 g、炒干姜 3 g、附子 2 g、乌梅 5 g、诃子肉 5 g、大黄 5 g、百部 5 g、木香 3 g、榧子 5 g，共为末，蜂蜜 50 mL 为引，开水冲调，空腹灌服。灌药后隔 1 h 再灌液体石蜡 100 mL。

3. 手术治疗

准备常用手术器械 5%左旋咪唑注射液适量，消毒药品和纱布适量。病猪在术前停食 1 顿，然后进行手术操作除去棘头虫虫体。手术具体操作如下：患猪右侧横卧保定，术部（左肷部即母猪大桃花部位）常规消毒，取半月形切口，打开腹腔后，用消毒纱布围住创口四周，将小肠逐段拉出创外，查找虫体。如见小肠浆膜上有黄豆大的灰黄色结节，即为寄生的虫体（头部）。用注射器吸取 5%左旋咪唑注射液，用细针头，对准结节中央部位穿刺肠壁并进入虫体头部，后随即注入上述药液，每个结节注 0.1 mL，注射后，虫体即脱离肠壁，发生痉挛，十多个小时后，虫即随粪便排出。整个肠管检查完毕后，按常规缝合腹腔，消毒处理。

（董海龙　吴庆侠）

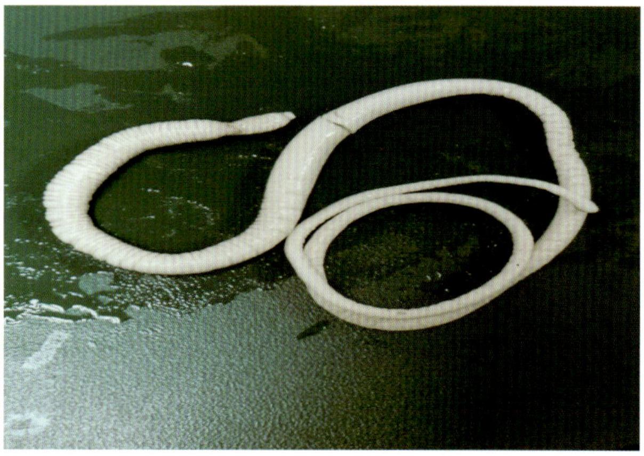

图 3-69　巨吻棘头虫，虫体呈圆柱形，前面部分粗，向后逐渐变细，虫体表面有横皱纹　（米玛顿珠　供图）

图 3-70　藏猪肠道塞满虫体　（李家奎　供图）

第十六节 猪囊等孢球虫病

猪球虫病(swine coccidiosis)是一种严重危害养猪业的肠道寄生原虫病，该病主要由等孢属(*Isospora*)和艾美耳属(*Eimeria*)球虫寄生于猪小肠上皮细胞，引起仔猪腹泻、消瘦及发育受阻，其中猪等孢球虫(*Isospara suis*)致病力最强、流行最广泛，寄生于猪的肠道，常寄生在空肠和回肠；可以引起仔猪发生腹泻、消瘦等症状，对新生仔猪造成严重的危害甚至死亡，对养猪业造成巨大的损失。

一、病原

猪囊等孢球虫(*Cystoisospora suis*)，原名为猪等孢球虫，过去被归类为艾美耳科的等孢属球虫(*Isospora*)，现被一致认为归类于顶复亚门(Apicomplexa)孢子虫纲(Sporozoea)真球虫目(Eucoccidiida)肉孢子虫科(Sarcosporidae)的1个新的属——囊等孢属(*Cystoisospora*)(Barta et al, 2005)。卵囊大小为(11～35) μm×(9～20) μm，未孢子化卵囊，其形态大部分呈球形，也有小部分呈亚球形；可见光滑的双层壳，卵囊内残渣由不同大小的颗粒物质构成，大小约为19 μm×18 μm。分离猪囊等孢球虫单卵囊，纯化后经培养后得到具有感染能力的孢子化等孢球虫卵囊，大小约为17 μm×16 μm，卵囊壁厚度大小约为1.5 μm，其形态学显示孢子化卵囊内有2个孢子囊，孢子囊大小约为10 μm×8 μm，每个孢子囊中有四个子孢子，且可见1个大圆形残体和2个子孢子。

二、生活史

猪囊等孢球虫卵囊随着猪粪便被排出到外界环境中，在外界完成孢子化阶段，猪误食具有感染性的孢子化卵囊而感染。猪囊等孢球虫的发育过程需要经历裂殖生殖、配子生殖和孢子生殖3个阶段，其中，孢子生殖阶段在外界环境中完成，裂殖生殖和配子生殖阶段在猪的肠黏膜上皮细胞内进行。孢子化阶段是从不具有感染能力的未孢子化卵囊变成具有感染能力的孢子化卵囊的阶段，这一阶段是该寄生虫能否感染宿主的关键阶段。刚排出的粪便中的等孢球虫卵囊均是没有感染能力的未孢子化卵囊，在温度(20～37 ℃)适宜的条件下，经1～3 d的孢子生殖发育成为具有感染力的孢子化卵囊。

三、流行病学

猪囊等孢球虫感染在我国各地呈流行性分布，且呈逐年上升的趋势，感染率为5.74%～100%不等，在发酵床饲养的环境状况下，其感染率和发病率尤为严重。猪囊等孢球虫引发的猪球虫病呈全球性流行分布，意大利、丹麦、法国、葡萄牙、马来西亚、澳大利亚等国家的调查结果显示，45%～100%的猪场存在猪囊等孢球虫感染，仔猪发病率高于26%，占仔猪腹泻性疾病的15%～20%。有学者指出，猪场规模化越大，其仔猪等孢球虫感染率越高。猪囊等孢球虫是引发7～14日龄仔猪腹泻的重要病原，后备母猪、产房母猪多数为无症状的带虫宿主。常引起一窝仔猪同时或先后发病，仔猪发病后由于肠道被破坏，一方面导致其他细菌病和病毒病的继发感染，严重者导致死亡；另一方面，该球虫在小肠上皮细胞的寄生严重影响了小肠对营养物质的吸收功能，导致仔猪发育受阻、生猪饲养全程料肉比增高，严重影响了经济效益，给农业生产带来无法估量的损失。

四、临床症状

猪囊等孢球虫感染常见于母猪与仔猪，表现为呕吐、腹泻、消瘦、水肿、贫血、食欲下降、体温升高、精神沉郁等多种症状，引发哺乳仔猪肠炎和腹泻的流行，导致患畜体形消瘦、贫血、脱水，后期出现呼吸神经症状，甚至导致病患死亡(图3-71)。

五、病理变化

剖检的病理变化发现发病仔猪空肠和回肠膨胀，有针尖大的红色出血点。空肠和回肠有一定程度的变薄增粗，可见增生性炎症。十二指肠水肿肥厚，大肠则几乎没有病变(图3-72)。在肝和肾表面可见针尖状红色出血点，肺组织表面充血。发生病变的肠上皮吸收功能下降，从而引起体液丢失和腹泻。猪囊等孢球虫主要侵害仔猪小肠，造成肠上皮吸收功能下降，从而造成机体体液流失，继而导致发病仔猪脱水消瘦，营养不良，发育缓慢，从而降低仔猪的免疫力，致使发病仔猪易感染其他病原。病理组织学分析显示十二指肠、空肠和回肠的毛细血管扩张，管腔内充满红细胞；十二指肠腺严重损失，出现炎性细胞浸润；回肠淋巴小结周围充血，黏膜肌层充满红细胞，黏膜下层有炎性细胞浸润等病理变化（图3-73至图3-75）。

六、实验室诊断

1.粪便卵囊检测

（1）直接涂片法　取普通水1～2滴放于载玻片上，通过牙签挑取芝麻大小的被检粪便与之混匀，剔除粗粪渣，加上盖玻片镜检虫卵，若能在粪样中检测到虫卵或者卵囊，可判断该猪感染寄生虫。观察虫卵或卵囊的形状及内部结构，并测量其大小，根据相关资料对虫卵/卵囊加以鉴定。

（2）饱和盐水浮卵法　称取2 g被检粪便于1个小烧杯中，加入10 mL饱和盐水，搅匀，再加入50 mL饱和盐水混匀；用80目铜筛网过滤后将滤液混匀后，用移液管将粪液加入麦氏计数板的2个计数室内，置计数板于显微镜载物台上，静置1～2 min后，对该2个室内的虫卵或卵囊计数。求出其被检粪便中的虫卵或卵囊OPG值（每克粪便中的虫卵或卵囊数）。OPG＝2个计数室内的虫卵或卵囊总数×100。

（3）沉淀法　将被检家畜粪便定量（5 g），用定量粪便3～5倍体积的水调成羹。然后用铜筛网过滤，并用适量水边冲洗边过滤。将滤液沉淀20 min，弃上清液，再加水沉淀，重复3次。弃适量上清液，用量筒对该沉淀液定量（Y mL）。充分摇匀沉淀液后，迅速将部分沉淀液移至“计数器”的2计数室内。在显微镜下，观察计数器2计数室内的寄生虫虫卵，并计数：

EPG＝计数器2计数室内的卵囊×Y mL（粪便沉积液体积）÷X g（粪便重量）÷0.2。

（4）Mini-Flotac检测法　由Fill-Flotac和Mini-Flota装置构成。Fill-Flotac装置包括盖子与刻度容器瓶两个部件，盖子部分由收集器（均化器杆）和过滤器组成；Mini-FLOTAC装置包括基座和读取盘两个物理部件，以及旋转的钥匙和显微镜适配器两个附件。依照该装置说明上提供的网站上的操作说明进行组件装配，样品处理及实验操作。对2个浮选室的卵囊数量进行计数，采用公式Oocysts per gramme /Eggs per gram of faeces（OPG/EPG）＝两个浮选室的卵囊个数之和×10，即可得到每克粪便中的卵囊数。

2.免疫学诊断

在寄生虫免疫学诊断中，常用血清学反应来诊断家畜是否感染球虫。利用寄生虫和宿主之间的抗原抗体进行免疫学的诊断，通过凝集反应（agglutination reaction）产生相应的反应现象用于寄生虫诊断，提高了寄生虫疾病的诊断效率。目前，关于肠道寄生虫病的诊断，已经建立酶联免疫吸附试验ELLSA（双抗体夹心法和间接法）、琼脂糖扩散试验AGID、皮内变态反应（TST）、胶体金快速诊断技术（IHA）、间接免疫荧光（IFA）、间接血凝试验（IHA）、环卵沉淀法（COPT）。

3.分子生物学诊断

传统方法难以定种的虫株采用分子分类学研究方法，对其核糖体DNA（rDNA）的ITS基因序列测定分析，确定虫株的分类地位；对优势虫体的部分线粒体（mtDNA）的cox1、nad1等遗传标记基因序列进行分析，确定优势虫株的进化关系。随着分子生物技术在寄生虫鉴定的不断发展，核糖体DNA（ribosomal DNA，rDNA）、线粒体DNA（mitochondria DNA，mtDNA）等遗传标记均可作为寄生虫种属鉴定、种间和种内的遗传变异、遗传多样性分析、系统发育进化分析等理想标记。核糖体DNA的内转录间隔区（internal transcribed spacer，ITS）基因序列已在球虫、蛔虫、吸虫等各类寄生虫的分类上做了大量的研究。目前对猪囊等孢球虫的研究还主要集中在流行病学调查、分子诊断、免疫保护以及药物治疗研究等方面。

七、防治

临床上由于对其排卵囊规律不清楚，从而造成对该病防治效果不佳。猪囊等孢球虫主要侵害仔猪小肠，造成肠上皮吸收功能下降，从而造成机体体液流失，继而导致发病仔猪脱水消瘦，营养不良，发育缓慢，从而降低仔猪的免疫力，致使发病仔猪易感染其他病原。猪囊等孢球虫病不仅是规模化养猪场常见的疾病之一，在散养模式下同样高发。采用2.5%妥曲珠利、磺胺类药等药物进行驱虫；同时加强饲养管理，加强猪场圈舍的消毒，及时处理猪产生的粪便，防止投喂的食物接触粪便，做好防鼠措施。

（杨飞　吴庆侠）

图 3-71　感染仔猪出现腹泻现象　（杨飞　供图）

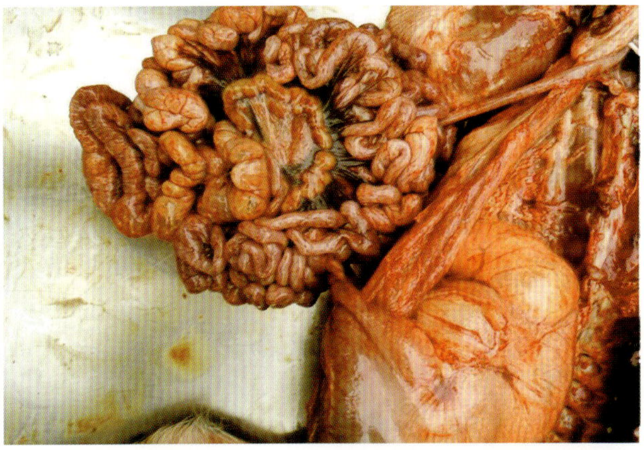

图 3-72　病猪剖检可见小肠水肿肥厚，有纤维素渗出液，肠系膜淋巴结肿大　（杨飞　供图）

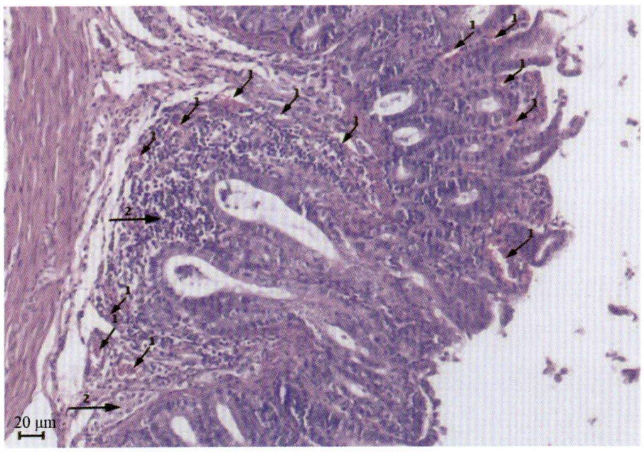

图 3-73　病猪十二指肠切片，可见：箭头 1. 十二指肠黏膜固有层血管扩张、充血；箭头 2. 十二指肠黏膜固有层炎性细胞浸润　（杨飞　供图）

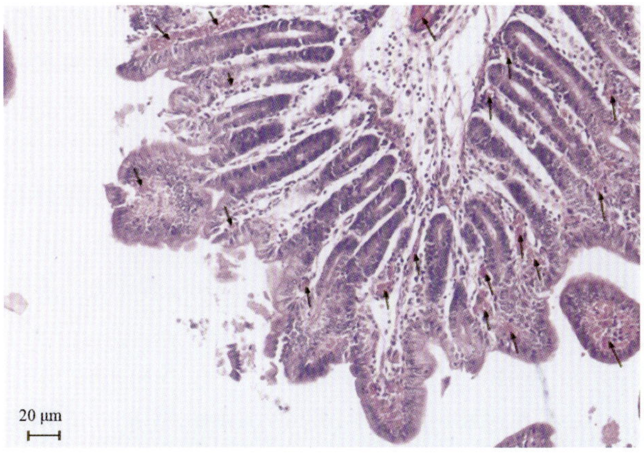

图 3-74　病猪空肠切片可见固有层和黏膜下层毛细血管扩张，管腔内充满红细胞　（杨飞　供图）

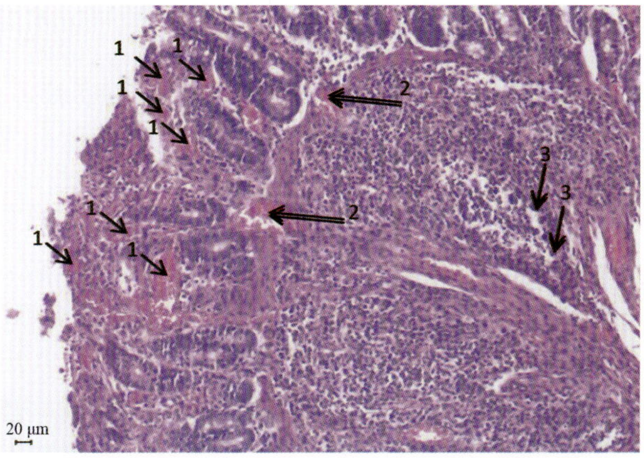

图 3-75　病猪回肠切片，可见：箭头 1. 回肠黏膜固有层血管扩张充血；箭头 2. 黏膜肌层充满红细胞；箭头 3. 黏膜下层有炎性细胞浸润　（杨飞　供图）

第十七节　猪住肉孢子虫病

住肉孢子虫病是一种重要的人兽共患寄生虫病，呈全球性分布，感染率高，危害大，广泛发现于爬行类、鸟类和哺乳类动物。其中比较常见的有猪住肉孢子虫、牛住肉孢子虫、羊住肉孢子虫、马住肉孢子虫、鼠住肉孢子虫和人住肉孢子虫。在家畜感染住肉孢子虫后，通常不表现临床症状，如肌肉内有大量虫体寄生，可引起肌肉变性不能食用，而造成一定的经济损失。

一、病原及生活史

住肉孢子虫病是由孢子虫纲真球虫目肉孢子虫科住肉孢子虫属原虫寄生于宿主的肌肉内引起的一

种原虫病。文献记载住肉孢子虫属有130多个虫种，其中寄生在家畜的有20多种。我国南方的水牛和黄牛，北方的绵羊和山羊常有发现，感染率可高达70%～100%。

住肉孢子虫的种类较多，危害的宿主动物分布广泛；同一种动物可有多种住肉孢子虫寄生。现认为寄生于猪的住肉孢子虫有米氏住肉孢子虫、猪住肉孢子虫、野猪住肉孢子虫。

住肉孢子虫在不同发育阶段有不同的虫体形态，主要有包囊、裂殖体、配子体和卵囊等。包囊寄生于中间宿主的肌肉中，对终末宿主具有感染性。卵囊在终末宿主的肠道细胞内形成，孢子化后随粪便排出体外，对中间宿主具有感染性。

(1)包囊又称米氏囊，寄生在动物的肌肉(骨骼肌、心肌)中，多呈纺锤形(图3-76、图3-77)、即柱形或卵圆形，呈灰白色或乳白色，小的肉眼难于看到，大的可达数厘米。囊壁由两层组成，内壁向囊内延伸，构成很多中隔，将囊腔分为若干小室(图3-78)。在发育成熟的包囊中，小室中藏着许多肾形或香蕉形的慢殖子(滋养体)，又称为南雷氏小体(Rainey's corpuscle)，长为10～12 μm，宽为4～9 μm，一端稍尖，一端稍钝(图3-79)。

(2)卵囊中呈卵圆形或亚球形，均含有2个卵圆形的孢子囊，每个孢子囊含有4个香蕉形的子孢子和一团或分散状的残余体。卵囊壁很薄，易破裂，因此从粪便中检查到的多半是孢子囊。

住肉孢子虫是专性、异宿主性寄生虫，即要分别在中间宿主和终末宿主体内发育，才得以完成其生活史。中间宿主是草食动物、杂食动物、禽类、啮齿类和爬行类等；终末宿主是肉食动物(猫、犬、狼、狐等)和人。终末宿主吞食了中间宿主的包囊之后，囊壁被消化，慢殖子逸出，钻入小肠黏膜的固有层，直接发育为大配子体和小配子体，无裂殖生殖阶段。小配子体又形成许多小配子，然后大、小配子结合为合子，最后形成卵囊，卵囊在肠壁上完成孢子化。卵囊壁薄而脆弱，常在肠内自行破裂。因此，在粪便中常见的虫体为含子孢子的孢子囊。孢子囊被中间宿主吞食后，子孢子经血液循环到达各脏器，在血管内皮细胞中进行裂殖生殖，产生裂殖子，通常进行两代裂殖生殖，然后裂殖子进入肌细胞发育为包囊，再经1个月或数个月发育成熟。

中间宿主吃到包囊，或终末宿主吃到孢子囊均不能感染。中间宿主体内的裂殖子可经血液实验性感染受体动物，也可经胎盘自然传染给幼畜。

二、流行病学

终末宿主粪便中的卵囊和孢子囊是造成家畜肉孢子虫病的感染来源。由于终末宿主粪中的孢子囊可通过鸟类、蝇和食粪甲虫而散播；孢子囊对外界环境的抵抗力强，终末宿主又可较长期排出孢子囊并且由于不产生免疫力，可以多次重复感染，造成环境严重污染；又因中间宿主和终末宿主生活在同一环境中，接触频繁，所以住肉孢子虫感染十分普遍。国内调查显示，黄牛感染率为55.9%～94%，水牛为70%～100%，绵羊为65.5%～59.7%，山羊为81.9%～100%，猪为8.6%～76%不同地区家畜住肉孢子虫感染率的波动范围较大，主要与人们的生活习惯和动物的饲养管理方式有关，感染率也随动物年龄增长而有增高趋势，成年家畜明显高于幼年家畜。

三、临床特征

病猪出现食欲不佳，体温升高(人工感染10～15 d可达41.5 ℃)，贫血及体重减轻等。由于住肉孢子虫可分泌肉孢子虫毒素，能引起肌细胞变性及肌束膜的反应性炎症。当猪严重感染时(每千克猪膈肌有40个以上虫体)则表现不安，腰无力出现肌肉僵硬和后肢短期瘫痪，并有呼吸困难等现象。

四、病理变化

剖检可见在猪食道、膈肌和心肌发现虫体。肾色苍白，胃及肠黏膜充血，胸腹水增加，肌肉水样，褪色，含有小白点，陈旧病灶已经钙化，小囊周围有细胞浸润。有时肌肉萎缩或断裂，只见结晶颗粒，并无幼虫存在。住肉孢子虫包囊呈现栅栏状外观。包囊与肌肉有的部分紧密连接，有的地方出现间隙(图3-80)。有包囊的肌纤维与正常肌纤维相比，其肌束边缘不整齐，肌束内色泽深浅不一，推测有的肌纤维可能发生了水肿或断裂(图3-81)。

五、诊断

1. 生前诊断

主要采用血清学方法，目前建立的方法有间接血凝试验、酶联免疫吸附试验、间接荧光抗体技术、免疫组化技术、琼脂扩散试验等，大多是以包囊或纯化的缓殖子作抗原，检测动物血清的特异性抗体，一般在感染 4～5 周可测到特异性的 IgG，这些方法比较适用于慢性住肉孢子虫病的调查，而不适用于急性住肉孢子虫的早期诊断。较先进的方法是采用酶联双抗夹心法（DAS ELISA）检测感染动物血清中的循环抗原，分别在人工感染后的第 3 天、第 4 天和第 7 天就检测到循环抗原，其反应效价的峰值与肉孢子虫的无性生殖世代周期相对应。

2. 死后诊断

比较容易，可根据在肌肉组织中发现的包囊而确诊。肉眼可见与肌纤维平行的白色带状包囊。在制作涂片时，可取病变肌肉压碎，在显微镜下检查香蕉状的慢殖子，也可用吉姆萨氏染色法染色后观察。作组织切片时，可见到住肉孢子虫囊壁上有辐射状棘突，包囊中有中隔，小室内有慢殖子。

六、防治

预防的关键是切断传播环节。其主要是在屠宰时将寄生有住肉孢子虫的肌肉、脏器和组织剔除烧毁，不让肉食动物有摄食的机会。禁止犬、猫及其他肉食动物接近家畜，避免其粪便污染饲养场，草料和水源。同时，还应及时埋葬或焚毁废弃的动物尸体，禁止用生肉或下水喂狗、猫等动物。

目前尚无特效的药物。在实验条件下，对牛按每千克体重喂服 100 mg 的氨丙啉，可减少牛接种枯氏住肉孢子虫所引起的病理损伤。

（董海龙　吴庆侠）

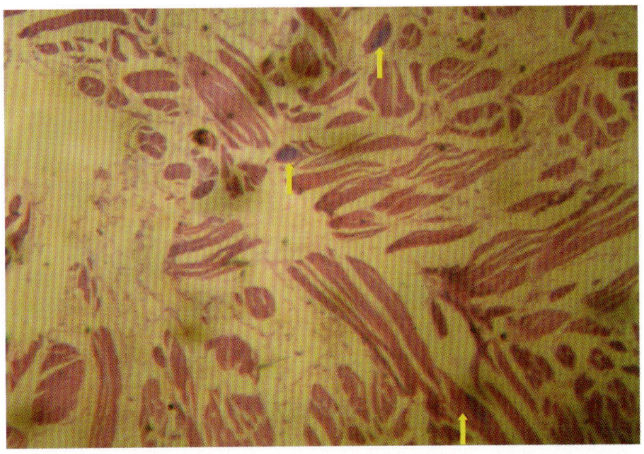

图 3-76　病猪肌纤维切片可见肌纤维内大小、形状不等的包囊，如箭头所指　（吴庆侠　董海龙　供图）

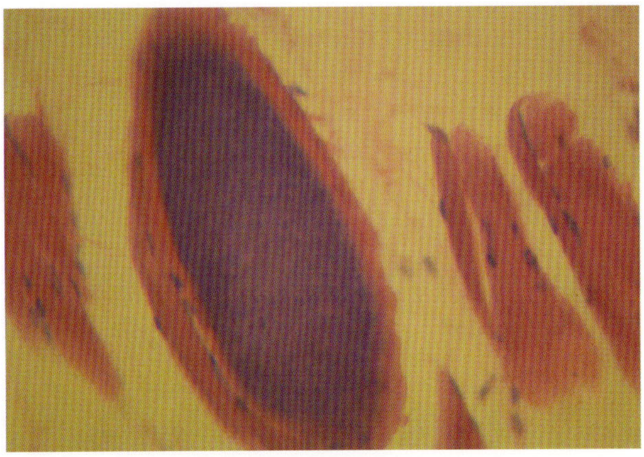

图 3-77　病猪肌纤维切片可见肌纤维内住肉孢子虫包囊，包囊内蓝色部分为慢殖子，该慢殖子排列较为细腻

（吴庆侠　董海龙　供图）

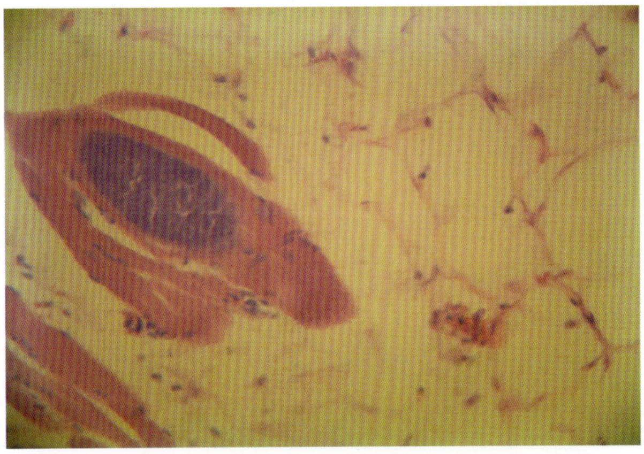

图 3-78　病猪肌纤维切片可见包裹猪肉孢子虫的囊壁由两层组成，内壁向囊内延伸，构成很多中隔，将囊腔分为若干小室　（吴庆侠　董海龙　供图）

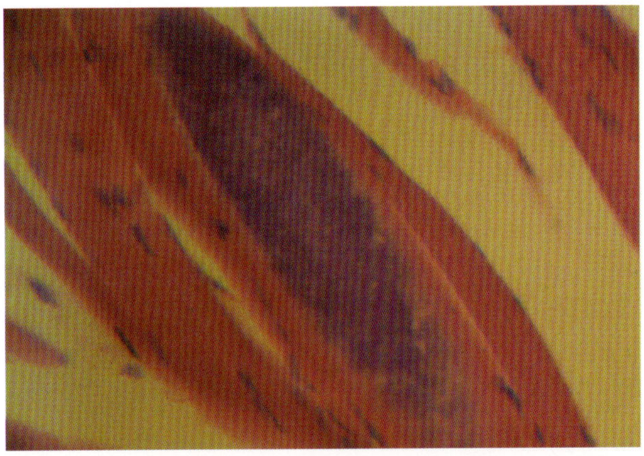

图 3-79　病猪肌纤维切片可见肌纤维内住肉孢子虫包囊，包囊内蓝色部分为慢殖子，该慢殖子排列较为疏松。包囊内有许多肾形或香蕉形的慢殖子（滋养体）

（吴庆侠　董海龙　供图）

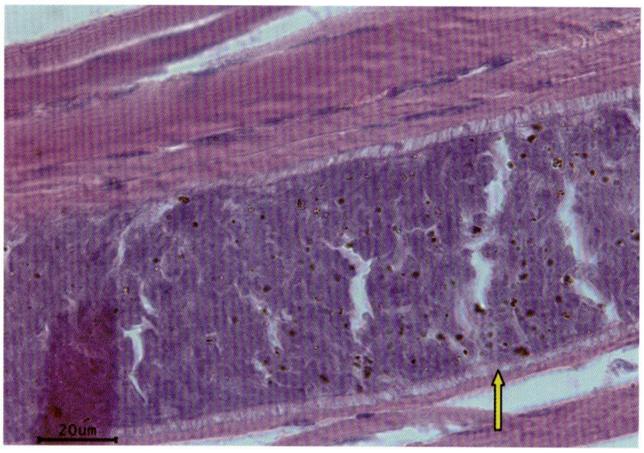

图 3-80 病猪肌纤维切片可见住肉孢子虫虫体包囊呈现栅栏状外观(黄色箭头)。包囊与肌肉有的部分紧密连接(上面部分),有的地方出现一定的间隙(下面部分)

(吴庆侠 董海龙 供图)

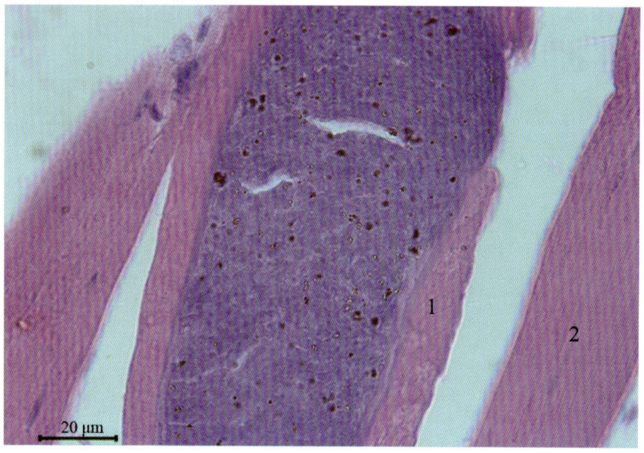

图 3-81 病猪肌纤维切片可见有包囊的肌纤维与正常肌纤维相比,其肌束边缘不整齐,肌束内色泽深浅不一。图中 1. 部分不正常,2. 部分正常 (吴庆侠 董海龙 供图)

第十八节 猪结肠小袋纤毛虫病

结肠小袋纤毛虫病(balantidiasis)是由纤毛虫门(Ciliphora)动片纲(Kinetofragminophorea)毛口目(Trichostomatida)小袋虫科(Balantidiidae)小袋虫属(*Balantidium*)的结肠小袋纤毛虫(*Balantidium coli*)引发的一类人兽共患原虫病。其寄生于多种宿主体内,主要包括猪、人类以及非人灵长类动物,偶尔也可感染牛、马、绵羊、山羊、骆驼以及啮齿动物。结肠小袋纤毛虫主要寄生在人和猪的结肠和盲肠,家猪和野猪被认为是储存宿主。

一、病原

在发育过程中,病原分为具有运动型的滋养体(30～150 μm)(图 3-82)和包囊(40～60 μm)(图 3-83)2 个阶段,采用直接涂片法就能检测到运动型滋养体,饱和食盐水漂浮法检测包囊更为敏感。结肠小袋纤毛虫虫体前端略尖,其腹面有一个胞口,后端略钝圆,有一个不甚明显的胞肛,体表有表膜和斜纵排列纤毛。

二、生活史

结肠小袋纤毛虫的生活史较为简单,即存在滋养体和包囊 2 种生存形式下相互的转换。滋养体在胃酸作用下,会迅速死亡,因此,猪因吞食了感染猪排放到外界环境中的包囊而感染,包囊壁经消化液的作用,虫体逸出变为一个特殊时期,即在小肠中具有运动性的滋养体,并且进入大肠定居。该滋养体以肠壁脱落细胞、淀粉、细菌、肠内容物中的糖类、红细胞和白细胞等作为营养物质。滋养体主要以横二分裂法繁殖为主,在不利环境或其他条件下,滋养体可转变为包囊。通常情况下,可在其宿主的大肠内容物、新鲜粪便中发现大量的滋养体和少量的包囊。

三、流行病学

猪结肠小袋纤毛虫在全球各地都有感染,主要分布于温度和湿度较高的热带和亚热带地区。该病在亚洲国家的患病率最高,在我国的很多地区均有报道。结肠小袋纤毛虫在猪中感染率范围为 0.7%～100%,罗厚强等采集林芝市 73 份藏猪粪便进行寄生虫病流行情况的调查,结果表明在藏猪的感染率为 6.8%(5/73)。

四、临床症状

本病临床表现可因宿主的种类、年龄、饲养管理条件等因素的存在而出现较大差异。猪是最常见宿主。其病程表现为急性和慢性两种类型。急性型多见突然发病,呈水样腹泻,腹泻物内带有黏膜碎片和血液,恶臭。病猪可能因脱水而于发病后 2～3 d 内死亡。慢性型病例可持续数周至数月,病猪食欲基本正常,但长期排出糊状粪便,其内混有未消化的饲料颗粒。

五、病理变化

猪结肠小袋纤毛虫所引起的肠组织的病理变化表现为受损的肠黏膜充血、出血、水肿、糜烂和溃疡。溃疡呈火山口状，边缘呈锯齿状，周围黏膜充血水肿。细胞反应为淋巴细胞和嗜酸性粒细胞浸润。病变一般不向深层发展，偶见侵入肌层引起肠穿孔。

六、实验室诊断

结肠小袋纤毛虫的滋养体较大且具有运动性，直接涂片法检查新鲜粪便很容易找到。取普通水1～2滴放于载玻片上，通过牙签挑取芝麻大小的被检粪便与之混匀，剔除粗粪渣，加上盖玻片镜检虫卵，若能在粪样中检测到虫卵或者卵囊，可判断该猪感染寄生虫。观察虫卵或卵囊的形状及内部结构，并测量其大小，根据相关资料对虫卵/卵囊加以鉴定。结肠小袋纤毛虫可用(1∶5)～(1∶100)的鲁格氏液稀释液和HE法进行染色，但HE染色会使细胞质渐渐浓缩，细胞核也会变得不清楚，并且过度着色的包囊常常会被误认为是蠕虫卵。目前美国疾病控制中心推荐的三色染液染色法，可直接将粪便沉渣染成淡绿色或浅红色；滋养体细胞质染成绿色；细胞核呈深绿色；纤毛不着色；包囊呈红色。此方法操作简单，节省时间。

七、防治

猪结肠小袋纤毛虫可用土霉素、四环素等药物进行治疗，效果明显，用药时需要遵守相关的法律和法规，注意使用剂量和停药期限。使用0.1%福尔马林灌肠对急性病猪可得到一定的疗效，虫体可在1～2 d内消失，但不久可能会复发。预防感染的最重要措施是要注意个人卫生，提高自我保护意识和自我保护能力。以防由于常用的含氯消毒剂可能对包囊无效，公共饮水系统要防止被猪场的排泄物污染；将猪粪作为有机肥料所种植的各种蔬菜可能含有包囊，居民食用前要清洗干净并以熟食为主。

（杨飞　董海龙）

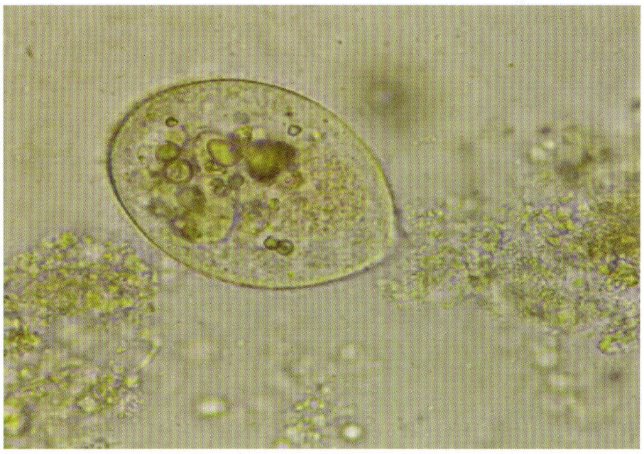

图 3-82　猪结肠小袋纤毛虫滋养体(400×)，纤毛呈环形包围并覆盖滋养体　（杨飞　供图）

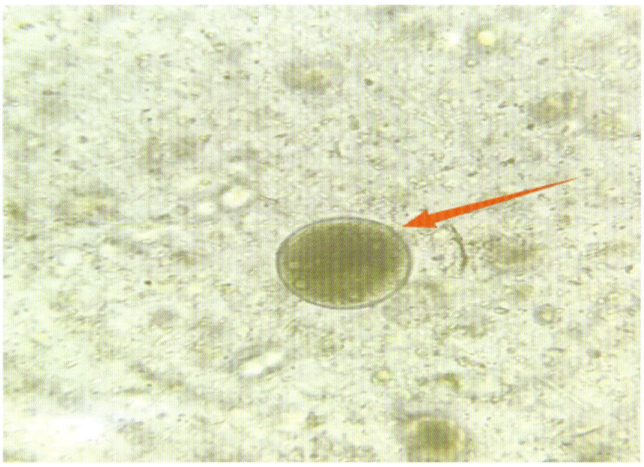

图 3-83　猪结肠小袋纤毛虫包囊(400×)，肾豆形大核在包囊中隐约可见　（杨飞　供图）

第四章　鸡病

第一节　禽流感

禽流感(简称AI)是禽流行性感冒的简称,又称真性鸡瘟或欧洲鸡瘟,是由正黏病毒科A型流感病毒引起的一种家禽和野禽的高度接触性传染病,目前在世界上许多国家和地区都有发生,给养禽业造成了巨大的经济损失。可感染马、猪、貂、海豹、鲸、禽和人,被国际兽医局定为甲类传染病,在我国高致病性禽流感也被列为一类动物疫病。

一、病原

禽流感病毒(AIV)属于正黏病毒科中的A型流感病毒属。AIV是有包膜、分节段的单股负链RNA病毒,基因组由HA、NA、NP、PA、M、PB2、PB1和NS8个片段组成,每个基因片段编码1～3种蛋白,极易发生变异。

目前禽流感病毒根据病毒表面血凝素(HA)和神经氨酸酶(NA)的不同,可分为16个H亚型和9个N亚型,这些亚型可相互组成几百个血清亚型病毒,如H1N1、H2N2、H5N1、H7N9、H9N2等。同时,按不同亚型的致病力,可分为高致病力(HPAI)、低致病力(LPAI)和不致病力(NPAI)病毒。我国目前高致病性禽流感是由H5和H7亚毒株(以H5N1和H7N7为代表)引起的疾病。感染人的禽流感病毒亚型主要为H5N1、H9N2、H7N7,其中感染H5N1的患者病情重,病死率高。

禽流感病毒对外界环境的抵抗力不强,对高温、紫外线、各种消毒药敏感,容易被杀死。病毒在70 ℃经几分钟即能被灭活。一般消毒药能很快杀死病毒,但存在于有机物如粪便、鼻液、泪水、唾液、尸体中的病毒能存活很长时间。禽流感病毒可在自然环境,尤其是凉爽和潮湿的条件下存活很长时间,如粪便中和鼻腔分泌物中的病毒,其传染性在4 ℃可保持30～35 d,20 ℃为7 d。病毒在污染的水源中,在低温条件下可长期存活。

二、流行病学

高致病性禽流感一年四季均可发生,但在冬季和春季多发,因为禽流感病毒在低温条件下抵抗力较强。各种品种和不同日龄的禽类均可感染高致病性禽流感,发病急、传播快,其致死率可达100%。

许多家禽和野禽、鸟类都对禽流感病毒敏感。家禽中火鸡、鸡、鸭是自然条件下最常受感染的禽种。其他禽种包括珍珠鸡、家鹅、鹌鹑、雉鸡、鸽、鹧鸪、鹦鹉、虎皮鹦鹉等,以及野禽和野生水禽,如鹅、燕鸥、野鸭、鹱、海岸鸟和海鸟等。除海鸟和水禽外,还从以下多种鸟中分离到流感病毒:燕八哥、石鸡、麻雀、乌鸦、寒鸦、矶鹬、鹧鸪、椋鸟、岩鹧鸪、燕子、苍鹭、加拿大鹅及番鸭等。国外报道,已发现带毒的鸟类达88种。鼠类不能自然感染流感病毒。

禽流感病毒的传染源比较多,可来自感染或发病的家禽,以及野生鸟类和迁徙的水禽等。有观点认为,野生的鸟类是主要的传染源,特别是迁徙性水禽带毒、排毒的现象常见。从鸟类体内分离的病毒也感染其他动物,尤其是哺乳动物。

传播途径主要为接触传播和呼吸道传播。感染禽(野鸟)及其分泌物和排泄物,污染的饲料、水、蛋托(箱)、垫草、种蛋、鸡胚和精液等媒介以及气溶胶,都可传播禽流感病毒。

三、临床特征

潜伏期可从数小时到数天,最长可达21 d。世界动物卫生将高致病性禽流感的潜伏期定为21 d。病毒毒力、家禽免疫情况、品种和抵抗力、饲养管理和营养状况、环境卫生及应激因素等都会影响潜伏期。

低致病性禽流感的危害比高致病性禽流感小,但一旦发病常给养殖场造成较大的损失。病禽感染低致病性禽流感后,表现体温升高,精神沉郁,叫声无力,缩颈、嗜睡,采食急剧降低,饮水减少,嗉囊空虚,排黄绿色稀便。病禽呼吸困难,咳嗽、喷嚏症状较明显,张口呼吸,突然尖叫,眼睑肿胀(图4-1),两眼突出。病禽常见流泪,初期流浆液性带泡眼泪,后期流黄白色脓性分泌物,肉髯增厚、变硬,向两侧开张,呈现金鱼头状。产蛋禽感染2～3 d后产蛋开始下降,7～14 d产蛋可由90%以上骤降至5%～10%,甚至停产。同时软壳蛋、无壳蛋、褪色蛋、砂壳蛋增多,持续1～5周后产蛋量逐步回升,但无法回升到原来的产蛋水平,一般经1～2个月逐渐恢复到下降前产蛋水平的70%～90%之间。种禽感染后,可使受精率下降20%～40%,并致10%～20%的胚胎于1周内死亡。孵化后期雏禽出壳困难,能啄壳但无法出壳,其表现与维生素D3缺乏症类似,出壳后的雏禽、弱禽增多。雏禽1周内死亡较多,死亡率为 10%～20%，且易感染大肠杆菌病，治疗较困难。

高致病性禽流感最为严重，发病率和死亡率高，感染的鸡群在无明显症状下突然死亡，常常导致全军覆没。

四、病理变化

1. 低致病性禽流感(MPAI)

病理变化主要在呼吸道，尤其是窦的损害，以卡他、纤维性、脓性或纤维脓性炎症为特征。气管黏膜水肿、充血并间有出血。气管渗出从浆液性到干酪性不等，有时可造成阻塞，导致呼吸困难。眶下窦肿胀，有浆液性渗出物到浆液脓性渗出物。如存在细菌继发感染则可导致纤维脓性支气管肺炎，腹腔有卡他性炎症到纤维素性炎症，并可看到卵黄性腹膜炎。盲肠和小肠可见卡他性炎症到纤维素性炎症，产畸形蛋和淡色蛋。有些鸡肾脏肿胀，伴有尿酸盐沉积。胰腺带白斑。鸭 MPAI 也可发生窦炎、结膜炎和其他呼吸道损害。显微变化主要为肺炎，常见异嗜细胞性到淋巴细胞性气管炎和支气管炎。死于 MPAI 的鸡，淋巴细胞减少，法氏囊、胸腺、脾脏和其他区域中淋巴细胞坏死或凋亡。

2. 高致病性禽流感(HPAI)

家禽的 HPAI 在内脏器官和皮肤有各种水肿、出血和坏死，但最急性型可能无大体病理变化。病鸡因皮下水肿常导致头部、颜面、上颈和脚部肿胀，并可以伴有点状或斑块状出血。无羽毛处皮肤，尤其是肉冠和肉髯常可看到坏死、出血和发绀。内脏器官的病理变化随毒株而异，但最恒定的是浆膜或黏膜面出血和实质的坏死灶。出血在心冠(图 4-2)、胸肌、腺胃和肌胃的黏膜尤其突出(图 4-3、图 4-4)。由 H5N1 亚型病毒引起的 HPAI，小肠集合淋巴滤泡的坏死和出血也很常见。坏死灶在胰腺、脾脏和心脏常见，在肝和肾偶尔也可看到。肺充血或出血(图 4-5)，有局灶性到弥漫性肺炎并伴有水肿，法氏囊和胸腺通常萎缩。

组织病理学变化基本上由多个器官坏死或炎症构成。受害最严重的组织是脑、心、肺、脾、胰和初级和次级淋巴器官。脑组织常见的变化是淋巴细胞性脑膜脑炎，伴有灶性胶质细胞增多。神经元坏死和噬神经细胞现象，但也有水肿和出血。心肌细胞从灶性变性到多灶性——弥漫性凝固性坏死。常伴有淋巴组织细胞炎症。法氏囊、胸腺和脾脏常见淋巴细胞坏死、凋亡和减少。骨骼肌纤维、肾小管上皮细胞、血管内皮细胞、肾上腺皮质细胞和胰脏腺泡细胞有坏死。

五、诊断

本病初步诊断可以根据流行病学、病状、病理变化来进行。进一步的诊断包括血清学检测和分子生物学检测。

(一)血清学检测

1. 血凝(HA)试验和血凝抑制(HI)试验

本试验既是 WHO 进行全球流感监测采用的普及方法，也是我国目前对禽流感感染和免疫的主要检测手段。该方法操作简单、特异性高，但是需要排除 NDV 等病毒的干扰，不能直接检测出病料中的病毒，并且可能出现假阳性的结果。

2. 酶联免疫吸附试验(ELISA)

本方法敏感性好，可以检测抗体及抗原，适用于大批血清样品的检测。目前，ELISA 检测方法的研究在国内外发展很快，主要集中在诊断介质和诊断试剂的改进以及缩短诊断时间。杨倩等利用昆虫杆状病毒表达系统制备了 H5N1 亚型禽流感病毒(AIV)HA 蛋白类病毒脂质体和病毒样颗粒，建立了相应的检测方法。试验表明，利用 3 种抗原包被所建立的 ELISA 方法均具有良好的重复性和稳定性，批间和批内变异系数均小于 10%，但单独表达的 HA 蛋白和类病毒脂质体特异性更好，而且类病毒脂质体有更高的免疫反应性，与灭活全病毒相比安全性更高，故在 H5N1 亚型 AIV 抗体水平检测方面更具有应用前景。

3. 电化学发光免疫方法

亓文宝等用钌联吡啶标记 H9 亚型 AIV 的单克隆抗体，用生物素标记 H9 亚型 AIV 的多克隆抗体，优化生物素化多抗和钌标单抗最佳工作浓度，确定临界值和反应谱，对所建立的方法进行敏感性、特异性和重复性试验。结果表明所建立的 H9 亚型 AIV 型特异性电化学发光免疫检测方法可以用于临床样品检测，对 H9 亚型禽流感的监测和防控具有重要意义。

4. 纳米荧光检测方法

为了实现对禽流感病毒的简便、快速检测，王飞等采用纳米荧光标记方法对 H9 亚型 AIV 进行研究建立相应检测体系，研发适合 H9 亚型 AIV 早期感染现场诊断的纳米荧光检测试剂盒。结果表明：建立的 H9 亚型 AIV 纳米荧光检测卡特异性良好，与其他亚型 AIV 及禽类呼吸道疾病病原无交叉性，灵敏度可达到 0.031HA 单位，本试验建立的 H9 亚型 AIV 纳米荧光检测卡特异和敏感，检测结果准确，可用于 H9 亚型禽流感的检测。

5.胶体金免疫层析法

刘晓燕试验表明对 HI 效价最高单克隆抗体进行纯化，制备了金标抗体玻璃纤维素膜；同时制备了兔抗 H7 亚型 AIV 血清并进行纯化，包被在硝酸纤维素膜上，最终制备了胶体金免疫层析试纸条。该试纸条特异性、敏感性及重复性均符合要求，可作为 H7 亚型禽流感快速诊断的检测试剂。

（二）分子生物学检测

1.多重 PCR

张曼等根据 GenBank 已登录的 AIV 的 M 基因、NDV 的 F 基因和 FAV-4 的基因序列合成 3 对引物，通过优化反应条件，建立了同时鉴别 3 种病毒的多重 PCR 方法，并对其特异性、敏感性和重复性进行检验。该方法能快速鉴别 3 种病毒，敏感性较强，结果表明所建立的 AIV、NDV 和 FAV-4 多重 PCR 检测方法可以用于临床上 3 种病原的鉴别诊断。

2.实时荧光定量 PCR

本方法是在 DNA 扩增反应中，以荧光物质测每次 PCR 循环产物总量的方法。

3.环介导等温扩增技术(LAMP)

本技术具有操作简单、不需要大型仪器设备、成本低廉、反应时间短、结果判定简单等优点，且具有比常规分子生物学方法更高的灵敏度和特异性。适宜在基层兽医实验室以及养殖场推广应用。

六、防治

（一）预防

主要措施有：预防以加强饲养管理、提高禽体免疫力、有效预防冷应激反应为主。饲养上要采取严格的消毒和隔离措施，避免病毒入侵。建立并落实养殖场所各种管理制度，种禽、种蛋严格检疫，新进雏禽应隔离饲养一段时间，确定未感染方可合群。严禁外人进入生产区，严禁从疫区引入禽类或制品。在本病高发季节，坚持每天带鸡消毒 1 次。推荐带鸡消毒用有 1∶400 有机氯制剂和 0.1%～0.2%过氧乙酸交替消毒。生产厂区大环境中用 2%～3%氢氧化钠和 0.1%季铵盐溶液消毒。空舍宜使用福尔马林熏蒸法消毒。粪便、垫料、养殖器具要进行无害化处理。加强禽流感疫苗的免疫接种是预防本病大面积发生的重要手段。所以要严格按照免疫程序对禽只进行免疫，必要时要进行强化免疫。

根据抗原的不同，我国商品化的 AI 疫苗分为 H5 亚型疫苗、H9 亚型疫苗和 H5-H9 亚型二价疫苗三大类。

1. H5N2 全病毒灭活疫苗(N28 株)

N28 株 AIV 是经实验室适应的自然分离的 H 亚型低致病力毒株。该毒株由国外引进，由该毒株研制成功的 H5 亚型 AI 疫苗于 2003 年底获得新兽药证书，2003 年 8 月开始用于内地售往香港和澳门的活鸡免疫。但该疫苗对水禽的免疫效果并不理想。

2. H5N1 基因重组病毒灭活疫苗(Re-1 株)

Re-1 株 AIV(GS/GD/96/PR8 重组毒)是利用流感病毒反向遗传操作技术构建的重组病毒。从理论上讲，该病毒堪称理想的 AI 疫苗株，该疫苗的免疫效果比 H5N2 亚型疫苗好。该疫苗已经广泛应用于中国鸡和水禽免疫，并在越南、蒙古等国得到广泛应用。

3. 禽流感重组鸡痘病毒活载体疫苗(H5 亚型)

HA 和 NA 双基因重组禽痘病毒(Rfpv-H5N1 株)是将 GS/GD/96 的 HA 和 NA 基因重组到鸡痘病毒疫苗株的基因组中构建而成。它具有良好的免疫原性和遗传稳定性。中国科学家研制的禽流感重组鸡痘病毒活载体疫苗(亚型)已在防疫生产中应用。该疫苗价格低廉，有利于鉴别免疫和野毒感染，但是重组鸡痘苗对家禽的实际免疫效果受母源抗体的影响较大，免疫后抗体效价不高。离散度较大，不利于临床应用时免疫效果的评价。

4. 重组新城疫病毒活载体疫苗(rL-H5 株)

重组新城疫病毒 rL-H5 株，采用新城疫病毒 La Sota 株为载体的禽流感病毒 HA 基因的重组病毒。

该疫苗可以同时预防禽流感、新城疫两种禽类重大疾病，它的推广使用将大大降低疫苗制造和使用的成本。但该疫苗受新城疫母源抗体影响较大，实际使用中应把握好免疫时机，避免免疫空白造成疾病隐患。

5. H5 亚型 AIV 变异株疫苗

中国的 H5 亚型 AIV 持续进化，近年来的 H5N1 分离毒株在基因水平和抗原性上与早期毒株 GS/GD/96 已有差异。因此，国家相关研究中心应对 H5 甲型 AIV 的抗原性变异，研制了新的变异株疫苗。临床上常见的 Re-3，Re-4 和 Re-5 就是分别以 AIV 变异株表面蛋白基因供体株研制而成的。其中，Re-5 自 2008 年起逐渐取代 Re-1，用于 H5 灭活疫苗和重组 NDV 活载体疫苗的生产；利用与制作 Re-1 株疫苗同样的技术开发 Re-4 疫苗，自 2006 年起逐渐在北方部分地区使用。

6. H9N2 亚型禽流感疫苗

低致病性禽流感（AI）因为具有隐蔽性而更易传播。H9N2 亚型禽流感发病后虽然致死率一般不超过 30%，但常导致呼吸道症状，蛋鸡的产蛋量下降，并使鸡群易继发严重的呼吸道疾病，影响家禽生产性能。目前，国内的 H9 亚型 AIV 疫苗均为灭活疫苗。

7. H9N2 亚型禽流感灭活疫苗（SS 株）

SS 株由中国华南农业大学动物医学系禽病研究室在广东分离到并研制成全病毒灭活疫苗。这也是中国第一个商品化的 H 亚型 AIV 疫苗。

8. H9N2 亚型禽流感灭活疫苗（F 株）

F 株是由中国扬州大学禽病研究室于 1998 年在上海分离到的鸡源毒株，并开发出全病毒灭活疫苗。该毒株是一个基因重组病毒，其聚合酶蛋白酶基因与可能来源鸭的 H9N2 病毒的相应基因发生了重组，该重组类型的病毒之后在中国国内鸡群中持续存在并作为母体病毒产生了多种类型的内部蛋白基因重组病毒。

9. 禽流感联苗

为简化免疫程序达到一针防治多病的目的，中国还研发了 AIV 的二联和多联疫苗。其中，鸡新城疫、禽流感（H9 亚型）二联灭活疫苗在中国国内疫苗生产厂家均有生产。

（二）治疗

目前对于 AI 还没有特别有效的治疗方法，最佳的办法就是预防为主，同时要注意观察，尽早进行诊断，一旦发现相关疫情或疑似疫情，及时上报，并按照国家相关规定，及时、严格对病鸡群进行隔离、捕杀、销毁。如果发现致病力较弱的毒株导致的禽流感要及时使用相关药物，同时添加一些抗生素药物，降低疫病感染的死亡率和继发感染等，禽场要及时带鸡消毒，一天一次或一天多次，连用 7～14 d，阻断 AI 水平传播，必要时也要对鸡群进行隔离和封锁。

（董海龙　吴庆侠）

图 4-1　病鸡可见头部肿胀，鸡冠发白，眼睑周围浮肿

（张志梅　供图）

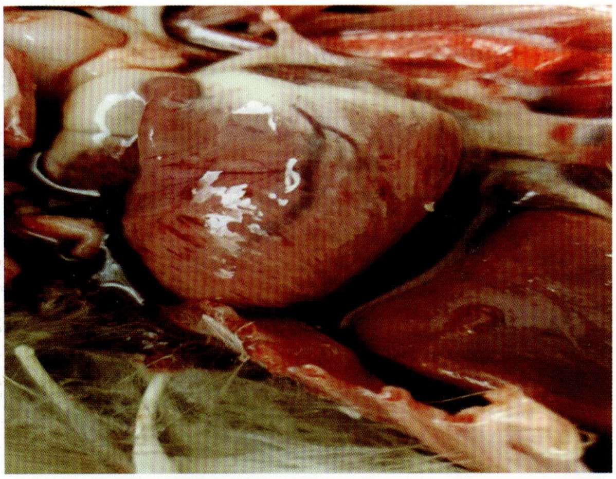

图 4-2　病鸡剖检可见心冠出血　（张志梅　供图）

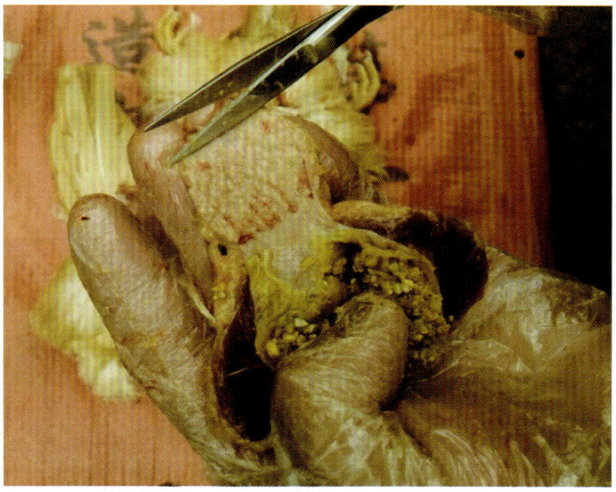

图 4-3　病鸡剖检可见腺胃肌胃交界处出血

（张志梅　供图）

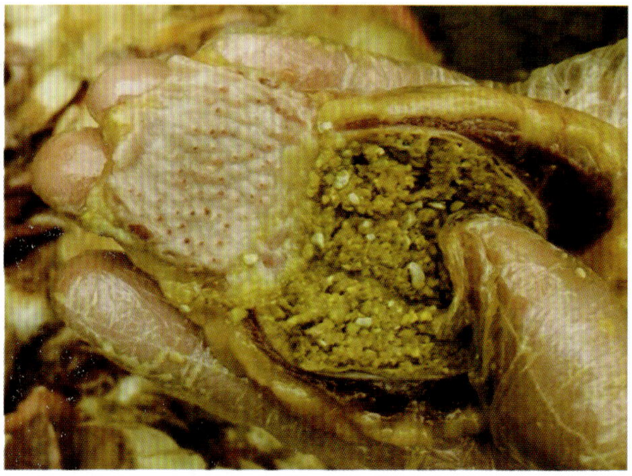

图 4-4　病鸡剖检可见腺胃乳头出血

（张志梅　供图）

图 4-5　病鸡剖检可见肺脏出血

（张志梅　供图）

第二节　鸡传染性支气管炎

鸡传染性支气管炎（infectious bronchitis，IB）是一种鸡的高传染风险急性传染病，由鸡传染性支气管炎病毒（IBV）引起，属于世界动物卫生组织（OIE）规定的 B 类传染性禽类疾病，在我国农业部颁发的动物疫病病种目录中属于二类动物疫病。该病初次由 Schalk 和 Hawn 于 20 世纪 30 年代在美国的北达科他州发现，1936 年 Beach 和 Hudson 确定本病的病原为病毒。1953 年我国首次报道了呼吸型 IB，1972 年邝荣禄首次于广东对该病进行了确诊。20 世纪 90 年代以来 IBV 在我国广泛传播流行，给养禽业造成了严重的危害和不可估量的经济损失。

一、病原

IBV 属于冠状病毒科冠状病毒亚科中的 γ 冠状病毒。属于有囊膜病毒，呈圆形或多边形，病毒粒子直径大约 120 nm，表面有大约 20 nm 的棒状纤突，形成类似冠状外观，因此得名冠状病毒。

56 ℃环境下 15 min 即可灭活，但是组织样本中的病毒 60 ℃至少 30 min 才能失活。据报道春季病毒存活可高达 12 d，送往实验室进行诊断的组织样品需做好冷藏措施，IBV 长时间保存应在－80 ℃。不同病毒株在偏酸偏碱环境中对病毒滴度的影响不同，大部分毒株在室温、pH 3.0 条件下处理 4 h 病毒滴度下降 1～2 个滴度。在细胞培养中，IBV 在 pH 6.0～6.5 培养液中比 pH 7.0～8.0 时更稳定。

IBV 作为有囊膜病毒对乙醚敏感，50％氯仿和 0.1％脱氧胆酸盐 4 ℃处理 18 h 也对病毒有影响。大多数鸡舍用的普通消毒剂例如酒精、高锰酸钾等都能灭活 IBV，没有差异性。消毒场地不应有有机材料而且消毒剂的浓度应按生产厂家建议的浓度使用。0.05％、0.1％的 β-丙内酯（BPL）或 0.1％的福尔马林能使 IBV 感染性丧失。

二、流行病学

IBV 主要感染呼吸系统，然而一些变异株可影响鸡的泌尿系统、生殖系统和消化系统。因 IBV 的毒力以及饲养管理有很大差异，以及是否并发或继发感染，导致的 IBV 的潜伏期为 36 h 或更长，人工感染为18～36 h。10～21日龄的雏鸡较成年鸡更易感，但获得母源抗体的雏鸡可保持1个月的抵抗力，没有母源抗体的雏鸡死亡率高，6周龄以上的鸡死亡率降低。

IBV的天然宿主是家禽和野鸡。鸡胚适应的毒株，脑内接种乳鼠，可致其死亡。本病无季节性，传播迅速，饲养管理和卫生条件差、温度波动大、通风不良、支原体感染、气雾免疫不当及运输拥挤等应激因素均可促使本病的发生。IBV的抗体可在与家禽密切接触的人中检出，但目前没有报道表明IBV可以引起人的临床疾病。

各种日龄的鸡均可感染，感染后均可发病，但雏鸡最为严重，母源抗体可赋予雏鸡短期的抵抗力(约4周)，其抗感染能力随日龄增加而增强。

本病的传染源是病鸡和带毒鸡，主要传播方式是飞沫传染。此外也可通过饲料、饮水等经消化道感染。受污染的物品和器具可使IBV跨群传播。气溶胶感染24 h后，在气管、肾和法氏囊中可以检测到IBV存在。在感染后20周仍可在粪便中检测到IBV，这表明粪便排毒是IBV传播和持续性感染的一条重要途径。

三、临床特征

IBV感染鸡的起始发生在哈德氏腺、气管和肺泡的上皮细胞，然后IBV转移到肾脏和生殖系统建立系统性感染。病鸡在感染初期不表现临床症状，进而忽然出现呼吸道症状，并迅速波及全群，这是IB发病的特征。

1. 呼吸型

本型最初在美国北达科他州被报道，1956年分离鉴定为Massachuseffs株和Connecticut株。一般无特定明显症状，主要表现为呼吸困难，打喷嚏，甩头，呼吸时有啰音，尤其在夜间更为清楚。严重患病的鸡会出现鼻窦肿胀，坐姿异常，流鼻涕。病程后期，病鸡精神沉郁甚至昏睡，羽毛松乱，双翅下垂，喜欢扎堆。一般病程为3～14 d(没有其他并发病情况下)，死亡率约为5%，日龄小的雏鸡死亡率高，青年鸡和成年鸡很少死亡。幼龄鸡感染鸡传染性支气管炎，很可能会造成输卵管永久性的功能障碍，成年后会表现为表面正常但不产蛋。感染鸡传染性支气管炎病毒的成年产蛋鸡没有明显呼吸道症状，但机体抵抗力差的时候也会出现双翼下垂、精神萎靡、羽毛松乱，以及咳嗽、啰音等呼吸道症状。

2. 肾病变型

肾型鸡传染性支气管炎病毒最早在1962年分离鉴定，并命名为Holte和Gary株。澳大利亚也分离到1株肾型鸡传染性支气管炎病毒，命名为T株。我国在20世纪80年代报道了该型鸡传染性支气管炎的发生，随后国内关于肾病变型鸡传染性支气管炎的报道越来越多。肾病变型鸡传染性支气管炎主要发生在30～50日龄的幼鸡，病程比一般呼吸器官病型稍长(12～20 d)，死亡率也很高(20%～30%)。患病鸡可见含尿酸盐的白色粪便，有时涂满肛门附近。病鸡冠变黑，食欲下降，干脚，饮欲增加，精神不振，羽毛松乱。

3. 腺胃病变型

1995年以来，江苏省及青岛不同疫区从腺胃病变鸡群中分离到3株病毒，命名为H95、L95和T95株。有人于1996年从腺胃中分离到1株类似H95株的病毒。腺胃型鸡传染性支气管炎主要侵袭1～3月龄的鸡群，病鸡发病开始无特定明显症状，只是有咳嗽、甩头，有时有呼吸啰音和眼睑肿胀，病程到两周左右呼吸症状消失，食欲废绝，日益消瘦，羽毛凌乱，排出白绿色稀粪，最后死亡。

4. 肠病变型

在摩洛哥首次分离到以G株为代表的嗜肠型鸡传染性支气管炎病毒毒株。感染G毒株的患病鸡表现为脱水，有呼吸道症状，粪便中有大量尿酸盐。

四、病理变化

1. 呼吸型

患病鸡的病理变化主要表现为鼻炎、卡他性气管炎(图4-6)、支气管炎和肺充血水肿，支气管内有干酪样物质，偶有气囊浑浊增厚，鼻道内有卡他性渗出物，肝脏稍肿大、呈土黄色。产蛋母鸡卵泡充血、出血或变形；输卵管损伤(图4-7)，局部充血、坏死(图4-8)。雏鸡感染本病则输卵管损害是永久性的，产蛋期会由于输卵管较细，卵黄掉入腹腔，无法正常产蛋(图4-9)。

2. 肾病变型

患病鸡主要表现为肾脏肿大、苍白，外观呈斑驳状的“花斑肾”(图4-10)，肾小管和输尿管充满尿酸盐结晶，泄殖腔内稀薄粪便中夹杂白色尿酸盐泡沫物。有时在心包膜、腹膜甚至整个脏器上都出现了尿酸盐的沉积。

3.腺胃病变型

患病鸡主要表现为腺胃极度肿大，外观光泽、呈圆球形，腺胃黏膜出血、溃烂，个别鸡腺胃乳头有出血，腺胃乳头糜烂或消失，可挤出白色脓性分泌物。肌胃角质膜有溃疡，胰腺、盲肠扁桃体、十二指肠黏膜、空肠、直肠及泄殖腔黏膜有不同程度的出血。

4.肠病变

以该型为主的病例报道较少，主要表现为对肠道的损伤。

五、诊断

鸡传染性支气管炎血清型众多，不同毒株之间缺乏交叉免疫保护，从而引起的临床症状和病理变化差异较大，因此，仅根据临床症状最终确诊鸡传染性支气管炎，难度较大，只能做出初步的推测，确诊则需要进行实验室检测。目前，诊断IB的方法主要有：病毒分离鉴定，血清学方法，分子生物学方法。

(一)病毒的分离鉴定

病毒分离培养已成为IBV诊断的金标准。发病早期进行采样，正确的采样技术是IBV成功分离的首要条件。为了确保从病料中成功地分离出病毒，推荐在将病料样品运送至实验室之前把其放入缓冲液或PBS中。如果进行组织采样，建议采集气管、肾脏、腺胃、扁桃体和输卵管。组织样品必须无菌采集，并将其置于无菌、密封的塑料标本袋中，用冰保存运输至实验室以进一步处理。不同的实验室采用不同的分离方法，如下所述。

1.鸡胚培养

分离IBV毒株可以接种9～11日龄鸡胚，接种途径是鸡胚尿囊腔，大多数IBV毒株生长良好。将置于气管拭子、液体培养基或组织匀浆(10% w/v)中的临床标本，接种到无特定病原体鸡胚尿囊腔中，并在接种后于34～37 ℃中培养。接种后鸡胚通过照蛋来进行胚胎存活监测，24 h内死亡为非特异性的死亡。48～72 h后，收获具有代表性的鸡胚的尿囊液，冷藏过夜后进行血清学试验或RT-PCR试验以检测IBV的存在。有时尿囊液需要连续传几代SPF鸡胚，使得病毒适应鸡胚，并提高病毒滴度。5～7 d后，打开接种的鸡胚，并观察IB特征病变，如感染胚胎的卷曲和矮小。需要着重注意的是，这样的研究结果只具有提示意义，而不能确诊。

2.细胞培养

IBV分离株已被分别在各种原代和传代细胞中尝试培养，如鸡胚肾细胞、成纤维细胞和Vero细胞。受病毒感染的细胞，其特征是：圆化、发展为合胞体、随后从表面脱落。不是所有的IBV分离株容易适应细胞培养，这限制了使用细胞培养方法分离IBV。甚至对一些细胞培养适应性强的IBV株，在其适应之前，病毒的生长常需要在鸡胚中进行初步分离。在某些情况下，在各种细胞系进行IBV扩大培养会导致失败，或获得的病毒滴度很低。

3.气管环接种

气管环培养是IBV分离、效价测定和血清分型的有效方法，特别适合观察IBV对气管的破坏作用。一般采用18～20日龄的SPF鸡胚制备气管环，接种气管环后36 h左右即可以看到纤毛摆动停止，上皮细胞脱落、萎缩等病变，并在3～5 d病毒达到最高滴度。对于初次分离的临床病料，不需在气管环上适应，即可引起气管纤毛摆动停止或活性下降等。杨娜等将鸡胚接种和气管环接种相结合，把被IBV感染的尿囊液注入气管环培养液中，传一代即可证明IBV的存在，大大缩短了IBV的分离时间。

4.电镜检测

IBV的电镜检测直观、准确，一般与以上3种培养方法相结合从而鉴定IBV的存在与否。将感染IBV的鸡组织器官或分泌物做常规负染色进行电镜观察，可见IBV病毒粒子呈球形，直径为80～120 nm，有囊膜，囊膜表面有纤突。电镜观察直观、快速，但电镜仪器昂贵，一般实验室很难普及。

(二)血清学诊断技术

1.琼脂扩散沉淀试验

琼脂扩散试验(AGP)的原理是抗原和抗体分子在琼脂凝胶糖中以不同速度运动，在比例适当时形成乳白色沉淀线或沉淀环，以检测抗原或抗体。有研究发现，在感染IBV后48～60 h，鸡胚尿囊液可达到最佳病毒浓度，应用提纯出来的抗原和禽类体内的血清进行原始的琼脂扩散试验。在此基础上，有研究表明用对流免疫试验（CIE）检测 IBV 是 AGP 灵敏度的 16～20 倍。

2. 血凝抑制试验

血凝抑制试验（HI）是利用某些病毒具有凝集人或者某些动物红细胞的特性而进行的试验。有研究首次发现，IBV 经磷脂酶 C 处理后能凝集鸡红细胞，且其特异性抗血清可抑制这种凝集作用。在此基础上，国内有实验室建立了 IB 的 HI 试验方法，与 IBV ELISA 抗体检测试剂盒进行比较，结果特异性好但敏感性较低，差异不显著（$P>0.05$）。同时我们国内还有研究发现，用 1% 胰蛋白酶处理尿囊液来制备抗原，结果检测 IBV 的灵敏度和特异性更强。

3. 病毒中和试验

病毒中和试验（VN）是鉴定 IBV 的经典方法，可在鸡胚、鸡胚肾细胞或气管环培养物上进行，多用于 IBV 野毒株的分离、鉴定和分型。有人采用气管环交叉 VN 试验，对 IBV 山东分离株的血清型进行了鉴定并获得成功。虽然该方法的灵敏性和特异性均较好，但操作复杂，耗时长，且必须在较高要求的实验室条件下进行。

4. 荧光抗体技术（FA）

荧光抗体技术（FA）主要用于 IBV 抗原、抗体检测及抗原组织定位。20 世纪 90 年代已有多位学者对该方法进行了研究，并获得了满意结果。IBV 感染 SPF 鸡 7 d 后，应用 IFA 对其不同脏器进行跟踪检测，发现在气管、肾脏、脾脏、肺脏和肝脏等组织细胞中均不同程度地出现特异性荧光。FA 方法虽然直观、特异，抗原定位独特，但需荧光显微镜及较严格的时间限制。

5. 直接和间接 ELISA

自 1981 年首次成功应用 ELISA 以来，ELISA 被广泛应用于 IBV 抗体的检测。人们普遍认为，ELISA 与其他免疫学检测技术相比具有灵敏、特异、廉价、快速等优点，其不仅适用于大量临床标本的检测，也适合血清流行病学调查。有试验采用人工合成了选自 IBV 的 S 蛋白、M 蛋白和 N 蛋白的多片段抗原，将此抗原包被进行 ELISA 试验，其变异系数均小于 10%。且与新城疫病毒（NDV）、禽流感病毒（AIV）、传染性法氏囊病病毒（IBDV）等抗体无交叉反应，与 IBV 全病毒的符合率为 95.4%，为 IBV 的临床检测提供了新方法。而在所用单克隆抗体的选择上，我们国内有学者设计了以鼠源 IBV 单克隆抗体包被，以国内 46 株 IBV 分离株和 IBV 标准毒株为被检抗原，以鸡抗 IBV 高免血清、兔抗鸡 IgG 分别为一抗和酶标二抗进行的间接 ELISA 方法，用该方法检测 IBV 分离株具有较好的特异性和敏感性，但其对 IBV 各毒株的检测值普遍不高且参差不齐。

6. 抗体夹心技术

抗体夹心 ELISA 技术的原理是利用一株抗体进行包被，另一株抗体与酶结合制成酶联试剂，中间包夹被检测的材料，进行 ELISA 试验。用于包被的抗体有单克隆抗体和多克隆抗体，国内有人设计单克隆抗体夹心 ELISA，该方法具有较好的特异性，但该方法的阳性检出率仅为 80%。李锋回以兔抗 IBV 血清 IgG 包被，加入辣根过氧化物酶标记的兔抗鸡 IgG 二抗，检测人工感染鸡和传染性支气管炎病鸡群的气管样本，结果阳性检出率分别为 100% 和 78%，但其特异性不高，不适于 IB 的早期检查。

7. 斑点酶联免疫吸附试验

斑点酶联免疫吸附试验（Dot-ELISA）是以硝酸纤维素膜等固相基质膜替代传统的 ELISA 板为载体的 ELISA。国内有研究人员采用固化免疫吸附剂处理的方法，有效去除了免疫血清中的非特异性抗体。有研究则将差速离心和琼脂糖凝胶层析结合纯化 IBV，建立检测 IBV 的 Dot-ELISA 方法，结果阳性率（78.6%）高于病毒分离的阳性率（60%）。国外有实验室人工合成了连接强免疫原性的载体分子 S1 蛋白，制备了 IBV 的阿肯色州的血清型和马萨诸塞州的血清型，进行 ELISA 试验和免疫斑点法试验，结果均为阳性。

（三）分子生物学检测方法

1. RT-PCR

RT-PCR 方法具有敏感、特异、快速等优点，既可利用通用引物检测不同来源、不同血清型的 IBV，对于某些差异较大的毒株，也可通过设计型特异性引物来区分不同的 IBV 毒株。针对变异率较高的 S1 蛋白等设计引物，可以实现血清型或基因型的特异性扩增；而针对 N、M 等保守区域设计引物，则可以实现群特异性扩增。国内有人根据 IBVN 基因序列设计引物，建立了 RT-PCR 方法。也有人根据 IBV 793/B 株 S1 基因序列设计引物，建立了检测 IBV 793/B 的 RT-PCR 方法。还有人根据 IBV M 基因设计引物，建立了检测 IBV 的 RT-PCR 方法。

2. 荧光定量 RT-PCR

实时荧光定量 RT-PCR 与普通 RT-PCR 相比，特异性和灵敏度都更高，是一种 IBV 快速检测的新方法。王鹏等，于新友等，苗立中等分别根据 IBV N、M、E 基因设计引物，建立了检测 IBV 的 SYBR Green I 荧光定量 RT-PCR 方法。

3. 环介导逆转录等温扩增技术(RT-LAMP)

RT-LAMP 技术是在 RT-PCR 基础上建立的一种新型核酸检测方法，具有简便、快速高效、敏感性强等优点，适合基层业务部门及养殖场的检测。国内有实验室根据 IBV M 基因设计引物建立了 RT-LAMP 方法，其检测极限比 RT-PCR 更高，具有良好的特异性和敏感性。

4. 核酸探针技术

核酸探针技术具有高度特异、敏感、快速、简便等优点。国内根据 IBV N 基因序列设计引物，成功制备出地高辛标记的 IBV 核酸探针，对 IBV 的最低检出量为 10 pg。国内有实验室用地高辛标记 IBVpol 基因保守片段制作探针，克服了 RT-PCR 非特异性反应和探针 Northern 杂交的不稳定性。

5. 基因芯片技术

该技术是近年来分子生物学与微电子学等多学科交叉融合而成的一项高新技术，具有高通量，并行性和结果判读客观、准确及信息化等特点。基因芯片技术克服了常规生物学方法仅能对少数靶标基因检测的缺点，减少了结果判断的主观因素，能够同时对多种混合感染疾病进行诊断。

六、防治

本病目前没有特效药可治疗，只有采用综合防治措施，积极免疫预防，加强饲养管理，提高鸡群抗病能力，才能有效预防本病的发生。

1. 疫苗免疫

及时了解 IBV 流行的动态，选择正确的疫苗接种，是预防该病在禽群之间传播的关键因素之一。目前使用较多的鸡传染性支气管炎疫苗主要为含有 H120、Hs2 毒株的弱毒苗或灭活苗。灭活苗预防不限鸡龄，任何阶段的鸡均可使用；若使用弱毒苗，由于 H120 毒力较弱，适合对 5～7 日龄的雏鸡实施首免，Hs2 毒力较强，只能用于 1 月龄以上的鸡免疫，接种后 5～8 d 产生免疫力，免疫期 4～6 个月。此外，人们正在尝试构建基因工程疫苗，包括亚单位疫苗、核酸疫苗、活病毒载体疫苗。

2. 消毒措施

对饲养管理用具及鸡舍进行消毒。来源不明的鸡要隔离观察，可放数只易感鸡与其同养观察 2 周，不发病证明不带毒，然后才可混群饲养。

3. 严格淘汰制度

病愈鸡不可和易感鸡混群饲养，耐过的康复鸡在一定时间内带毒、排毒，所以要严格控制易感鸡与康复鸡接触，最好将病愈鸡淘汰。

4. 提高鸡群的免疫力

合理的饲料搭配，适宜的饲养环境，适当添加中成药，如黄芪多糖，制定合理的免疫程序等都有助于提高鸡群的免疫力。

5. 保持饲养环境卫生，减少应激诱因

养鸡户在每次鸡转群前、出栏后及日常卫生工作中，对鸡舍、运动场、笼具、喂料器、饮水器等仔细清洗、冲刷、消毒，保持鸡舍通风干燥、冬暖夏凉，要防虫灭鼠，同时要减少免疫、断喙、换料、转群等带来的不良应激，应激能导致鸡群抵抗力下降，在能预见的应激前可适当补充多维电解质以减少应激带来的不良反应。

（董海龙　吴庆侠）

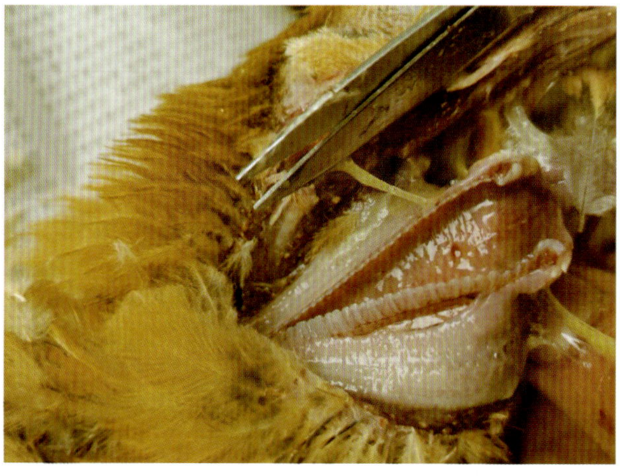

图 4-6　病鸡剖检可见气管环出血，渗出物增多

（张志梅　供图）

图 4-7 病鸡剖检可见输卵管子宫部损伤

（张志梅 供图）

图 4-8 病鸡剖检可见输卵管内出血坏死灶

（张志梅 供图）

图 4-9 病鸡剖检可见受损的输卵管，较细，卵黄掉入腹腔，无法正常产蛋

（张志梅 供图）

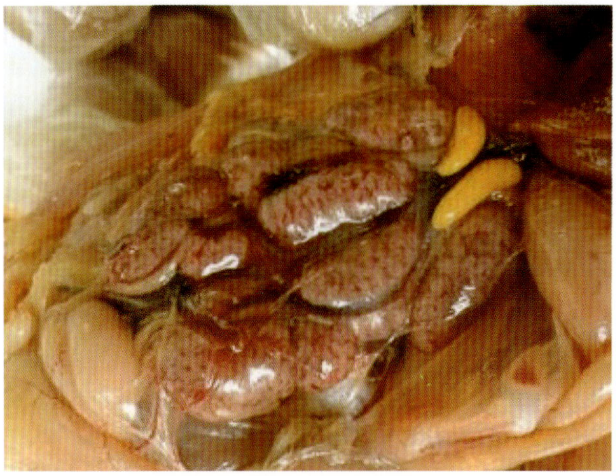

图 4-10 病鸡剖检可见肾脏表现为花斑肾（张志梅 供图）

第三节 鸡传染性喉气管炎

传染性喉气管炎(ILT)是由传染性喉气管炎病毒(ILTV)引起的一种鸡的急性、高度接触性呼吸道传染，世界各地均有流行。呼吸困难、气喘、咳出血样分泌物，喉头和气管黏膜上皮肿胀、出血，气管黏膜糜烂、坏死是该病的主要发病特征。1925 年，传染性喉气管炎在美国首次被发现，随后 ILT 很快被证实是由病毒引起的，在 1931 年，该病正式命名为传染性喉气管炎。1959 年在我国贵阳市首次发生该病后，1987 年分别在北京、河北、河南、江苏、广州、陕西、云南、青海、新疆等地报道了 ILT 的存在，严重威胁养鸡业。

一、病原

传染性喉气管炎病毒(ILTV)属于疱疹病毒，在分类学上为鸡疱疹病毒 I，病毒颗粒呈球形、有囊膜，为二十面体对称的双股线性 DNA 病毒。ILTV 具有疱疹病毒的典型形态，含囊膜、核衣壳及由病毒 DNA 和 DNA 结合蛋白组成的核心。病毒核衣壳上有 162 个长形中空壳粒，有 12 个五邻粒和 150 个六邻粒。完整的病毒颗粒直径为 195～200 nm。该病毒呈现的高度宿主特异性与其他疱疹病毒不同，其只能在鸡胚及鸡胚的细胞培养物内进行增殖培养，例如鸡胚肺、鸡胚肝、鸡肾细胞培养物。病毒还可在禽的白细胞培养物上增殖，另外，该病毒一般不能在鸡胚成纤维细胞上培养，但美国强毒株 NVSL 可在原代鸡胚成纤维细胞上培养，这可能与不同毒株之间不同的细胞嗜性有关。目前培养病毒仍采用经尿囊腔或绒毛尿囊膜途径接种鸡胚的方法。尽管传染性喉气管炎的不同毒株在致病性和抗原性上存在差异，但仅有一个血清型。

ILTV 基因组大小为 150 kb，由一个长独特区(108 kb)和一个短独特区(12 kb)以及两侧的内部反向重复序列(15 kb)和末端重复序列(15 kb)组成。

本病毒对氯仿、乙醚等脂溶性溶剂，高热以及多种消毒剂均较敏感。乙醚处理 24 h 失去传染性。该病毒对外界环境的抵抗力不强，热稳定性差，加热至 55 ℃只能存活 10～15 min，37 ℃可存活 22～24 h。生理盐水中的病毒于室温下 90 min 灭活，而在甘油-盐水中的病毒则能存活几个月。在低温条件下存活时间长，如在冻干－60～－20 ℃条件下，ILTV 能长期保存其毒力，但煮沸立即死亡。兽医上常用的消毒药如 3%甲酚、3%来苏儿、1%的氢氧化钠或 5%石炭酸溶液在 1 min 内就可以使病毒迅速灭活。此外，过氧化氢、甲醛和过氧乙酸等对 ILTV 也有较好的消毒效果。

二、流行病学

鸡是 ILTV 感染的主要自然宿主。另外野鸡、山鸡和孔雀易感。而火鸡、鹌鹑、燕子、八哥、珍珠鸡和乌鸦以及大鼠、小鼠、豚鼠、家兔等均有抵抗力。虽然 ILTV 也可感染所有年龄的鸡，但是典型临床症状仅在多数成年鸡中才能观察到。尽管一些其他种类的禽，如孔雀，通过与鸡接触偶尔也能感染 ILTV，但 ILTV 还未发现除鸡之外的第二个宿主。由于病毒对高温的抵抗力弱，因此夏季发病少，秋、冬及早春季节发病多。

自然感染的途径为呼吸道，传染方式是病鸡的直接接触。病毒在感染鸡体内仅存在于呼吸器官及眼结膜，使用被污染的设施与垫料能引起机械性传播。病鸡、康复后的带毒鸡以及无症状的带毒鸡是主要传染源，主要经呼吸道和眼部传染，也可经消化道传染。自然感染 ILTV 后一般在 6～12 d 出现临诊症状。人工或经气管内感染的潜伏期较短，为2～4 d。病程因个体的不同而有差异，有的数日内恢复，有轻微的呼吸道症状则 1 周左右恢复，多数需持续 2～3 周。本病严重流行时能够引起 90%～100%的发病率，死亡率 5%～70%不等，平均为 10%～20%。在英国、澳大利亚、美国和新西兰报道过温和型流行，发病率为 5%，死亡率仅为 0.1%～2%。

鸡群一旦感染了 ILTV，虽然病毒对环境很敏感，可以用化学消毒剂来灭活它，在自然条件下，37 ℃，24 h 就可消灭它，但是，存在于鸡体内三叉神经节内的 ILTV，很难被消灭，当鸡群受到搬迁、冷热、营养等应激因子的影响，病毒很容易被释放出来，鸡体内的免疫器官受到病毒攻击，造成机体对外界反应源的保护力下降，损害较明显的是淋巴吞噬细胞，这时鸡群极易发生混合感染，症状明显严重。

三、临床特征

由于病毒株的毒力随侵染鸡的日龄和野毒株的不同而不同，病鸡临诊上的表现有明显差异，一般有喉头气管型(重症型)和眼型(轻症型)两种。产蛋鸡伴随产蛋下降，且畸形蛋、薄壳蛋和小蛋比例增高。

急性型(喉气管型)主要发生于成年鸡，传播迅速，短期内全群感染。病鸡精神沉郁，羽毛松乱，鸡冠发绀，采食量饮水量降低，有时排出绿色粪便。患鸡初期流出浆液性或黏液性泡沫状鼻液，流眼泪。随后表现为特征性的呼吸道症状，呼吸时发出“咕噜咕噜”的湿性啰音，咳嗽。病鸡蹲伏，每次吸气时头和颈部向前向上，张口伸脖尽力吸气。严重病例高度呼吸困难、痉挛性咳嗽、咳出带血黏液，污染喙角、颜面及头部羽毛，打开鸡口腔，将其喉头用手向上顶，可见喉头周围有泡沫状液体，喉头出血，喉头被血液或纤维蛋白凝块堵塞。病程一般为 10～14 d，康复后的鸡可能成为带毒者，产蛋鸡的产蛋量下降约 12%。

温和型(眼结膜型)主要为 30～40 日龄鸡发生。病初眼角积聚泡沫性分泌物，流泪，眼结膜炎，不断用爪抓眼，眼睛轻度充血，眼睑肿胀和粘连，严重的失明。疾病后期角膜浑浊、溃疡，鼻腔有分泌物。病鸡表现咳嗽、甩鼻等呼吸道症状，生长迟缓，死亡率为 5%左右。

四、病理变化

发病鸡剖检时可见喉头气管黏膜出血、肿胀(图 4-11)，气管腔有大量血性渗出物。温和型病鸡的变化局限于气道，急性型激烈，可见气管或鼻腔内有混合血液的黏液，手挤压鼻腔可见血性渗出物(图 4-12)，或仅有黏性渗出物(图 4-13)，喉头部及气管的上部 1/3 处附着黄色干酪状的渗出物(图 4-14)。病程久的鸡喉头处和气管腔内形成黄酪样的渗出物(图 4-15)，堵塞气管，引起鸡窒息死亡。肉鸡常引起结膜炎，有时眼睛充满分泌物并肿胀，被塞住，甚至失明(图 4-16)。

五、诊断

由于 ILT 与许多禽呼吸道疾病临床症状相似,所以通过观察临床症状和病变不能做出喉气管炎的可靠诊断。因此要确切的诊断 ILT,必须依靠实验室的辅助检查。

(一)包涵体的检查

用吉姆萨染色法证实气管或结膜组织中有核内包涵体存在,是诊断鸡传染性喉气管炎病毒的依据之一,但只有在发病的早期,才能经常观察到包涵体。

(二)病毒分离

取新近发病鸡的气管分泌物,结膜分泌物,或组织悬液,经处理后,以绒毛尿囊膜途径接种 9~10 日龄的 SPF 鸡胚,检查鸡胚病变情况,若在 3~5 d 内形成特征性水肿及痘斑,并结合临床症状,排除如鸡痘等疾病,可以确诊为 ILT。也可用鸡胚肝细胞,鸡肾细胞和鸡胚肾细胞来分离 ILTV 病毒。

(三)电镜检查

电镜检查诊断 ILT 是通过对没有污染的气管材料检查,可以观察疱疹病毒粒子,因此只有临床样品中存在大量的病毒粒子时才能观察到。

(四)病毒中和试验

用已知的抗血清与待检病毒混合,在 37.5 ℃温箱中作用 1 h,然后接种 9~12 日龄鸡胚或细胞培养物进行病毒中和试验,若特异性血清能很好中和病毒,则可以确定为 ILTV。国外有人用标准中和试验技术,在微量板中进行 ILTV 中和试验,得到了重复性很好的试验结果,是一种经济有效、稳定的中和试验方法。虽然 ILTV 仅有一个血清型,但其抗原也存在着变异,有些弱毒株并不能被已知标准强毒的抗血清中和,因此,若抗血清不能中和病毒时,也不能排除有 ILTV 的可能性,还应该结合其他诊断结果做出判定。

(五)琼脂扩散试验

应用琼脂扩散试验方法可以快速,简便地检测 ILTV 的特异性抗体,但该方法的敏感性较其他诊断方法敏感性较低,同病毒中和试验一样,该方法对鸡痘病毒、新城疫及其他呼吸道传染病病原不发生交叉反应,是一种快速简便可靠的 ILTV 诊断方法。

(六)荧光抗体试验

应用荧光抗体技术可以快速特异地检出 ILTV 感染。感染后 2~7 d,喉气管黏膜和结膜上皮涂片和其切片标本中的病毒抗原,其检出率高于病毒分离方法。

(七)酶联免疫吸附试验(ELISA)

应用 ELISA 方法可以快速、敏感、特异地检出血清中特异性的抗 ILTV 抗体。

(八)核酸探针技术

近年来,核酸探针已被广泛应用于病毒感染的检测,它比传统的血清学方法更为敏感、特异。

(九)聚合酶链式反应(PCR)技术

PCR 作为一种常规的分子生物学检测技术,具有灵敏、特异、操作简单等优点,是用于 ILT 临床病例诊断的主要方法。

六、防治

由于 ILTV 具有潜伏感染的特性,可以造成发病鸡的潜伏感染,因此,预防 ILTV 的一个很重要的方面就是将鸡群进行全群免疫,如果免疫鸡群与非免疫鸡群相互接触,非免疫鸡群就可能造成同居感染,不但没有起到预防的作用,还有可能扩大感染范围。同时,在日常的饲养管理中,预防服务人员、工作人员、饲料设备(受到潜在污染的)与鸡群的接触是成功的预防 ILT 的关键。

对于本病的预防,最常用的方法就是使用疫苗,目前疫苗的使用及研究情况如下。

(一)常规 ILTV 疫苗

1. 灭活疫苗

灭活疫苗制作方法简单易行,使用安全又不受雏鸡母源抗体的干扰。但是,灭活苗制作原料复杂,又因其在免疫对象体内不能复制,免疫需要的抗原量较大,必须采用注射免疫,使用成本较高,产生的免疫抗体在血清中维持的时间短暂。因用 ILTV 灭活疫苗的免疫效果不够好，实际生产中预防 ILT 一般不使用。

2. 弱毒疫苗

弱毒疫苗一般是将强毒株经人工致弱而成的。目前，该种类疫苗在畜禽养殖中应用最多。该疫苗优点是：弱毒疫苗所用毒株的毒力虽已弱化，但仍保持着原有毒株的抗原性，能在体内繁殖但不引起发病；因而，免疫接种用量少，却可产生足够强的免疫力，免疫保护期长；该苗制作过程不需要加入佐剂，生产成本低，且动物产品（如肉类）的品质无影响；接种时可以采用口服或点眼等方法接种，使用方便、人工成本低，适合用作家禽等大数量动物的免疫接种。缺点是：在研究和使用中，存在着减毒程度无法精确控制、使用时毒力可能返强等问题。有案例证明弱毒疫苗能够返强成为可导致动物发病的强毒型，这也是该病无法有效控制的一个重要原因。因此，促使研制出毒力稳定的弱毒苗成为面临的首要课题。但是，ILTV 只能在鸡胚和原代细胞中正常复制，没有发现有效的体外培养载体，致使没有开发出新的弱毒疫苗。

（二）基因工程 ILTV 疫苗

1. 亚单位疫苗

杨海生等研制的亚单位疫苗是利用基因工程手段制备病原体的亚单位成分，只含有病原体的部分结构，接种后不会在动物细胞内繁殖所以也就不会感染动物导致发病，安全可靠。目前，对该病亚单位疫苗的研究主要集中在病毒糖蛋白上，因为这些蛋白分子可引起体液和细胞介导的免疫反应。用提纯的 ILTV GB 基因编码的 205 kb 糖蛋白复合物给鸡做免疫注射，达到 100% 保护率。这是因为该蛋白是 ILTV 的主要免疫原，是一种跨膜蛋白，在病毒粒子囊膜的外层上，在病毒感染和进入机体细胞的过程中起关键作用，能诱导细胞免疫和体液免疫。这种疫苗虽有相当的保护力，但其产品很难保持天然免疫原的立体结构，使其免疫效果与常规疫苗相比差距还比较大。

2. 基因缺失疫苗

利用基因工程技术去除病毒复制非必需的与毒力相关的基因，是基因工程疫苗研究开发的热点领域，具有良好的应用前景。“猪伪狂犬病毒 TK 基因缺失疫苗”是第一个获得美国 FDA 批准的投入实际应用的基因工程苗，为 ILTV 基因缺失疫苗的研制提供了有力的参考。研究证明，TK 基因是 ILTV 复制非必需基因，其缺失后毒力降低，使用安全性提高，但在生产中还未大面积应用。由于 ILTV 基因缺失苗克服了弱毒疫苗毒力偏强、接种后机体反应强等缺点，具有毒株不易返强复制能力未明显降低、免疫原性和安全性良好的优点。另外，ILTV 野毒株在鸡体内产生胸苷激酶，而缺失疫苗免疫的动物不产生该酶，据此就能将自然感染的鸡和免疫的鸡区分开，因此 TK 基因缺失苗可作为标记疫苗使用。该疫苗的应用将为净化动物种群、消灭某些传染病带来可能。

3. 重组病毒活载体疫苗

孙照刚等研制的 ILTV 的活载体疫苗主要有两种方式：一是把 ILTV 的主要抗原基因插入到其他合适的活载体病毒中，如将 GB 基因等插入鸡痘病毒中的重组疫苗；二是以致病基因缺失的 ILTV 当作活载体，通过插入表达外源抗原基因构建二价或多价疫苗。ILTV 因其基因组中非必需的外源基因含量多，从而具备制备多价疫苗的活载体的条件。

4. 基因疫苗

将编码能引起保护性免疫反应的病原体抗原的基因与含有真核启动子的质粒 DNA 连接后直接导入动物体内，在机体内表达相应的抗原蛋白，诱导机体免疫系统产生相应抗体的免疫保护作用。基因疫苗优点是：生产工艺简单、易于大量生产、造价低廉，不易变质、质量可控、免疫期长，运输和储存方便。其表达产物虽然分子量较小，但由于在宿主细胞内部，可刺激免疫系统即产生细胞免疫又产生体液免疫，免疫效果与弱毒活疫苗差不多，易于做成多联苗，发展前景良好。对预先接种了分别含有 ILTV 王岗株 GB、GC、GD 基因的重组空载体质粒及真核表达质粒分的鸡，进行攻毒试验。获得 79% 免疫保护率。结果表明，重组质粒刺激机体产生了免疫反应。因此，ILTV 基因疫苗可以作为预防 ILT 的补充措施。

由于鸡传染性喉气管炎病毒常造成某些鸡带毒，因此，最主要的是避免接种疫苗的鸡或康复鸡与易感鸡混养。当混养种鸡群时，应特别注意掌握鸡群的全部病史。严格的综合防治将有助于避免易感鸡因污染的设备或建筑而受到感染。阻止（受到潜在污染的）工作人员、服务人员、其他人员、饲料设备与禽接触是成功的防制喉气管炎的关键。应该认识到并且提防庭院散养和供展览的禽群使商品养禽业长期受到鸡传染性喉气管炎的威胁。本病暴发后已控制疫情的地方,慎重的做法是将康复鸡从疫区运走,进行检疫加工。

ILTV 自身的许多生物学及生态学特征为 ILTV 的根除提供了可能性。ILTV 在外界环境中易被灭活,它不能垂直传播,其宿主非常专一,仅限于鸡,感染水平也非常低,ILTV 免疫以细胞免疫为主,母源抗体不会干扰免疫接种。据 ILTV 本身的生物学特性,配合使用标记疫苗结合血清学方法来区别疫苗接种鸡和自然感染鸡,那么就完全有可能达到根除乃至消灭 ILTV 的最终目标。

（董海龙　吴庆侠）

图 4-11　病鸡剖检可见喉头气管黏膜出血、水肿

（张志梅　供图）

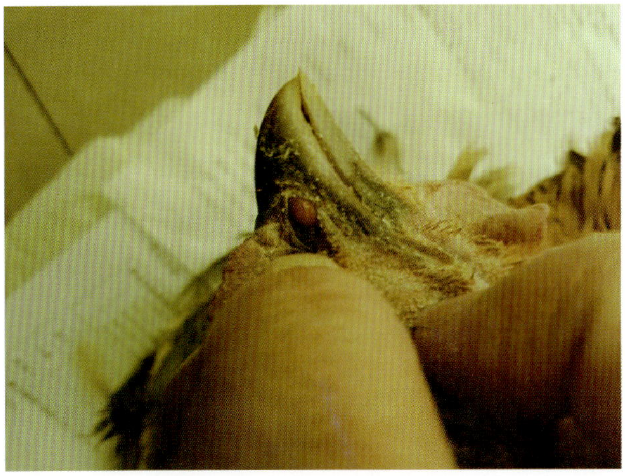

图 4-12　挤压病鸡鼻腔可见血性渗出物

（吴庆侠　董海龙　供图）

图 4-13　病鸡剖检可见气管中大量黏性渗出物

（吴庆侠　董海龙　供图）

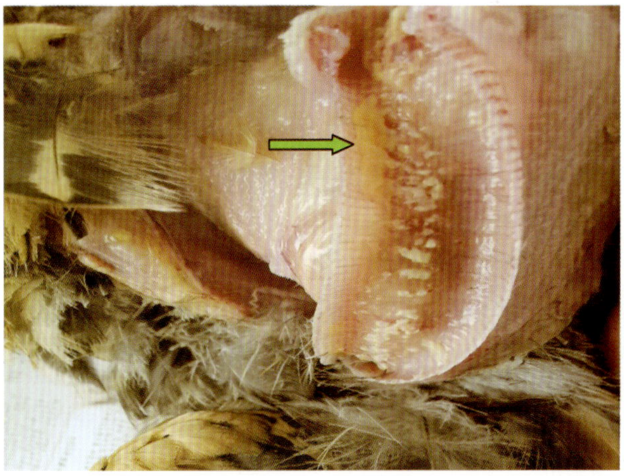

图 4-14　病鸡剖检可见喉头部及气管的上部 1/3 处附着黄色干酪状的渗出物

（吴庆侠　董海龙　供图）

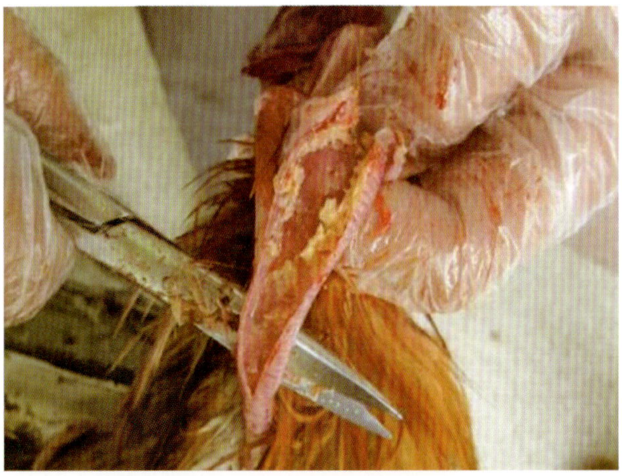

图 4-15　病鸡剖检可见气管腔内黄色干酪样渗出物形成假膜

（吴庆侠　董海龙　供图）

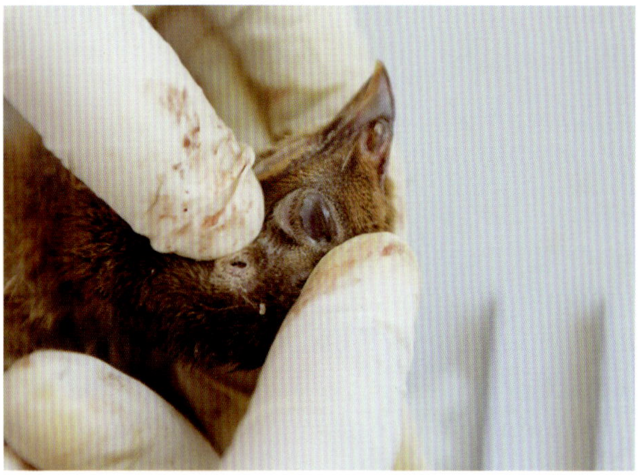

图 4-16　病鸡眼睛内充满分泌物（吴庆侠　董海龙　供图）

第四节　鸡马立克病

马立克氏病（MD）又名神经淋巴瘤病，二类传染病，是鸡的一种淋巴组织增生性疾病，以对外周神经、性腺、虹膜、各种内脏器官、肌肉和皮肤的单个或多个组织器官发生单核细胞浸润为特征。本病是由细胞结合性疱疹病毒引起的传染性肿瘤病，导致上述各器官和组织形成肿瘤。病鸡常见消瘦、肢体麻痹，并常有急性死亡。在病原学上可以与鸡的其他淋巴样肿瘤病相区别。

一、病原

MDV 属疱疹病毒科 *Mardivirus* 属，为双链 DNA 病毒，具有典型疱疹病毒的结构，由囊膜、间层、核衣壳和核芯四部分组成。病毒核酸由 162 个衣壳粒构成的核衣壳包围。在感染机体中存在完整病毒粒子和裸病毒两种形式。裸病毒不具备囊膜，直径为 80～100 nm，具有严格的细胞结合特性，离开细胞即失去感染性。完整病毒粒子具有囊膜，直径为 150～160 nm，存在于感染动物的羽髓上皮细胞中，脱落外界环境中仍然有感染性，对外界环境的抵抗力强。MDV 包括三种血清型，国际病毒分类委员将这三种血清型分别命名为禽疱疹病毒 2 型（Gallid herpesvirus type 2，GaHV-2/MDV），禽疱疹病毒 3 型（Gallid herpesvirus type 3，GaHV-3）和火鸡疱疹病毒 1 型（Meleagrid herpesvirus type 1，MeHV-1/HVT），只有 GaHV-2/MDV 致瘤。致弱的 MDV、天然不致瘤的 GaHV-3 和 MeHV-1/HVT 广泛被用于疫苗控制 MD。

Witter 报道，从近年（1989—1995 年）分离的 31 株马立克氏病病毒进行分析，MDV 的毒力有不断增强的趋势，这是马立克氏病防治中的一个新的问题。

二、流行病学

易感动物：鸡和火鸡容易感染该病，尤其是 2～5 月龄的鸡易感性最高。另外，还有多种禽类也能够感染发病，常见的有鹅、鸭、雉、金丝雀、鸽等。

传染源及传播途径：雏鸡感染病毒后能够终身带毒，是该病的重要传染源。该病可通过多种方式传播，包括直接接触和间接接触。病毒能够经由空气传播，通过呼吸道感染，还可经由消化道感染。另外，部分吸血昆虫（如鸡螨、某些种类的蚊子以及某些甲虫等）也可能作为该病的传播媒介。

发病特点：该病通常具有 3～4 周的潜伏期，因此雏鸡感染后往往在 50 日龄之后表现出症状，在 70 日龄之后陆续发生死亡，在 90 日龄之后出现死亡高峰，基本不会在 30 周龄左右才表现出症状，但有时可见 3～4 周龄的幼龄鸡和 60 周龄的老龄鸡出现发病。

该病的发病率有很大不同，通常肉鸡为 20%～30%，有时可达到 60%，产蛋鸡为 10%～15%，严重时能够达到 50%，病死率与发病率相当。

三、临床特征

1. 神经型

主要侵害周围神经，其中最容易受损的是坐骨神经和臂神经。当侵害坐骨神经时，病鸡的一侧腿出现完全或者不完全麻痹，使其无法稳定站立，且两腿分别向前后伸展，如同“劈叉”姿势，这也是该病的典型症状。当侵害臂神经时，病鸡双翅下垂。另外，当侵害支配颈部肌肉的神经时，病鸡表现出斜颈或者低头。当侵害迷走神经时，病鸡的嗉囊膨大或者麻痹，食物无法下行。

部分病鸡精神状况较好，且能够采食，但常常由于无法饮水而导致脱水，无法采食而日渐衰竭，或者被其他鸡践踏，最终发生死亡。

2. 内脏型

主要特征是在该病开始流行时大批鸡表现出精

神萎靡,几天后,有些病鸡出现共济失调,呈蹲卧姿势,接着一侧或者两侧的翅或者腿出现麻痹或者轻瘫。部分病鸡没有表现任何明显症状就发生死亡。有些病鸡的内脏器官会出现较大肿瘤,触诊腹部即可发现腹腔明显变大。

3.眼型

该类型在病鸡群中较少见到,病鸡主要症状是瞳孔缩小,严重时呈针尖大小,虹膜呈斑点状或者环状,且边缘不整齐,逐渐从正常的橘红色变成弥漫性的灰白色,如同“鱼眼状”。轻时对光线强度的变化反应迟钝,重时会失去对光线的调节能力,最终完全失明。

四、病理变化

1.神经型的病理变化

主要是外周神经和各器官组织发炎水肿以及淋巴样细胞的浸润或增生,增生的病变呈灰白色的结节性和弥散性病灶或肿瘤块,使病变器官极度肿大。一种主要病变是外周神经病变,最常见的部位是肋神经、坐骨神经、臂神经等,主要表现为:①变粗,即被侵害的神经整个变成粗大的枝束;②变色,即改变原色彩,呈灰白色或灰黄色,即色调发暗变深;③纹路消失,有水肿时很多看不清有横纹带。粗肿程度与正常比约大2～3倍。常见于一侧(亦可见双侧),两侧对比差别显露的更明显。脊髓根部和神经节常可发生肉眼可见的变化。另一种主要病变是全身性的淋巴样细胞性肿瘤,呈弥散性浸润或多发性结节,这是一种无限度的增生,主要侵害部位是性腺、肝脏、脾脏、肺脏、肾脏、心脏、腺胃和肠管、皮肤、肌肉、胰腺、胸腺、法氏囊等。接种急性型鸡马立克病毒株后,61%～91%会引起内脏肿瘤性病变,而接种古典型毒株仅有6%～8%发生肿瘤。

2.内脏型的病理变化

鸡马立克病内脏型显著的特征是整个器官或局部病变组织的肿大,肿瘤组织呈弥散状浸润或多发性结节,具有显著的扩张和增生的趋势,切面坚实而平滑(图4-17至图4-20)。发生在肺脏表现为硬化,发生于肝脏呈结节或浸润状,肿大可达数倍,表面平滑或粗糙,小叶结构消失(图4-21、图4-22)。肾脏、脾脏、睾丸可能成为一个巨大的肿瘤,卵巢亦常呈一个白色半透明花叶状的巨大肿瘤。腺胃则变得肥厚硬实,透过浆膜面或切面可见明显的区域性的病变。在心脏,如肿瘤组织是弥散性浸润,可见心肌褪色苍白,肥厚硬实,或呈多发性肿瘤结节,如做病理切片,可发现在心肌纤维间有局灶性或弥漫性淋巴样细胞浸润(图4-23),严重病例大部分心肌可被淋巴样细胞所替代。

3.皮肤型的病变

常见病变是皮肤同羽毛囊融合,褪毛的肉尸明显易见,呈灰白色结节,甚至形成淡褐色痂皮,常发部位是腿部、颈部、背部等处。肌肉的病变常见于胸肌组织中,多呈灰白色条纹状或为结节状肿瘤。

4.其他器官病变

各器官的病变完全表现为恶性肿瘤,是全身性、进行性无限度的增生过程,破坏了正常结构,新生的细胞具有核分裂象。淋巴细胞在腹神经节、肾上腺区和卵巢周围的自主神经节增生,外周神经病变包括程度不同的淋巴样细胞浸润,有时伴有水肿,入侵细胞通常是由中小淋巴细胞、浆细胞和成淋巴细胞,还有少数几个巨噬细胞混合组成的;神经病变既有炎性表现,又可出现小淋巴细胞水肿,成淋巴细胞可见核分裂象。法氏囊通常发生萎缩,偶见肿瘤组织,但其表现是滤泡间的弥散性肥厚,与淋巴细胞白血病的特征性肿瘤结节是不同的。脑组织的病变主要是小血管周围的小型细胞浸润,形成致密管套,脊髓局部白质中有细胞浸润,根部神经表现严重。眼部病变为虹膜的淋巴细胞浸润,并可波及眼肌、角膜、结膜和眼神经等。皮肤则出现较多的炎性变化,羽毛囊增大,周围有单核圆形细胞聚积,皮肤表层有多形态和类淋巴细胞浸润,并在羽毛囊内出现核内嗜酸性包涵体。真皮血管周围见有密集的细胞增生,其中有少量的浆细胞和组织细胞,大的增生性病变,常可引起表皮破裂或形成溃疡。

五、诊断

鸡马立克病主要是按照临床的表现、运动障碍、肢体麻痹、劈叉姿势、剖检病变等进行结合诊断。对于内脏型的马立克氏病,在病鸡生前并没有明显的症状,死后进行解剖会出现明显的改变,这也是判断的主要依据。疾病本身在诊疗期间很容易和淋巴白血病混淆，所以需要提高诊断重视度。必要时可以应用实验室方式诊断，在与其他疾病进行鉴别诊断时，马立克氏病主要与淋巴细胞白血病和神经性鸡新城疫两种疾病比较相似。

首先，马立克病对细胞白血病而言，马立克氏病鸡的腿部、翅膀麻痹不全，且虹膜会出现褐色，瞳孔会缩小。而淋巴细胞白血病并没有上述症状，剖检的病理学检查结果显示，马立克氏病的病鸡在腹腔、坐骨神经等存在明显症状，同时皮肤肌肉也有肿瘤存在。但淋巴细胞白血病解剖时并没有明显的症状，病变的肿瘤往往处于内脏器官中；其次，马立克氏病与神经性鸡新城疫的鉴别而言，马立克氏病与新城疫病都是因为病毒感染而导致的发病，前者的典型症状有外周神经麻痹无法站立，呼吸道和消化道无明显的症状。后者常见症状有头颈歪斜、呼吸困难、脱水腹泻等。病理变化前者出现外周神经水肿增粗，内脏中存在多处肿瘤，后者典型病变主要集中在全身及周边黏膜出血明显。因此，消化道和呼吸道的病变比较明显，相对而言内脏无明显的肿瘤病变。

六、防治

1. 做好免疫工作

购买正规大厂家的鸡苗，1 日龄进行马立克第 1 次免疫注射。对于新购进鸡苗在 12～13 日龄时再进行 1 次加强免疫，保证鸡群的整体免疫水平维持在较高水平。

2. 严格淘汰病死鸡

病鸡要立即进行扑杀深埋处理，并使用“消毒王”对鸡舍和用具进行喷洒消毒，使用 3％的氢氧化钠溶液对鸡舍地面及环境进行喷洒消毒，同时在饲料中提高多种维生素的比例，同时加入 0.03％的强力霉素粉混饲，避免出现继发感染。

3. 加强鸡群的饲养管理

保持鸡舍干净卫生，加强消毒灭源，对鸡舍墙壁、地面以及整个放养场地都使用 3％的氢氧化钠进行全面消毒。提高饲料营养，并添加适量的矿物质元素硒，使鸡群抵抗肿瘤疾病的能力进一步提高。

（吴庆侠　董海龙）

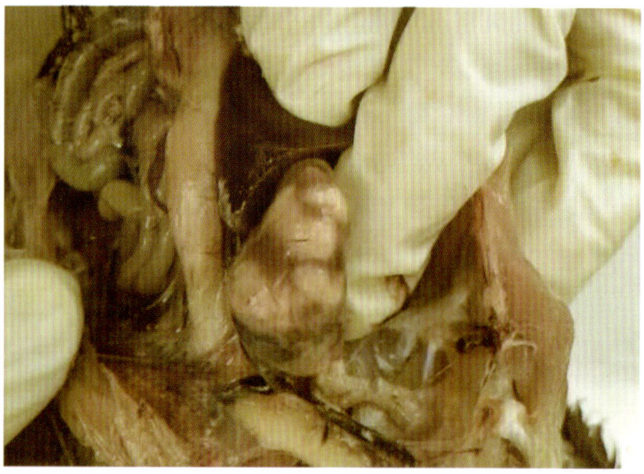

图 4-17　病鸡剖检可见心脏肿瘤，在心外膜下、冠状沟、心肌纤维间可见单个或多发的肿瘤结节，肿瘤为白色，有脂肪样光泽，结节状，突出于正常组织的表面。心肌色泽变浅（吴庆侠　董海龙　供图）

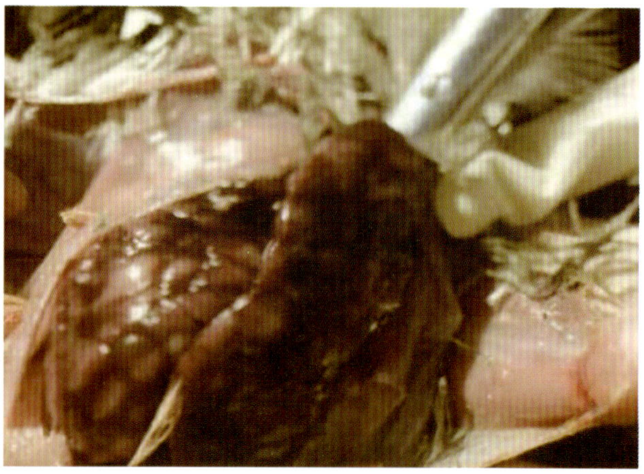

图 4-18　病鸡剖检可见肝脏肿瘤，肿瘤为白色，结节状，突出于正常组织的表面（吴庆侠　董海龙　供图）

图 4-19　病鸡剖检可见胰脏肿瘤，肿瘤为白色，结节状，突出于正常组织的表面（吴庆侠　董海龙　供图）

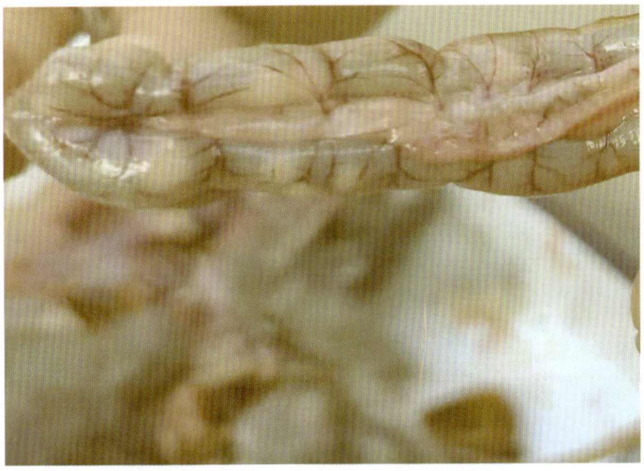

图 4-20　病鸡剖检可见肠壁肿瘤，肿瘤为白色，突出于正常组织的表面　　（吴庆侠　董海龙　供图）

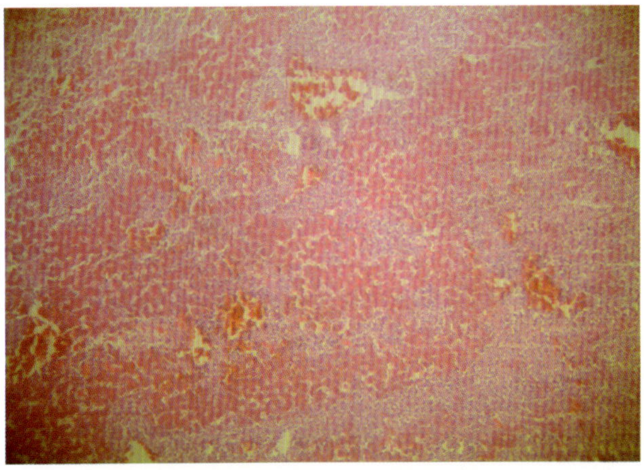

图 4-21　病鸡肝脏切片，可见肝小叶结构消失　　（吴庆侠　董海龙　供图）

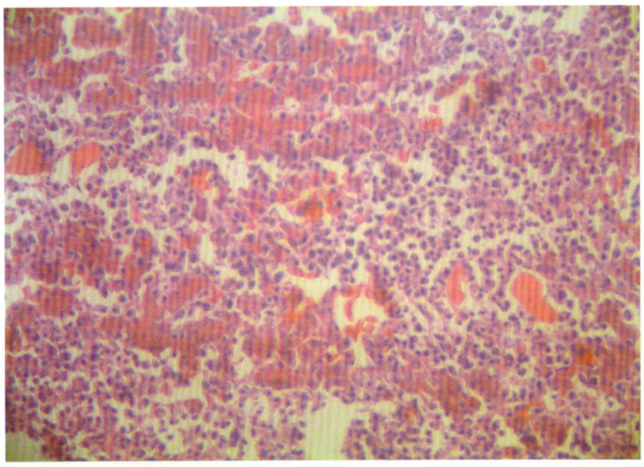

图 4-22　病鸡肝脏切片，可见肝细胞减少，肝小叶消失，大量淋巴样细胞浸润　　（吴庆侠　董海龙　供图）

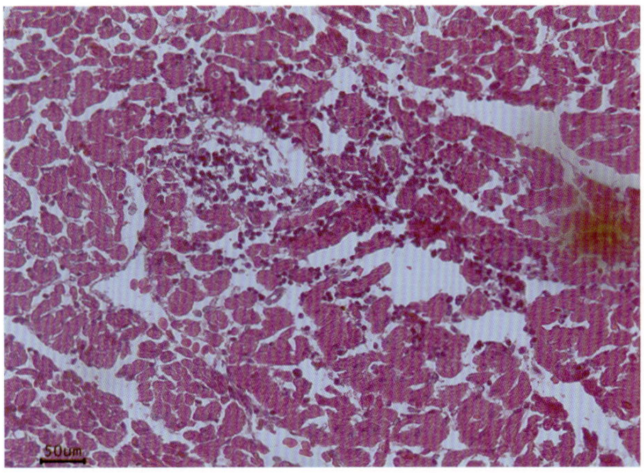

图 4-23　病鸡心肌切片，可见心肌纤维间有明显的局灶性淋巴样细胞浸润　　（吴庆侠　董海龙　供图）

第五节　鸡安卡拉病

鸡安卡拉病，也称心包积水——包涵体肝炎症，主要危害 25～80 日龄的麻鸡、肉鸡等。1987 年3 月在巴基斯坦的安卡拉地区某肉鸡场发生了该病，并造成暴发性流行，由此而得名安卡拉病。本病在我国报道最早见于 2013 年 11 月份，在江苏蛋鸡间发生流行；2015 年后在河北、山东、江苏等地发生大面积暴发性流行；于 2019 年 4 月份在西藏米林县某养鸡场发生并被确诊。

一、病原

本病经实验室检测证实为腺病毒感染，与我们所熟悉的包涵体肝炎病原同源，据报道认为引起该病的病原为鸡腺病毒丙型中的血清型 4 型(fowl adenovirus serotype Ⅳ，FAV-4)。FAV-4 病毒粒子无囊膜，呈球形，20 面体对称结构，直径 70～90 nm，线状双股 DNA，与核蛋白形成直径 60～65 nm 的髓芯，被包裹于衣壳内。衣壳由 252 个长 10～11 nm、宽 5～6 nm 的空壳粒组成，可分为 20 个正三角形和 12 个顶点，其中 12 个五邻体位于 12 个顶点，240 个六邻体位于 20 个三角面和 30 条棱上。其中五邻体上有纤维突起，与病毒的血凝性有关；六邻体蛋白是最主要的衣壳蛋白，包括位于病毒里面的保守片段和突出在病毒表面的变异环，含有特异的中和抗原决定基，也是中和抗体的靶标。

FAV-4 病毒粒子可通过平均孔径为 0.1 μm 的滤膜，病毒的酸碱耐受度为 pH 3～10。与其他腺病毒相比 FAV-4 可耐受 50 ℃ 1 h 或 60 ℃ 30 min，迅速灭活病毒可使用 80 ℃ 10 min 或 100 ℃ 5 min。另外，10%乙醚与 5%氯仿可灭活病毒，使其失去致病性。

二、流行病学

本病的病毒复制主要发生在消化道和呼吸道黏膜内。主要通过消化道或呼吸道水平传播，也可垂直传播。该病虽然全年均有发生，但夏、秋季为高发期，尤其是夏天，温度越高，传染越快，死亡率也越高。该病目前在全球范围内流行，感染率很高。感染病毒后潜伏期约有 2 d，3～4 d 开始陆续出现死亡。西藏发生病例转归很慢，估计心包积水会增大心脏负担，加之本来缺氧，所以死亡率较内地高，可达 60%以上。通常发病初期整笼鸡只开始死亡，然后蔓延至旁边笼位，4～7 d 后全群发病。

自然感染情况下，蛋鸡通常在 5～9 周左右排出病毒，大部分在 14 周龄后仍可排毒。肉鸡一般在 21 日龄左右可从粪便、肝脏、咽喉等部位检测、分离到病毒。

三、临床特征

发病初期死亡鸡只死前无明显变化，精神正常，粪便正常，采食正常，突然死亡。病程较长者，往往表现为精神萎靡不振，鸡冠发紫，羽毛蓬松，呼吸困难，有的有伸颈呼吸的现象，饮水量略有增加，排黄绿色稀粪，最终死亡。

四、病理变化

死亡鸡只心包积水，病程长者，明显伴有纤维素渗出（图 4-24、图 4-25）。肝脏病变明显，肝脏肿大，早期淤血严重（图 4-26）；病程长者，肝脏颜色呈土黄色，质脆易碎（图 4-27）。肺脏淤血，颜色深红色，有的地方为深灰色（图 4-28）。气管环出血，有干酪样渗出物（图 4-29）。个别死亡病鸡，伴随肾脏肿大，色泽变淡，并且有出血点（图 4-30）。肌胃、腺胃交界处有出血斑，腺胃乳头有出血点（图 4-31）。注射安卡拉卵黄抗体 60 d 后，死亡鸡只心脏体积增大，心肌松弛，由于纤维素渗出附着在心脏表面，状似绒毛，出现绒毛心（图 4-32）。

镜检可见肝细胞内有核内包涵体，包涵体界线清晰，形状不规则（图 4-33）。大部分肝细胞发生脂肪变性（图 4-34），偶见小叶中心出现细胞水泡变性和坏死，肝细胞出现萎缩，细胞核缩小（图 4-35）。

五、诊断

（1）临床诊断　发病初期首先发生在长势良好的鸡只，发病快，死亡迅速，无临床症状。剖检病死鸡可见心脏肿大，心肌松弛，心包内有大量淡黄色积液，内含有胶冻样物质；肺脏淤血、出血和水肿；腺胃与肌胃交界处有出血斑；肝脏肿大、色暗或发黄、充血、破裂质脆，且肝脏表面有不同程度的出血；个别鸡肾脏肿胀苍白。

（2）分子生物学方法　FAV-4 是 DNA 病毒，利用 PCR 方法可以简单、快速地进行诊断，通常取病鸡的肝脏或心包积液，提取基因组后进行 PCR。设计引物选取的基因常是 *hexon* 基因，全长 2 800 多个碱基。

目前也有针对 pockit 诊断箱的荧光 PCR 试剂盒，如 POCKIT FAV-4 Detection Kit，可现场快速得出诊断结果。

六、防治

使用抗病毒药物、抗生素等均无明显疗效。用卵黄抗体治疗，3 d 后仅有零星死亡，鸡群基本恢复健康，如配合保肝中草药则疗效更加明显。注射卵黄抗体 60 d 后，死亡率又开始逐渐上升，因此，建议第一次使用抗体后，隔 60 d 再次使用。

目前该病疫苗还未见上市，因此养鸡场要做好消毒措施，防止疫病传入。

（吴庆侠　董海龙）

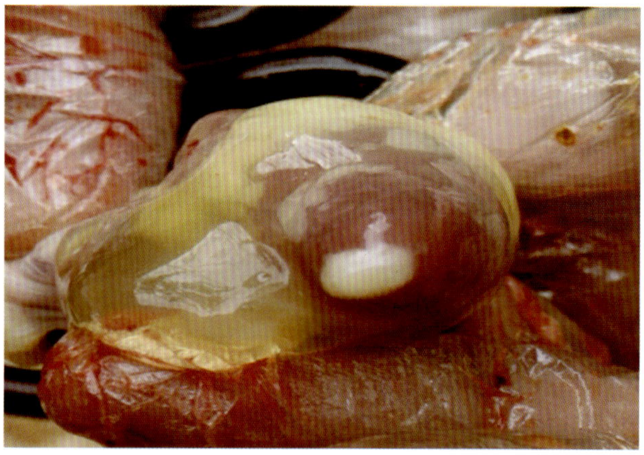

图 4-24　病鸡剖检可见心包积水，积水中含胶冻样物质。40 日龄后感染该病毒，死亡率低，但在上市肉鸡屠宰过程中，发现 90%以上有心包积水　（吴庆侠　董海龙　供图）

图 4-25　病鸡剖检可见心包积水，约有 10 mL，颜色稻草黄色。肝脏发黄，肿大，质脆易碎　（吴庆侠　董海龙　供图）

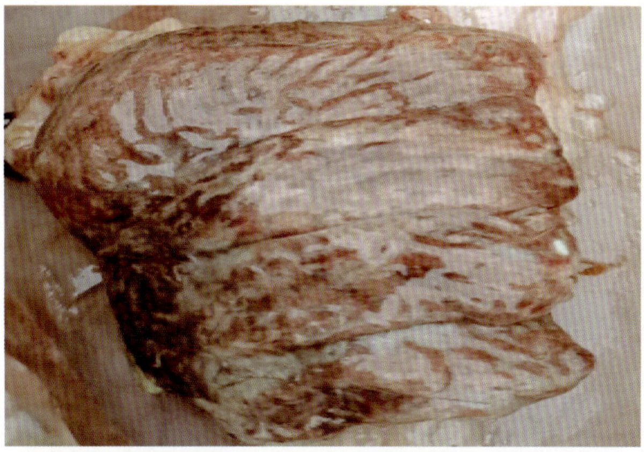

图 4-28　病鸡剖检可见肺脏淤血，颜色深红色，有的地方变为深灰色　（吴庆侠　董海龙　供图）

图 4-26　早期死亡病鸡剖检可见肝脏淤血，色泽加深，被膜紧张，边缘变钝　（吴庆侠　董海龙　供图）

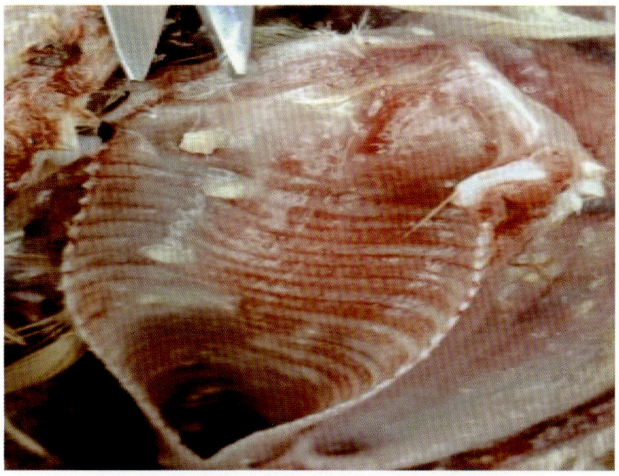

图 4-29　病鸡剖检可见气管环出血，有干酪样渗出物　（吴庆侠　董海龙　供图）

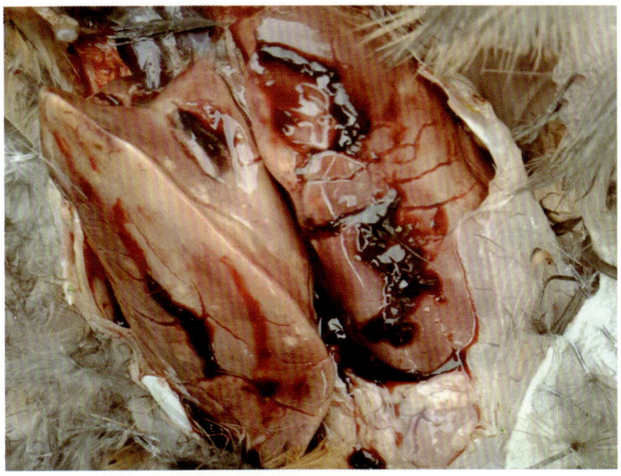

图 4-27　病鸡剖检可见肝脏色泽变浅，质脆易碎，有的病例死亡后剖检发现破裂出血　（吴庆侠　董海龙　供图）

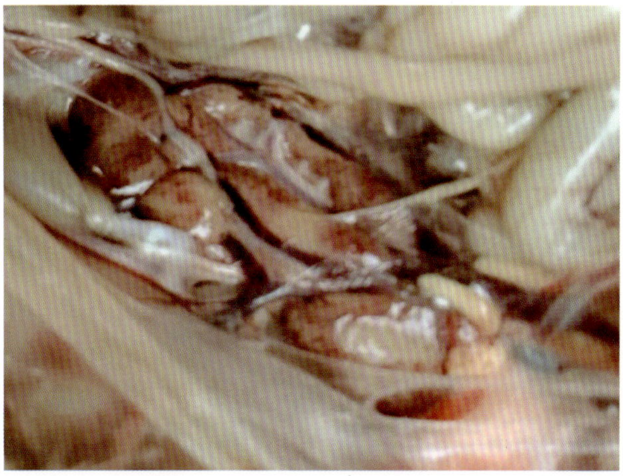

图 4-30　个别病鸡剖检可见肾脏肿大，色泽变淡，表面有出血点与出血斑　（吴庆侠　董海龙　供图）

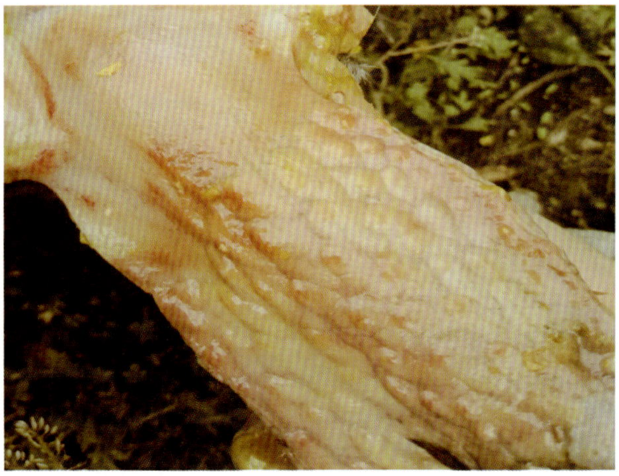

图 4-31　病鸡剖检可见肌胃、腺胃交界处有出血斑，腺胃乳头有出血点　（吴庆侠　董海龙　供图）

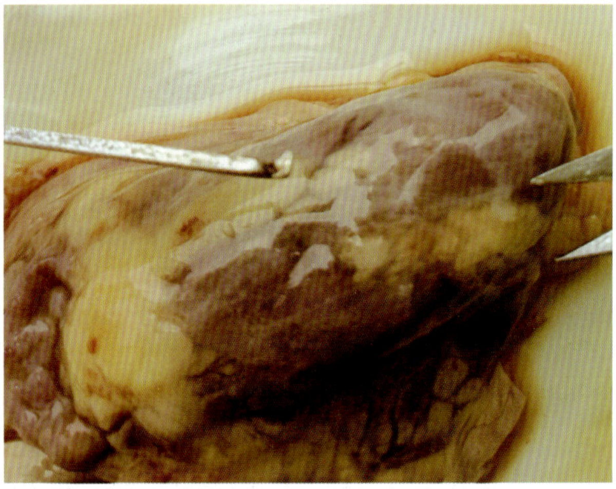

图 4-32　注射安卡拉卵黄抗体 60 d 后，病鸡剖检可见心脏体积增大，心肌松弛、颜色苍白　（吴庆侠　董海龙　供图）

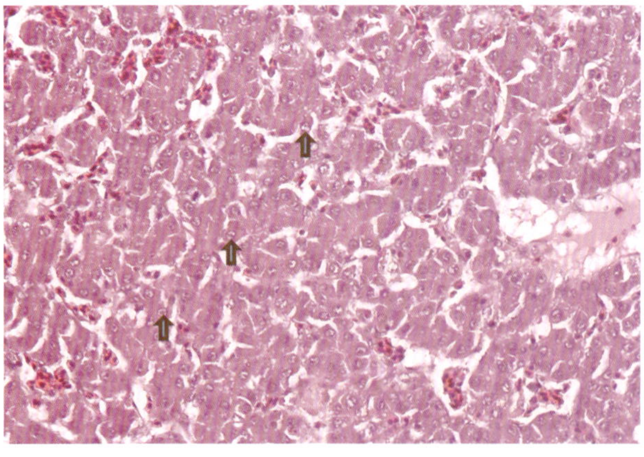

图 4-33　病鸡肝脏切片，可见在多数肝细胞核内出现嗜碱性包涵体，这些包涵体与核膜之间均有晕圈产生，呈微细颗粒、小球状、圆形等各种形状（蓝色箭头）。另外，肝细胞内可见空泡，其为脂滴，表明肝细胞出现了脂肪变性

（吴庆侠　董海龙　供图）

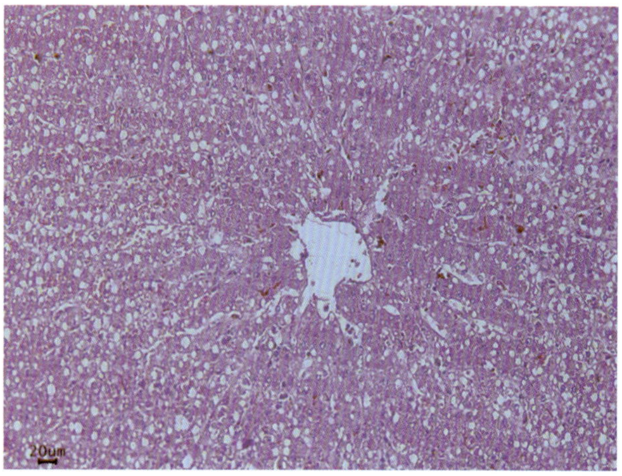

图 4-34　病鸡肝脏切片，可见肝细胞内出现大量空泡，细胞核被挤到细胞边缘，出现戒指样细胞，脂肪变性严重

（吴庆侠　董海龙　供图）

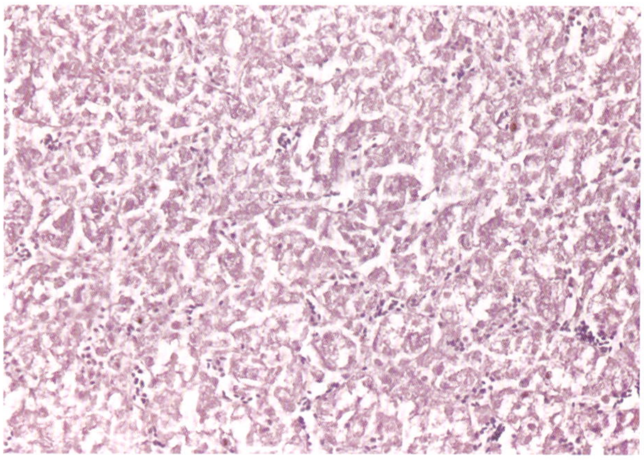

图 4-35　病鸡肝脏切片，可见肝细胞的细胞质变得疏松透亮，细胞核大部分位于细胞中央，其病理变化为水泡变性。在安卡拉疾病中，有少部分的肝脏发生此种变化

（吴庆侠　董海龙　供图）

第六节　鸡大肠杆菌病

大肠杆菌感染引起的家禽疾病，一般称为大肠杆菌症。鸡大肠杆菌症是养鸡业中常见的一种细菌性疾病，引起本病的病原是埃希氏大肠杆菌。本病可以全年发生，不同年龄的鸡都可能会感染这种疾病。该疾病的发病率和死亡率易受外界因素和其他因素的影响。不良的应激或并发其他病原感染都可引发大肠杆菌病的发生。一般情况下雏鸡和青年鸡多表现为急性败血症型，而成年鸡多表现为亚急性气囊炎和多发性浆膜炎类型。本病的传播途径包括水平传播和垂直传播，一般常见的有呼吸道传播、消

化道传播，也可以通过蛋传播。

一、病原

大肠杆菌用显微镜观察其结构为中等大小、两端钝圆的短杆菌，属于革兰氏阴性菌，不存在芽孢结构，其大小在 0.7 μm 左右，散在排列或成双成对，全身附有鞭毛，可以游动，并拥有菌毛这种特殊结构，通常不存在荚膜结构，碱性条件下用染料着色好。大肠杆菌在有氧或无氧情况下都可以存活，在普通琼脂培养基上生长良好。大肠杆菌是一种常见的原核生物，致病性的大肠杆菌根据生物学特性被分为五类：致病性大肠杆菌（EPEC），肠产毒性大肠杆菌（ETEC），肠聚集性大肠杆菌（EIEC），肠出血性大肠杆菌（EHEC）和大肠粘连性肠杆菌（EAEC）。大肠杆菌血清型较多，对家禽有致病性的 O2、O78、O1 等占 80%以上。

二、流行病学

本菌对干燥有一定抵抗力，常在粪、垫料、土壤、尘埃、蛋壳表面附着，通过呼吸道、消化道以及经蛋垂直传播。鸡在 4 月龄以内易感性较高。鸡大肠杆菌病可以单独发生，也常常继发感染，与鸡白痢、伤寒、副伤寒、慢性呼吸道病、传染性支气管炎、新城疫、禽霍乱等合并发生。

三、临床症状

鸡发病后精神萎靡，食欲不振，消瘦至死亡。病鸡会排出白色、黄绿色粪便。因感染部位不同，症状也有所不同。

1. 气囊炎、肝周炎、心包炎

本类病鸡常见于 5～8 周龄的肉鸡，主要发生于冬季或继发于新城疫、法氏囊病、慢性呼吸道病等原发之后。临床表现腹水征，呼吸困难最后衰竭死亡，一般无治疗价值。

2. 脐炎、死胚、弱雏

脐炎、死胚、弱雏是由于产蛋母鸡患有大肠杆菌性输卵管炎或卵巢炎，卵被污染或种蛋被病原菌污染，未很好消毒所致。其特征是：后期死胚明显增多，弱雏多。弱雏腹部大，体表潮湿，脐孔开张、红、肿、有炎性渗出物或形成“钉脐”。弱雏多在周内死亡。

3. 输卵管炎及卵黄性腹膜炎

输卵管炎及卵黄性腹膜炎主要见于管理不善的产蛋鸡，或在非典型新城疫发生之后病鸡停产，冠逐渐萎缩、苍白，消瘦，最后衰竭死亡。

4. 肉芽肿

肉芽肿是较罕见的一种病型，病鸡消瘦，无特定症状。

5. 蜂窝织炎

蜂窝织炎是肉鸡腹部的一种慢性皮肤病，病变见于腹中线和大腿之间，皮肤发红、破损。

6. 全眼球炎

全眼球炎表现为单侧或双侧眼肿胀，有干酪样渗出物，眼结膜潮红，病情严重者可导致失明。

7. 关节炎

关节炎多见于跗关节和趾关节，关节肿大。

四、病理变化

患大肠杆菌症的死亡鸡只，剖开腹腔，即可闻到恶臭气味。剖检可见以下病理变化。

1. 气囊炎、肝周炎、心包炎

剖检可见心、包膜、气囊、腹膜、内脏器官被膜等浆膜发生广泛性浆液性（心包积液、腹水）、纤维素性（绒毛心、肝周炎、气囊增厚或凝卵样渗出物）浆膜炎，俗称“包心、包肝”（图 4-36 至图 4-39）。

2. 脐炎、死胚、弱雏

剖检可见卵黄吸收不良，囊壁充血，出血，内容物稀薄，呈灰绿色或黏稠干酪。肝呈土黄色，肿胀，质脆，有斑状或点状出血。肠黏膜充血或出血。进一步确诊需进行细菌检查。

3. 输卵管炎及卵黄性腹膜炎

病死鸡腹部膨大、变绿。剖检可见输卵管高度扩张，内积凝卵样渗出物，有的输卵管萎缩、腹腔充满淡黄色腥臭的液体和破裂的黏稠卵黄，腹腔脏器表面覆盖一层淡黄色凝固的纤维素性渗出物，内脏器官粘连。卵泡变形、变色，液化或干酪化。肠黏膜肿胀、充血、出血。

4. 关节炎

关节腔有黏稠的、混浊的浆液、纤维素性或脓性炎性渗出物、滑膜肿胀、增厚。

5. 继发性感染

鸡大肠杆菌病常继发于某些呼吸道传染病，如新城疫、传染性支气管炎、传染性喉气管炎、传染性法氏囊病等，表现为气管黏膜充血、水肿、增厚（图4-40），双肾肿大（图4-41），泄殖腔内常有大量石灰膏样尿酸盐沉积，粪便内含大量尿酸盐，肛门周围羽毛污浊（图4-42）。

五、诊断

（一）临床诊断

根据流行病学、临床症状和病理变化可做出初步诊断，确诊需进行细菌学检查。

（二）实验室诊断

1. 培养特性

大肠杆菌在普通琼脂上生长形态为圆形突起、光滑、湿润、半透明灰白色单个菌落；肉汤培养12～18 h后为一致混浊，后出现黏性沉淀；在麦康凯琼脂上培养24 h后形成中等大小、表面光滑、边缘整齐的红色菌落；在伊红亚甲蓝琼脂上为深紫黑色、光滑、湿润、带有金属光泽的圆形菌落，染色镜检为革兰氏阴性菌、短杆状、两端略圆。

2. 生化试验

用生化方法来检测细菌对各种基质的代谢作用及代谢产物，借以鉴别细菌种类，这种生化试验称为细菌的生化反应试验，是鉴别细菌的重要依据。目前常见的生化试验方法有糖发酵试验、MR-VP试验、吲哚试验、柠檬酸利用试验、硝酸还原酶试验、淀粉水解试验。

3. 血清型鉴定

大肠杆菌（*Escherichia coli*）目前有164个O抗原（O1～O171）、72个K抗原（K1～K1O3）和55个H抗原（H1～H57），已发现的血清型至少有几千种。因此，该菌的血清型鉴定是以O抗原、K抗原、H抗原三种抗原作为基础的，对ETEC菌株还必须增做黏附素抗原的鉴定。鉴于ETEC和EPEC均常局限于少数O抗原群，且前者的O抗原群又与黏附素及肠毒素之间存在一定的相关性。鉴定O抗原的抗血清必须用单因子抗血清，以免发生交叉反应。若使用非单因子血清应以试管凝集的反应结果来判定。

4. 血清学试验

虽然大肠杆菌与红细胞发生凝集的现象（血凝）早已发现了，但有近30年来用电子显微镜发现菌毛以后，才认识到血凝反应是由菌毛所引起的。由于菌毛具有黏附能力，因此被认为是细菌感染机体的一个毒力因子。不同类型的菌毛具有不同的宿主特异性与不同靶细胞的特异性，并具有不同的血凝谱与血凝反应，因此血凝反应已成为研究大肠杆菌菌毛类型与功能以及毒力的重要手段。

六、防治

（一）预防

在日常生产中为避免发病，需要做好经常性的预防工作，减少或防止诱因的出现和发生，保持鸡群良好的精神状态。要控制其发生，减少损失，必须采取如下一些综合性防治措施：

1. 加强饲养管理

对饲料进行合理搭配，保持饲料、饮水清洁，及时清除粪便等垃圾。饲养密度过大的鸡群，要适度调整，保持良好通风换气，避免骤冷骤热，以减少各种诱发因素。

2. 定期对场地、器具等进行彻底消毒，保持场地整洁

污染严重或常发病鸡场，要根据情况适当缩短消毒间隔时间，一般5～7 d要进行一次彻底消毒。

3. 疫苗接种预防

接种大肠杆菌疫苗可在一定程度上控制该病的发生，但因大肠杆菌血清型较多，其效果并不十分理想。对已发生污染的鸡场可以用本场分离的大肠杆菌菌株制作灭活菌苗进行免疫接种。

加强种蛋管理，建立健康的种鸡群。大肠杆菌可因种蛋带菌而垂直传播，因此必须做好种鸡群大肠杆菌病的净化工作。病鸡不能留作种用，一律淘汰。另外，种蛋本身不带菌，但由于捡拾不及时或者产蛋箱卫生状况不良，使种蛋与粪便接触而受到污染。因此，孵化场还需做好对种蛋的消毒，以减少种蛋污染。在种蛋入孵前必须做好药物消毒工作。如果有条件，种蛋产出后2 h内应用药物熏蒸消毒或用0.3%的过氧乙酸进行带鸡喷雾消毒，确保种蛋有最高的孵化率和健雏率。也可以对刚出壳雏鸡在3～5日龄和4～6日龄分别给予2个疗程抗生素预防。

4. 实行全进全出制

全进全出的饲养方法是预防该病的有效方法，可有效避免不同日龄、不同批次鸡群间的交叉感染。同时鸡群尽可能采用封闭式管理，这样可减少或杜绝鸡群与大肠杆菌的污染物接触，防止本病发生。

5. 加强饲料饮水的兽医卫生监测

饲料的采购、贮存和加工等环节要加强卫生管理，防止发霉、变质，减少大肠杆菌的污染。对水井、水塔和水箱等储水设施以及输水管道要经常清理、适时消毒，尤其要注意除去表面形成的生物膜。

6. 改变维生素的补给方式

通过饮水添加水溶性维生素要谨慎，在一定温度条件下，水中添加水溶性维生素，不仅造成浪费，而且如果水中已污染大肠杆菌，维生素的加入还会加速大肠杆菌的大量繁殖，极易造成大肠杆菌病的暴发。

(二)治疗

如已发生大肠杆菌病，要采取必要的隔离措施并及时治疗。发生鸡大肠杆菌病时，可用药物进行治疗，但急性经过者往往来不及救治。

1. 可使用抗菌药

可使用抗菌药如氟哌酸、氨苄青霉素、庆大霉素、卡那霉素、新霉素等。最好使用恩诺沙星、环丙沙星、庆大霉素、氯霉素、壮观霉素、痢特灵等。在治疗方面要注意大肠杆菌对多种抗生素有耐药性。因此，要合理选择和交替使用抗生素。

2. 使用中药

使用中药如黄连合剂、鸡菌灵、复方穿心莲等。这些药物对大肠杆菌病均有一定的疗效，但很容易产生抗药性，所以在使用前应做药敏试验，并在用药时交替使用。一般情况下，单纯因大肠杆菌感染而发病者较少，大部分都是继发或混合感染，治疗中要辨症施治，才能确保疗效。

中药：用白头翁、黄连、黄柏、秦皮各 500 g，鲜马齿苋 1 000 g，水煎连饮 3 d，或拌料喂，以上为 8 000～10 000 羽剂量。

（王刚　吴庆侠）

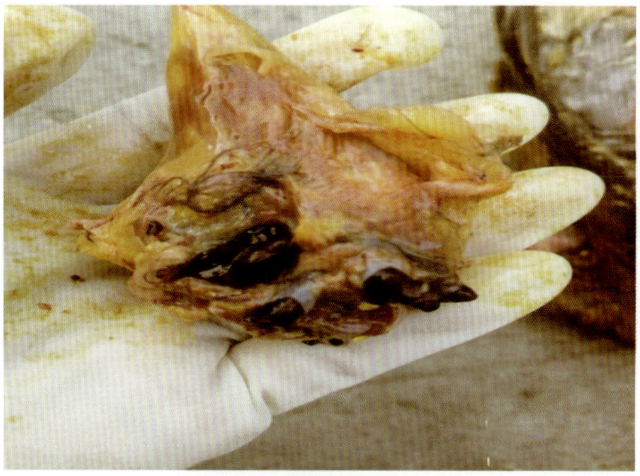

图 4-36　自然感染病例心包变化

鸡大肠杆菌病特征性病理变化是纤维素状心包炎，心包膜变厚、浑浊，心包积液。图为病鸡发生纤维素性心包炎

（王刚　供图）

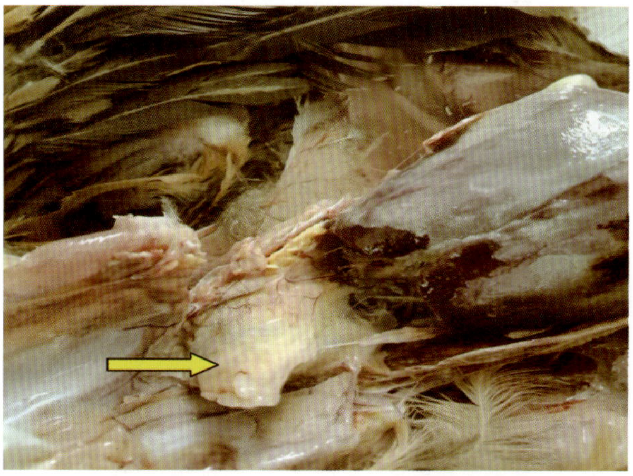

图 4-37　病鸡剖检可见心脏的心外膜被覆白色或略带黄色的纤维素，俗称"包心"。心脏肿大，常常黏附于肺部或胸壁肋膜　（吴庆侠　董海龙　供图）

图 4-38　病鸡剖检可见肝脏肿大，表面有白色、不透明的纤维素覆盖其上，俗称"包肝"。无法看见肝实质。如剥去被膜，可见到肝表面有针尖大小的灰白色坏死点密发或可见较大的坏死斑　（吴庆侠　董海龙　供图）

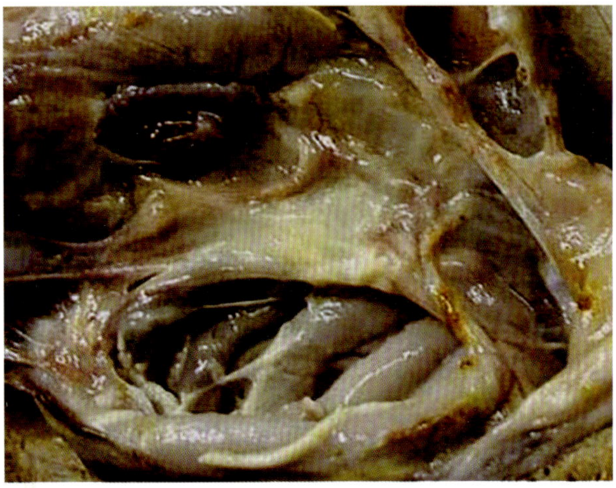

图 4-39 病鸡剖检可见气囊发炎，胸腹部气囊壁增厚，气囊膜有纤维素样渗出物或淡黄色、黄白色干酪物

（王刚 供图）

图 4-40 病鸡剖检可见气管黏膜 充血、水肿、增厚

（王刚 供图）

图 4-41 病鸡剖检可见双肾肿大

（吴庆侠 董海龙 王刚 供图）

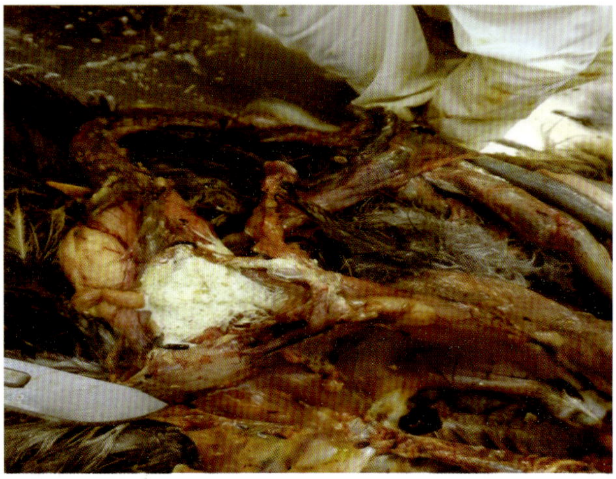

图 4-42 病鸡剖检可见泄殖腔内有大量石灰膏样尿酸盐沉积

（王刚 供图）

第七节 鸡沙门杆菌症

沙门杆菌症是人畜共患病之一。由鸡白痢沙门菌所引起的称为鸡白痢，由鸡伤寒沙门菌引起的称为禽伤寒，由其他有鞭毛能运动的沙门菌所引起的禽类疾病则统称为禽副伤寒。禽沙门菌病在世界各地普遍存在，对养禽业的危害性很大。

一、病原

沙门菌呈两端椭圆或卵圆形，不运动，没有芽孢和荚膜，兼性厌氧，革兰氏阴性直杆菌。菌体在没有宿主的情况下，可以存活几个星期甚至长达几个月。但对热刺激、化学消毒剂和 5% 的石炭酸耐受性相对较弱，5% 石炭酸 5 min、60 ℃下 15 min 及使用日常消毒剂和消毒方法均可以将其杀死。沙门菌在普通培养基上生长良好，能形成肉眼可见的无色、光滑、圆形的清晰小菌落。在肉汤培养基中呈均匀浑浊、管底会有少量沉淀物。在麦康凯琼脂上长出无色透明、圆形的小菌落。在鲜血琼脂培养基上不发生溶血。营养琼脂上菌落呈圆形、半透明、光滑、微隆起、边缘整齐、针尖大小的露珠状小菌落。在 SS 琼脂培养基上形成无色、透明、小菌落。三糖铁培养基上，斜面为红色、底层穿刺后为黑色，常产生 H_2S。大部分沙门菌能发酵葡萄糖并产酸产气；大部分沙门菌不发酵乳糖。通常不利用水杨苷、肌醇、蔗糖、侧金盏花醇和棉子糖，也不产生 α-甲基葡萄糖苷。

不产生吲哚，不分解尿素，甲基红试验阳性，VP 试验阴性。

二、流行病学

鸡和火鸡是鸡沙门菌病的自然宿主，对母鸡的感染率比公鸡高，而种母鸡感染后，其产出的鸡蛋有 1/3 携带鸡沙门菌。本病一年四季均可发生，不同品种的禽类和各种生长年龄段的鸡均具有感染性，多侵害 3 周龄以及 6 月龄以内的鸡，病程较长。雏鸡发病率为 20%～40%，死亡率较高，呈流行性；而年龄较大的鸡和育成鸡一般呈散发性或隐性感染。

鸡沙门菌病的传播过程比较复杂，病鸡、带菌鸡是该病主要的传播源。常常可以通过种鸡垂直传播或雏鸡水平传播而使其感染得病。种鸡场有患有沙门菌病的种鸡则使该病代代相传。饲养环境恶劣，育雏舍温度忽高忽低以及粪便堆积通风不良等因素都可以促进本病的发生。

三、临床症状

雏鸡潜伏期为 4～5 d，多在 1 周后才表现出明显的临床症状，7～10 d 后雏鸡群中的发病率逐渐升高，并在 2～3 周达到高峰。急性感染者，常无任何临床症状，迅速死亡。幸存者大多生长缓慢，发育不良，羽毛不丰，与同批次的雏鸡体重相差悬殊。病情缓者表现为食欲丧失、精神委顿，两翼下垂，不愿走动。同时，排白色粪便，瞌睡，姿态异常，出现腹泻糊肛，更严重者影响排粪。有的病雏鸡出现眼盲，或者关节肿大，跛行。但如果疾病波及两肺，则有呼吸困难或打嗝声。而成年鸡感染后，鸡冠与黏膜贫血，引起腹膜炎，并常见急性和慢性心包炎，一般临床症状不明显，表现为隐性感染，但母鸡的产蛋率和受精率将受到一定的影响，极少出现腹泻的症状，这种情况下只能通过平板凝集试验才能检测出。

四、病理变化

肉眼病变：急性死亡的雏鸡病理变化不明显。病程稍长者，肝脏充血，有条纹状出血，胆囊肿大；肾充血，肾小管和输尿管扩张，其内有大量的尿酸盐而扩张。盲肠部膨大，有干酪样物堵塞肠腔；心外膜呈白色浑浊，肥厚，心包内有一定积液，心脏表面有白色不规则隆起，病理组织学观察，其为肉芽肿样病灶（图 4-43）。疾病早期，其肝、肺、心肌、盲肠及肌胃肌肉上有典型的黄色或灰白色大小不一的坏死灶，到后期则变为结节状病灶（图 4-44 至图 4-46）。其肺部的组织病理学变化包括早期的弥漫性、急性充血与出血。到后来则出现界线分明的病灶，其内部主要是单核型细胞浸润、浆液性纤维素渗出物与细胞碎片。有个别鸡表现出关节肿大，以跗关节最为常见，内含有黄色黏稠液体。眼球被侵害时，可见到角膜、玻璃体的浑浊（眼球炎）。

盲肠中有干酪样物堵塞肠腔，有时还混有血液。育成阶段的鸡，明显的变化是肝脏肿大，其体积是正常的 2～3 倍，质地较脆，暗红色发展成深紫色。腹腔内有大量的积水，肝上有大量的血凝块。急性病鸡有弥漫的实质性肝炎。成年母鸡最常见的是卵巢形状不整齐、卵泡萎缩或变形，卵黄表面呈白浊、黄褐色或绿色化，严重者输卵管坏死，引发腹膜炎。肝小叶内淋巴细胞、浆细胞和异嗜细胞浸润，结缔组织增生。

五、诊断

对于沙门杆菌症的诊断应于解剖时，注意观察：心囊炎、肝包膜炎、腹膜炎及气囊炎；肝小坏死灶（结节）、脾肿大；关节炎、眼球炎；产蛋鸡的异常卵泡。

（一）实验室检查

涂片镜检，采取病鸡的肺、肝、脾和肠道内容物少许等作涂片镜检或分离培养鉴定。将被检材料制成涂片，进行革兰氏染色镜检。沙门菌呈两端椭圆或卵圆形，不运动，没有芽孢和荚膜的革兰氏阴性杆菌。

（二）分子生物学方法

有学者以沙门菌的侵袭基因（invasionprotein A，invA）建立的 PCR 方法，用于对两株不同的沙门菌病血清型进行检测，发现有 100%的同源性；另有学者以 invA 基因为靶序列，用磁性纳米颗粒增强 PCR 的方法，其对沙门菌的检测灵敏度达到了 1.5×10^{2} CFU/mL。

（三）免疫学诊断方法

ELISA 法：市面上常见的有包被抗原的抗体检

测试剂盒，也有检测抗原和抗体的胶体金检测试纸条。胶体金试纸条具有灵敏度高、操作简便、检测快速等优点，被广泛应用于兽医疾病的诊断，具有独特的优点和广阔的发展前景，目前报道敏感性和特异性分别为100%和94.93%。

六、防治

本病可由经卵传染方式进行传播，应注意输入时的检疫，种鸡群的净化，孵化设施的卫生，鸡舍环境的消毒，驱除野鸟、老鼠、昆虫等。为防止感染应对鸡舍彻底清扫，消毒，引进没污染的雏鸡及饲料。

（吴庆侠　董海龙）

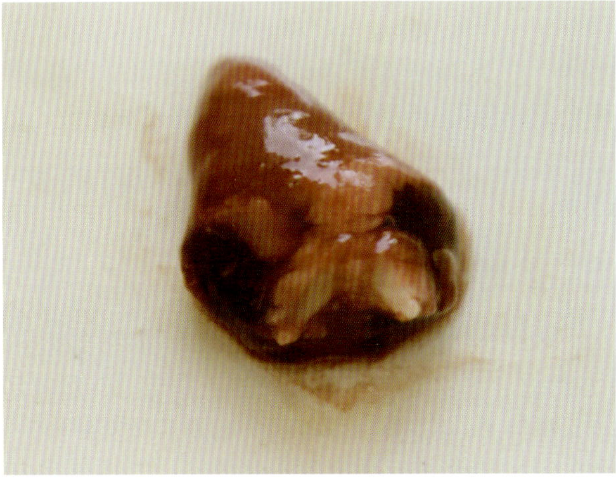

图 4-43　病鸡剖检可见心脏外膜呈白色浑浊，肥厚，心包内有一定积液，心脏表面有白色不规则隆起，病理组织学观察，其为肉芽肿样病灶　（吴庆侠　董海龙　供图）

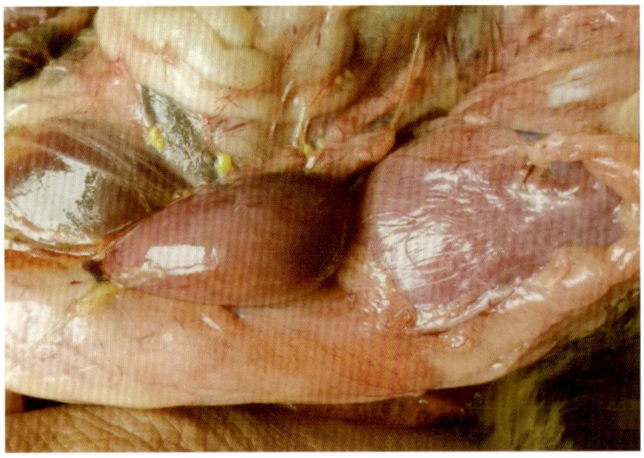

图 4-44　病鸡剖检可见脾脏肿大，色泽不一，有出血斑和点状出血灶　（吴庆侠　董海龙　供图）

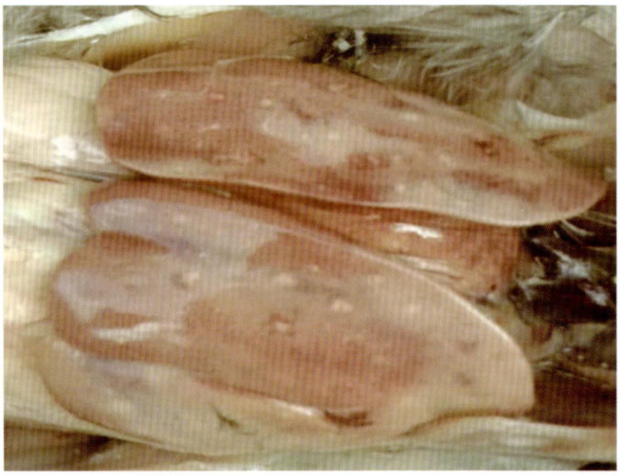

图 4-45　病鸡剖检可见肝脏肿胀，色泽变淡，有灰白色的坏死斑和坏死点　（吴庆侠　董海龙　供图）

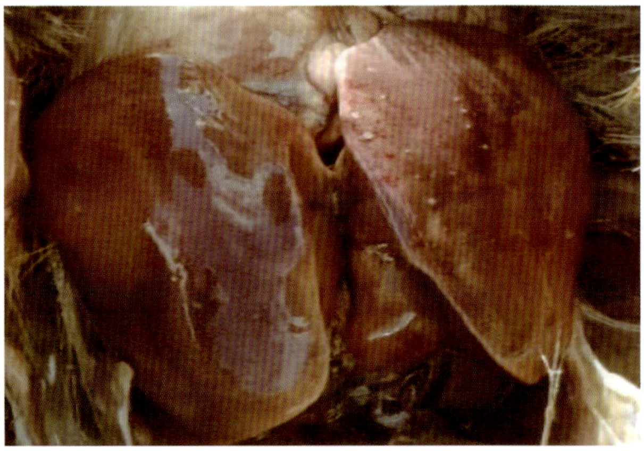

图 4-46　病鸡剖检可见肝脏病变。病程长者，肝脏肿胀，色泽变淡，有灰白色的结节状病灶，多见于病程长者

（吴庆侠　董海龙　供图）

第八节　鸡支原体病

鸡支原体病又称为鸡霉形体病。通过接触感染而导致的一种传染病。目前，我国引起该病的病原有鸡毒支原体（MG）和滑液囊支原体（MS）。鸡毒支原体于1933年首次被Nelson在鸡体内发现，我国1976年由中国农业科学院哈尔滨兽医研究所从患病鸡群中分离到了鸡毒支原体，1982年国内报道从鸡支原体平板凝集阳性的鸡中分离出鸡毒支原体，同年国内报道从患有关节肿大、跛行等症状的鸡中分离出了滑液支原体，1984年从北京、南京两市鸡体内分离到61株支原体，其中包括鸡毒支原体、滑液支原体、鸡支原体、雏鸡支原体和家禽支原体

等,这是国内系统地对禽源支原体研究的首次报告。

鸡毒支原体感染可引起鸡的慢性呼吸道病,临床症状为咳嗽、流鼻涕和气管啰音;滑液囊支原体感染可引起家禽亚临床呼吸道症状、关节炎、滑膜炎、气囊炎、生殖道炎和鸡蛋尖端综合征。本病病程长易复发,且与其他疾病继发或并发感染,各种应激因素都是本病的诱因,是造成全球肉鸡行业经济损失的主要原因之一。

长期以来鸡毒支原体感染率远远高于滑液囊支原体感染,因此,养殖业中对鸡毒支原体感染重视程度较高,但近些年来,滑液囊支原体的感染发病率也逐步上升,2010 年中国广东省和广西壮族自治区最先大规模暴发此病,到 2014—2015 年滑液囊支原体已经扩散至全国各地,使人们不得不加大对滑液囊支原体的重视。

一、病原

支原体是一类比细菌小比病毒大的原核生物,广泛分布于自然界,包括一些动物与人类。

MG 无细胞壁,形态多样,常见的有球状、丝状、杆状、环状、螺旋状等不规则形态。吉姆萨或瑞氏染色着色良好;革兰氏染色为弱阴性。MG 为需氧或兼性厌氧菌;在人工培养时对营养要求较高,需要在培养基中加入 10%~15%的灭活猪或马血清、胰酶水解物和酵母浸出物才能生长。在固体培养基上,需置潮湿的环境中培养 3~10 d 才能形成表面光泽透明、边缘整齐、露滴样的小菌落,且菌落为“煎蛋样”。MG 对理化因素的抵抗力不强,对紫外线敏感,阳光直射便迅速丧失活力,一般常用的化学消毒剂均能迅速将其杀死;50 ℃,20 min 即可将其灭活,在沸水中立刻死亡。液体培养物在 4 ℃保存不超过 1 个月,在－30 ℃中可保存 1~2 年,在－60 ℃中可生存 10 多年,冻干培养物在－60 ℃存活时间更长。

MS 同样无细胞壁,多呈球状体,直径约 0.2 μm,以芽生方式或二分裂法繁殖。吉姆萨或瑞氏染色良好,在改良 Frey 氏培养基上培养一周左右,菌落为“煎蛋样”,继续培养延长,菌落会形成膜斑子,也可以用 SPF 鸡胚培养。由于缺乏细胞壁的保护,MS 对外界环境的抵抗力很弱,多种消毒剂都能将其杀死,除此之外 MS 对酸和高温敏感,当温度高于 39 ℃ 时生长变缓慢;当液体培养基的 pH<6.8 时,经几小时培养后,MS 部分失去活性。

二、流行病学

鸡毒支原体病是对养禽业造成严重危害的一类疾病,本病广泛分布于世界上所有养禽的国家。它的自然感染宿主主要是家禽,MG 可以感染任何日龄的易感禽类,尤其是 4~8 周龄商品鸡和火鸡,但现已发现从其他野禽体内也分离到了 MG,例如鹌鹑、自然感染的雉鸡、孔雀、白喉鹑等。此病原通过垂直和水平两种方式传播。该病传播迅速,一旦该病进入鸡场,则在鸡场中长期蔓延,广泛分布在环境中,很难清除。此病的水平传播则表现以下 4 个,即潜伏期(12~21 d),指接种鸡在第一次检测到抗体之前的这段时间;第二阶段(1~21 d),此阶段是指鸡群中 5%~10%的鸡逐步出现临床症状;第三阶段(7~32 d),此阶段鸡群中 90%~95%的鸡产生抗体;第四阶段(3~19 d),鸡群中其余的鸡也呈阳性。

本病一年四季均可发生,以寒冷季节流行严重,成年鸡多表现散发。1994 年,在美国的大西洋和东部,对患有眶窦肿大和结膜炎的自由生活的家雀体内分离到了 MG。此病迅速蔓延,很快波及整个东部的家雀,对该种群造成不良影响。有研究对我国 21 个省(自治区)进行调查,鸡群 MG 感染率平均达 78.5%,除了新疆以外,几乎所有的省(区)都存在 MG 的感染。有人对内蒙古临河等地区的鸡进行血清学调查,结果表明 MG 感染率为 36.17%~86.4%。对四川地区鸡群的慢性呼吸道疾病进行血清学调查,结果表明 MG 的阳性率达 66.19%。广西兽医研究所报道广西地区 MG 的感染率为 56.9%,种鸡群中阳性率最高的达到 89.5%。1996 年,西安某大型养鸡场进行了血清学调查,结果 MG 感染的阳性率在 80%以上,有的鸡群为 100%。2005 年,西藏四个地区藏鸡慢性呼吸道疾病徐庆学检查结果显示 MG 的感染率为 76%。

MS 主要依赖鸡体才能长时间存活,所以最主要的传播途径就是鸡与鸡之间进行传播,包括垂直传播和水平传播;20 世纪 50 年代,美国首次报道了 MS 感染。我国近年也有大量报道,有报道显示,MS 感染多见于 1~4 月龄,40~80 日龄是 MS 野毒自然感染的敏感高峰期,感染率为 5.89%~14.23%不等,不同品种鸡病死率差异较大。我国 MS 感染情况的流行病学调查结果表明,MS 在多日龄中国本地种鸡中广泛流行,种蛋中 MS 的阳性率高达 16.29%。幼龄鸡感染多为垂直传播,40~80

日龄鸡感染多为水平传播，不同鸡群和鸡场之间可以通过空气、车辆、人员、野鸟、养殖用具等进行传播。本病一年四季均可发生，但以冬、春季节易发，各种日龄鸡只均易感。

另外，非 SPF 胚源的冻干疫苗中支原体感染率高，是支原体感染的一个重要原因。

三、临床特征

临床上，单纯感染 MG 的鸡只，多为隐性经过，轻微的呼吸道症状几乎不被注意。此病潜伏期较长，可以达到 10～21 d。一旦感染后，周期可以达到 1 个月以上，有时甚至可以达到 3～4 个月。临床上的病症是咳嗽、流鼻液、鼻炎以及气管啰音等。个别的病鸡的脸部会出现浮肿、大硬结节出现在眶下窦处、流眼泪、液体中有泡沫状异物、眼睛中渗出一些干酪样的异物、严重的会出现失明、相应的已经开始产蛋的鸡会出现低产蛋率。鸡蛋颜色变浅，出现破壳蛋。当饲养管理不良或受不良环境因素影响，尤其是混合感染其他病原体如与大肠杆菌病、传染性支气管炎、新城疫、传染性鼻炎混合感染时，鼻汁增加、堵塞鼻孔，易发生肝周炎、心包炎、腹膜炎，死亡率增高。

感染 MS 的病鸡最典型症状为跛行、瘫痪和发育不良，跗关节和跖底肿胀。鸡群发病初期，采食量轻度减少，精神轻度不振，不易察觉。随着发病时间的延长，出现典型症状，采食明显减少，病鸡出现进行性消瘦，行走缓慢，闭眼呆立，拉绿色稀便，少数个别病鸡有甩鼻等呼吸道症状；跗关节和趾关节肿胀，肿胀处有波动感、热感；行走困难，足掌部及胸部龙骨处有囊肿或肿胀突出。发病后期，鸡体极度消瘦，呈现营养不良状态。

四、病理变化

MG 病死鸡，尸体的鼻孔周围常有鼻腔炎性渗出物玷污的痕迹；鼻道肿胀，压挤时可见从鼻孔流出清亮的浆液或浓稠的黏液。眼睑肿胀，眼球凸起如突眼金鱼的眼睛；有不少病例上下眼睑因渗出物黏附而闭合。眶下窦肿胀隆起（图 4-47），窦内充斥多量灰黄色干酪样渗出物或灰白色豆腐渣样物质。一些病例常见眼前房内蓄脓。切开鼻腔、喉头、气管时，见腔道内有多少不等的浆液、黏液或干酪样渗出物蓄积，黏膜充血肿胀。气囊（尤其是前胸气囊和后胸气囊）的囊壁通常增厚，失去原有光泽，呈不均匀灰白色，囊膜上常有灰黄色干酪样渗出物附着，典型病例除气囊炎外还可见纤维素性和纤维脓性肝周炎和心包炎，被称为“三炎病变”，引起高死亡率和加工过程中大量被淘汰。肺内有时可见灰白色或淡红色细小实变病灶。病程持久的病例，肺常与气囊粘连，肺内见大量干酪样渗出物。

MS 病死鸡关节肿胀（图 4-48），胸部有囊肿（图 4-49），切开后有奶油样或黄褐色干酪样物渗出物（图 4-50）。病鸡关节和龙骨滑膜囊内有白色黏稠渗出物（图 4-51）或黏稠黄色物质（图 4-52），随着病程增长会出现干酪样渗出物和关节面的溃疡，内脏多无明显病变，个别有肝、脾、肾部肿大，含有较多尿酸盐，心脏肿大，质地柔软，含有大量血凝块。患有滑膜炎的关节腔和腱鞘内可观察到异嗜性白细胞和纤维素性浸润，滑液囊膜下层淋巴细胞和巨噬细胞浸润而增生。解剖爪垫有白色粥样渗出物流出。

五、诊断

本病初步诊断可以根据流行病学、临床症状、病理变化来进行。进一步的诊断一般有实验室检测和分子生物学检测。

（一）实验室检测

MG 和 MS 实验室检测常用的方法主要有病原体的分离和鉴定、血清学试验等方法。

1. 病原体的分离和鉴定。

MG 病原体的分离鉴定通常用人工培养基、鸡胚、组织培养物（鸡肾细胞培养物和鸡气管培养物）分离病原体。病料为可疑感染鸡的气管或气囊的渗出液、肺的悬浮液或鼻窦的渗出液，均可选择上述培养基进行分离培养，同时还需结合血清学方法来确定。此法工作量大，耗费时间长，不适合于生产上的快速诊断和监测，从而限制了其在畜禽临床诊断中的推广应用。对于 MG 的分离，通常采用实验室改良的 Hartleys 培养基，支原体在其上能生长良好，并且由于在培养基中加入青霉素和醋酸铊，能很好地抑制杂菌生长，这样就能更容易得到更为纯净的鸡毒支原体，减少污染。

MS 病原体分离鉴定费时费力且难度较大，一般不作为诊断该病的方法。

2. 血清学试验

生产上常用血清学方法来诊断 MG 感染。常用的血清学方法有血清平板凝集试验（SPA）、血凝抑制试验（HI）、酶联免疫吸附试验（ELISA）和斑点酶联免疫吸附试验（Dot-ELISA）等。平板凝集试验是应用最广泛的检测方法之一，具有结果清楚、易观察、操作简单、快速敏感、重复性好等优点，是一种快速简便的诊断方法，但存在非特异性反应和交叉反应。血凝抑制试验主要检测血清中的 IgG，具有特异准确的优点，但敏感性较差，操作烦琐，试验耗时间较长，且无商品化的试剂，限制了其在生产中的推广应用。酶联免疫吸附试验也是应用较多的血清学方法，特异性很高，适合大规模血清抗体的检测，也是一种快速的血清学诊断方法，特别是在当今规模化养殖的今天，为大量样本的检测提供了方便。

（二）分子生物学检测

传统的分离培养费时费力，而血清学方法只是对抗体做出检测，且存在交叉反应性，所以并不能做出快速准确的诊断。PCR 方法越来越多的应用于支原体感染诊断，套式、半套式、多重、反转录等 PCR 方法相继被用于支原体的检测。PCR 可快速检测样品中的支原体 DNA，省去了分离鉴定的需要，大大缩短了诊断时间，且准确性要远远高于病原体分离鉴定方法。部分病例中由于 MS 在体内的数量随着感染时间的延长而减少，数量可能过低，无法用 PCR 检测，同时不足以成功培养，因此人们采用了近几年发现的针对 MS 序列的基因组靶点 VlhA 基因进行检测，该区域的 PCR 检测方法已经十分成熟。

六、防治

本病的预防和净化如下。

加强饲养管理。饲养的密度降低、改善通风环境、对鸡舍进行消毒等。控制该病的发生和流行，必须坚持预防为主、加强管理、综合防制的原则。要切实把药物、疫苗、管理三者密切结合，才是防制本病的最根本措施。

合理的饲养管理以及减少各种应激因素，是控制本病的主要环节。按不同品种、年龄分群饲养；防止受凉，避免温度忽高忽低；鸡群不宜过大，防止拥挤；保持通风良好，防止贼风侵袭和氨气浓度过高；注意饲料配合，防止营养缺乏；搞好清洁卫生，加强消毒，预防疫病的发生。

1. 药物预防

种鸡群每只肌肉注射链霉素 200 mg，每隔一个月注射一次，能防治病原体通过种蛋传播。雏鸡出壳后，每只鸡用含量 500 单位的链霉素溶液带鸡喷雾以控制本病。

2. 疫苗免疫

MG 和 MS 均有疫苗。接种支原体灭活疫苗，安全，毒力不反弹，不会水平传播。支原体灭活疫苗能够有效保护鸡群免受野毒的攻击，降低被感染的风险。免疫方式一般为早期免疫，可以对眼睛进行点滴免疫，通常进行 1 次即可。注射油乳剂灭活苗，15 d 后开始产生一定的免疫力，可以对雏鸡的成活率进行提高。同时也可以采用颈背部皮下或大腿部肌肉注射。免疫程序为 40 日龄以内的鸡每只 0.25 mL，40 日龄以上的鸡，每只 0.5 mL，蛋鸡在产蛋前再接种 1 次，每只 0.5 mL。

3. 净化

垂直传播是非常难以控制的，由于垂直传播造成的后果非常严重，而且要达到清除和净化却非常困难，因此，支原体的净化必须集中在大型原种和其他种鸡群。种鸡场通过血清学检查淘汰阳性雏鸡，阴性者留为种用。一般在 2、4、6 月龄时各查 1 次。对检查结果阴性的鸡，投喂 1～2 个疗程的有效抗生素。血检仍有阳性鸡，剔除阳性鸡后，再投喂有效的抗生素。如此反复几次，当无阳性鸡时，即可收集种蛋。在集蛋期间，每月投药一次。采用全进全出制，批间彻底消毒，空舍 2～3 周。确定为健康鸡群后，结合加强常规饲养管理，定期进行血清学检测，保证鸡群持续处于阴性状态。应从无支原体的种鸡场引进鸡苗，对新引进的种鸡进行隔离观察，检查淘汰阳性鸡，对其阴性鸡施加敏感药物预防。

建立无 MG 和 MS 病的种鸡群，从 MG 和 MS 阳性种鸡群培育健康无 MG 的种鸡群，有以下 2 种方法可以用来降低或消除卵内的支原体：

1. 阻断经蛋传递这个环节

经卵传播是鸡支原体的一条重要的传播途径，抗生素处理法与加热法。阻断经蛋传递的方法很多，当前用得较多的方法是将抗生素法、种蛋孵化前的高温处理法以及种鸡的免疫法，或将几种方法结合应用。①抗生素处理法。将孵化前的种蛋加温到37 ℃，而后立即放入5 ℃左右的对支原体有抑制作用的抗生素溶液中15～20 min；也可以将卵放在密闭容器抗生素溶液中，抽出部分空气，而后再徐徐放入空气使药液进入卵内。②加热法。对孵化器中的种蛋，压入热空气，使温度在12～14 h内均匀上升到46.1 ℃，而后移入正常孵化温度中孵化，可以收到比较满意的消灭卵内支原体的效果，但种卵孵化率下降8%～12%。国内报道，应用恒温45 ℃的温箱处理种蛋14 h，而后转入正常孵化，收到相当满意的消灭卵内支原体的效果，只要温度控制适宜，对孵化率没有明显影响。实践证明采用以上方法阻断经蛋传递是可以实现的。

2.保证新孵出雏鸡无MG和MS的感染

目前多数种鸡场都做不到全场的全进全出，场内饲养着不同日龄的鸡群，已被感染的鸡群随时在排毒，新孵出的无霉形体的雏鸡很容易被感染。这也就是在我国目前条件下，种鸡场净化MG和MS的难点所在。因此，在已被MG和MS污染的种鸡场里，清除鸡场内MG和MS野毒是建立无MG鸡群的关键。

净化后要维持保证良好的净化效果需要科学选用疫苗，根据监测合理调整优化免疫程序。

本病的治疗：由于支原体是没有细胞壁的，因此在药物治疗中不能选用阻碍细胞壁合成的药物去治疗支原体病情，例如青霉素和磺胺药，这些药物对支原体几乎没什么效果。鸡毒支原体病通常呈隐形携带，通常不易被发现和重视，当出现很明显的临床症状时又多为混合感染，所以对它的治疗效果不理想。另外MG可感染气囊形成干酪物，药物难以到达该部位。这一特性决定MG可长期在体内存活，且容易复发，所以要坚持长期用药、轮换或联合用药。首选药物为链霉素。3月龄的鸡为150～200 mg，肌肉注射，治疗宜早不宜迟，连续用药5 d。大群治疗时，可在饲料中添加土霉素，连续喂7 d。用泰乐菌素治疗也很好，剂量为肌肉注射10 mg/kg体重，一次即可，同时增加多维用量，也可以添加中成药，例如黄芪粉等。

（董海龙　吴庆侠）

图4-47　病鸡可见眶下窦肿胀隆起　（张志梅　供图）

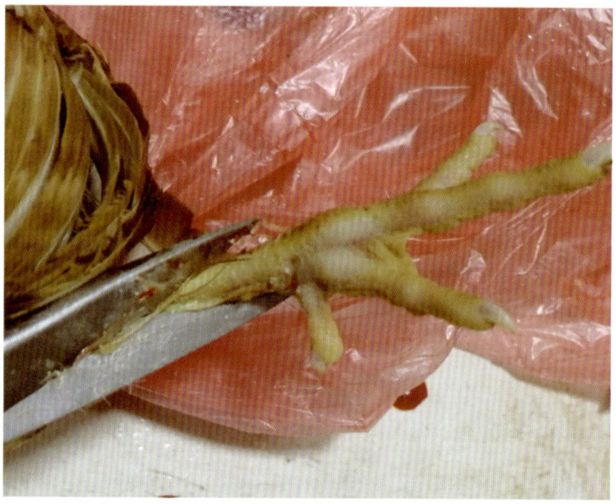

图4-48　病鸡可见关节肿胀　（张志梅　供图）

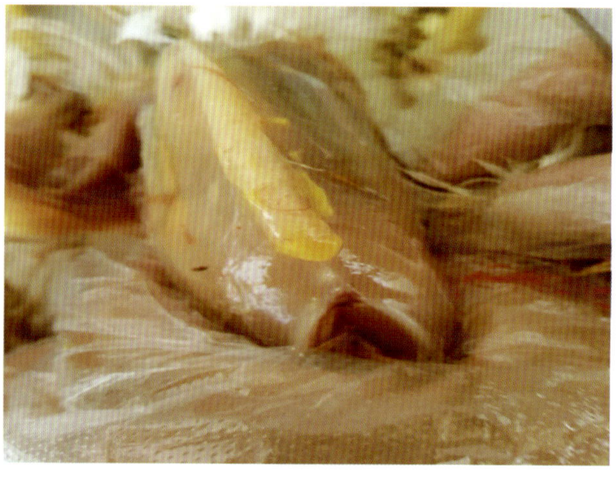

图4-49　病鸡剖检可见胸部有囊肿　（张志梅　供图）

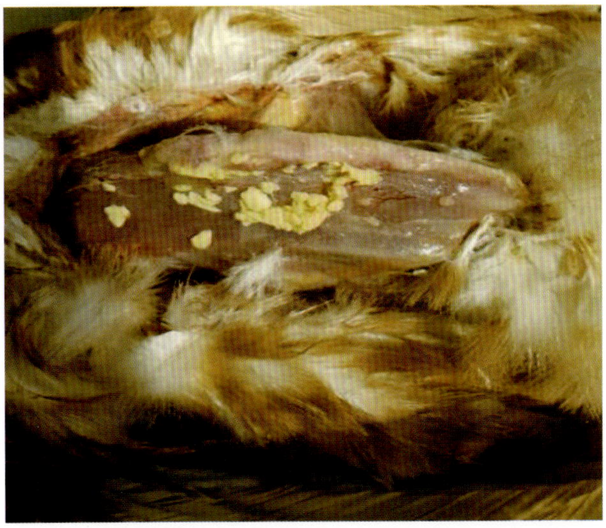

图 4-50　病鸡剖检，将胸部囊肿切开可见黄色干酪样渗出物
（张志梅　供图）

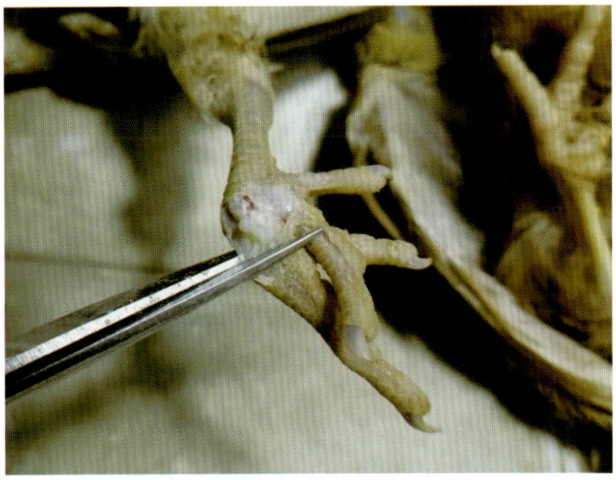

图 4-51　病鸡剖检可见关节滑膜囊内有白色黏稠渗出物
（张志梅　供图）

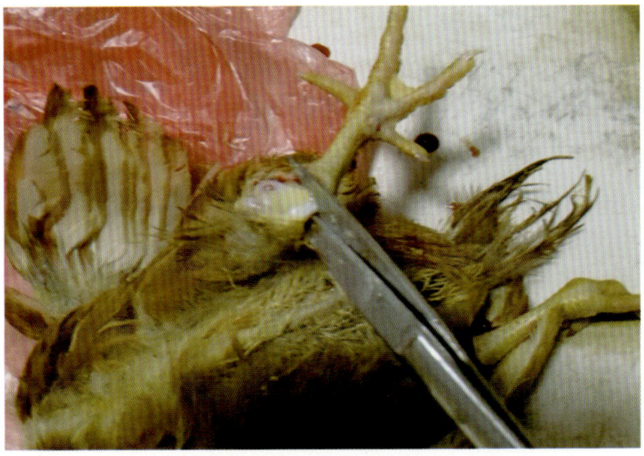

图 4-52　病鸡剖检可见关节滑膜囊内有黏稠黄色物质
（张志梅　供图）

第九节　雏鸡曲霉菌性肺炎

雏鸡曲霉菌性肺炎是由曲霉菌引起的疾病。雏鸡最易感染，常常呈急性暴发，其发病率和死亡率均较高。该病是条件性传染病，如禽舍条件较差、通风不良，有大量曲霉菌孢子悬浮在空中，或较长时间饲喂发霉的饲料，曲霉菌孢子通过鼻腔进入气管，再进入微支气管，并萌发生长为菌丝，堵塞微支气管而造成呼吸困难，最终导致死亡。

一、病因

本病由病原菌的分生孢子所感染，一般 3 周龄以下的小鸡症状明显，3 周龄以上的鸡多为混合性感染为主。主要的感染源是分生孢子所附着的饲料或垫料。

二、临床症状

感染本菌后，雏鸡出现食欲不振、昏睡、脚软、羽毛逆立等症状。本菌会感染各种部位，而最多者为呼吸器官（肺、气囊），此时呈现伸脖、气喘、呼吸性杂音。有些经由创伤感染而引起眼球的角膜或皮肤症状，出现眼睑肿胀，角膜浑浊、变白，失明，流泪等，有的在角膜渗出黄色干酪样物而失明盲目。皮肤感染者在皮肤各处形成犹如痘疮般的多发性局部病灶。有的感染脑部，出现痉挛、歪脖、转圈运动等症状。

三、病理变化

在呼吸感染当中，肺在一级支气管、二级及三级支气管内散发或多发黄色干酪样结节（图 4-53、图 4-54）。在气囊则于黏膜面可见黄色干酪样物或散见附着白色棉毛状物的局部病灶。脑部病变形成能自表面见到的黄色小病灶。颈部皮下有大量小结节形成（图 4-55）。

在任何组织，基本上由菌丝所侵袭及因此形成的肉芽肿为主要病变，该肉芽肿称为霉菌性肉芽肿。肉芽肿的中心含有菌丝及细胞崩解物，再往外，可看到多核巨细胞及其上皮细胞。病灶部位的菌丝，全部有间隔，常呈 Y 字形分支，肺则在小叶间结缔组织的血管壁也能见到病变。中枢神经小脑及大脑皆被侵害，病变从髓膜的渗出性病变入侵至脑实质。本病也会形成血栓，结果会引起缺血性坏死。

四、诊断

无菌采取患病鸡只的肺、肝、肾，接种于5%绵羊血琼脂培养基、TTC-沙保罗培养基，37 ℃培养24～72 h，如果病料在TTC-沙保罗培养基上于37 ℃下经24～48 h形成灰白色毛霉样菌落，即可确诊。

五、防治

如果垫料发霉，需及时更换。如果饲料发霉，要停喂发霉饲料，或在饲料中添加脱霉剂。

（吴庆侠　孙建春）

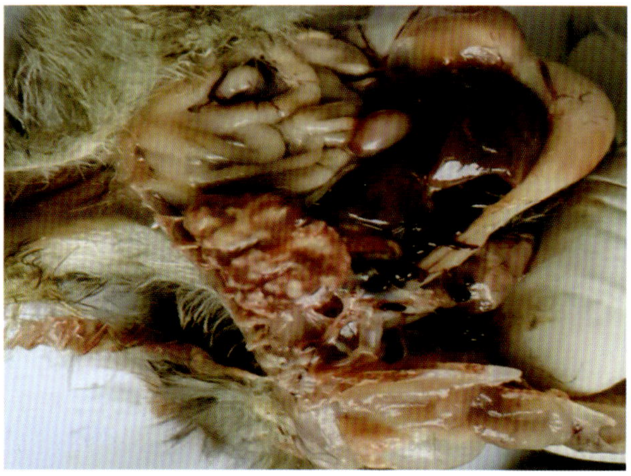

图4-53　病鸡剖检可见肺脏有干酪样病灶，病灶呈黄白色，其大小有粟粒大至黄豆大，散发在肺表面或实质，有的密发如丘状　（吴庆侠　董海龙　供图）

图4-54　病鸡剖检可见肺脏大面积呈现肉质变，多见于病程时间较长者　（吴庆侠　董海龙　供图）

图4-55　病鸡剖检可见颈部皮下有大量小结节形成　（吴庆侠　董海龙　供图）

第十节　鸡蛔虫病

本病呈世界性分布，亦遍及我国各地，是家鸡及野禽常见寄生虫病。主要危害雏鸡，一年以上的鸡常为带虫者。感染严重时，影响雏鸡的生长发育，甚至引起雏鸡大批死亡，给养鸡业造成较大的经济损失。

一、病原及生活史

鸡蛔虫是由禽蛔科（Ascardidae）禽蛔属（*Ascaridia*），是鸡体内最大的一种线虫，虫体呈圆筒形，淡黄色或乳白色，体表角质层具有横纹、头端有3片唇。口孔接食道，在食道前1/4处有神经环。雄虫长3～7 cm，尾端有尾翼和10对性乳突，在泄殖孔的前方有一个肛前吸盘，吸盘上有角质环。尾部还有等长的交合刺1对。雌虫长7～11 cm，阴门位于虫体中部，肛门位于虫体亚末端。虫卵呈椭圆形，灰色，大小为（70～90）pm×（45～60）pm，壳厚光滑。

鸡蛔虫为直接发育性致病虫体，即发育过程中无须中间宿主的参与。雌虫在鸡小肠内产卵，虫卵通过粪便排到体外。如果粪便落于潮湿的土壤上，在适宜温度下虫卵即可开始发育，在17～18 d后发育为含有二期幼虫的虫卵，此时即具有较强的感染力，变成感染性虫卵，也将其称为侵袭性虫卵。据报道，侵袭性虫卵可污染饮用水、饲料等，如果被鸡再次食入，在其体内可能会孵化成幼虫，导致二次感染。幼虫在肠道内继续发育，到达十二指肠后段，处于肠绒毛深处发育，并钻入肠黏膜中，损伤李氏分泌腺。幼虫侵蚀肠道 1 周后，即可钻出黏膜，接着在十二指肠的肠腔中随意活动，经历 3 次蜕皮即发育成为成虫。成虫主要寄生在鸡小肠内，但当体内发生严重感染时，可见盲肠、直肠以及肌胃中都存在蛔虫。从鸡吞食感染性虫卵直至发展为成熟幼虫，共需要超过 45 d 的时间。

二、流行病学

任何品种的鸡都能够感染，同时有报道表明还可寄生于鹌鹑、珍珠鸡、灰雁、鹌鹑、番鸭等家禽及野禽的小肠中。一年四季均可发病，易感性最高的是小于 3 月龄的鸡，尤其是采取平养和散养方式时具有较高的发病率，症状也较重。成年鸡具有较强的抵抗力，通常不出现发病，但由于带虫变成带虫者。一般来说，饲料营养不足、不同日龄的鸡混养、鸡群过于拥挤等都可诱发该病。

感染蛔虫的幼龄鸡可以向外排出虫卵或虫体，成年鸡常为带虫者，成为传染源。虫卵对化学药物有一定的抵抗力，在潮湿的环境中，可生存半年时间。当外界温度处于 10～39 ℃以及湿度达 75%以上时，虫卵会发育成侵袭性虫卵。由于有卵壳的保护，虫卵能够抵抗甲醛等常用消毒液，但不耐干燥、高温和阳光的直射，45 ℃ 5 min 或阳光直射 1.0～1.5 h 即可死亡。

鸡蛔虫病主要经口感染，鸡吞食了被感染性虫卵污染的饲料、饮水或啄食携带有感染性虫卵的蚯蚓而感染。

三、临床特征

雏鸡肠道内寄生少量蛔虫时，往往不会表现出明显的症状；但寄生较多虫体时，则表现出生长发育迟缓，精神不振，双翅下垂，羽毛蓬松杂乱，动作缓慢，鸡冠和黏膜苍白，消化机能异常，食欲降低，出现顽固性下痢，有时会排出混杂血黏液的稀粪，严重时会由于极度衰弱而死。

成年鸡感染后通常会表现出较轻的症状，但母鸡产蛋量降低或者停止产蛋；但感染严重时，也会出现下痢，机体逐渐消瘦，并发生贫血。

四、病理变化

病死鸡解剖可见嗉囊积食，由成虫寄生引起肠黏膜出血、发炎，水肿、形成结节、虫体阻塞肠道，严重者肠破裂。

五、诊断

根据临床症状，结合粪检，在粪便中发现虫卵或死后剖解动物查找虫体（图 4-56）而确诊。

六、防治

预防鸡蛔虫病的重点是保持鸡舍环境卫生良好，舍内垫料和粪便及时清出，并采取堆积发酵处理。最好采取网上饲养或者笼养，以使雏鸡不接触地面，从而避免其接触粪便、污物。不同日龄的鸡群要采取分开饲养，并定期进行驱虫。雏鸡适宜在 1～2 月龄进行第 1 次驱虫，之后每间隔 2 个月进行 1 次驱虫，直至转入成年鸡舍为止。成年鸡选择在每年的春、秋季节进行 2～3 次驱虫。鸡群在驱虫时，要供给足够的饮水。

发病鸡群可采取口服左旋咪唑，按体重使用 20 mg/kg，经过 10 d 再用药 1 次。同时，饲料中要添加适量的电解多维，连续使用 7～10 d。鸡群通常在用药 3 h 左右开始排虫，在 6 h 左右出现排虫高峰，经过 8 h 时基本将体内虫体完全排出。另外，也可使用噻苯唑、伊维菌素等进行驱虫。通常安排在傍晚用药，第二天凌晨清扫鸡舍，清出的粪便采取堆肥消毒，以将其中的虫卵杀死，防止疫情蔓延。同时，全场使用 0.5%的二氯制剂进行全面消毒，并配合在饮水中加入左旋氧氟沙星可溶性粉混饮，连续使用 3 d，有利于肠道修复。

（董海龙　吴庆侠）

图 4-56　病鸡剖检可见肠道内蛔虫　（夏晨阳　供图）

第十一节　肉鸡腹水综合征

肉鸡腹水综合征(ABS),又称为肉鸡肺动脉高压综合征,由于最先报道病例发生在高海拔地区,因此又称高海拔病。肉鸡腹水是在肉鸡生长过程中易发生的一种营养代谢病,以明显腹水和右心衰竭为重要的特征。

一、病因

肉鸡腹水综合征发生的原因通常被认为是肉鸡的心肺功能不能满足机体生长的需要,造成相对缺氧引起的。基于缺氧考虑,很多原因可引起肉鸡腹水综合征。

1.寒冷

寒冷导致机体散热增多,因此需氧量增加,加重了心、肺负担,心输出量增加,导致肺动脉高压,进一步导致右心肥大,继续发展为右心衰竭,继而肝脏淤血,腹水发生。

2.生长过快

本病多发生于4周龄以后长速快的肉鸡。禽的肺被固定在胸腔中,随吸气和呼气扩张和缩小的范围有限,导致气体交换量不可能有较大变化。为了满足生长需要,必须增加肺的血流量,导致肺血管压力增大,继而发生肺动脉高压,引起腹水发生。

3.呼吸道疾病

任何呼吸道疾病均可增加腹水发生率。

4.高原环境

在高原饲养肉鸡,腹水发生率远远高于平原地区。山南市某养鸡场给鸡舍通入氧气后腹水率有所下降,

二、流行病学

本病多发于秋冬季节和早春,因该季节室外温度低,为保暖导致舍内通风不良而造成缺氧;再者舍内往往氨气浓度过高,易引起呼吸道疾病,加重缺氧。该病高发期是3～6周龄的肉鸡,生长越快,发病越多。品种优良、生长快速的鸡发病率高,而生长较慢的鸡种发病率较低。公鸡发病率比母鸡高,一般占70%左右,主要原因是其生长快、耗能高、需氧多。一般饲喂全价颗粒饲料的比饲喂粉状料的鸡发病率高,自由采食比限制饲养的鸡发病率高;高原饲养比平原饲养发病率高。

三、临床症状

通常病鸡个体小于正常鸡,而且羽毛松乱、神情倦怠、不愿活动、呼吸困难,肉眼可见的最明显的临床症状是病鸡腹部膨大,呈水袋状,触摸有波动感,腹部皮肤变薄发亮,严重者皮肤淤血发红;肛门外突。病鸡生前和死后鸡冠、肉髯和皮肤发绀,呈蓝紫色,体温正常、呼吸困难、心跳加快,有的病鸡站立困难,腹部着地呈企鹅状,行动迟缓,呈鸭步样,有的排出白色或绿色稀粪。病鸡突然死亡,死亡后往往腹部朝上。

四、病理变化

剖检可见腹部有大量稻草黄色液体,有的里面有胶冻状物质,其本质是纤维素渗出凝固而来(图4-57)。肝脏由于病变时间长短不一而有不同变化,病程短者,肝脏淤血、肿大,边缘变钝,切面外翻,有多量液体流出;病程长者,肝脏可能发生萎缩、硬化,表面裹着厚厚一层黄色膜样物质(纤维素凝块)(图4-58)。肺脏淤血、水肿,体积增大,色泽加深(图4-59)。心脏体积增大,纵横比失调,右心室壁变薄,心肌松弛无力(图4-60、图4-61)。有的病鸡心包内有黄色积液。肠道淤血,水肿。

五、诊断

对于本病的诊断可根据腹部积水确诊。

六、防治

肉鸡腹水综合征是由多种因素协同作用而引起的,所以应从多方面着手,采取综合性防控措施。

(1)选育抗缺氧、心、肺等脏器发育良好的肉鸡品种。

(2)加强鸡舍的环境管理,解决好通风和控温的矛盾,保持舍内空气新鲜,及时清理鸡粪,减少氨气,减少对呼吸道的刺激,保持鸡的生长环境舒适。

(3)降低饲养密度。

(4)加强饲养管理,不喂变质发霉的饲料。

(5)限制饲养,通过限制饲料中蛋白质和能量的含量或通过限制饲喂量均可起到控制生长速度的目的。林芝某养殖场在28日龄前采取控制饲养的方法对于防治本病收到了较好的效果。

(6)做好防疫,防止呼吸道病的发生。

(吴庆侠　孙建春)

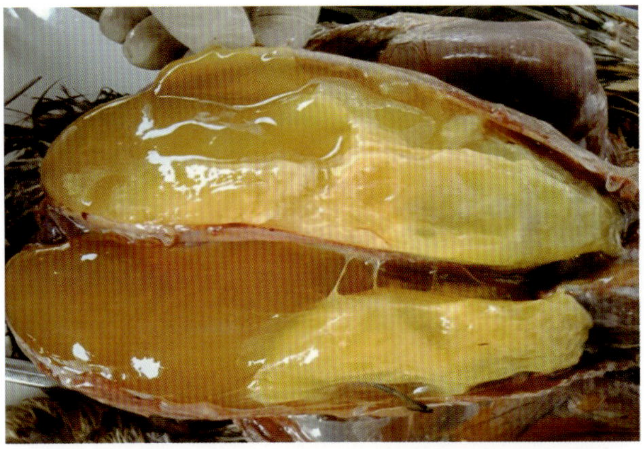

图 4-57　病鸡剖检可见上方腹腔内有大量黄色膜样物质，下方腹腔内有胶冻状物质。本质为纤维素渗出量不同，渗出量较低时，形成下方左边的胶冻状。纤维素渗出量大，发生腹水时间较长，大量水分重吸收，导致上方情形

（吴庆侠　董海龙　供图）

图 4-58　病鸡剖检可见腹腔内容物中有胶冻状物质，含纤维素较低。也有橡皮样物质，纤维素含量高，渗出发生时间较早。还有血凝块，发生腹水时，肝脏变脆，易碎，有血液流出肝脏表面

（吴庆侠　董海龙　供图）

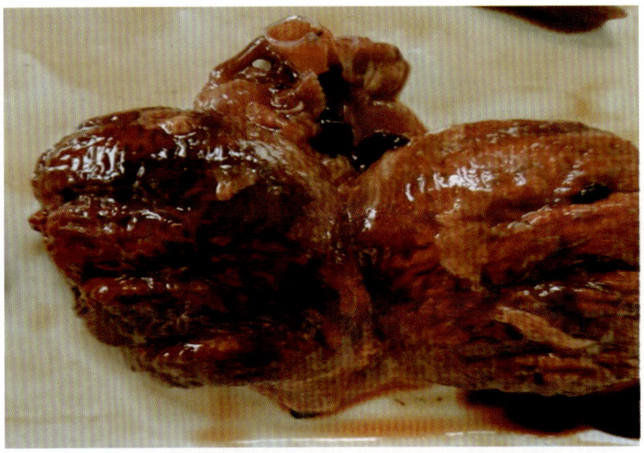

图 4-59　病鸡剖检可见肺脏淤血，呈粉红色或紫红色，体积增大。切面挤压，有泡沫状液体流出

（吴庆侠　董海龙　供图）

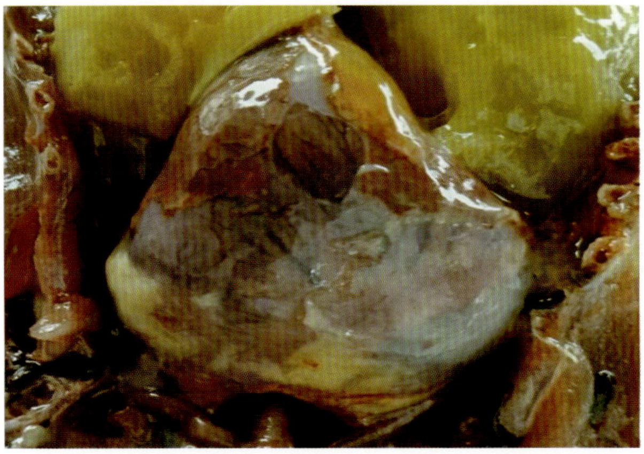

图 4-60　病鸡剖检可见心包膜浑浊增厚，心包液显著增多，心脏体积增大，纵横比失调，横径大于纵径

（吴庆侠　董海龙　供图）

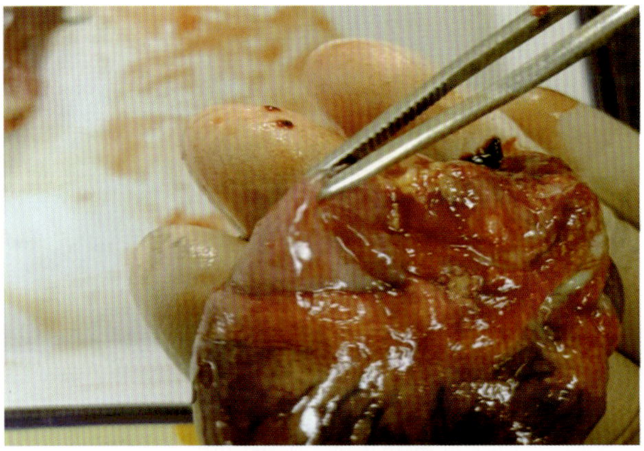

图 4-61　病鸡剖检可见右心房扩张、变薄

（吴庆侠　董海龙　供图）

参考文献

[1] 安红柳. 禽传染性支气管炎病毒非编码 RNA 的形成机制及其生物学功能[D]. 荆州:长江大学,2018.
[2] 白凤辉. 犊牛大肠杆菌病的流行病学、临床症状及防控[J]. 现代畜牧科技,2019(6):129-130.
[3] 白玛央宗. 藏猪旋毛虫流行病学情况调查及其分子分类鉴定[D]. 拉萨:西藏大学,2011.
[4] 包小萌,范磊,高延娜,等. 禽流感病毒研究进展[J]. 山东畜牧兽医,2016,37(12):87-90.
[5] 毕丁仁,钱爱东. 动物防疫与检疫[M]. 2 版. 北京:中国农业出版社,2016.
[6] 蔡冬冬,罗毅,张辉,等. 鸡传染性喉气管炎的研究进展[J]. 四川畜牧兽医,2016,43(4):34-35,38.
[7] 曹秋丽. 鸡传染性支气管炎的综合防治措施[J]. 当代畜禽养殖业,2018(11):25.
[8] 常洪涛,刘慧敏,郭占达,等. 河南省及周边省份猪群中大面积感染猪伪狂犬病毒的病因分析[J]. 病毒学报,2014,30(4): 441-449.
[9] 车发梅,河生德,铁富萍. 牦牛魏氏梭菌和巴氏杆菌混合感染的诊治[J]. 畜牧与兽医,2010,42(6):110-111.
[10] 陈溥言. 兽医传染病学[M]. 3 版. 北京:中国农业出版社,2017.
[11] 陈驰,曹明珠,吕林,等. 2018～2019 年苏豫赣三省猪伪狂犬病病毒野毒抗体流行病学调查[J]. 畜牧与兽医,2020(1): 122-124.
[12] 陈功哲,孔利平. 牛皮蝇蛆病的综合防治[J]. 中兽医学杂志,2018(5):22.
[13] 陈海军. 羊链球菌病的流行病学、临床症状、实验室诊断与防控措施[J]. 现代畜牧科技,2019(5):125-126.
[14] 陈海明,蒙琦,周步峰. 一起绵羊细颈囊尾蚴病的诊疗体会[J]. 中国兽医杂志,2020,56(1):53.
[15] 陈继兰. 与肉鸡腹水综合征有关的营养因子研究[J]. 国外畜牧科技,1994(4):38-41.
[16] 陈茜,韩亮,刘怀东,等. 天祝白牦牛前后盘吸虫组织结构的观察[J]. 中国兽医科学,2017,47(9):1106-1111.
[17] 陈清泉,林秀敏. 牛羊捻转血矛线虫发育史和季节动态研究[J]. 厦门大学学报(自然科学版),1982(4):481-490.
[18] 陈秋菊. 肉牛皮蝇蛆病的流行特点、临床表现及防治措施[J]. 现代畜牧科技,2019(11):74-75.
[19] 陈有贵. 猪绦虫病的综合防治措施[J]. 畜禽业,2020,31(5):77.
[20] 陈跃飞. 鸡传染性支气管炎疫苗免疫后 IHA 抗体与 HI 抗体的比较研究[D]. 杨凌:西北农林科技大学,2018.
[21] 陈志雄,姜平,赵志辉. 禽流感病毒的免疫研究进展[J]. 南方农业,2019,13(18):147-148,150.
[22] 陈紫剑. 猪棘头虫病的流行、诊断和防治方案[J]. 现代畜牧科技,2017(12):90.
[23] 程淑琴,孙冲,肖丽荣,等. 猪瘟病毒三种实验室诊断方法的比较研究[J]. 黑龙江畜牧兽医,2018(8):92-94.
[24] 仇书兴,营复春,任广志,等. 河南省规模化猪场肠道寄生虫感染情况调查[J]. 畜牧与兽医,2008,40(7):39-41.
[25] 楚黎莉. 鸡毒支原体西藏分离株的分离鉴定[D]. 拉萨:西藏大学,2010.
[26] 达胡巴雅尔,李海龙,李忠玉. 驯鹿鼻蝇蛆病流行病学的调查[J]. 中国兽医杂志,1984(3).
[27] 单曲拉姆,刘建枝,夏晨阳,等. 西藏牦牛牛皮

蝇蛆病的危害与防治[J]. 西藏科技,2018(5):57-58.
[28] 德怀特·D.鲍曼.兽医寄生虫学[M].9 版.李国清,主译.北京:中国农业出版社,2013.
[29] 邓瑞林. 传染性支气管炎病毒 WBL 株分离鉴定及全基因组序列分析[D]. 晋中:山西农业大学,2017.
[30] 邓玉.猪巨吻棘头虫病的诊治[J]. 畜禽业,2012(5):84-85.
[31] 丁洪发,马科.鸡蛔虫病的发病特点、临床症状、实验室检查与防治[J]. 现代畜牧科技,2019(11):102-103.
[32] 董泽峰,侯军铭,齐岱亭,等.蜱虫的致病原因与预防措施[J] .河北林业科技,2011(5):47-49.
[33] 杜长春. 羊鼻蝇蛆病病理学及鼻黏膜免疫学研究[D]. 呼和浩特:内蒙古农业大学,2011.
[34] 段德勇,汪雅琴,程天印.绵羊虱蝇形态学与分子生物学鉴定[J]. 畜牧兽医学报,2017,48(11):2181-2188.
[35] 冯方周,张晓冬,安倩,等.辽西地区致病性鸡大肠杆菌的分离鉴定及 16S rRNA 序列分析[J]. 黑龙江畜牧兽医,2017(15):191-195.
[36] 冯守明.羊链球菌病诊断方法与有效治疗[J]. 畜牧兽医科学(电子版),2019(19):98-99.
[37] 付明哲,李长安,白涛,等.羊链球菌的自动鉴定和耐药性分析[J]. 西北农业学报,2014,23(1):36-40.
[38] 付强民. 犊牛大肠杆菌病的流行特点、临床症状及综合防治[J]. 现代畜牧科技,2018(5):91.
[39] 高磊,乔青华. 鸡马立克病鉴别诊断与防治方法[J]. 禽业技术,2020,9,192.
[40] 高平,李永彬.牛东毕吸虫病的流行规律及防治措施[J]. 当代畜禽养殖业,2013(3):41-42.
[41] 高睿. 陕西省犊牛大肠杆菌性腹泻的流行病学调查及初步免疫试验[D]. 杨凌:西北农林科技大学,2008.
[42] 高致病性禽流感疫情应急实施方案(2020 年版)[J]. 北方牧业,2020(6):31-32.
[43] 龚商羽.新型禽流感病毒 H7N9 亚型禽类感染的流行病学研究进展[J]. 新农业,2020(5):60-61.
[44] 谷风柱,沈志强,王玉茂.羊病临床诊治彩色图谱[M] .北京:机械工业出版社,2016.
[45] 顾馨,高春起.非洲猪瘟的致病机理及其防控措施研究进展[J]. 黑龙江畜牧兽医,2020(19):31-35,167.
[46] 关金山,苏金光. 牛结核病的诊断与治疗[J]. 中国畜禽种业,2014,06:53.
[47] 管辉,王永生,扬魁. 猪鞭虫病的诊疗[J]. 新疆畜牧业,2007(2):34.
[48] 郭爱珍.牛结核病[M]. 北京:中国农业出版社,2015.
[49] 郭建友. 鸡传染性喉气管炎病毒抗体间接 ELISA 检测方法的建立和亚单位疫苗研制[D]. 扬州:扬州大学,2014.
[50] 郭敏,宋薇. 试析猪住肉孢子虫病及其防治对策[J]. 吉林畜牧兽医,2017,38(2):13,15.
[51] 郭明佳.青海藏羊片形吸虫生物学特性研究[C]. 西宁:青海大学,2016.
[52] 韩秀敏.青海省西宁市屠宰牲畜住肉孢子虫病的调查[J]. 青海畜牧兽医杂志,2001(3):27-28.
[53] 韩秀敏.青海省住肉孢子虫病的流行及防治现状[J]. 青海畜牧兽医杂志,2008(4):47-48.
[54] 韩照清,高建峰,姚人升,等. 青藏高原部分地区牦牛结核病血清学检测报告[J]. 中国奶牛,2012,21:34.
[55] 何萍.猪旋毛虫病的流行病学与诊断[J]. 兽医导刊,2020(3):11.
[56] 胡岚,陈佳静,李广兴. 鸡传染性支气管炎实验室诊断方法的研究进展[J]. 黑龙江畜牧兽医,2017(5):80-83.
[57] 胡善伟. 猪肉孢子虫病的流行特点与病理变化[J]. 养殖技术顾问,2014(3):187.
[58] 黄兵,沈杰. 中国畜禽寄生虫形态分类图谱[M]. 北京:中国农业科学技术出版社,2006.
[59] 黄丽.鸡大肠杆菌病的防控[J]. 兽医导刊,2017(5):32-33.
[60] 黄庆华,崔宁,马鑫鑫,等.基于荧光定量 PCR 法的鸡传染性支气管炎疫苗免疫效果评价研究[J]. 山东农业科学,2019,51(2):121-123.
[61] 黄仁录,单永利,李三星,等.高能量高蛋白日粮对肉鸡腹水征的影响[J]. 中国家禽,2000(8):11.
[62] 黄思. 云南猪肉孢子虫包囊形态及其分子系统学研究[D]. 昆明:云南大学,2018.

[63] 黄佐兴. 新疆北屯垦区育肥羊主要疾病现状调查及防治技术推广应用[D]. 石河子：石河子大学，2016.
[64] 纪楠. 猪肺疫的流行与防控[J]. 饲料博览，2020(6)：60.
[65] 季文彬. 双抗体夹心 ELISA 检测传染性支气管炎病毒方法的建立[D]. 扬州：扬州大学，2017.
[66] 贾万忠. 棘球蚴病[M]. 北京：中国农业出版社，2015.
[67] 江中现. 猪住肉孢子虫病的防制[J]. 农技服务，2013，30(12)：1348-1349.
[68] 蒋大秀. 2016—2018 年华东地区 H9N2 亚型禽流感病毒分子流行病学及致病性研究[D]. 扬州：扬州大学，2019.
[69] 蒋露. 鸡传染性喉气管炎病毒致病性评价及 2 株分离株基因组序列分析[D]. 北京：中国农业科学院，2015.
[70] 蒋维银. 鸡滑液囊支原体病流行特点与防治措施[J]. 中国畜禽种业，2017，13(11)：156-158.
[71] 蒋锡仕，黄孝玢，宋远军，等. 川西北草地牛皮蝇蛆病的流行病学调查及防治[J]. 中国兽医科技，2002(10)：16-19.
[72] 金宏怀. 广西柳州市猪旋毛虫病流行情况调查及其防治[D]. 南京：南京农业大学，2006.
[73] 金晓红. 羊小反刍兽疫病的流行病学、临床症状、实验室诊断和防控措施[J]. 现代畜牧科技，2019，(2)：93-94.
[74] 景建江，扬壮省，张东波，等. 暴发型牛捻转血矛线虫病的诊疗报告[J]. 河北畜牧兽医，1996(4)：21.
[75] 康珠益西，郑灿军，何瑞峰，等. 西藏自治区犬棘球绦虫感染现状调查与分析[J]. 中国寄生虫学与寄生虫病杂志，2018，36(1)：35-37.
[76] 孔繁瑶. 家畜寄生虫学[M]. 北京：中国农业大学出版社，1997.
[77] 孔令聪，高铎高，云航，等. 吉林省育肥牛呼吸系统疾病的病原分离鉴定及耐药性分析[J]. 中国兽医杂志，2014，50(1)：34-37.
[78] 孔令考. 中西医结合治疗猪肺疫[J]. 农家参谋，2020(12)：168.
[79] 孔倩倩. 羊小反刍兽疫的诊断及预防措施[J]. 中国动物保健，2020，22(5)：37，39.
[80] 李爱军. 仔猪鞭虫病的防治[J]. 贵州畜牧兽医，2012，36(6)：37.
[81] 李桂芳. 羊链球菌病的流行病学、临床表现、鉴别诊断和防控[J]. 现代畜牧科技，2020(6)：141-142.
[82] 李鸿康. 牦牛脑包虫病的药物治疗[J]. 青海畜牧兽医杂志，2014，44(4)：17.
[83] 李静. 猪瘟诊断技术应用[J]. 兽医导刊，2017(5)：21-22.
[84] 李璐瑶. 陕西部分地区屠宰场猪蛔虫感染情况调查和猪蛔虫体内细菌分离及分析[D]. 杨凌：西北农林科技大学，2018.
[85] 李敏. 检测传染性支气管炎病毒的夹心 ELISA 方法的建立[D]. 扬州：扬州大学，2019.
[86] 李明. 中西医结合治疗羊链球菌病[J]. 中国动物保健，2019，21(12)：12，14.
[87] 李清艳. 新编动物传染病学[M]. 北京：中国农业科学技术出版社，2012.
[88] 李松全. 鸡传染性支气管炎的防治[J]. 现代农村科技，2016(16)：36.
[89] 李文卉，付宝权. 脑多头蚴病研究进展[J]. 动物医学进展，2010，31(10)：87-91.
[90] 李文卉，付宝权. 羊绦虫蚴病免疫学诊断研究进展[J]. 中国兽医学报，2016，36(5)：885-888.
[91] 李想. 猪带绦虫 Ts14-3-3 基因家族鉴定、表达及 Ts14-3-3.3 蛋白组织定位研究[D]. 遵义：遵义医科大学，2019.
[92] 李小军. 豫北地区屠宰猪住肉孢子虫感染情况调查及病理组织学观察[D]. 洛阳：河南科技大学，2012.
[93] 李昕键，吴彻，雷小亚，等. 鸡心包积液综合征病原的分离鉴定与进化分析[J]. 动物医学进展，2017，38(2)：27-31.
[94] 李永光，袁红. 绵羊细颈囊尾蚴病的诊断和综合防制[J]. 中兽医学杂志，2019(5)：92-94.
[95] 李永坚. 牦牛牛皮蝇蛆感染情况调查与防治[J]. 中国草食物，2012，32(1)：71-72.
[96] 李钊. 鸡传染性支气管炎的流行特点、临床表现、类症鉴别与防控[J]. 现代畜牧科技，2018(3)：96.
[97]林大捷. 鸡大肠杆菌分离鉴定与药敏试验研究[J]. 黑龙江畜牧兽医，2015(8)：108-110.
[98] 林昆华，蒋金书，殷佩云，等. 三种药物驱除猪

巨吻棘头虫的疗效观察[J]. 当代畜牧,2003(6):10-11.
[99] 刘承军.羊小反刍兽疫病流行、诊断及综合防治策略[J]. 农村实用技术,2017,(6):44-45.
[100] 刘德福.猪绦虫病的临床症状、剖检变化、诊断及防治措施[J]. 现代畜牧科技,2019(3):114-115.
[101] 刘国钧,杨光友.兽医寄生虫病学[M]. 北京:中国农业出版社,2017.
[102] 刘贺,顾贵波,李玲.猪伪狂犬病检测技术研究进展[J]. 现代畜牧兽医,2020(1): 62-65
[103] 刘红梅.肉牛魏氏梭菌病的诊断与治疗[J]. 现代畜牧科技,2016(2):131.
[104] 刘洪雨. 鸡马立克病的流行病学、临床特征、鉴别诊断和防控措施[J]. 现代畜牧科技,2020,65(5): 98-99.
[105] 刘建枝,色珠,关贵全,等.西藏当雄牦牛皮蝇蛆病病原的分子分类鉴定[J]. 中国兽医科学,2012,42(3):238-242.
[106] 刘敬旺.猪带绦虫病特点及科学防治[J]. 畜牧兽医科技信息,2020(2):127-128.
[107] 刘少昆. 京津部分地区犊牛腹泻大肠杆菌分离鉴定及耐药性分析[D]. 长春:吉林农业大学,2016.
[108] 刘晓燕. H7亚型禽流感病毒单克隆抗体的制备及胶体金免疫层析试纸条的研制[D]. 南京:南京农业大学,2014.
[109] 刘晓.应用皮癣双价灭活苗治疗牛皮癣[J]. 河南农业,1997(2):22.
[110] 刘占龙.藏羊毛首线虫与细颈囊尾蚴混合感染的诊治[J]. 中国畜牧兽医,2009,36(11):189.
[111] 刘志科. 鸡沙门菌病监测方法的建立及初步应用[D]. 石河子:石河子大学,2018.
[112] 龙飞,王治贵,杨兴武.一起牛肺线虫病的诊治[J].贵州畜牧兽医,2008,32(6):11.
[113] 卢斯亮.猪巨吻棘头虫病及其防制措施[J]. 养殖技术顾问,2012(4):111.
[114] 陆承平.兽医微生物学[M]. 北京:中国农业出版社,2007.
[115] 陆彦,丹安,赵红玉,等.鸡源肠炎沙门菌对抗菌药物的耐药性分析[J]. 中州人兽共患病学报,2014,(1):17-22.
[116] 路浩编. 动物中毒病学[M]. 北京:中国农业出版社. 2018.
[117] 吕红超,王慧,程小果.鸡传染性喉气管炎疫苗研究进展[J]. 中国畜禽,2020,42(2):100-104.
[118] 吕荣修. 禽病诊断彩色图谱[M]. 北京:中国农业大学出版社,2004.
[119] 罗厚强. 林芝藏猪消化道寄生虫调查及蛔虫、细颈囊尾蚴线粒体基因组学研究[D]. 武汉:华中农业大学,2017.
[120] 罗厚强.林芝藏猪消化道寄生虫调查及蛔虫、细颈囊尾蚴线粒体基因组学研究[D]. 武汉:华中农业大学,2017.
[121] 罗厚强,汪小强,张辉,等. 西藏林芝地区藏猪消化道寄生虫流行情况调查[J]. 中国兽医学报,2016,36(9):1523-1526.
[122] 罗厚强,汪小强,张辉,等.西藏林芝地区藏猪消化道寄生虫流行情况调查[J]. 中国兽医学报,2016,36(9):1523-1526.
[123] 罗建勋,吕文顺,占文祥,等.咪唑苯脲缓释剂的研制及对双芽巴贝斯虫病的防治效果的评价[J]. 中国兽医科技,1996,26(2):68.
[124] 罗金,刘光远,谢俊仁,等. 驽巴贝斯虫病PCR检测方法的建立和应用[J]. 中国畜牧兽医,2011,38(7): 193-195.
[125] 罗立安. 牛大肠杆菌病的诊断与治疗[J]. 农家参谋,2019(15):94.
[126] 马春兰.牦牛肝片吸虫病的防治[J] .湖北畜牧兽医,2017,38(9):13.
[127] 马豆豆,蔡进忠,李春花,等.青海省牦牛住肉孢子虫病流行病学调查研究[J]. 畜牧与兽医,2017,49(5):149-152.
[128] 马广鹏,孙传范,赵娜,等.中国蜱传病主要流行趋势及防控科技对策[J] .中国农业科技导报,2011,13(2):105-109.
[129] 马世东. 非洲猪瘟的间接ELISA诊断试剂盒的研究[D]. 乌鲁木齐:新疆农业大学,2000.
[130] 马向荣.猪蛔虫病的病原及其防治措施[J]. 今日畜牧兽医,2020,36(9):23.
[131] 马晓野,宋铭忻.羊细颈囊尾蚴病的病原、临床症状、诊断及防治措施[J]. 现代畜牧科技,2017(3):101.
[132] 马学恩,孔小明,王凤龙,等. 家畜病理学

[M]. 北京:中国农业出版社,2014.
[133] 毛小静. 羊链球菌病的诊断与治疗[J]. 中兽医学杂志,2015(11):72.
[134] 孟令滨. 羊鼻蝇蛆病的流行及综合防治[J]. 畜牧兽医科技信息,2020(7):98.
[135] 苗立中. 鸡传染性支气管炎病毒山东株分离鉴定及其灭活疫苗制备与评价[D]. 长春:吉林大学,2018.
[136] 苗立中,郭杨丽,祖立闯,等. 鸡传染性支气管炎病毒 SYBR Green Ⅰ Real-time RT-PCR 检测方法的建立及应用[J]. 黑龙江畜牧兽医,2017(3):171-174.
[137] 娜仁吉. 牦牛脑包虫病的治疗与研究[J]. 中国动物保健,2020,22(8):28.
[138] 2012—2015 年河南省部分地区规模化猪场 PRV 血清流行病学调查[J]. 国外畜牧学:猪与禽,2016(36): 44-47.
[139] 牛彦麟,伍卫平,官亚宜,等. 2015 年西藏措美县野外棘球绦虫犬粪污染调查[J]. 中国寄生虫学与寄生虫病杂志,2016,34(2): 137-143.
[140] 潘东和,黄翔芳,刘永章. 牛肝片吸虫病的诊疗[J] . 当代畜牧,2014(4):1002-2996.
[141] 潘晓芳. 猪细颈囊尾蚴病的危害与检疫[J] . 养殖与饲料,2019,(6):78-79.
[142] 裴春. 猪蛔虫病流行特点及防治措施[J]. 中国畜禽种业,2020,16(9):164.
[143] 彭彬. 非洲猪瘟病毒间接 ELISA 抗体检测试剂盒的初步研究[D]. 成都:四川农业大学,2014.
[144] 彭忠. 猪多杀性巴氏杆菌的分离鉴定及全基因组重测序[D]. 武汉:华中农业大学,2018.
[145] 蒲继国. 生猪支原体肺炎的综合防治[J]. 畜牧兽医科技信息,2019, 07:117.
[146] 普雄明,伊力夏提,郭松森,等. 奶牛场暴发人畜共患疣状毛癣菌感染的报告[J]. 中华皮肤科杂志,2006,39(8):476-477.
[147] 亓文宝,李芳,李华楠,等. H9 亚型 AIV 型特异性电化学发光免疫检测方法的建立[J]. 中国农业科学,2015,48(15):3064-3070.
[148] 祁珊珊,王雯慧,赵晋军等. 成年牦牛感染扩展莫尼茨绦虫的局部免疫细胞学反应[J]. 中国兽医科学,2009,39(12):1094-1098.
[149] 祁小乐,王莉娟. 伪狂犬病的病原诊断与防制[J]. 河南畜牧兽医,2003,01: 10-11.
[150] 祁之陶. 石灰窑地区牦牛肝片吸虫病的流行情况调查及防治[J]. 山东畜牧兽医,2017,38(1):52-53.
[151] 钱雅林. 猪绦虫病的防治[J]. 中兽医学杂志,2019(2):24.
[152] 丘惠深,郎洪武,王在时,等. 猪瘟兔化弱毒疫苗与我国近年猪瘟野毒的免疫保护相关性试验[J]. 中国兽医杂志,1997,31(3):1-3.
[153] 邱长贵. 猪绦虫病临床诊断与防治[J]. 畜牧兽医科学(电子版),2020(5):138-139.
[154] 邱美珍,杨俊,蔡文杰,等. 一株猪丹毒杆菌分离株的致病性与耐药性分析[J]. 畜牧与兽医,2017,49(7):83-87.
[155] 饶家荣,李权. 海拔高度与肉鸡腹水征的相关性研究[J]. 中国家禽,1999(2):4-5.
[156] 饶蓉,任益. 小反刍兽疫的诊断与防控[J]. 畜禽业,2020,31(4):111.
[157] 任宜家. 牦牛巴氏杆菌病的诊治报告[J]. 当代畜禽养殖业,2018(11):38-39.
[158] 桑周. 牦牛肝片吸虫病的综合防治[J] . 中国畜牧兽医文摘,2017,33(7):123.
[159] 商鹏,董亚南,朱新海,等. 藏鸡育种研究现状及建议[J]. 中国家禽,2019,41(1):45-49.
[160] 尚婷婷. 犊牛大肠杆菌病病原的分离鉴定及其诊治[D]. 杨凌:西北农林科技大学,2014.
[161] 尚小琴. 猪蛔虫病症状与防治[J]. 畜牧兽医科学(电子版),2020(9):89-90.
[162] 申松玮,彭大新. 禽流感疫苗研究进展[J]. 动物医学进展,2019,40(5):85-90.
[163] 沈秀英,张君. 牦牛脑多头蚴病药物治疗试验[J]. 动物医学进展,2009,30(1):121-123.
[164] 沈元朝. 鸡传染性支气管炎人工模型及病症观察[D]. 扬州:扬州大学,2019.
[165] 师福山,赵德明. 禽大肠杆菌的分离与 16S rRNA 的鉴定[J]. 中国畜牧兽医,2009,36(2):111-113.
[166] 施存香. 小反刍兽疫的诊断及防治措施[J]. 中国动物保健,2020,22(5):38-39.
[167] 石晓磊. 鸡滑液囊支原体的分离鉴定及其活疫苗免疫效果的评价[D]. 杨凌:西北农林科技大学,2018.
[168] 石远菊,汤德元,曾智勇,等. 猪瘟分子生物

学检测技术的研究进展[J]. 猪业科学,2017,34(5):39-43.
[169] 宋向东,胡永浩,班旦,等.藏草乌水煎提取液体外杀灭羊虱蝇药效及皮肤毒性试验研究[J]. 中国畜牧兽医,2018,45(5):1408-1416.
[170] 苏敬良,高福,索勋,等.禽病学[M].北京:中国农业出版社,2012.
[171] 孙成秀.牛皮蝇蛆病的防治[J]. 吉林畜牧兽医,2020,41(3):45.
[172] 孙刚.猪棘头虫病的防治[J]. 养殖技术顾问,2014(4):2.
[173] 孙桂芹,杨霞.禽流感临床症状和病理剖检变化(二)[J]. 今日畜牧兽医,2010(1):70.
[174] 孙桂芹,杨霞.禽流感临床症状和剖检病理变化(一)[J]. 今日畜牧兽医,2009(12):70.
[175] 孙建华,陈礼传,吴健敏,等.猪瘟病毒广西地方流行株 GX-3 /98 的致病性及其与兔化弱毒株的免疫相关性[J]. 中国兽医学报,2008,(5):493-510.
[176] 孙盼盼,时建立,彭喆,等. 猪支原体肺炎 LAMP-LFD 快速检测方法的建立及初步应用[J]. 畜牧兽医学报,2020,51(6):1419-1428.
[177] 孙武文. 我国北方地区犊牛腹泻大肠杆菌 HPI 分子结构组成及其菌蜕的研究[D]. 吉林农业大学,2016.
[178] 孙秀红.牦牛脑包虫病的治疗与预防[J]. 中国畜禽种业,2020,16(4):141.
[179] 索朗斯珠. 藏鸡支原体抗体检测与病原的分离、鉴定[J]. 中国兽药杂志,2005(7):38-40.
[180] 谭圣伟. 猪支原体肺炎临床诊断及综合防治技术[J]. 湖北畜牧兽医,2020,41(2):7-8.
[181] 汤细彪. 猪源多杀性巴氏杆菌的分子流行病学与致病性研究[D]. 武汉:华中农业大学,2010.
[182] 唐宁. 2015—2017 年广西鸡传染性支气管炎病毒分离株结构基因序列分析与血清型鉴定[D]. 西宁:广西大学,2018.
[183] 童玲. 猪支原体肺炎及其继发性疾病的综合防治[J]. 农民致富之友,2018,(14):214.
[184] 童泽恩,徐刚,吴丽英,等.犊新蛔虫病的诊断与治疗[J].中国兽医寄生虫病,2005(3):51.
[185] 涂长春. 中国猪瘟流行病学现状与防制研究[D]. 北京:中国农业大学,2004.
[186] 万琴.猪蛔虫病的诊断及防治[J]. 畜牧兽医科技信息,2020(6):136.
[187] 汪葆玥,刘玉良,马静,等.非洲猪瘟:传染源和传播途径研究进展与分析[J]. 中国动物传染病学报,2020,28(5):103-110.
[188] 汪漫,胡长敏,陈颖钰,等. 牛 A 型多杀性巴氏杆菌分离株的鉴定和免疫原性研究[J]. 中国兽医杂志,2 013,49(10):3-6.
[189] 汪明. 兽医寄生虫学[M]. 北京:中国农业出版社,2010.
[190] 王宝民.羊莫尼茨绦虫病的流行病学、临床症状、检验及防治[J]. 现代畜牧科技,2018,129(4).
[191] 王春花,孙元,仇华吉. 新型猪瘟疫苗研究进展[J]. 生物工程学报,2013,29(7):880-890.
[192] 王德宁. 鸡源沙门菌耐药性、致病性与毒力基因相关性分析[D]. 哈尔滨:东北农业大学,2014.
[193] 王飞,张婷,李维,等. H9 亚型禽流感病毒纳米荧光检测卡的研发与应用[J]. 黑龙江畜牧兽医,2018,13(6):25-28.
[194] 王佛存.鸡蛔虫病的危害及防治探讨[J]. 国外畜牧学(猪与禽),2020,40(4):62-63.
[195] 王国强. 全国包虫病流行情况调查报告[M]. 上海:上海科学技术出版社,2016.
[196] 王豪男. 我国部分省区猪源多杀性巴氏杆菌的分子流行病学调查[D]. 武汉:华中农业大学,2017.
[197] 王洪志,王爱华,罗光荣,等.川西北草原冬季暴发牦牛梨形虫病情况调查与防治[J]. 中国兽医杂志,2009,45(10):44-45.
[198] 王华欣,刘宇,赵静虎,等.牛产气荚膜梭菌黑龙江分离株的分型鉴定[J]. 黑龙江八一农垦大学学报,2016,28(6):89-91,96.
[199] 王建昌,姜彦芬,王珅,等.奶牛疣状毛癣菌的分离鉴定及其耐药性分析[J]. 中国动物检疫,2016,33(1):26-29.
[200] 王剑春,何国安.以皮肤出血、坏死为明显表现的鸡传染病鉴别诊断[J]. 兽医导刊,2014(6):150-151.
[201] 王璟.禽流感病毒检测方法研究进展[J]. 畜禽业,2018,29(11):19,21.
[202] 王力波,刘芳,谢江,等.猪丹毒杆菌血清型鉴

定及药敏特性研究[J]. 家畜生态学报,2016,37(2):60-66,71.
[203] 王力波,刘芳,谢江,等.猪丹毒丝菌不同年代分离菌株流行病学特征及部分生物学特性比较研究[J]. 中国兽医学报,2016,36(3):423-430.
[204] 王丽平,陈坤.猪旋毛虫病的临床症状、实验室检查及防治措施[J]. 现代畜牧科技,2019(9):81-82.
[205] 王量,李恩全,范红结.肉牛真菌性皮肤病的诊治[J]. 中国兽医杂志,2016,52(6):52-54.
[206] 王明俊.兽医生物制品学[M]. 北京:中国农业出版社,1997. 282-288.
[207] 王鹏,高峰,王园,等.鸡传染性支气管病毒Real-time RT-PCR检测方法的建立及应用[J]. 中国农学通报,2013,29(8):45-49.
[208] 王向辉.猪蛔虫病的发病原因、临床表现、诊断要点和防治[J]. 现代畜牧科技,2020(5):60-61.
[209] 王雪. 犊牛大肠杆菌病的流行病学、临床特点、实验室诊断和防控措施[J]. 现代畜牧科技,2020(8):142-143.
[210] 王亚萍.浅谈牛捻转血矛线虫病中西医治疗方法[J]. 中国畜禽种业,2010,6(3):111-112.
[211] 王岩.猪后圆线虫病的流行病学、症状、诊断及防治措施[J]. 现代畜牧科技,2017,06:114.
[212] 王艳华,张德林,李学瑞,等. 弓形虫病免疫学诊断方法研究进展[J]. 动物医学进展,2007(6): 53-57.
[213] 王永强,余延伟,王晓伟,等. 一例肥育猪鞭虫病的诊治[J]. 河南畜牧兽医,2011,32(9):48.
[214] 王永伟,呙于明,彭运智,等.肉鸡腹水征的发病机理及其调控措施[J]. 动物营养学报,2012,24(12):2295-2302.
[215] 王真,曹文丽,刘启生,等.新疆山区草原牦牛革蜱感染情况的调查[J] .新疆农业科学,2011,48(8):1514-1519.
[216] 王振玲,田锦,张永东,等.羊细颈囊尾蚴感染病例[J]. 中国兽医杂志,2016,52(10):101-102.
[217] 魏祥明.一例犊牛蛔虫病的诊治与体会[J] . 福建畜牧兽医,2016,38(6):72-73.
[218] 温福利,岳良平,黄翠琴,等.福建地区部分猪场猪等孢球虫感染情况调查与分析[J]. 畜牧与兽医,2014,46(4): 69-74.
[219] 邬旭龙. 快速检测非洲猪瘟病毒环介导等温扩增方法的建立[D]. 成都:四川农业大学,2014.
[220] 吴海涛. 非洲猪瘟病毒胶体金免疫层析试纸条的研制[D]. 扬州:扬州大学,2015.
[221] 吴明勇,庄燕秋.猪后圆线虫病的症状与防控[J]. 今日畜牧兽医,2019,07:42.
[222] 吴润标,李小燕,李奥,等.牛羊皮肤癣菌病的研究进展[J]. 中国兽医杂志,2016,52(11):79-81.
[223] 吴晓娇. H5N1高致病性禽流感进化与传播特性的研究[D]. 石家庄:石家庄铁道大学,2019.
[224] 吴秀萍,王迪,李庶东,等. 消化法检验旋毛虫病最适条件的筛选[J]. 中国动物检疫,2015,32(3):62-65.
[225] 吴彦起.鸡禽流感流行特点与综合防控[J]. 养殖与饲料,2020(4):94-95.
[226] 武庭斌.藏羊链球菌病的诊断与治疗[J]. 中兽医学杂志,2014(5):44-45.
[227] 向中莉,段纲,项勋,等.禽传染性喉气管炎的分子生物学研究进展[J]. 上海畜牧兽医通讯,2016(1):20-23.
[228] 谢红霞.猪后圆线虫病的诊断与防治 [J]. 现代畜牧科技, 2016(4):128.
[229] 谢娟. 猪瘟抗原抗体检测方法及其意义的研究[D]. 南宁:广西大学,2013.
[230] 谢倩茹. 牛多杀性巴氏杆菌B型制苗株的筛选及A、B型二价灭活疫苗的研制[D]. 武汉:华中农业大学,2016.
[231] 谢银姬.羊养殖过程中链球菌病的诊断与防治措施[J]. 农民致富之友,2019(10):155.
[232] 熊宗凯.猪细颈囊尾蚴病的防治[J] .湖北畜牧兽医,2016,(7):28.
[233] 徐炜.猪瘟兔化弱毒疫苗的生产进展与应用[J]. 现代畜牧科技,2017(1):153.
[234] 徐义文.浅析猪绦虫病的临床诊断与防治措施[J]. 饲料博览,2020(7):61.
[235] 徐志涛.羊鼻蝇蛆病的流行病学、临床症状、

实验室检查及防治措施[J]. 现代畜牧科技，2020(3)：145-146.
[236] 许达. 鸡马立克病的主要病理变化[J]. 现代畜牧科技，2020，67(7)：76，78.
[237] 闫耀中. 牛肝片吸虫病及其防治措施[J]. 中国奶牛，2017，(3)：1004-4264.
[238] 闫艺婷，勾肖晶，刘静，等. 传染性支气管炎病毒的分子生物学特性及其弱毒疫苗的研究进展[J]. 中国畜牧兽医，2015，42(6)：1587-1591.
[239] 羊云飞，王红宁，杨光友，等. 川西北草原牦牛、藏羊肠道寄生虫流行病学调查及防治措施[J]. 四川畜牧兽医，2003(S1)：33-34+37.
[240] 杨宝凤，李能章，邹灵秀，等. 6株牛源A型多杀性巴氏杆菌的分离与鉴定[J]. 中国预防兽医学报，2014，36(6)：487-489.
[241] 杨光友. 兽医寄生虫病学[M]. 北京：中国农业出版社，2017.
[242] 杨慧芳. 鸡传染性支气管炎疫苗研究进展[J]. 农民致富之友，2016(16)：247.
[243] 杨俊. 内皮素受体A在肺动脉高压综合征肉鸡主要组织中的定位[D]. 武汉：华中农业大学，2005.
[244] 杨倩，朱道中，薛春宜，等. 利用类病毒脂质体抗原检测H5N1亚型禽流感病毒抗体ELISA方法的建立[J]. 动物医学进展，2015(1)：5-10.
[245] 杨耀，中拉毛草，刘鹏海，等. 一起甘肃省甘南州高原牦牛梨形虫病的诊治[J]. 中兽医医药杂志，2017，36(2)：72.
[246] 杨志远，韩春华，林健，等. 某规模化猪场猪伪狂犬病的诊断[J]. 中国畜牧兽医，2013，12(12)：185-189.
[247] 姚倩，李云香，任玫，等. 猪蛔虫病研究进展[J]. 动物医学进展，2019，40(9)：107-111.
[248] 姚焱彬，卜凡，魏文涛，等. 2012—2015年安徽地区猪丹毒的流行特征及病原分离株药物敏感性分析[J]. 中国预防兽医学报，2017，39(5)：374-378.
[249] 姚焱彬，陆萍，杨志鹏，等. 猪丹毒丝菌SpaA基因原核表达及表达蛋白质的免疫原性分析[J]. 畜牧兽医学报，2017，48(3)：492-500.
[250] 殷方媛. 中国地区捻转血矛线虫遗传多样性的研究[D]. 武汉：华中农业大学，2014.
[251] 殷铭阳，周东辉，刘建枝，等. 中国牦牛主要寄生虫病流行现状及防控策略[J]. 中国畜牧兽医，2014，41(5)：227-230.
[252] 于新友，李天芝，王金良，等. 一步法SYBR Green Ⅰ荧光定量RT-PCR检测鸡传染性支气管炎病毒方法的建立[J]. 养禽与禽病防治，2015(12)：12-16.
[253] 曾江勇，吴金措姆，色珠，等. 一种治疗牦牛脑包虫病新方法的建立[J]. 西藏科技，2013(4)：53.
[254] 扎西才让. 牦牛脑包虫病的调查及防控[J]. 畜牧兽医科技信息，2019(10)：99-100.
[255] 张春梅. 一例雏鸭大肠杆菌病的诊治[J]. 畜牧兽医科技信息，2013(2)：100-101.
[256] 张丹. 新疆北屯垦区羊细菌性传染病流行病学调查[D]. 石河子：石河子大学，2019.
[257] 张东. 鸡新城疫并发大肠杆菌病的诊治[J]. 当代畜禽养殖业，2017(3)：38-39.
[258] 张广军，陈勤，邱持平，等. 中国大陆两种东毕吸虫rDNA-LSU基因的序列分析[J]. 中国寄生虫学与寄生虫病杂志，2002(2)：22-25.
[259] 张桂红. 猪瘟防控与净化相关政策[J]. 兽医导刊，2019(19)：6.
[260] 张军虎. 猪多杀性巴氏杆菌分离鉴定及其PMT毒素免疫原性研究[D]. 武汉：华中农业大学，2011.
[261] 张利会，刘永超. 一例蛋鸡大肠杆菌病的诊治[J]. 现代农村科技，2010(8)：36-36.
[262] 张林. 鸡传染性喉气管炎病毒单克隆抗体的制备及双抗体夹心ELISA检测方法的建立[D]. 扬州：扬州大学，2016.
[263] 张琳婧. 两株鸡传染性支气管炎病毒的分离、全基因组测序及其S1基因的克隆表达[D]. 扬州：扬州大学，2019.
[264] 张龙凤，郭晶，杨佳欣，等. H6亚型禽流感病毒研究进展[J]. 动物医学进展，2020，41(4)：82-85.
[265] 张曼，韩飞. AIV、NDV和安卡拉病毒多重PCR检测方法的建立及应用[J]. 西北农林科技大学学报(自然科学版)，2018，46(2)：1-6，14.
[266] 张美静. 猪肺疫的临床状况与诊断方法[J].

畜禽业,2020,31(7):89.
[267] 张明传,李朝波,王庭波,等.山羊莫尼茨绦虫病的防治[J]. 兽医临诊,2017,335(4):1008-0414.
[268] 张明敬,史慧. 猪瘟病毒实验室检测技术[J]. 养殖与饲料,2018(1):50-51.
[269] 张明伟. 鸡传染性喉气管炎病毒的分离鉴定与PCR检测方法的建立[D]. 郑州:河南农业大学,2009.
[270] 张平.羊小反刍兽疫的流行和防控[J]. 兽医导刊,2020,(11):30
[271] 张秋雨,李鹏,陈晴,等. 猪瘟病毒在猪体组织中的分布[J]. 动物医学进展,2018,39(7):6-12.
[272] 张秋雨,刘志科,银梅.一起羔羊莫尼茨绦虫病的中西结合疗法及体会[J]. 黑龙江畜牧兽医,2016,(4):145-146.
[273] 张世忠,江斌,吴胜会,等.猪鞭虫病的诊治体会[J]. 福建畜牧兽医,2005,27(4): 37.
[274] 张思华.蜱与蜱传疾病最新研究进展[J] .安徽预防医学杂志,2012,18(1):45-48.
[275] 张小波. 旋毛虫病荧光免疫层析抗体检测试纸条的建立[D]. 长春:吉林大学,2018.
[276] 张鑫宇. 非洲猪瘟病毒实验室诊断技术研究及试剂储备[D]. 扬州:扬州大学,2015.
[277] 张秀芹,杜柏林,韩文瑜.活禽与饲料源沙门菌的分离鉴定及其耐药性对比研究[J]. 饲料工业,2013,18:46-48.
[278] 张雪娟,黄熙照,杨继宗,等.Dot-ELISA联检牛羊捻转血矛线虫和肝片吸虫病的研究[J]. 浙江农业学报,1997(2):42-44.
[279] 张雪娟,孙仁寅,程进,等.斑点酶联免疫吸附试验检测牛羊捻转血矛线虫病的研究[J]. 中国兽医科技,1996(11):6-7.
[280] 张艳萍. 我国鸡马立克病毒流行毒株生物学特性分析[D]. 哈尔滨:东北农业大学,2015.
[281] 张玉娟,康金梅. 牛结核病的临床诊断及防治措施[J]. 畜牧兽医科技信息,2009,9:51-52.
[282] 张志,李晓成. 我国猪瘟流行现状和防控建议[J]. 中国动物检疫,2015,32(8):8-12,23.
[283] 张卓,梁新江,关伟,等.兽医临床常用外用抗真菌药物[J]. 饲料博览,2016,9:52.
[284] 章红梅. 池州市鸡传染性喉气管炎病毒的分离鉴定及gD基因序列分析[D]. 合肥:安徽农业大学,2016.
[285] 章丽梅,韩向红,阮婷玉,等.羊蜱蝇的生物学特征与中文种名释疑[J]. 中国动物检疫,2018,35(3):56-58,71.
[286] 招丽婵,覃健萍,王占新,等. 鸡滑液囊支原体的流行调查及不同地区分离株药物敏感性分析[J]. 中国兽医杂志,2019,55(6):9-13.
[287] 赵宝玉,刘忠艳,万学攀,等. 中国西部草地毒草危害及治理对策. 中国农业科学,2008,41(10): 3094-3103.
[288] 赵宝玉. 中国天然草地有毒有害植物名录[M]. 北京:中国农业科学技术出版社,2016.
[289] 赵春生.羊鼻蝇蛆病综合防治[J]. 中兽医学杂志,2018(9):35.
[290] 赵东方.羊鼻蝇蛆病的临床表现及防治措施[J]. 现代畜牧科技,2019(6):132-133.
[291] 赵蕾.猪旋毛虫病的诊断与防治[J]. 中国动物保健,2020,22(7):9.
[292] 赵勐尧. 我国现流行Ⅰ亚群禽腺病毒四价油乳剂灭活苗的研制[D]. 扬州:扬州大学,2017.
[293] 赵强,孟醒,张正茂.禽病诊断新技术的研究进展[J]. 青海畜牧兽医志,2015,45(4):49-50.
[294] 赵学亮,额叶勒德格,海鹰,等.绵羊捻转血矛线虫流行病学调查及耐药性检测[J]. 家畜生态学报,2019,40(11):70-72.
[295] 赵烨. 国内鸡传染性支气管炎病毒遗传演化及传代致弱研究[D]. 北京:中国农业大学,2018.
[296] 赵越,杨发奇.猪旋毛虫病诊断与防治[J]. 畜牧兽医科学(电子版),2019(21):111-112.
[297] 周菊,张红花.中甸牦牛感染鹿前后盘吸虫病的报道[J]. 贵州畜牧兽医,2009,33(3):38-39.
[298] 周玲玲. 猪带绦虫缺氧诱导因子-1(HIF-1)的原核和真核表达[D]. 兰州:甘肃农业大学,2015.
[299] 周启武,赵宝玉,路浩,等. 中国西部天然草地疯草生态及动物疯草中毒研究与防控现状[J]. 中国农业科学,2013,46(6): 1280-1296.
[300] 周赛赛,钱雯娴,陈建春,等.西藏部分地区羊

蜱蝇分子生物学鉴定及基因序列分析[J]. 黑龙江畜牧兽医,2020(18):77-81+162.

[301] 周赛赛,谢太凤,钱雯娴,等.西藏羊蜱蝇中巴尔通体检测及 gltA 基因序列分析[J]. 畜牧兽医学报,2020,51(5):1119-1125.

[302] 周维. 人、猪鞭虫核糖体 DNA 及线粒体 DNA 遗传多样性的研究[D]. 福州:福建农林大学,2008.

[303] 周有芳. 犊牛大肠杆菌病的防治[J]. 湖北畜牧兽医,2020,41(9):9-10.

[304] 朱凯祥. 湖北地区感染牛羊的几种前后盘吸虫的鉴定及 PCR-RFLP 检测方法研究[D]. 硕士学位论文. 武汉:华中农业大学. 2015.

[305] 朱玲,柳旭伟,剡文亮,等. 牛源荚膜 A 型多杀性巴氏杆菌疫苗候选株的筛选及鉴定[J]. 中国畜牧兽医,2018,45(2):471-478.

[306] 朱士江. 用于治疗鸡传染性喉气管炎的中药口服液的研制[D]. 北京:中国农业科学院,2012.

[307] 朱义能,唐贵才.牛肝片吸虫病的防治[J]. 养殖与饲料,2015,(10).

[308] 庄金秋,阮震,张颖,等. 鸡传染性支气管炎病毒实验室检测方法研究进展[J]. 家禽科学,2018(7):50-58.

[309] 庄金秋,阮震,张颖,等. 鸡传染性支气管炎病毒血清学和分子生物学检测技术研究进展[J]. 中国动物检疫,2018,35(7):74-77.

[310] 邹本革,于蕾妍,张伟,等.奶牛皮肤真菌病的研究进展[J]. 山东畜牧兽医,2017,38(12):94-95.

[311] 邹勇. 西北部分地区猪蛔虫形态学观察及其种群遗传变异分析[D]. 杨凌:西北农林科技大学,2016.

[312] Aliaga-Leyton A, Webster E, Friendship R Dewey C, et al. An observational study on the prevalence and impact of Isospora suis in suckling piglets in southwestern Ontario, and risk factors for shedding oocysts[J]. Can Vet J, 2011, 52(2): 184-188.

[313] An T, Peng J, Tian Z, et al. Pseudorabies virus variant in bartha-K61- vaccinated pigs, China, 2012[J]. Emerging Infectious Diseases, 2013, 19(11): 1175-1749.

[314] An TQ, Peng JM, Tian ZJ, et al. Pseudorabies Virus Variant in Bartha-K61-Vaccinated Pigs, China, 2012[J]. Emerging Infectious Diseases, 2013, 19(11): 1749-55.

[315] Arslan A, Muhammad I, Rana MA, et al. Balantidium coli in domestic animals: An emerging protozoan pathogen of zoonotic significance[J]. Acta Tropica, 2020, 203.

[316] Artiushin S, Minion F C. Arbitrarily Primed PCR Analysis of *Mycoplasma hyopneumoniae* Field Isolates Demonstrates Genetic Heterogeneity[J]. International Journal of Systematic Bacteriology, 1996, 46(1):324-328.

[317] Barta JR, Schrenzel MD, Carreno R, et al. The genus Atoxoplasma(Garnham 1950) as a junior objective synonym of the genus Isospora(Schneider 1881) species infecting birds and resurrection of Cystoisospora (Frenkel 1977)as the correct genus for Isospora species infecting mammals [J]. Journal of Parasitology, 2005, 91: 726-727.

[318] Basso W, Marti H, Hilbe M, et al. Clinical cystoisosporosis associated to porcine cytomegalovirus(PCMV, Suid herpesvirus 2) infection in fattening pigs [J]. Parasitology International, 2017, 66: 806-809.

[319] Bauri RK, Ranjan R, Deb AR, et al. Prevalence and sustainable control of Balantidium coli infection in pigs of Ranchi, Jahrkahnd, India [J]. Veterinary World, 2020, 5(2):94-99.

[320] Callejón R, Halajian A, de Rojas M, et al. 16S partial gene mitochondrial DNA and internal transcribed spacers ribosomal DNA as differential markers of Trichuris discolor populations [J]. Veterinary parasitology, 2012, 186(3-4): 350-363.

[321] Ciloglu A, Ellis V A, Bernotien R, et al. A new one-step multiplex PCR assay for simultaneous detection and identification of avian haemosporidian parasites[J]. Parasitology research, 2019, 118(1): 191-201.

[322] Cong X, Lei JL, Xia SL, et al. pathogenicity and immunogenicity of a gE/gI/Tk gene-de-

leted pseudorabies virus variant in susceptible animals[J]. Vet. Microbiol, 2016, 182: 170-177.

[323] Da Costa e Silva EJ, de Albuquerque SC. Trichuris trichiura [J]. Pediatr Radiol, 2007, 37: 239.

[324] Duan D Y, Liu G H, Cheng T Y, et al. Microbial population analysis of the midgut of Melophagus ovinus via high-throughput sequencing[J]. Parasites & vectors, 2017, 10(1): 382-388.

[325] Eijck IAJM, Borgsteede FHM. A Survey of gastrointestinal pig parasites on free-range, organic and conventional pig farms in the Netherlands[J]. Vet Res Commun, 2005, 29: 407-414.

[326] Ghatani S, Shylla J A, Tandon V, et al. Molecular characterization of pouched amphistome parasites(Trematoda: Gastrothylacidae) using ribosomal ITS2 sequence and secondary structures [J]. Journal of helminthology, 2012, 86(1): 117-124.

[327] He QG, Chen HC, Fang LR. The safety, stability and immunogenicity of double gene-negative mutant of pseudorabies virus strain (pRV HB-98)[J]. Chin. J Vet. Sci, 2006, 26:165-168.

[328] Jacek K, Irena Z, Tomasz C. Prevalence of Isospora suis and Eimeria spp. In suckling piglets and sows in Poland[J]. Vet Parasitol, 2007, 142: 171-175.

[329] Lai M, Zhou RQ, Huang HC, et al. Prevalence and risk factors associated with intestinal parasites in pigs in Chongqing, China[J]. Research in Veterinary Science, 2011, 91: e121-e124.

[330] Lalonde LF, Gajadhar AA. Detection and differentiation of coccidian oocysts by real-time PCR and melting curve analysis[J]. J Parasitol, 2011, 97(4):725-730.

[331] Layrisse M, Aparcedo L, Martinez-Torres C, et al. Blood Loss Due to Infection with Trichuris Trichiura[J]. Am J Trop Med Hyg, 1967, 613-619.

[332] Lindsay DS, Dudey JP, Blagburn BL. Biology of Isospora spp. from humans, nonhuman primates and domestic animals [J]. Clinical Microbiology Reviews, 1997, 10(1): 19-34.

[333] Lin Q, Li H M, Gao M, et al. Characterization of Baylisascaris schroederi from Qinling subspecies of giant panda in China by the first internal transcribed spacer(ITS-1) of nuclear ribosomal DNA [J]. Parasitology research, 2012, 110(3): 1297-1303.

[334] Lorenzetti R, Campo SMA, Stella F, et al. An unusual endoscopic finding:Trichuris trichiura:Case report and review of the literature[J]. Dig Liver Dis, 2003, 35: 811-813.

[335] Lu H, Cao DD, Ma F, et al. Characterization of Locoweeds and Their Effect on Livestock Production in the Western Rangelands of China[J]. The Rangeland Journal, 2014, 36: 121-131.

[336] Luo Y, Li N, Cong X, et al. Pathogenicity and genomic characterization of a pseudorabies virus variant isolated from Bartha-K61-vaccinated swine population in China [J]. 2014, 174(1-2):107-115.

[337] Mundt HC, Cohnen A, Daugschies, et al. Occurrence of Isospora suis in Germany, Switzerland and Austria[J]. Journal of Veterinary Medicine. B, Infectious Diseases and Veterinary Public Health, 2005, 52: 93-97.

[338] Mundt HC, Joachi MA, Becha M, et al. Isospora suis: an experimental model for mammalian intestinal Coccidiosis[J]. Parasitol Res, 2006, 98(2): 167-175.

[339] Sansom BF, Beer ILlS, Kitchenham BA. Changes in the concentrations of serum urea nitrogen, albumin, globulin, sodium, and inorganic phosphorus in weaner pigs infected with Trichuris suis [J]. J Comp Pathol, 1974, 84(3): 409-415.

[340] Schwarz L, Worliczek HL, Winkler M, et al. Superinfection of sows with Cystoisospora suis ante partum leads to a milder course of

cystoisosporosis in suckling piglets[J]. Vet Parasitol, 2014, 204(3-4): 158-168.

[341] Seguí R, Muñoz-Antoli C, Klisiowicz D R, et al. Prevalence of intestinal parasites, with emphasis on the molecular epidemiology of Giardia duodenalis and Blastocystis sp., in the Paranaguá Bay, Brazil: a community survey [J]. Parasites & vectors, 2018, 11(1): 490.

[342] Shah M S, Ashraf A, Rahman M, et al. A subunit vaccine against hydro pericardium syndrome using adenovirus penton capsid protein [J]. Vaccine, 2012, 30(50): 7153-7156.

[343] Skampardonis V, Sotiraki S, Kostoulas P, et al. Effect of toltrazuril treatment in nursing piglets naturally infected with Isospora suis [J]. Vet Parasitol, 2010, 172(1-2):46-52.

[344] Songer J G. Clostridial enteric diseases of domestic animals[J]. Clinical microbiology reviews,1996,9 (2):216-234.

[345] Tappe D, Kern P, Frosch M, et al. A hundred years of controversy about the taxonomic status of *Echinococcus* species[J]. ActaTrop, 2010, 115(3): 167-174.

[346] Thakur N, Suresh R, Chethan GE, et al. Balantidiasis in an Asiatic elephant and its therapeutic management[J]. Journal of Parasitic Diseases, 2019, 43(2):186-189.

[347] Tian Y,Ren YQ, Qu YQ. Establishment of a quantitative real-time pCR method for detection of pseudorabies virus. Guangdong [J]. Anim. Vet. Sci, 2009, 34:31-33.

[348] Tong W, Liu F, Zheng H, et al. Emergence of a pseudorabies virus variant with increased virulence to piglets[J]. Veterinary Microbiology, 2015, 181(3): 236-240.

[349] Valkiūnas G, Palinauskas V, Ilgūnas M, et al. Molecular characterization of five widespread avian haemosporidian parasites(Haemosporida), with perspectives on the PCR-based detection of haemosporidians in wildlife[J]. Parasitology research, 2014, 113 (6): 2251-2263.

[350] Wang CH, Yuan J, Qin H, et al. A novel gE-deleted pseudorahies virus(pRV)provides rapid and complete protection from lethal challenge with the pRV variant emerging in Barthak61 vaccinated swine population in China[J]. Vaccine, 2014, 32:3379-3385.

[351] Wang CH, Yuan J, Qin HY, et al. A novel gE-deleted pseudorabies virus(PRV)provides rapid and complete protection from lethal challenge with the PRV variant emerging in Bartha-K61-vaccinated swine population in China[J]. Vaccine, 2014, 32(27): 3379-3385.

[352] Weng YB, Hu YJ, Li Y, et al. Survey of intestinal parasites in pigs from intensive farms in Guangdong Province, People's Republic of China[J]. Vet. Parasitol, 2005, 127: 333-336.

[353] Wu R, Bai C, Sun J, et al. Emergence of virulent pseudorahies virus infection in Northern China[J]. Vet.Sci.2013, 14: 363-365.

[354] Xiuling Y, Zhi Z, Dongmei H, et al. Pathogenic Pseudorabies Virus, China, 2012[J]. Emerging Infectious Diseases, 2014, 20(1): 102-104.

[355] Xu ZW, Guo WZ, Zhu L, et al. Study on the hereditary stability of pseudorabies virus three-gene-deleted strain(SA215)[J]. Acta. Vet. Zootech. Sin, 2004, 6: 694-697.

[356] Yongghong L,Bo H,Fei L,et al.Molecular Identification of Bartonella melophagi and Wolbachia Supergroup F from Sheep Keds in Xinjiang,China[J]. Korean Journal Of Parasitology,2018,56(4):36-370.

[357] Yu X, Zhou Z, Hu D, et al. Pathogenic pseudorahies virus, China, 2012[J]. Emerg. Infect. Dis. 2014, 20:102-104.

[358] Zhang J, Chen q. Epidemiology and control strategies of pseudorahies Today Anim Husb [J]. Vet. Med. 2008, 3: 11-12.

[359] Zhang WJ, Xu LH, Liu YY, et al. Prevalence of coccidian infection in suckling piglets in China[J]. Vet Parasitol, 2012, 190: 51-55.

[360] Zhao J, Zhong Q, Zhao Y, et al. Pathogenicity and complete genome characterization of fowl adenoviruses isolated from chickens associated with inclusion body hepatitis and hydropericardium syndrome in China [J]. Plos One, 2015, 10(7): e0133073.

[361] Zheng HJ, Zhang WB, Zhang L, et al. The genome of the hydatid tapeworm *Echinococcus granulosus* [J]. Nat Genet, 2013, 45(10): 1168-1175.

[362] Zhu L, Cuo WZ, Xu ZV. Fluctuant rule of colostral antibodies and the date of initial immunization for the piglet from sows inoculated with pseudorabies virus gene-deleted vaccine SA215 [J]. Chin. J. Vet. Sci, 2004, 24: 320-322.

[363] Zhu L, Zhou W, Wang T, et al. Isolation of Clostridium perfringens type A from wild bharals (Pseudois nayaur) following sudden death in Tibet, China [J]. Anaerobe, 2017, 44:20.